国家中等职业教育改革发展示范学校
项目建设系列教材编委会

国家中等职业教育改革发展示范学校项目建设系列教材

Flash
动画设计与制作
项目实战

唐小健 主编
黄春艳 副主编

暨南大学出版社
JINAN UNIVERSITY PRESS

中国·广州

《Flash 动画设计与制作项目实战》编委会

主　编　唐小健

副主编　黄春艳

参　编　曾国彬　覃矫文

主　审　李方敏　曾立平

内容简介

本书内容包括14个项目，主要以Flash动画制作的工艺流程为据，以小张为线索，贯穿全部项目从而引导整个学习过程。在每个项目中选取若干个典型的学习任务，针对Flash动画设计和制作各个环节中的实际问题，采用“项目情境+项目分析+任务”的形式，进行了详尽准确的讲解和实训。项目1至项目8涵盖了Flash软件的基本操作：Flash中的图形绘制、Flash中简单动作动画的制作、Flash文字特效的制作、Flash基础特效的制作、Flash图像特效的制作、Flash对象跟随鼠标移动之特效制作、Flash音频视频特效的制作、Flash按钮和导航栏特效的制作；项目9至项目14讲解了Flash电子相册、Flash电子贺卡、Flash网络广告、Flash课件、Flash游戏以及Flash短片的制作。

本书从多个不同的方面展现了Flash软件在设计和制作动画上的强大功能，各个学习任务重点和难点突出，实践性很强。本书还有配套学习光盘，其中包括每个项目中各个学习任务的素材、源文件以及导出的动画影片，可供读者更加方便地学习，同时也是可供教师授课的经典素材。

本书适合作为各类职业院校计算机动漫与游戏制作及相关专业的教材，也适合广大Flash动画制作爱好者进行自学，还可以作为学习Flash动画创作技法、提高实际操作能力的参考用书。

总　序

中等职业教育作为国民教育序列的重要组成部分，占据了我国中等教育的半壁江山。中等职业教育承担了为社会经济发展培养和输送中级技能型人才的主要任务，承担了促进中职学生成人、成德、成才的教育任务。因此，中等职业学校的教材必须具有人文教育性、职业特色性和紧随社会经济发展的时代性。

随着社会经济发展和产业结构的转型升级，中等职业教育将进入发展的新常态。社会经济发展对技能型人才的要求也将提出新的标准。社会对技能型人才要求的核心集中在“德技”二字。为此，我们提出“德技树人、德技立身”的职业教育理念，并强调：我们中职教育的教材要成为培养学生“德技”的载体，成为塑造学生良好品德、培养学生良好职业素养和现代职业技能的载体。基于此，我们成立了由教育、行业、企业等领域的专家组成的编纂委员会，指导我校旅游服务与管理、计算机网络技术和电子与信息技术等三个国家示范校重点建设专业的教材编写。在专家的引领下，同时根据社会经济发展、行业特点、岗位特点以及教育规律，我们编写了这套系列教材，以期更好地为培养适应社会经济发展的技能型人才服务。我们相信，这套系列教材能够充分体现理论与技能并重、行业标准与培养目标结合的职业教育特色。

在本套教材的编写过程中，我们参考了大量的文献和专著，并得到了广东省著名教育专家姜蕙女士、广东技术师范学院张辉教授以及韶关市旅游局有关领导的大力支持，在此一并对这些教育专家、行业企业专家以及相关编者、作者致以感谢。

韶关市中等职业技术学校校长

2015 年 3 月

前　言

本书是在充分做好市场调研工作的基础上，以“项目情境”的教学形式进行编写的。编者根据职业院校学生的特点以及认知规律，精心设计了 14 个项目，每个项目又划分了若干个不同的学习任务，注重由浅入深的知识讲解过程。其中项目 1 介绍了如何使用 Flash 中的各种工具进行图形的绘制；项目 2 详尽讲解了如何使用 Flash 中的逐帧动画、引导动画、遮罩动画以及脚本动画等进行动画的设计和制作；项目 3 至项目 8 则详尽讲解了如何使用 Flash 来设计和制作文字特效、基础特效、图像特效、对象跟随鼠标移动之特效、音频视频特效以及按钮和导航栏特效；项目 9 至项目 14 则是对如何使用 Flash 设计和制作电子相册、电子贺卡、网络广告、课件、游戏以及短片进行了比较详尽的讲解和阐述。

本书由唐小健担任主编，另外，参加编写的还有黄春艳、覃矫文、曾国彬、李方敏和曾立平。

由于编者水平有限，加之编写时间较仓促，书中难免会出现疏漏和不足之处，欢迎大家批评和指正。

编　者

2015 年 5 月

目　录

项目 1

Flash 中的图形绘制

1.1 项目情境

小张的女儿在上幼儿园。幼儿园老师教他女儿画画，经常画一些人物、动植物以及风景等。女儿对画画表现出浓厚的兴趣，其中特别喜欢电视上那些栩栩如生、活灵活现的卡通动漫影视节目，还经常要小张辅导她的画画作业和教她怎么画出自己心目中喜欢的卡通动漫人物造型，譬如喜羊羊和灰太狼等。在小朋友的心中，家长是无所不能的。可惜的是，小张对画画一窍不通。怎么办呢？小张思索再三，认为最靠谱的方法还是自己先学会电脑绘画技能，然后教给女儿。可选择的电脑绘画软件有很多，考虑到女儿现在虽然比较喜欢静态的东西，但是说不定过些日子就要求自己教她动态的东西，因此，小张选择了业界“大名鼎鼎”的动漫设计和制作软件——Flash 作为自己主攻的软件。而且学习如何在 Flash 中进行图形绘制，说不定对小张未来的就业也有很大的帮助，真可谓一举多得。

1.2 项目分析

1. 熟练掌握鼠标的基本操作和电脑手绘板的使用。

2. 对 Flash 软件的基本操作要掌握，特别是对工具箱的各种工具要熟练使用和灵活应用。

3. 要多留意、多观察生活中和大自然中的各种生物有机体，在自己的大脑中留下影像，只有这样，在绘画时才能画出自己想要的东西。避免出现想绘画一只鸡，却画出一只鸭的情况。

1.3 任务　小男孩微笑表情的绘制

1.3.1 任务描述

使用 Flash 工具箱中的工具，绘制一个小男孩微笑的表情。

1.3.2 任务目标

熟练使用 Flash 工具箱中的工具进行卡通人物微笑表情的绘制。

1.3.3 任务实施

1. 新建一个 Flash 文档，设置宽高大小为 500 像素 ×400 像素，背景颜色设置为白色，其余选项默认（见图 1.1）。

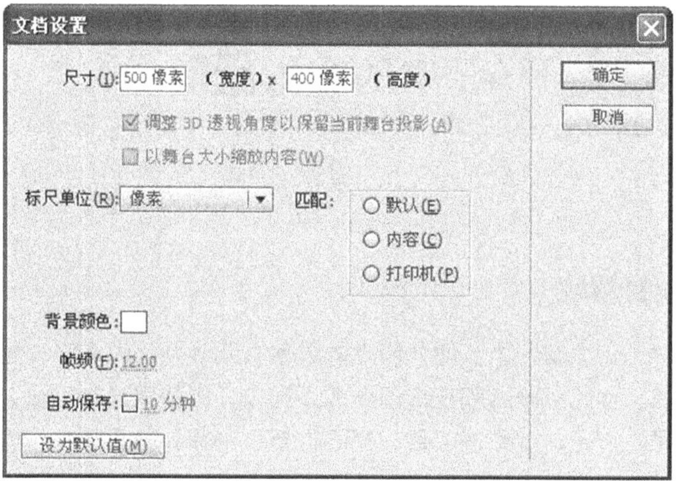

图 1.1

2. 新建（插入）5 个图层，这样就有 6 个图层了，对其进行命名，从上到下分别是［眼睛］、［头发］、［嘴巴］、［眉毛］、［前脑］、［后脑］。

3. 选中［后脑］图层的第 1 空白关键帧，使用工具箱中的“椭圆工具”和“选择工具”绘制好填充图形（见图 1.2）。

图 1.2

图 1.3

图 1.4

4. 选中［前脑］图层的第 1 空白关键帧，使用工具箱中的“椭圆工具”和“选择工具”绘制好填充图形（见图 1.3）。

5. 选中［眉毛］图层的第 1 空白关键帧，使用工具箱中的“线条工具”和“选择工具”绘制好“眉毛”图形（见图 1.4）。

6. 选中［嘴巴］图层的第 1 空白关键帧，使用工具箱中的“线条工具”和“选择工具”绘制好“嘴巴”图形（见图 1.5）。

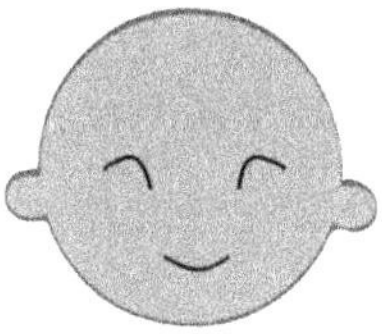

图 1.5

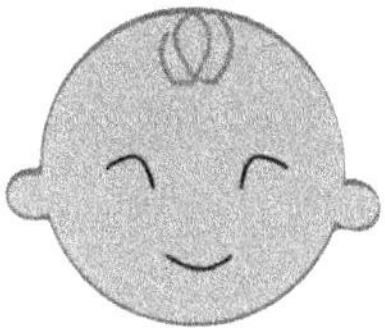

图 1.6

图 1.7

7. 选中［头发］图层的第 1 空白关键帧，使用工具箱中的“铅笔工具”和“选择工具”绘制好“头发”图形（见图 1.6）。

8. 选中［眼睛］图层的第 1 空白关键帧，使用工具箱中的“椭圆工具”和“任意变形工具”绘制好“眼睛”图形（见图 1.7）。

9. 此时的图层和时间线设置（见图 1.8）。

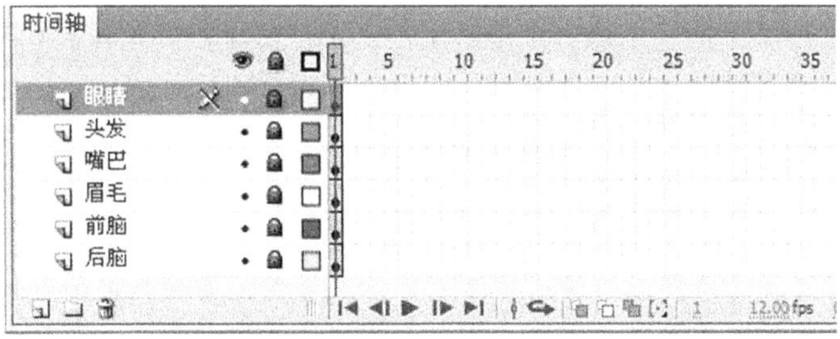

图 1.8

10. 进行整体测试，保存文件，导出影片。

11. 导出影片的播放画面（见图 1.9）。

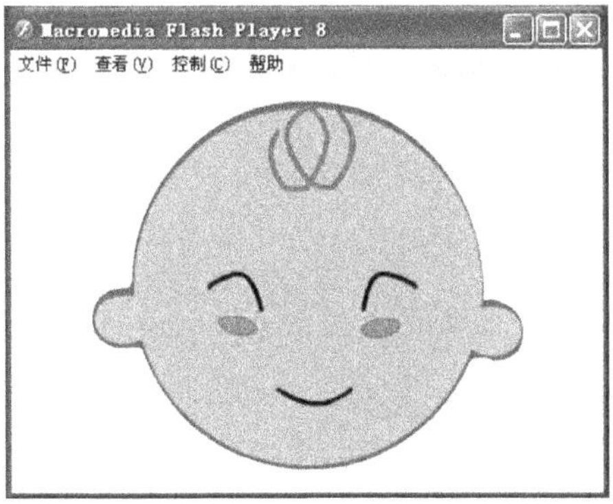

图 1.9

1.3.4　任务评价

本任务通过小男孩五官的绘制，把五官不同的部分放置在不同图层上的同一关键帧位置单独进行绘制，在绘图时既互不影响又相互参照，组合在一起就构成了卡通人物的微笑表情。人物丰富多彩的表情一般是通过绘制脸部五官的不同形状和造型，再搭配在一起共同完成的。在 Flash 中进行多图层的绘制操作是绘制图形的通用手法。

1.3.5 任务拓展

本任务通过简单的图形填充和线条操作，绘制出卡通人物的微笑表情。参照本任务的图形绘制方法，绘制一个小女孩的惊讶表情。

项 目 2

Flash 中简单动作动画的制作

2.1　项目情境

小张上大学时读的是计算机网络专业，毕业之后想对口就业，但由于各种原因，一直没有如愿。然而，他看到就业市场上招聘动漫设计与制作设计人员的岗位颇多，提供的待遇和就业前景也挺诱人的。基于此，他萌生了一个想法：改行，加入动漫设计和制作这一前景广阔的行业！心动不如行动，他立即确定了努力的方向：使用 Flash 设计和制作二维动画。学会了基本的矢量图形的绘制之后，接下来就要重点攻关 Flash 中简单动作动画的制作。

2.2　项目分析

1. 熟练掌握 Flash 中图形元件、影片剪辑元件以及按钮元件 3 种元件的设计和制作。

2. 熟练掌握 Flash 中逐帧动画、遮罩动画、引导动画以及脚本动画 4 种动画的设计和制作。

2.3　任务 1　蝴蝶飞舞

2.3.1　任务描述

使用 Flash 设计和制作蝴蝶飞舞的场景。影片播放时显示在一片繁花盛开的草地上，两只蝴蝶在花海上翩翩飞舞，尽情嬉戏，同时播放小提琴协奏曲《梁祝》，呈现一幅“留连戏蝶时时舞”的景象。

2.3.2　任务目标

1. 熟练掌握 Flash 中矢量图形的绘制。
2. 熟练掌握 Flash 中图形元件和影片剪辑元件的设计和制作。
3. 熟练掌握 Flash 中引导动画的设计和制作。
4. 熟练掌握 Flash 中声音文件的加载和剪辑操作。

2.3.3　任务实施

1. 新建一个 Flash 文档，设置宽高大小为 550 像素 ×400 像素，背景颜色为白色，其余选项默认（见图 2.1）。

2. 把相关素材导入库中（见图 2.2）。

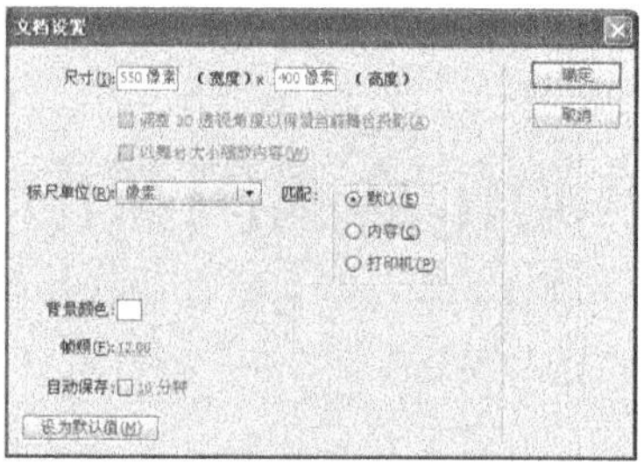

图 2.1

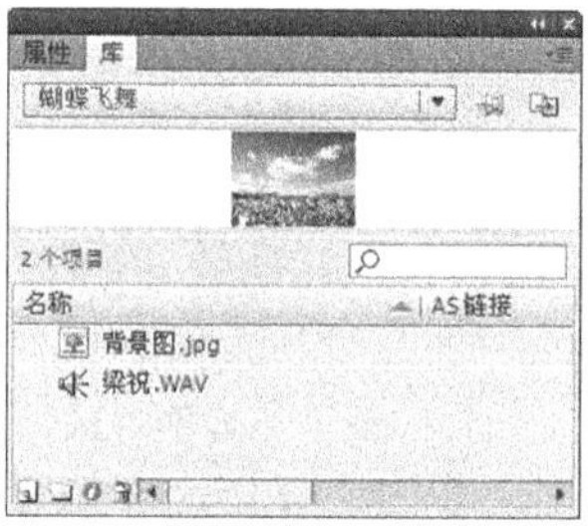

图 2.2

3. 影片剪辑元件“蝴蝶飞舞”的设计和制作。

（1）创建新元件，命名为“蝴蝶飞舞”，类型为影片剪辑（见图 2.3）。

（2）用鼠标点击图 2.3 中的“确定”按钮，进入影片剪辑元件“蝴蝶飞舞”的编辑场景。

（3）选中［图层 1］图层的第 1 空白关键帧，使用工具箱中的相关工具绘制好蝴蝶飞舞的一个关键动作画面（见图 2.4）。在第 3 帧位置插入关键帧并选中该帧，绘制好蝴蝶飞舞的另一个关键动作画面（见图 2.5）。在第 4 帧位置插入帧。

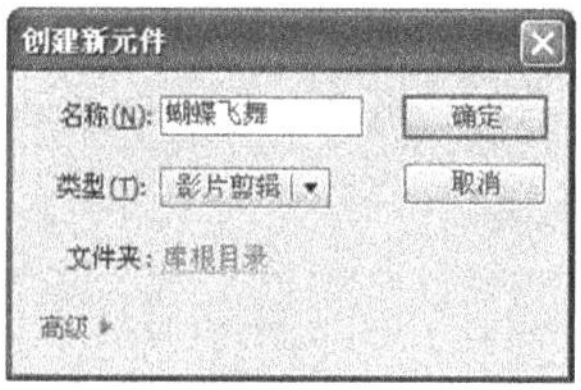

图 2.3

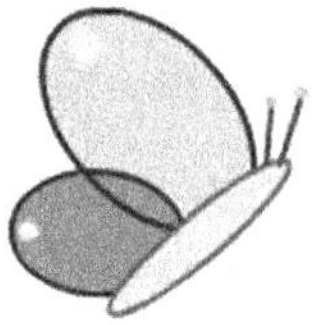

图 2.4

图 2.5

4. 相关元件设计和制作完毕，回到主场景，进行合成。

（1）把［图层 1］图层重命名为“背景图”，选中该图层的第 1 空白关键帧，用鼠标把库中的图形素材“背景图 . jpg”拖放到场景中，宽高大小设置为 550 像素 ×400 像素，位置坐标为（0，0），使得背景图与主场景重合在一起。在第 30 帧位置插入帧。

（2）选中［蝴蝶 1］图层的第 1 空白关键帧，用鼠标把库中的影片剪辑元件“蝴蝶飞舞”拖放到主场景中的任意位置，在第 30 帧位置插入关键帧，创建第 1 关键帧至第 30 关键帧之间的补间动画。

（3）在［蝴蝶 1］图层的上面增加 1 个引导图层，命名为“引导层 1”。选中［引导层 1］图层的第 1 空白关键帧，使用工具箱中的“铅笔工具”绘制好 1 条蝴蝶飞舞的路径（见图 2.6）。在第 30 帧位置插入帧，此时影片剪辑元件“蝴蝶飞舞”应该会自动依附到路径上。

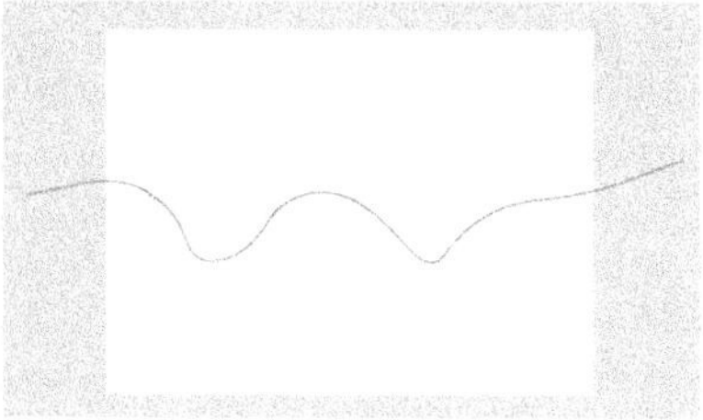

图 2.6

（4）选中［蝴蝶 1］图层的第 1 关键帧对应的影片剪辑元件“蝴蝶飞舞”，把其中心点调整到路径的左端点（见图 2.7）。选中［蝴蝶 1］图层的第 30 关键帧对应的影片剪辑元件“蝴蝶飞舞”，把其中心点调整到路径的右端点（见图 2.8）。

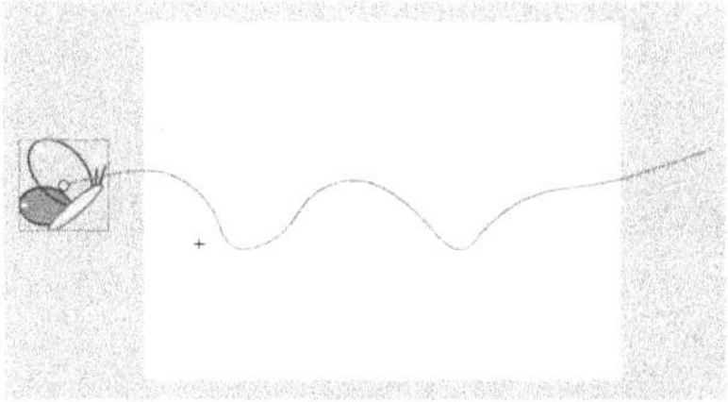

图 2.7

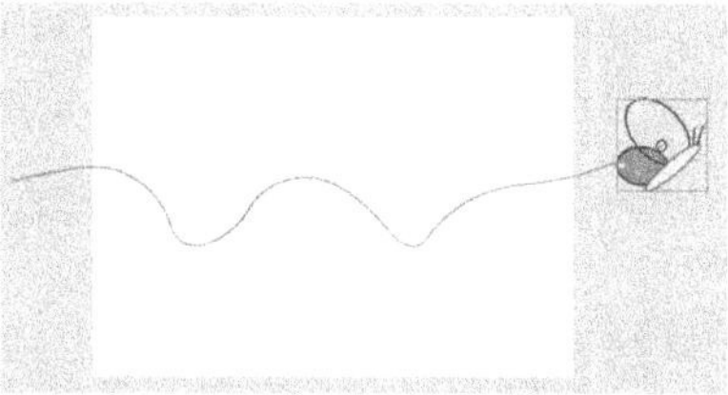

图 2.8

（5）在［引导层 1］图层的上面增加一个普通图层，命名为“蝴蝶 2”。选中［蝴蝶 2］图层的第 1 空白关键帧，用鼠标把库中的影片剪辑元件“蝴蝶飞舞”拖放到主场景中的任意位置，使用工具箱中的“任意变形工具”或者在“变形”面板中把影片剪辑元件“蝴蝶飞舞”水平翻转 180 度（见图 2.9）。在第 30 帧位置插入帧。

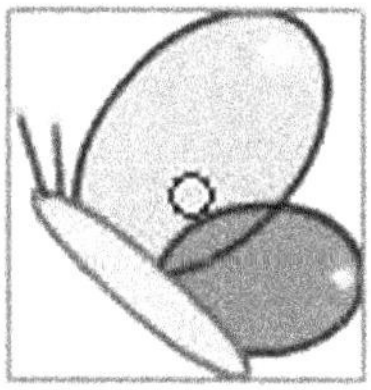

图 2.9

（6）在［蝴蝶 2］图层的上面增加 1 个引导图层，命名为“引导层 2”。选中［引导层 2］图层的第 1 空白关键帧，使用工具箱中的“铅笔工具”绘制好另一条蝴蝶飞舞的路径（见图 2.10）。在第 30 帧位置插入帧，此时影片剪辑元件“蝴蝶飞舞”应该会自动依附到路径上。

（7）选中［蝴蝶 2］图层的第 1 关键帧对应的影片剪辑元件“蝴蝶飞舞”，把其中心点调整到路径的右端点（见图 2.11）。选中［蝴蝶 2］图层的第 30 关键帧对应的影片剪辑元件“蝴蝶飞舞”，把其中心点调整到路径的左端点（见图 2.12）。

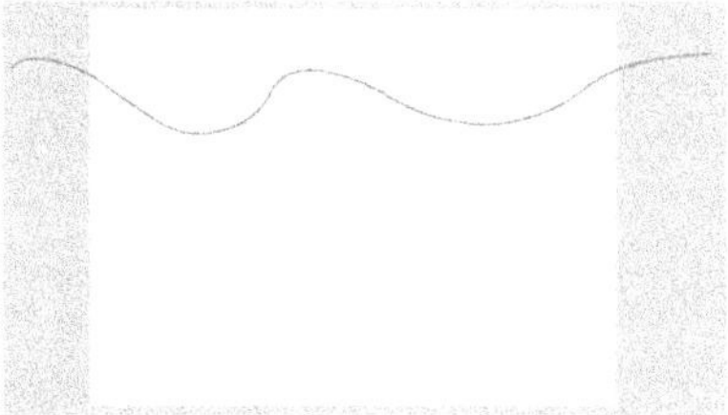

图 2.10

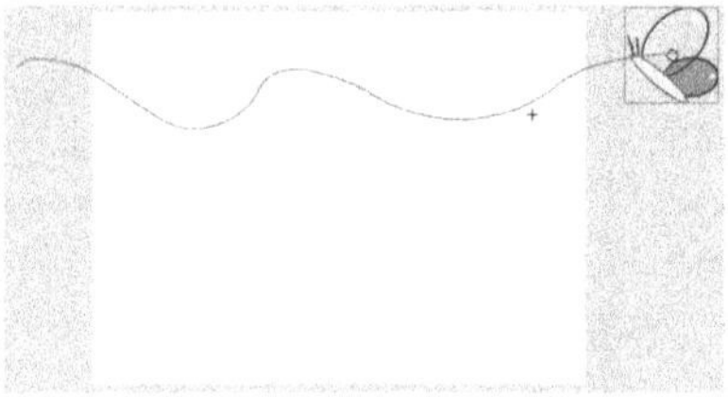

图 2. 11

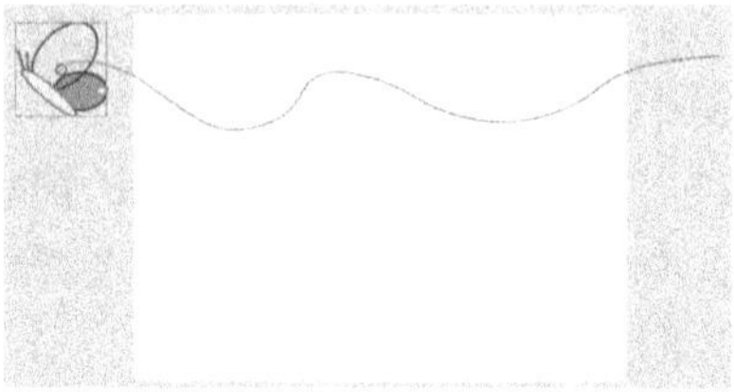

图 2. 12

（8）在［引导层 2］图层的上面增加 1 个普通图层，命名为“声音加载”。选中该图层的第 1 空白关键帧，在“属性”面板中选择声音文件“梁祝 . WAV”，在该图层上加载声音。在第 30 帧位置插入帧。

（9）此时的图层和时间线设置（见图 2. 13）。

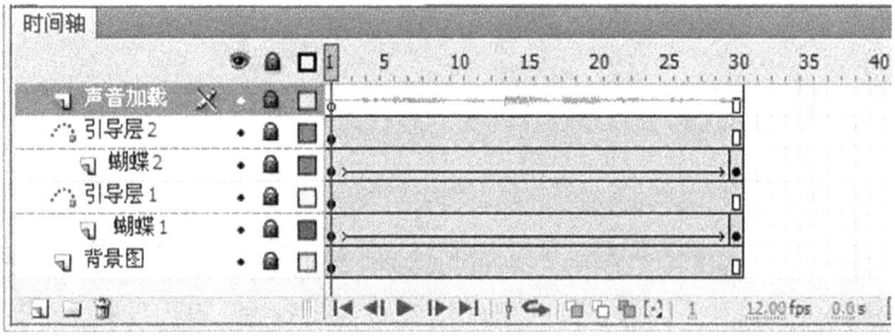

图 2. 13

5. 进行整体测试，保存文件，导出影片。

6. 导出影片的播放画面之一（见图 2. 14）。

图 2. 14

2.3.4 任务评价

本任务使用 Flash 来设计和制作蝴蝶飞舞的场景，通过其中的元件以及引导动画的设计和制作，较好地完成了蝴蝶飞舞场景的制作任务。

2.3.5 任务拓展

本任务中的蝴蝶的数量是固定的，飞舞的路径是固定的，图形的大小和透明度也是固定的。能否实现蝴蝶的数量不定、飞舞的路径不固定、图形的大小和透明度发生变化的效果呢？要实现以上效果其实不难，只要在本任务的基础上进行修改和深化完善就行了。当然，设计和制作的时间及难度会相应增加，因为要求和功能多了。

2.4 任务 2 走路的老鼠

2.4.1 任务描述

本任务要使用 Flash 来设计和制作老鼠走路的动画。影片播放时显示：白天，天上纷纷扬扬地下着雪，此时，一只老鼠摆动双手，迈开大步，甩着尾巴，脸上满是得意扬扬的表情，憨态可掬地从路的一头走向另一头。

2.4.2 任务目标

1. 熟练掌握 Flash 中矢量图形的绘制。
2. 熟练掌握 Flash 中图形元件和影片剪辑元件的设计和制作。
3. 熟练掌握 Flash 中逐帧动画的设计和制作。
4. 熟练掌握 Flash 中补间动画的设计和制作。

2.4.3 任务实施

1. 新建一个 Flash 文档，设置宽高大小为 550 像素 ×400 像素，背景颜色为白色，其余选项默认（见图 2.15）。

2. 把相关素材导入库中（见图 2.16）。

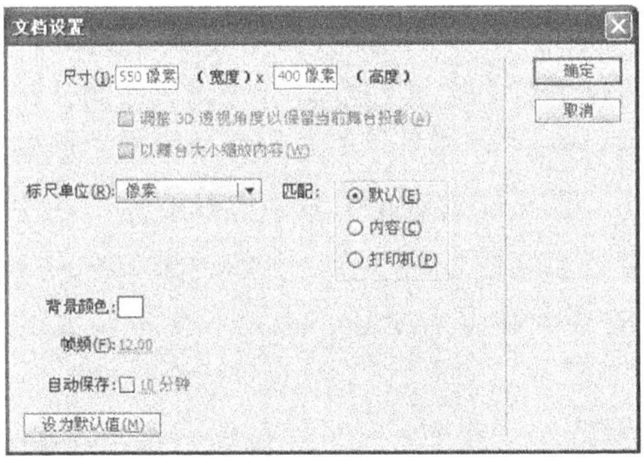

图 2.15

图 2.16

3. 相关元件的设计和制作。

（1）老鼠各个零部件的设计和制作（使用工具箱中的相关工具进行绘制，由于步骤比较简单，而且图形的绘制已经在项目 1 当中进行了阐述，故具体绘制步骤在此就不再赘述，只给出最终效果图）。

①图形元件“老鼠大腿”的设计和制作（见图 2. 17）。

②图形元件“老鼠小腿”的设计和制作（见图 2. 18）。

③图形元件“老鼠的头”的设计和制作（见图 2. 19）。

④图形元件“老鼠胳膊”的设计和制作（见图 2. 20）。

⑤图形元件“老鼠的手 1”的设计和制作（见图 2. 21）。

⑥图形元件“老鼠的手 2”的设计和制作（见图 2. 22）。

⑦图形元件“老鼠的鞋 1”的设计和制作（见图 2. 23）。

⑧图形元件“老鼠的鞋 2”的设计和制作（见图 2. 24）。

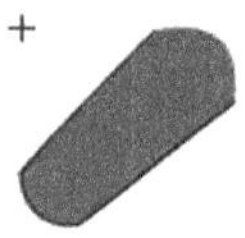

图 2. 17

图 2. 18

图 2. 19

图 2. 20

图 2. 21

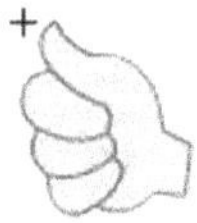

图 2. 22

图 2. 23

图 2. 24

（2）绘制好老鼠的各个零部件后，就可用这些零部件合成老鼠走路的各个关键画面。也就是说，老鼠走路时，身体的各个零部件是同时协调运作的，符合人走路的特征。把老鼠走路的动作进行分解，可得到一系列分解动作图，如果把这些动作图又合成在一起同时播放的话，那么又看到了老鼠走路的动作。动作分解图越多、越精细，合成的动作就越接近真实的走路动作。分解动作和绘制这些分解出来的动作图形是制作逐帧动画的难点和重点所在，也是一份考验人的智力、耐力和毅力的技术活。

本任务中把老鼠的走路动作分解为 22 个动作图形元件，按照动作分解顺序，命名为“老鼠 1”至“老鼠 22”，得出最终的绘制效果图（见图 2. 25）。

（3）影片剪辑元件“走路的老鼠”的设计和制作。

①创建新元件，命名为“走路的老鼠”，类型为影片剪辑（见图 2.26）。

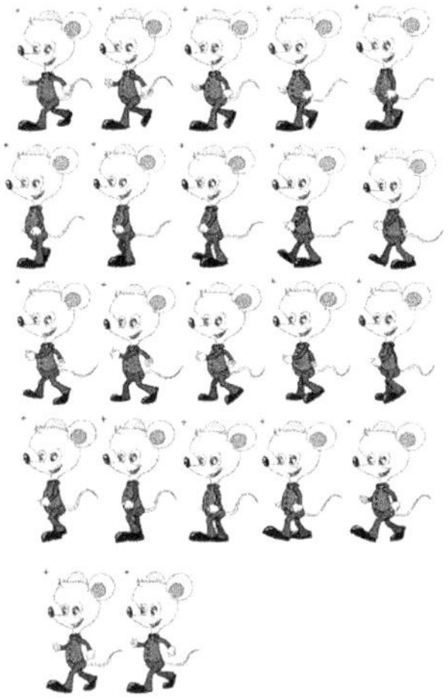

图 2.25

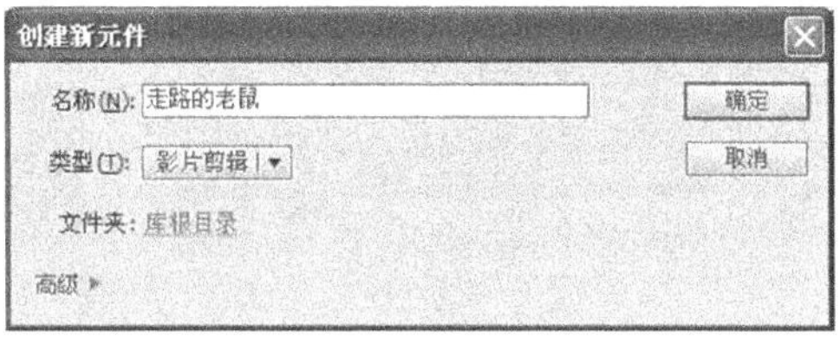

图 2.26

②用鼠标单击图 2.26 中的“确定”按钮，进入影片剪辑元件“走路的老鼠”的编辑场景。

③选中［走路的老鼠］图层，在第 1 帧至第 22 帧均插入空白关键帧，按照序号，把库中的图形元件“老鼠 1”至“老鼠 22”依次放置到第 1 至第 22 空白关键帧所对应的场景中。特别需要注意的是：不同关键帧所对应场景中的老鼠图形元件的位置坐标要一致。

④此时的图层和时间线设置（见 2.27）。

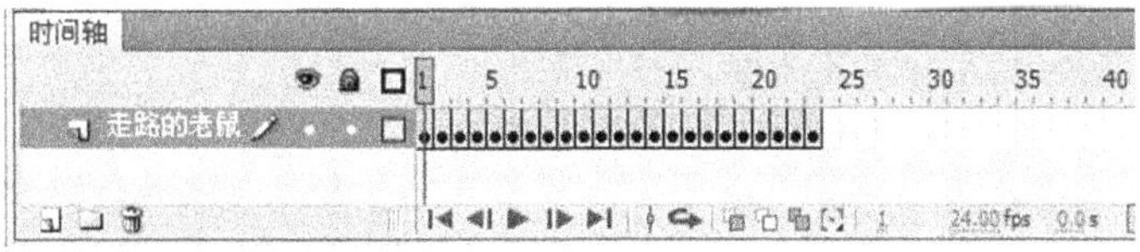

图 2.27

4. 相关元件设计和制作完毕，回到主场景，进行合成。

（1）新建（插入）1 个图层，这样就有两个图层了，进行命名，从上到下分别是［走路的老鼠］、［背景图］。

（2）选中［背景图］图层的第 1 空白关键帧，用鼠标把库中的图形素材“背景图 . bmp”拖放到场景中，设置其宽高大小为 550 像素 ×400 像素，位置坐标为（0，0），使得背景图与主场景重合在一起。在第 200 帧位置插入帧。

（3）选中［走路的老鼠］图层的第 1 空白关键帧，用鼠标把库中的影片剪辑元件“走路的老鼠”拖放到场景中靠右边界的位置（见图 2. 28），调整其大小；在第 200 帧位置插入关键帧，把该帧所对应场景位置上的影片剪辑元件“走路的老鼠”平移到场景靠左边界的位置上（见图 2. 29）；创建第 1 关键帧至第 200 关键帧之间的补间动画。

图 2. 28

图 2. 29

（4）此时的部分图层和时间线设置（见图 2. 30）。

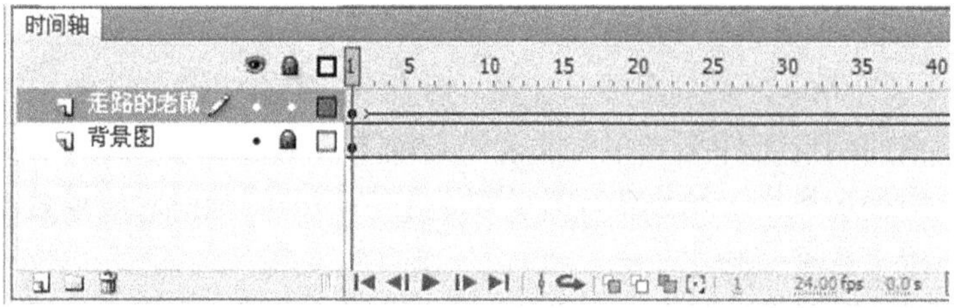

图 2. 30

5. 进行整体测试，保存文件，导出影片。

6. 导出影片的播放画面之一（见图 2. 31）。

2. 4. 4　任务评价

本任务主要是通过 Flash 中的逐帧动画惟妙惟肖地实现了老鼠的走路动作。逐帧动画的优势是设计和制作出来的动画比较逼真且符合实际情况，缺点是动作分解有一定难度，加之分解出来的诸多中间帧图形的绘制也比较难，对绘画技能有较高要求，设计和制作的时间及成本也会随之增加。因此，是否采用逐帧动画来设计和制作，要考虑多方面的因素。

图 2. 31

2.4.5　任务拓展

本任务中的老鼠在走路时五官的表情是单一的，不够丰富和多变。如果走动时要看到老鼠的眼睛、嘴巴、眉毛、耳朵等都在动态协调地变化，呈现出丰富多变的表情状态，又该如何设计和制作呢？很明显，设计和制作的难度又提高了。不过，只要在本任务的基础上进行修改和完善，还是比较容易实现的。关键还是在老鼠走路分解图形的绘制上面做文章。

2.5　任务3　猴子爬树

2.5.1　任务描述

本任务的内容是使用Flash设计和制作猴子爬树的动画。画面上显示树叶从树上不停地飘落到地面，树叶从上往下飘落，越接近地面，就越清晰、越大；有一只猴子手脚抱在树上准备爬树，伸出红红的舌头，显得调皮可爱。动画播放画面上有两个控制按钮。鼠标点击左边的按钮时，猴子开始手脚交替运动向上爬树，此时猴子红红的舌头缩进了嘴巴里，到达顶部时猴子停止爬动，又露出红红的舌头。此时用鼠标点击右边的按钮，猴子开始手脚交替运动向下爬树，红红的舌头又缩进嘴巴里去了，到达底部时猴子停止爬动，又露出红红的舌头。总而言之，猴子停止爬动时红色的舌头可见，爬动时红色的舌头不可见。

2.5.2　任务目标

1. 熟练掌握Flash中矢量图形的绘制。
2. 熟练掌握Flash中图形元件、影片剪辑元件、按钮元件的设计和制作。
3. 熟练掌握Flash中补间动画和引导动画的设计和制作。
4. 熟练掌握Flash中简单脚本代码的添加和使用。

2.5.3　任务实施

1. 新建一个Flash文档，设置宽高大小为200像素×400像素，背景颜色为白色，其余选项默认（见图2.32）。

2. 把相关素材导入库中（见图2.33）。

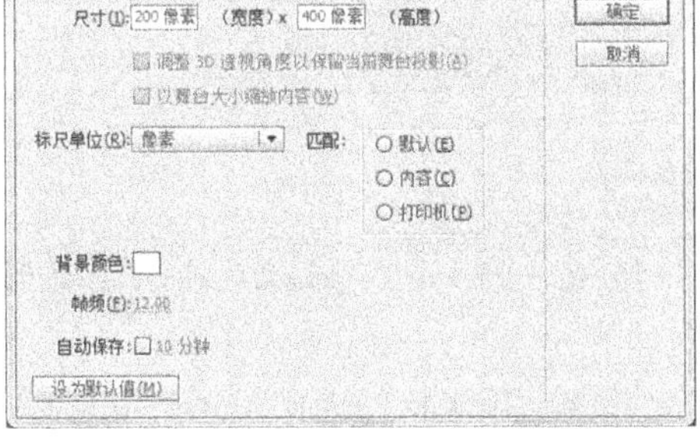

图2.32

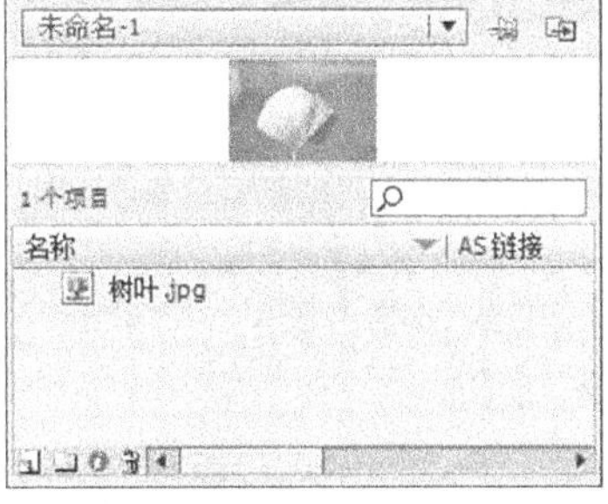

图2.33

3. 相关元件的设计和制作。

首先使用工具箱中的工具绘制好猴子的各个零部件，由于步骤比较简单加之篇幅所限，详细的绘制步骤在此就不再赘述了。

（1）设计和制作图形元件“猴子头部”（见图 2. 39）。

（2）设计和制作图形元件“猴子身体”（见图 2. 35）。

（3）设计和制作图形元件“猴子的手”（见图 2. 36）。

（4）设计和制作图形元件“猴子的脚”（见图 2. 37）。

（5）设计和制作图形元件“猴子舌头”（见图 2. 38）。

图 2. 34

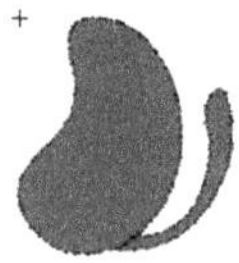

图 2. 35

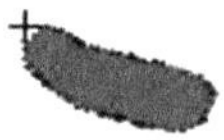

图 2. 36

图 2. 37

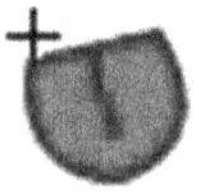

图 2. 38

（6）利用绘制好的猴子的各个零部件进行合成，生成图形元件“静态猴子”（见图 2. 39）。

提示：在图形元件“静态猴子”的编辑场景中，选中［图层 1］图层的第 1 空白关键帧，用鼠标把库中的图形元件“猴子头部”、“猴子身体”、“猴子的手”、“猴子的脚”、“猴子舌头”拖放到场景中组合成一只“静态猴子”。

图 2. 39

（7）影片剪辑元件“动态猴子”的设计和制作。

①创建新元件，命名为“动态猴子”，类型为影片剪辑（见图 2. 40）。

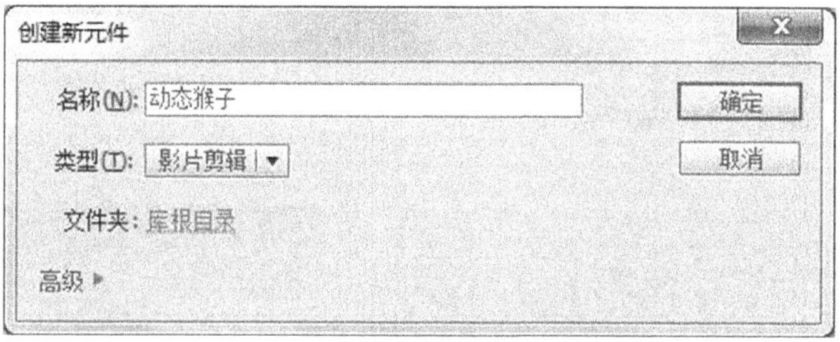

图 2. 40

②用鼠标单击图 2. 40 中的“确定”按钮，进入影片剪辑元件“动态猴子”的编辑场景。

③选中［图层 1］图层的第 1 空白关键帧，用鼠标把库中的图形元件“猴子头部”、“猴子身体”、“猴子的手”、“猴子的脚”拖放到场景中组合成猴子（见

图 2.41）。在第 3 帧位置插入关键帧，调整猴子的手和脚的位置（见图 2.42），注意其余部位不能移位。在第 4 帧位置插入帧。

图 2.41

图 2.42

④此时的图层和时间线设置（见图 2.43）。

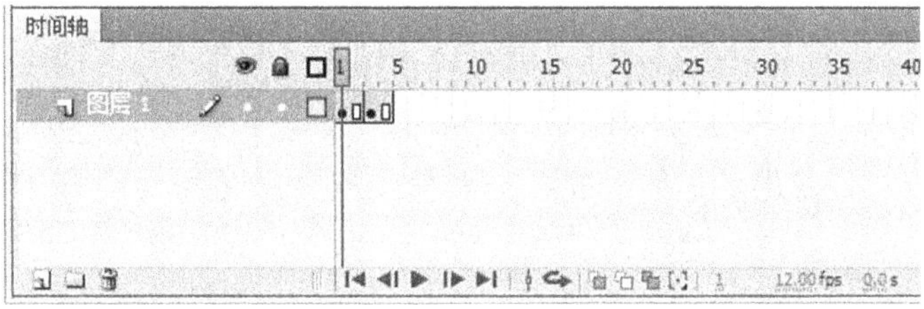

图 2.43

（8）图形元件“背景”的设计和制作（见图 2.44）。

（9）图形元件“树叶”的设计和制作。

用鼠标把库中的图形素材“树叶 . jpg”拖放到主场景中，使用工具箱中的“套索工具”中的“魔术棒”，把图形素材“树叶 . jpg”中除树叶之外的背景删除，然后选中删除背景之后剩下来的树叶图像，把其转换为图形元件“树叶”（见图 2.45）。

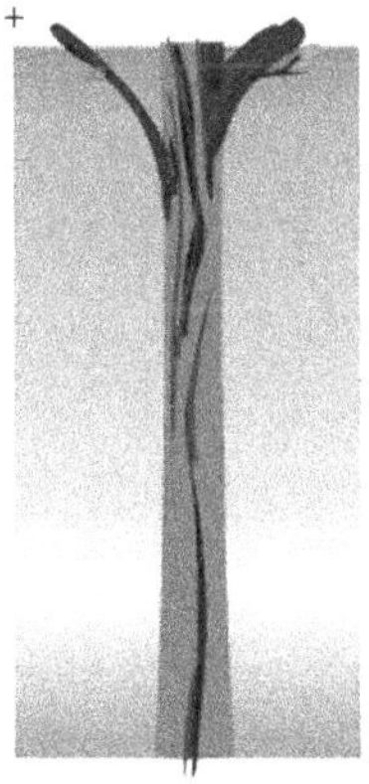

图 2.44

图 2.45

（10）图形元件“树叶飘落”的设计和制作。

①创建新元件，命名为“树叶飘落”，类型为图形（见图 2.46）。

②用鼠标单击图 2.46 中的“确定”按钮，进入图形元件“树叶飘落”的编辑场景。

③把［图层 1］图层命名为“树叶 1”，选中［树叶 1］图层的第 1 空白关

键帧，用鼠标把库中的图形元件“树叶”拖放到场景中，在第 90 帧位置插入关键帧，创建第 1 关键帧至第 90 关键帧之间的补间动画。在［树叶 1］图层的上面生成一个引导图层，命名为“引导 1”。

图 2. 46

选中［引导 1］图层的第 1 空白关键帧，使用工具箱中的“铅笔工具”在场景中绘制好一条树叶飘落的引导曲线，此时图形元件“树叶飘落”应该会自动依附到曲线上。选中［树叶 1］图层的第 1 关键帧，把场景中的图形元件“树叶”的中心点移动到引导曲线的上端点，选中［树叶 1］图层的第 90 关键帧，把场景中的图形元件“树叶”的中心点移动到引导曲线的下端点。

④在［引导 1］图层的上面插入一个普通图层，命名为“树叶 2”。选中［树叶 2］图层的第 1 空白关键帧，用鼠标把库中的图形元件“树叶”拖放到场景中，在第 90 帧位置插入关键帧，创建第 1 关键帧至第 90 关键帧之间的补间动画。在［树叶 2］图层的上面生成一个引导图层，命名为“引导 2”，选中［引导 2］图层的第 1 空白关键帧，使用工具箱中的“铅笔工具”在场景中绘制好一条树叶飘落的引导曲线，此时图形元件“树叶飘落”应该会自动依附到曲线上。选中［树叶 2］图层的第 1 关键帧，把场景中的图形元件“树叶”的中心点移动到引导曲线的上端点，选中［树叶 2］图层的第 90 关键帧，把场景中的图形元件“树叶”的中心点移动到引导曲线的下端点。

⑤同样地，在［引导 2］图层的上面插入一个普通图层，命名为“树叶 3”。选中［树叶 3］图层的第 1 空白关键帧，用鼠标把库中的图形元件“树叶”拖放到场景中，在第 90 帧位置插入关键帧，创建第 1 关键帧至第 90 关键帧之间的补间动画。在［树叶 3］图层的上面生成一个引导图层，命名为“引导 3”，选中［引导 3］图层的第 1 空白关键帧，使用工具箱中的“铅笔工具”在场景中绘制好一条树叶飘落的引导曲线，此时图形元件“树叶飘落”应该会自动依附到曲线上。选中［树叶 3］图层的第 1 关键帧，把场景中的图形元件“树叶”的中心点移动到引导曲线的上端点。选中［树叶 3］图层的第 90 关键帧，把场景中的图形元件“树叶”的中心点移动到引导曲线的下端点。

⑥不同图层上的第 1 关键帧位置所对应的场景见图 2. 47；不同图层上的第 90 帧位置所对应的场景见图 2. 48。

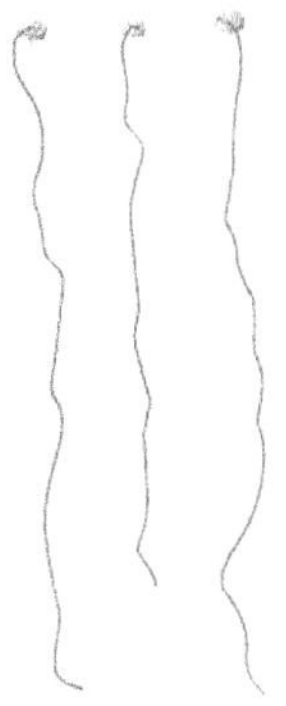

图 2.47

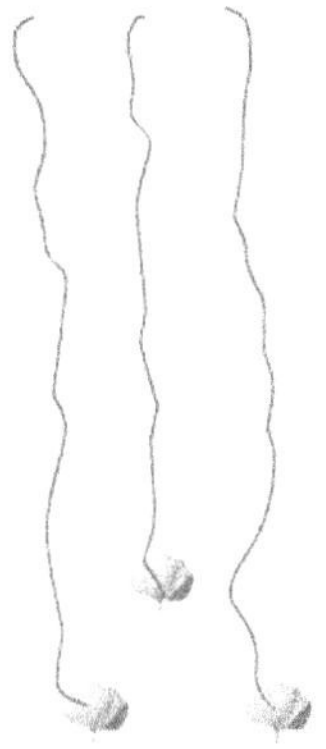

图 2.48

⑦此时的部分图层和时间线设置（见图 2.49）。

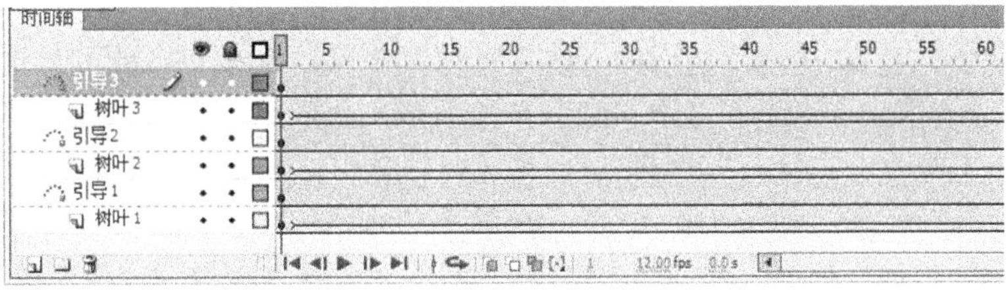

图 2.49

（11）影片剪辑元件“树叶的飘落”的设计和制作。

①创建新元件，命名为“树叶的飘落”，类型为影片剪辑（见图 2.50）。

②用鼠标单击图 2.50 中的“确定”按钮，进入影片剪辑元件“树叶的飘落”的编辑场景。

③选中［图层 1］图层的第 1 空白关键帧，用鼠标把库中的图形元件“树叶飘落”拖放到场景中，在第 90 帧位置插入帧。

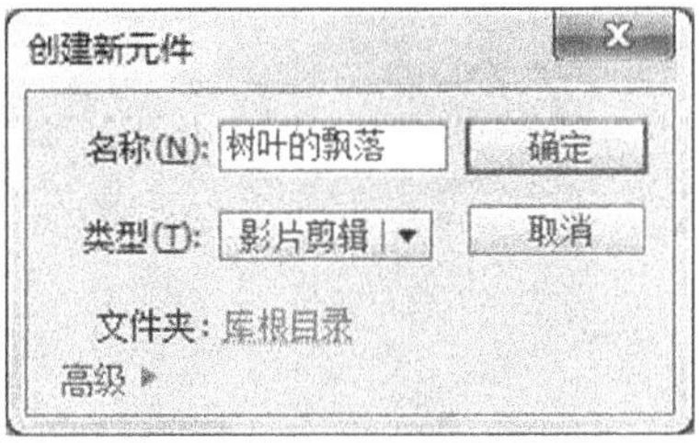

图 2.50

④此时的部分图层和时间线设置（见图 2.51）。

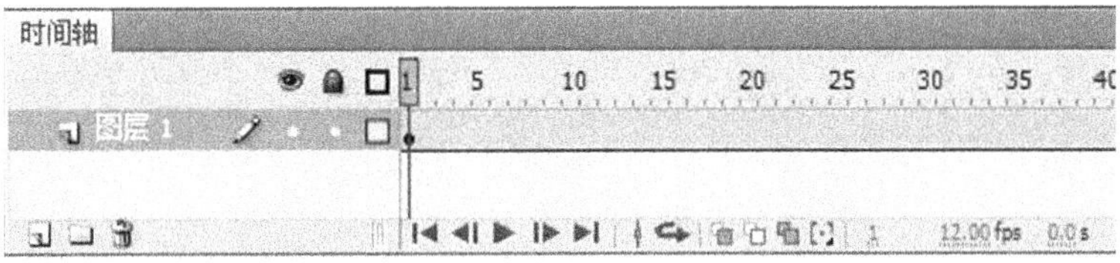

图 2.51

（12）按钮元件“上爬”和“下爬”的设计和制作。

本任务的按钮元件的设计和制作比较简单，在此就不再赘述了。

4. 相关元件的设计和制作完毕，回到主场景，进行合成。

（1）新建（插入）3 个图层，这样就有 4 个图层了，进行命名，从上到下分别是［控制按钮］、［树叶的飘落］、［动态猴子］、［背景］。

（2）选中［背景］图层的第 1 空白关键帧，用鼠标把库中的图形元件“背景”拖放到场景中，设置其宽高大小为 200 像素 ×400 像素，位置坐标为（0，0）。在第 90 帧位置插入帧。

（3）选中［动态猴子］图层的第 1 空白关键帧，用鼠标把库中的图形元件“静态猴子”拖放到场景中，调整其位置（见图 2.52），在该帧上添加脚本代码“stop（）;”。在第 2 帧位置插入空白关键帧，用鼠标把库中的影片剪辑元件“动态猴子”拖放到场景中，调整其位置（见图 2.53），需要注意的是，此时的“静态猴子”和“动态猴子”大小要保持一致。在第 45 帧位置插入关键帧，用鼠标把该帧对应的影片剪辑元件“动态猴子”移动到树枝的上部（见图 2.54）。创建第 2 关键帧至第 45 关键帧之间的补间动画。在第 46 帧位置插入关键帧，用鼠标把库中的图形元件“静态猴子”拖放到场景中，调整其位置（见图 2.55），在该帧上添加脚本代码“stop（）;”。在第 47 帧位置插入关键帧，用鼠标把库中的图形元件“动态猴子”拖放到场景中，调整其位置（见图 2.56）。在第 90 帧位置插入关键帧，把该帧对应的影片剪辑元件“动态猴子”移动到树枝下部的初始位置（见图 2.57）。

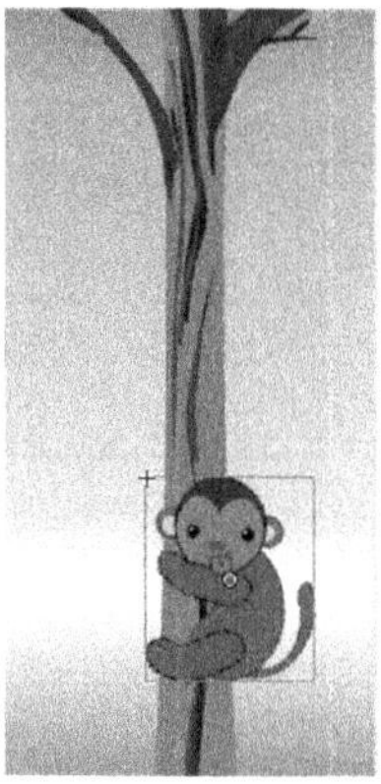

图 2.52

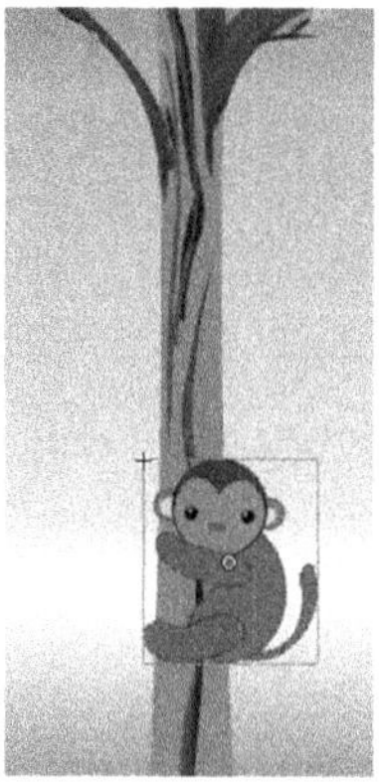

图 2.53

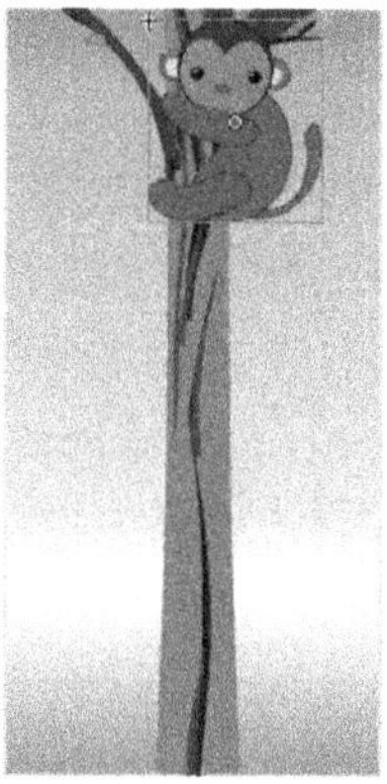

图 2.54

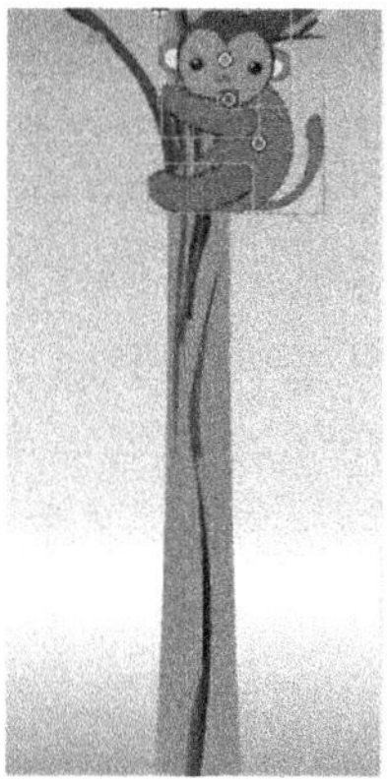

图 2.55

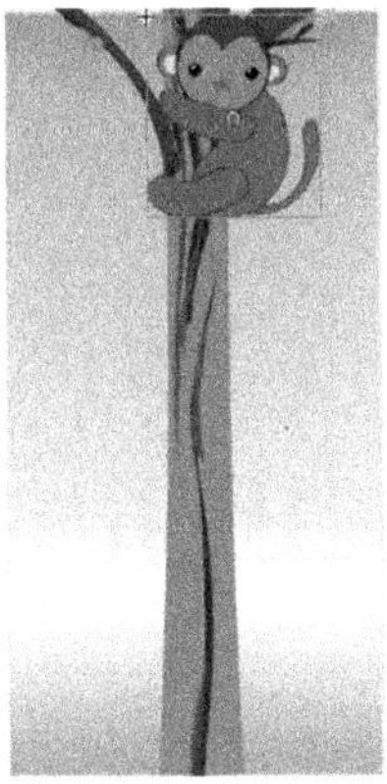

图 2.56

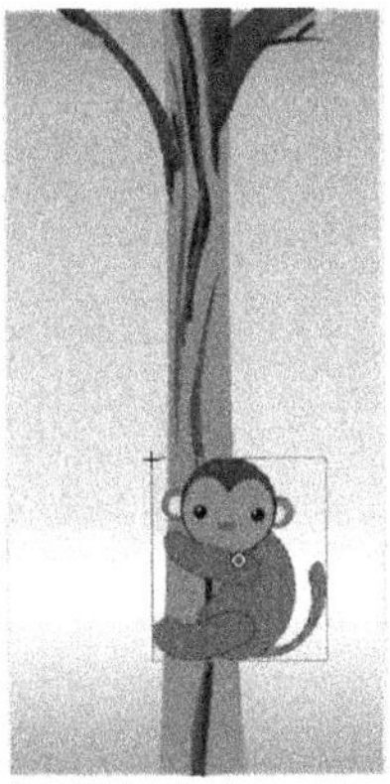

图 2.57

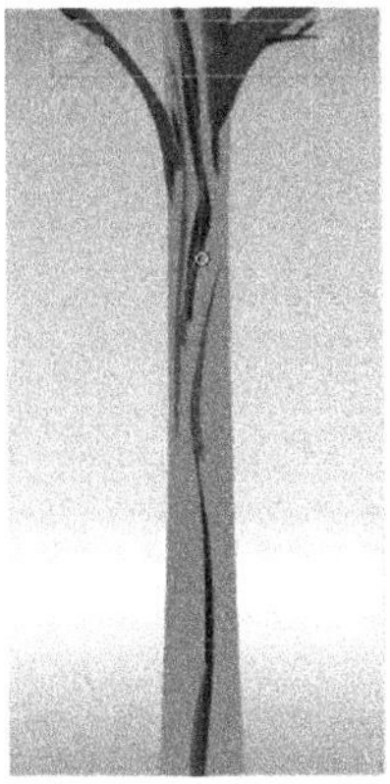

图 2.58

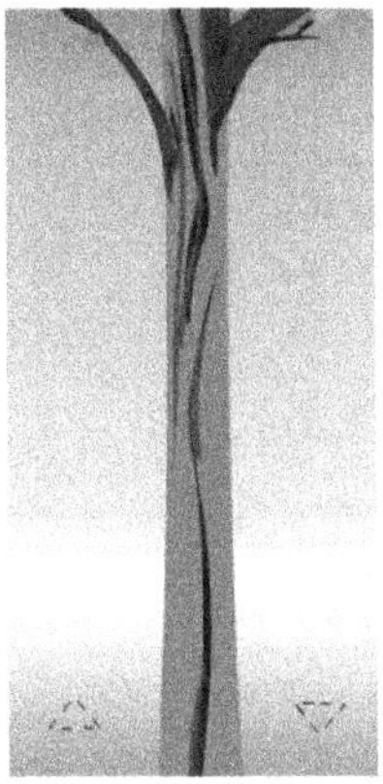

图 2.59

（4）选中［树叶的飘落］图层的第 1 空白关键帧，用鼠标把库中的影片剪辑元件“树叶的飘落”拖放到场景中，调整其位置（见图 2.58）。在第 90 帧位置插入帧。

（5）选中［控制按钮］图层的第 1 空白关键帧，用鼠标把库中的按钮元件“上爬”和“下爬”拖放到场景中，调整其位置（见图 2.59）。在第 90 帧位置插入帧。

（6）选中［控制按钮］图层第 1 关键帧上的按钮元件“上爬”，添加脚本代码“on (release) {play ();}”。选中［控制按钮］图层第 1 关键帧上的按钮元件“下爬”，添加脚本代码“on (release) {play ();}”。

（7）此时的图层和时间线设置（见图 2.60）。

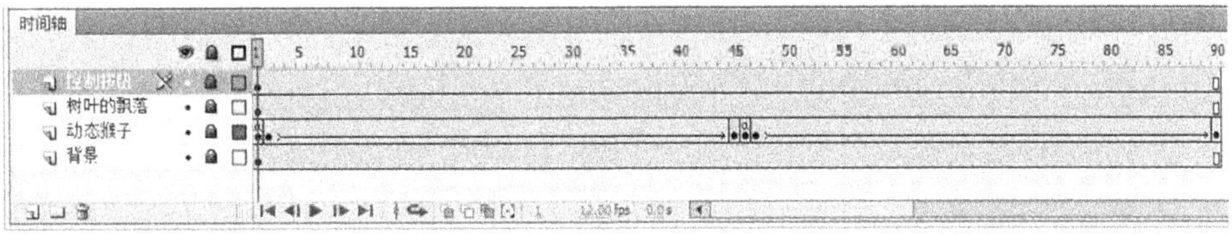

图 2.60

（8）此时的库（见图 2.61）。

5. 进行整体测试，保存文件，导出影片。

6. 导出影片的播放画面之一（见图 2.62）、画面之二（见图 2.63）、画面之三（见图 2.64）。

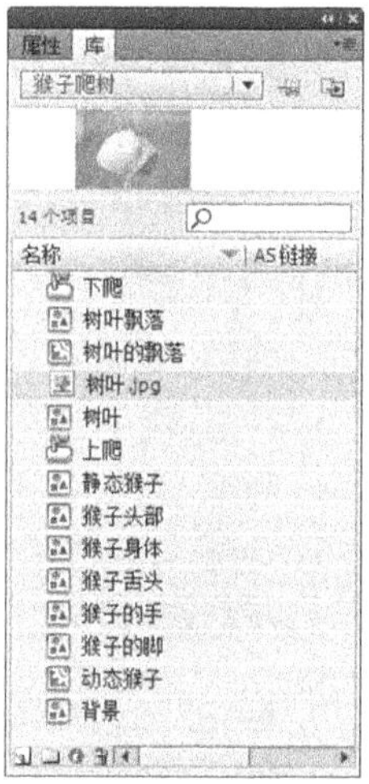

图 2.61

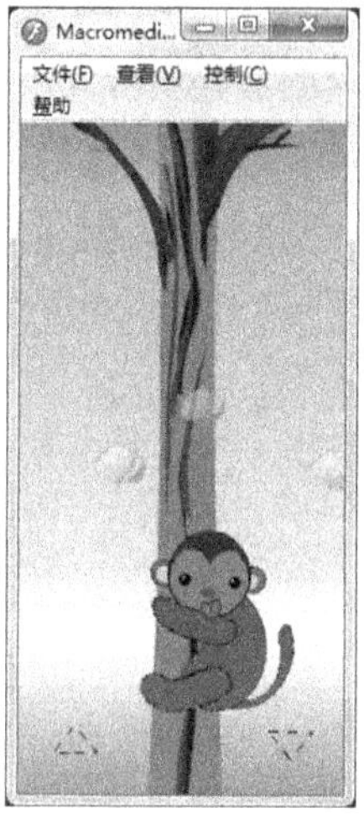

图 2.62

图 2.63

图 2.64

2.5.4 任务评价

本任务通过设计和制作 Flash 中的 3 种元件，创建补间动画和引导动画，再加上简单的脚本代码，制作了展现猴子的上下爬动以及树叶的简单飘落运动的动画，解决问题的思路是比较简单有效的。

2.5.5 任务拓展

本任务中猴子爬的树是笔直的，这是一种特殊的情况，现实中更多的是不笔直的树，如果是在这种情况下，猴子要沿着不笔直的树进行爬动，又该如何设计和制作呢？另外，本任务中猴子爬树的速度是匀速的，实际上，动物在爬树时更多的是非匀速运动，如果要使运动不总是匀速的话，又该如何设计和制作呢？

2.6 任务 4 老鼠和小狗

2.6.1 任务描述

本任务使用 Flash 设计和制作包含老鼠和小狗的动画。动画播放时，在漆黑的夜空下，有一支燃烧着的蜡烛，不停跳动的火焰照亮了周围的夜空，此时一只可爱的小狗跑过去，旁边的围墙下有一个老鼠洞，洞口躺着一只摆动着尾巴的小老鼠，它怡然自得，全然不惧小狗。整个画面显得和谐安稳。

2.6.2 任务目标

1. 熟练掌握 Flash 中矢量图形的绘制。
2. 熟练掌握 Flash 中图形元件和影片剪辑元件的设计和制作。
3. 熟练掌握 Flash 中逐帧动画和补间动画的设计和制作。

2.6.3 任务实施

1. 新建一个 Flash 文档，设置宽高大小为 500 像素 ×200 像素，背景颜色为黑色，其余选项默认（见图 2.65）。

2. 相关元件的设计和制作。

（1）图形元件“背景”的设计和制作。

创建新元件，命名为“背景”，类型为图形。进入元件的编辑场景，选中［图层 1］图层的第 1 空白关键帧，使用工具箱中的相关工具在场景中绘制好背景图形的框架，进行颜色填充，最终效果见图 2.66。

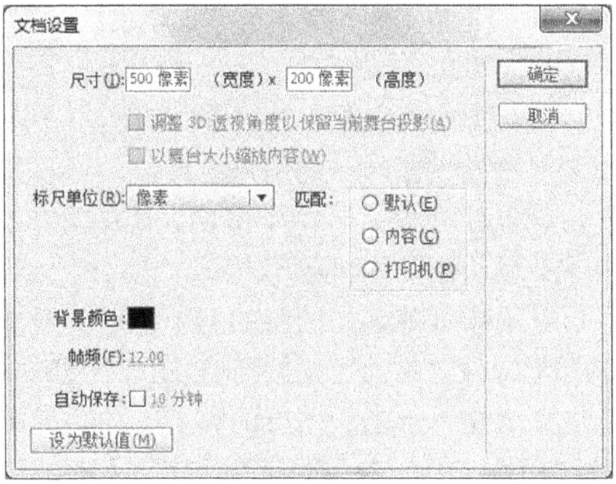

图 2.65

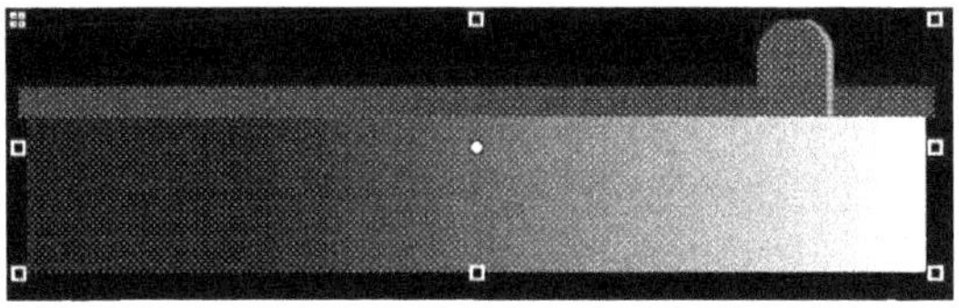

图 2.66

（2）图形元件“光晕”的设计和制作。

创建新元件，命名为“光晕”，类型为图形。进入元件的编辑场景，选中［图层 1］图层的第 1 空白关键帧，使用工具箱中的相关工具在场景中进行绘制和颜色填充，最终效果见图 2.67 和图 2.68。

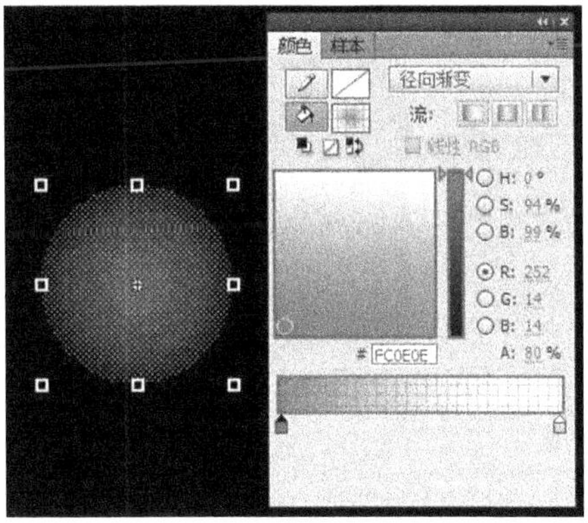

图 2.67

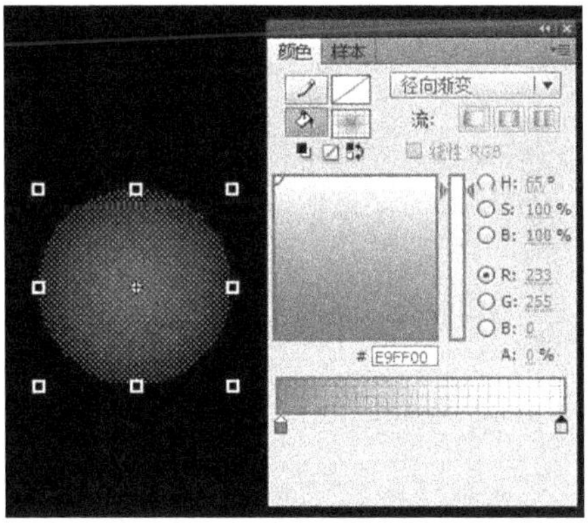

图 2.68

（3）图形元件“蜡烛”的设计和制作。

创建新元件，命名为“蜡烛”，类型为图形。进入元件的编辑场景，选中［图层 1］图层的第 1 空白关键帧，使用工具箱中的相关工具在场景中进行绘制和颜色填充，最终效果见图 2.69。

（4）影片剪辑元件“燃烧的蜡烛”的设计和制作。

①创建新元件，命名为“燃烧的蜡烛”，类型为影片剪辑（见图 2.70）。

②用鼠标单击图 2.70 中的“确定”按钮，进入影片剪辑元件“燃烧的蜡烛”的编辑场景。

③新建（插入）两个图层，这样就有 3 个图层了，进行命名，从上到下分别是［光晕］、［火焰］、［蜡烛］。

④选中［蜡烛］图层的第 1 空白关键帧，用鼠标把库中的图形元件“蜡烛”拖放到场景中，在第 20 帧位置插入帧。

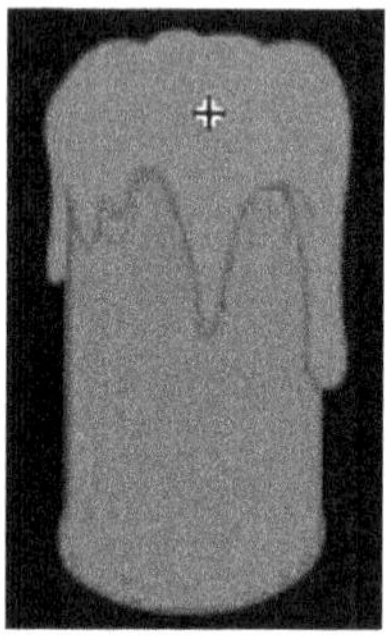

图 2.69

⑤选中［火焰］图层的第 1 空白关键帧，使用工具箱中的“椭圆工具”在图形元件“蜡烛”的上方绘制好一个无边框的“径向渐变”填充的椭圆（见图 2.71 和图 2.72）；在第 10 帧位置插入关键帧，选中该帧，把椭圆放大一些，填充颜色保持不变（见图 2.73）；在第 20 帧位置插入关键帧，选中该帧，把椭圆恢复到与第 1 关键帧同样大小，填充颜色保持不变。选中第 1 关键帧至第 20 关键帧，创建补间动画。

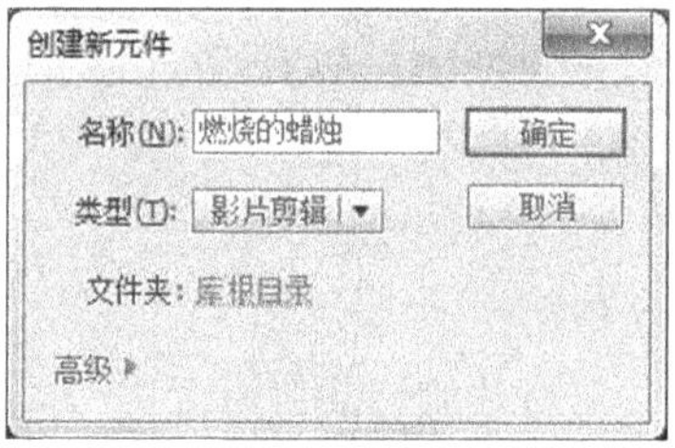

图 2.70

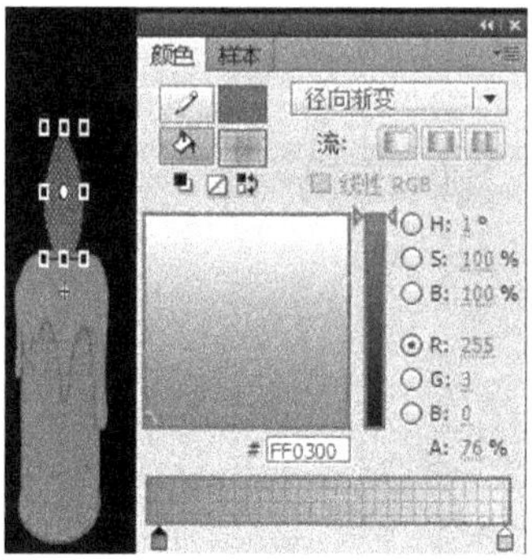

图 2.71

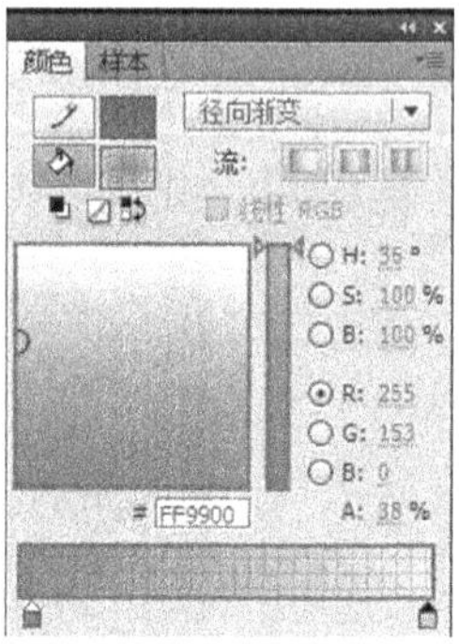

图 2.72

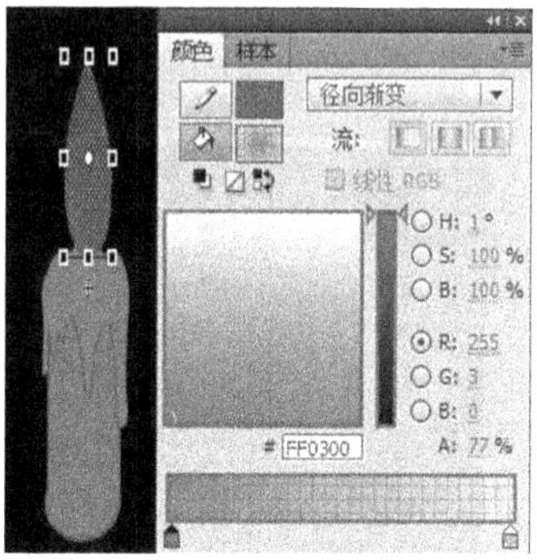

图 2.73

⑥选中［光晕］图层的第 1 空白关键帧，用鼠标把库中的图形元件“光晕”拖放到场景中（见图 2.74）；在第 10 帧位置插入关键帧，选中该帧，把图形元件“光晕”放大一些，填充颜色保持不变（见图 2.75）；在第 20 帧位置插入关键帧，选中该帧，把图形元件“光晕”恢复到与第 1 关键帧同样大小，填充颜色保持不变（见图 2.76）。选中第 1 关键帧至第 20 关键帧，创建补间动画。

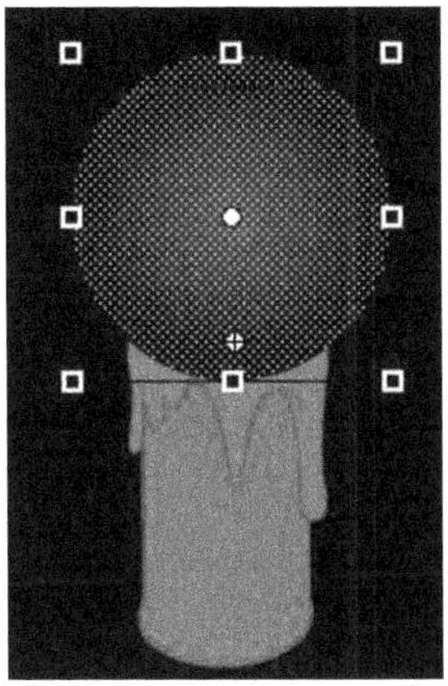

图 2. 74

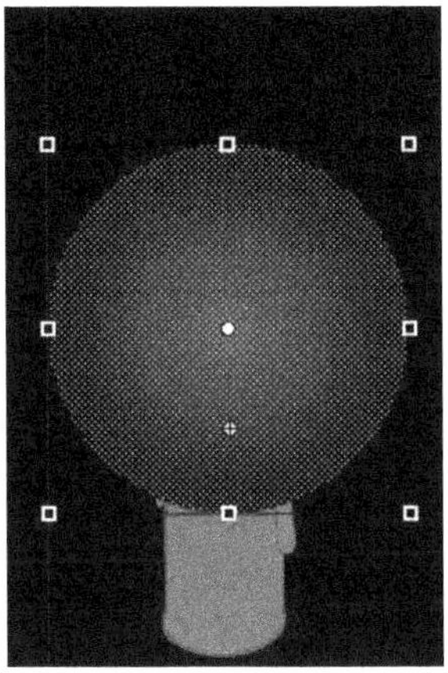

图 2. 75

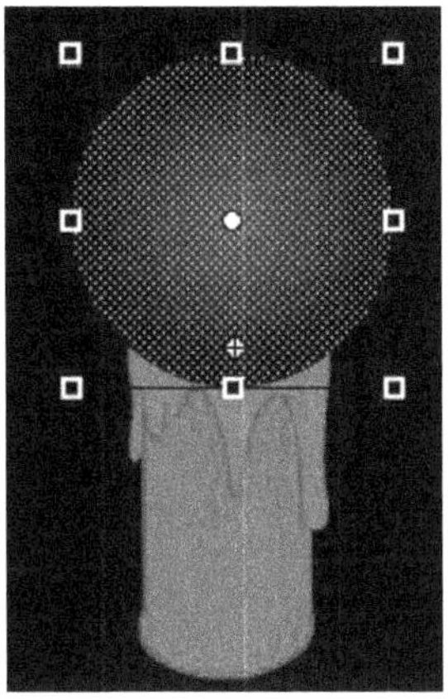

图 2. 76

⑦此时的图层和时间线设置（见图 2. 77）。

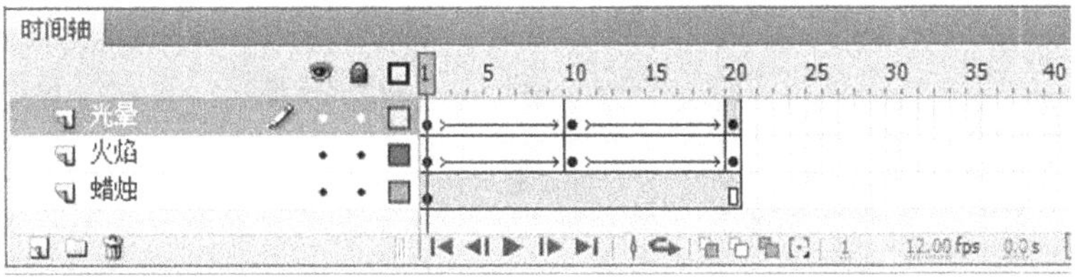

图 2. 77

（5）图形元件“老鼠 1”和“老鼠 2”的设计和制作。

①创建新元件，命名为“老鼠 1”，类型为图形。进入元件的编辑场景，选中［图层 1］图层的第 1 空白关键帧，使用工具箱中的相关工具在场景中进行绘制和颜色填充，最终效果见图 2. 78。

②创建新元件，命名为“老鼠 2”，类型为图形。进入元件的编辑场景，选中［图层 1］图层的第 1 空白关键帧，使用工具箱中的相关工具在场景中进行绘制和颜色填充，最终效果见图 2. 79。

图 2. 78

图 2. 79

（6）影片剪辑元件“动态老鼠”的设计和制作。

①创建新元件，命名为“动态老鼠”，类型为影片剪辑（见图 2. 80）。

②用鼠标单击图 2. 80 中的“确定”按钮，进入影片剪辑元件“动态老鼠”的编辑场景。

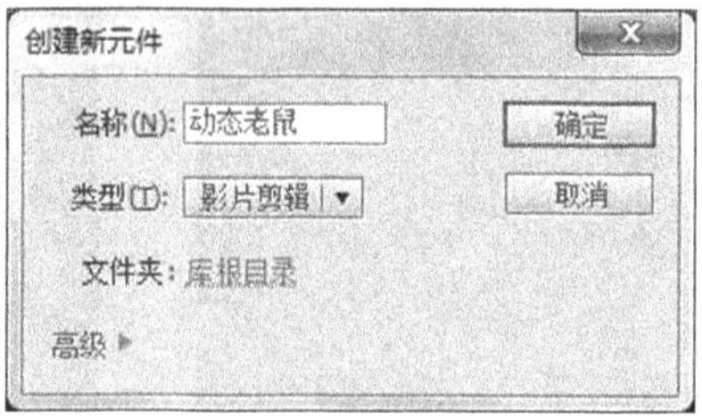

图 2. 80

③选中［图层 1］图层的第 1 空白关键帧，用鼠标把库中的图形元件“老鼠 1”拖放到编辑场景中。选中第 3 帧，插入空白关键帧，选中该帧，用鼠标把库中的图形元件“老鼠 2”拖放到编辑场景中，其位置坐标设置与图形元件“老鼠 1”的位置坐标设置相同。

④此时的图层和时间线设置（见图 2. 81）。

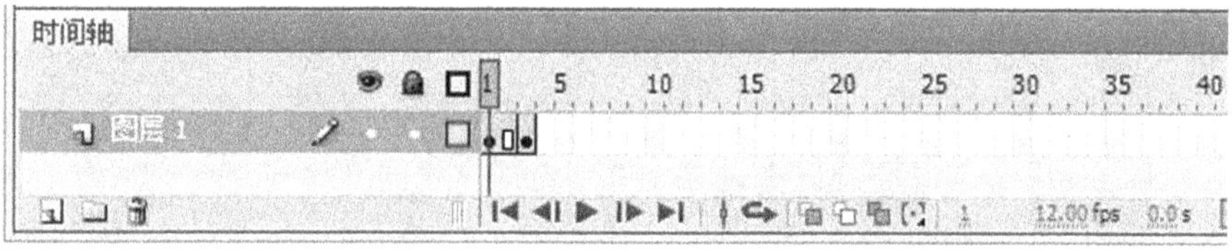

图 2. 81

（7）图形元件“小狗 1”和“小狗 2”的设计和制作。

①创建新元件，命名为“小狗 1”，类型为图形。进入元件的编辑场景，选中［图层 1］图层的第 1 空白关键帧，使用工具箱中的相关工具在场景中进行绘制和颜色填充，最终效果见图 2. 82。

②创建新元件，命名为“小狗 2”，类型为图形。进入元件的编辑场景，选中［图层 1］图层的第 1 空白关键帧，使用工具箱中的相关工具在场景中进行绘制和颜色填充，最终效果见图 2. 83。

图 2. 82

图 2. 83

（8）影片剪辑元件“动态小狗”的设计和制作。

①创建新元件，命名为“动态小狗”，类型为影片剪辑（见图2. 84）。

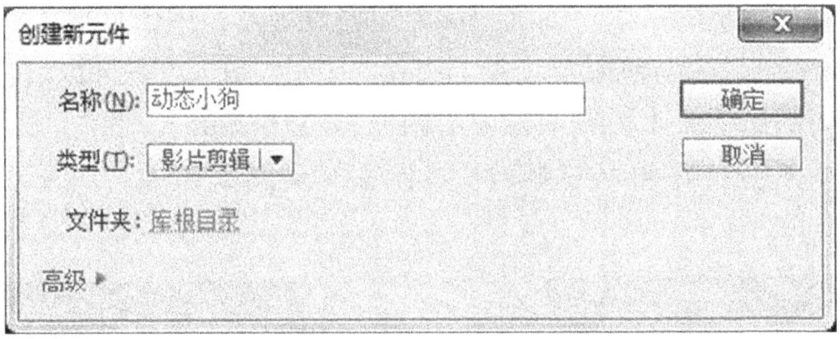

图2. 84

②用鼠标单击图2. 84中的“确定”按钮，进入影片剪辑元件“动态小狗”的编辑场景。

③选中［图层1］图层的第1空白关键帧，用鼠标把库中的图形元件“小狗1”拖放到编辑场景中。选中第2帧，插入空白关键帧，选中该帧，用鼠标把库中的图形元件“小狗2”拖放到编辑场景中，其位置坐标设置与图形元件“小狗1”的相同。

④此时的图层和时间线设置（见图2. 85）。

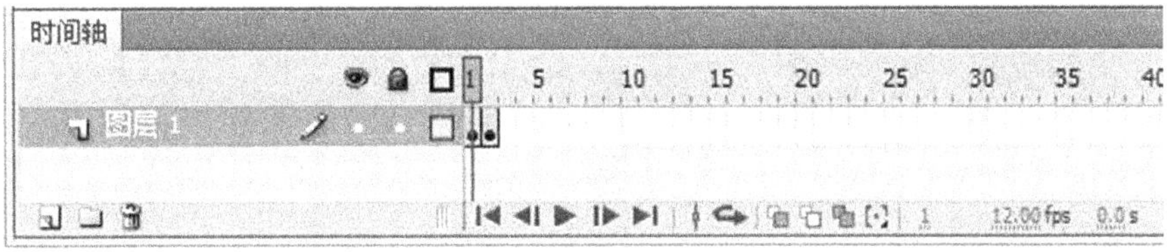

图2. 85

3. 相关元件设计和制作完毕，回到主场景，进行合成。

（1）新建（插入）3个图层，这样就有4个图层了，进行命名，从上到下分别是［燃烧的蜡烛］、［动态小狗］、［动态老鼠］、［背景］。

（2）选中［背景］图层的第1空白关键帧，用鼠标把库中的图形元件“背景”拖放到场景中，设置其宽高大小为500像素×400像素，位置坐标为（0，0）。在第40帧位置插入帧。

（3）选中［动态老鼠］图层的第1空白关键帧，用鼠标把库中的影片剪辑元件“动态老鼠”拖放到场景中，把其移动到老鼠洞口。在第40帧位置插入帧。

（4）选中［动态小狗］图层的第1空白关键帧，用鼠标把库中的影片剪辑元件“动态小狗”拖放到场景右边界的外面；在第40帧位置插入关键帧，把影片剪辑元件“动态小狗”移动到场景左边界的外面；选中第 1 关键帧至第 40 关键帧，创建补间动画。

（5）选中［燃烧的蜡烛］图层的第 1 空白关键帧，用鼠标把库中的影片剪辑元件“燃烧的蜡烛”拖放到靠近场景下边界的中间位置。在第 40 帧位置插入帧。

（6）不同图层的第 1 关键帧对应的画面（见图 2. 86）。

（7）不同图层的第 40 关键帧对应的画面（见图 2. 87）。

图 2. 86

图 2. 87

（8）此时的图层和时间线设置（见图 2. 88）。

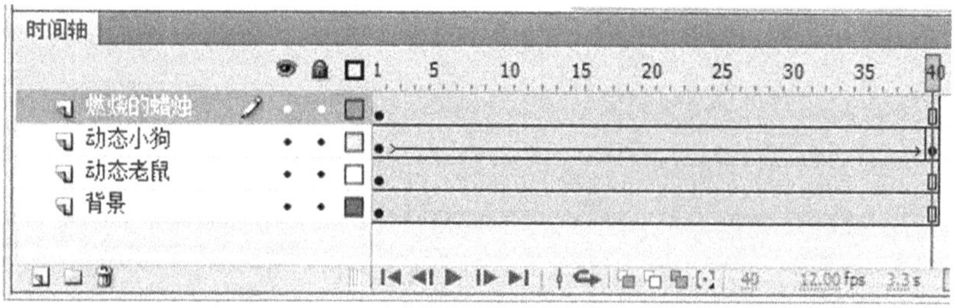

图 2. 88

（9）此时的库（见图 2. 89）。

4. 进行整体测试，保存文件，导出影片。

5. 导出影片的播放画面之一（见图 2. 90）。

图 2. 89

图 2. 90

2.6.4　任务评价

本任务通过 Flash 中的图形元件和影片剪辑元件的精心设计，比较顺利地完成了多对象动画动态元素的设计和制作，然后把这些动态元素按照一定的要求整合到场景中，最终形成了在播放画面中具有多种动态元素的动画。

2.6.5　任务拓展

本任务中的小狗跑动、老鼠摆尾以及蜡烛的燃烧，动作比较简单，与真实的动作相比还有较大差距，效果还不够逼真。如何设计和制作更加逼真的动作呢?很显然，就要在设计和制作逐帧动画时，根据动作的分解绘制更多的中间帧图形，但是相应的制作时间和成本也会增加。因此，必须在制作成本和动画整体效果之间找到一个平衡点。

2.7　任务 5　枪击小鸟

2.7.1　任务描述

晴天，蓝天白云下，是一望无垠的绿油油的丘陵小山坡。空中有一只灰色的鸟儿在自由飞翔，伴随着声效。此时有一支枪正对准鸟儿，用鼠标左键单击枪，“砰”的一声响起，鸟儿中枪，从空中翻滚着往地面掉落，落到地面上还扑腾几下，随即不动了。用鼠标单击“Replay”按钮，可以让动画重新播放。

2.7.2　任务目标

1. 熟练掌握 Flash 中矢量图形的绘制。
2. 熟练掌握 Flash 中 3 种元件的设计和制作。
3. 熟练掌握 Flash 中声音文件的加载。
4. 熟练掌握 Flash 中补间动画的设计和制作。
5. 熟练掌握 Flash 中脚本代码的添加和使用。

2.7.3　任务实施

1. 新建一个 Flash 文档，设置宽高大小为 550 像素 ×400 像素，背景颜色为白色，其余选项默认（见图 2.91）。

2. 把相关素材导入库中（见图 2.92）。

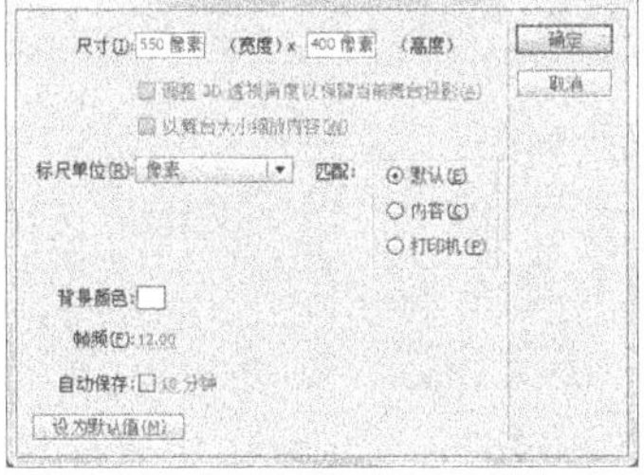

图 2.91

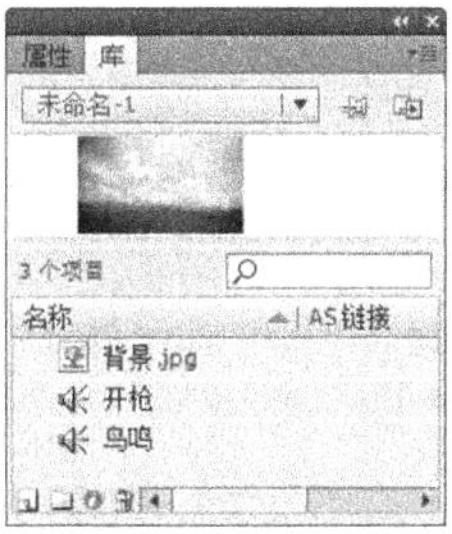

图 2.92

3. 相关元件的设计和制作。

(1) 影片剪辑元件“活鸟”的设计和制作。

①创建新元件，命名为“活鸟”，类型为影片剪辑（见图 2.93)。

②用鼠标单击图 2.93 中的“确定”按钮，进入影片剪辑元件“活鸟”的编辑场景。

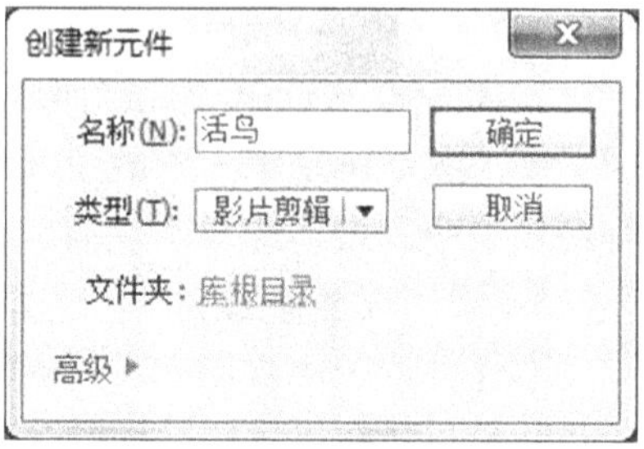

图 2.93

③新建（插入）1 个图层，这样就有两个图层了，进行命名，从上到下分别是［声音］、［小鸟］。

④选中［小鸟］图层的第 1 空白关键帧，在场景中绘制好小鸟翅膀上扬的图形（见图 2.94)，在第 4 帧位置插入关键帧并选中该帧，调整小鸟的翅膀位置（见图 2.95)。在第 6 帧位置插入帧。需要注意的是：在编辑小鸟翅膀的过程中要确保不同关键帧上的小鸟位置一致。

图 2.94

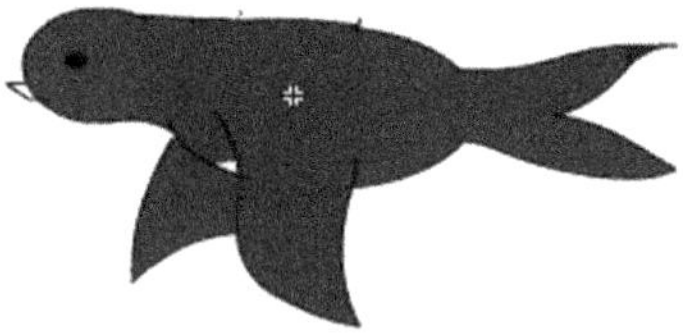

图 2.95

⑤选中［声音］图层的第 1 空白关键帧，在“属性”面板中选择声音文件“鸟鸣”，加载声音，在第 6 帧位置插入帧。

⑥此时的图层和时间线设置（见图 2.96)。

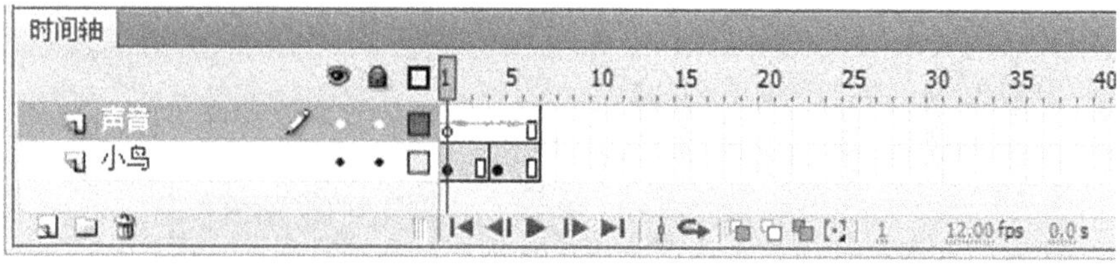

图 2.96

(2) 影片剪辑元件“死鸟 1”的设计和制作。

①创建新元件，命名为“死鸟 1”，类型为影片剪辑（见图 2.97)。

②用鼠标单击图 2.97 中的“确定”按钮，进入影片剪辑元件“死鸟 1”的编辑场景。

③将图层 1 命名为“死鸟 1”，选中［死鸟 1］图层的第 1 空白关键帧，在

场景中绘制好图形（见图 2. 98）；在第 2 帧位置插入关键帧并选中该帧，调整小鸟的翅膀位置（见图 2. 99）。需要注意的是：在编辑小鸟翅膀的过程中要确保不同关键帧上的小鸟位置一致。

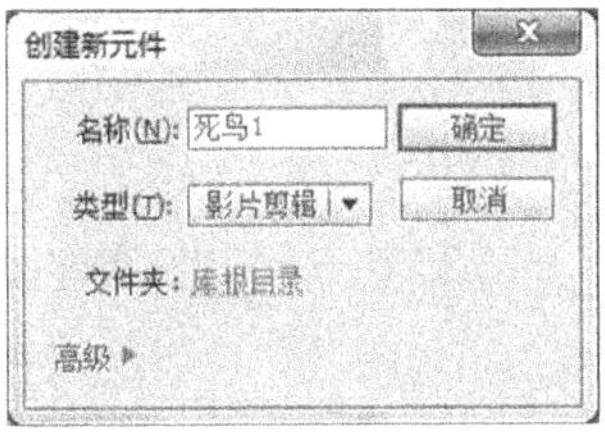

图 2. 97

图 2. 98

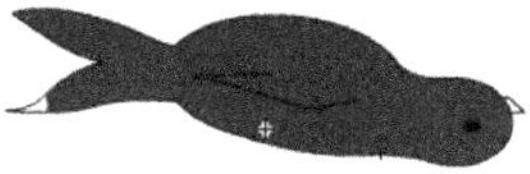

图 2. 99

④此时的图层和时间线设置（见图 2. 100）。

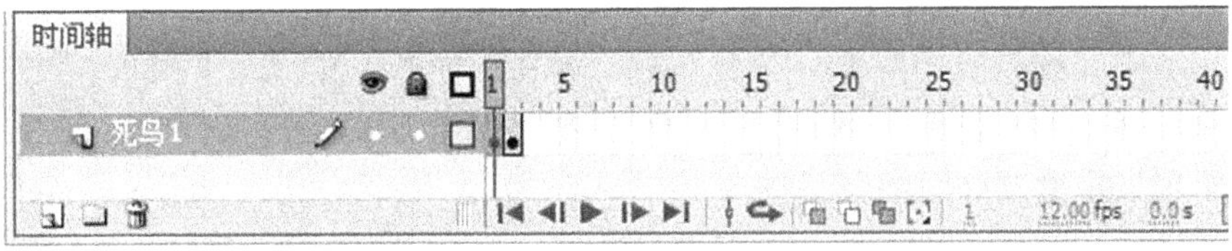

图 2. 100

（3）影片剪辑元件“死鸟 2”的设计和制作。

①创建新元件，命名为“死鸟 2”，类型为影片剪辑（见图 2. 101）。

②用鼠标单击图 2. 101 中的“确定”按钮，进入影片剪辑元件“死鸟 2”的编辑场景。

③将图层 1 命名为“死鸟 2”，选中［死鸟 2］图层的第 1 空白关键帧，在场景中绘制好图形（见图 2. 102）。

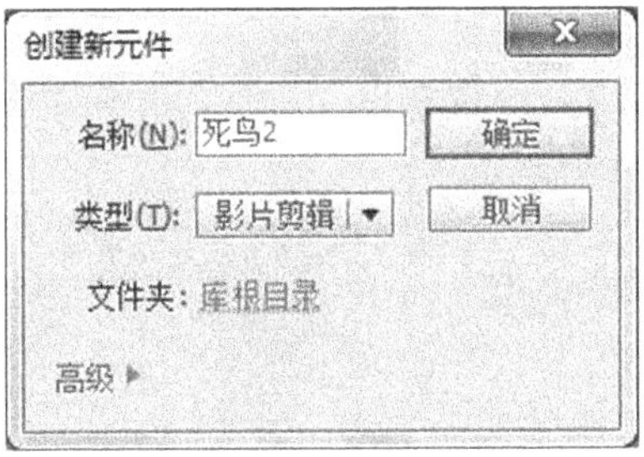

图 2. 101

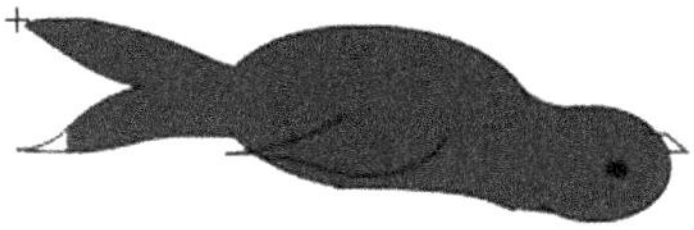

图 2. 102

④此时的图层和时间线设置（见图 2. 103）。

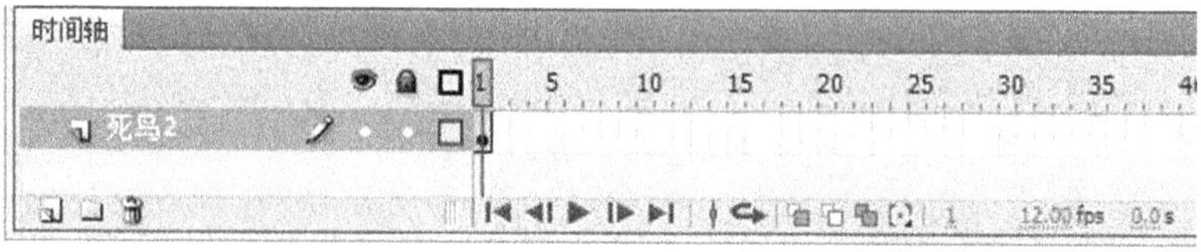

图 2.103

（4）按钮元件“鸟枪”的设计和制作。

①创建新元件，命名为“鸟枪”，类型为按钮（见图 2.104）。

②用鼠标单击图 2.104 中的“确定”按钮，进入按钮元件“鸟枪”的编辑场景。

③新建（插入）1 个图层，这样就有两个图层了，进行命名，从上到下分别是［枪声］、［枪身］。

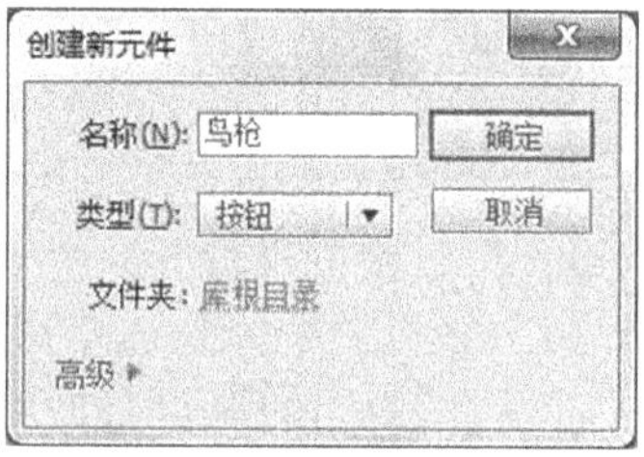

图 2.104

④选中［枪身］图层的“弹起”状态所对应的帧位置（第 1 帧），在编辑场景中绘制好图形（见图 2.105）。选中“按下”状态所对应的帧位置（第 3 帧），在编辑场景中绘制好图形（见图 2.106）。

⑤选中［枪声］图层的“按下”状态所对应的帧位置（第 3 帧），在“属性”面板中选择声音文件“开枪”，加载声音。

⑥此时的图层和时间线设置（见图 2.107）。

图 2.105

图 2.106

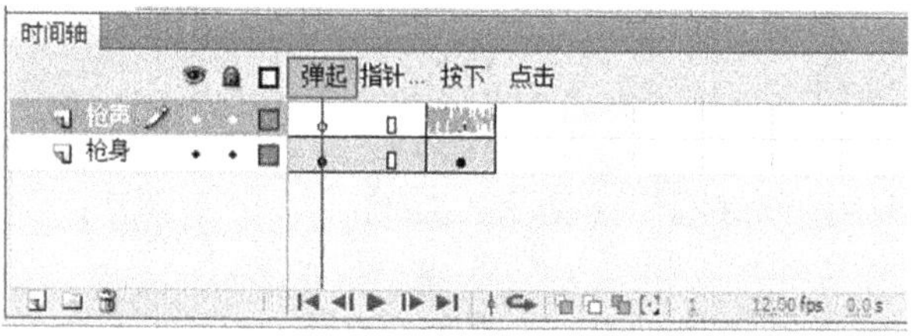

图 2.107

（5）按钮元件“Replay”的设计和制作。

①创建新元件，命名为“Replay”，类型为按钮（见图 2.108）。

②用鼠标单击图 2.108 中的“确定”按钮，进入按钮元件“Replay”的编辑场景。

③将图层命名为“Replay”，选择“弹起”状态所对应的帧位置（第 1 帧），在编辑场景中

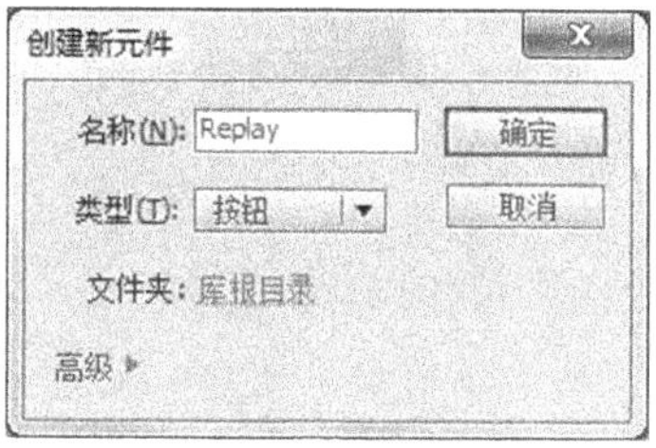

图 2.108

绘制图形（见图 2. 109）。在“指针经过”状态所对应的帧位置（第 2 帧）插入关键帧，编辑图形，最终效果见图 2. 110。在“按下”状态所对应的帧位置（第 3 帧）插入关键帧，编辑图形，最终效果见图 2. 111。

图 2. 109

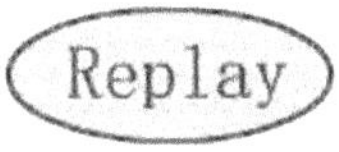

图 2. 110

图 2. 111

④此时的图层和时间线设置（见图 2. 112）。

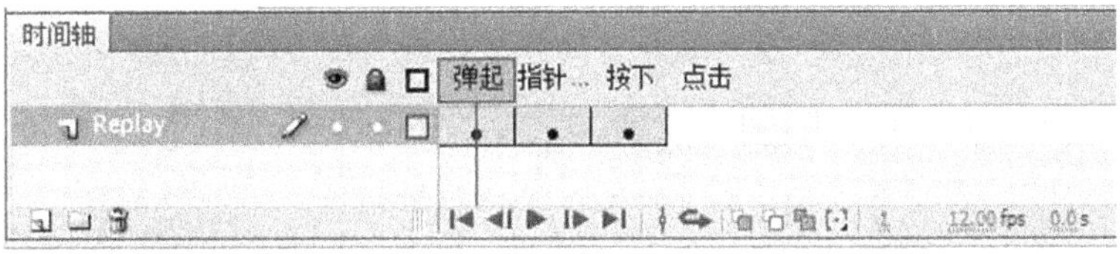

图 2. 112

4. 相关元件设计和制作完毕，回到主场景，进行合成。

（1）新建（插入）3 个图层，这样就有 4 个图层了，进行命名，从上到下分别是［Replay］、［鸟枪］、［小鸟］、［背景］。

（2）选中［背景］图层的第 1 空白关键帧，用鼠标把库中的图形素材“背景”拖放到场景中，设置其宽高大小为 550 像素 ×400 像素，位置坐标为（0，0）。

（3）选中［小鸟］图层的第 1 空白关键帧，用鼠标把库中的影片剪辑元件“活鸟”拖放到场景的左边界外面，调整好大小（见图 2. 113）；在第 30 帧位置插入关键帧，用鼠标把此时的影片剪辑元件“活鸟”移动到场景的右边界外面（见图 2. 114）；选中第 1 关键帧至第 30 关键帧，创建补间动画。在第 30 关键帧添加脚本代码“gotoAndPlay（2）;”。在第 35 帧位置插入空白关键帧，用鼠标把库中的影片剪辑元件“死鸟 1”拖放到场景的合适位置，调整好大小（见图 2. 115）；在第 55 帧位置插入关键帧，把影片剪辑元件“死鸟 1”往下移动到合适位置（见图 2. 116）；选中第 35 关键帧至第 55 关键帧，创建补间动画。选中第 35 关键帧，将“属性”面板中的“旋转”设置为“顺时针”1 次；在第 70 帧位置插入关键帧，删除第 55 关键帧至第 70 关键帧之间的“补间”；在第 71 帧至第 74 帧位置插入关键帧，对第 71 关键帧至第 74 关键帧上的影片剪辑元件“死鸟 1”的位置分别作上下左右的微小移动，造成小鸟落地之后的扑腾动作；在第 75 帧位置插入空白关键帧，用鼠标把库中的影片剪辑元件“死鸟 2”拖放到场景中的适当位置，调整好大小（见图 2. 117）；在第 75 关键帧添加脚本代码“stop（）;”。

图 2. 113

图 2. 114

图 2. 115

图 2. 116

图 2. 117

(4) 选中［鸟枪］图层的第 1 空白关键帧，用鼠标把库中的按钮元件“鸟枪”拖放到场景中，调整好大小（见图 2. 118）。在第 75 帧位置插入帧。选中按钮元件“鸟枪”，添加脚本代码（见图 2. 119）。

(5) 选中［Replay］图层的第 1 空白关键帧，用鼠标把库中的按钮元件“Replay”拖放到场景中，调整好大小（见图 2. 120）。在第 75 帧位置插入帧。

图 2. 118

```
on (release) {
    gotoAndPlay(35);
}
```
图 2. 119

图 2. 120

(6) 此时的图层和时间线设置（见图 2. 121）。

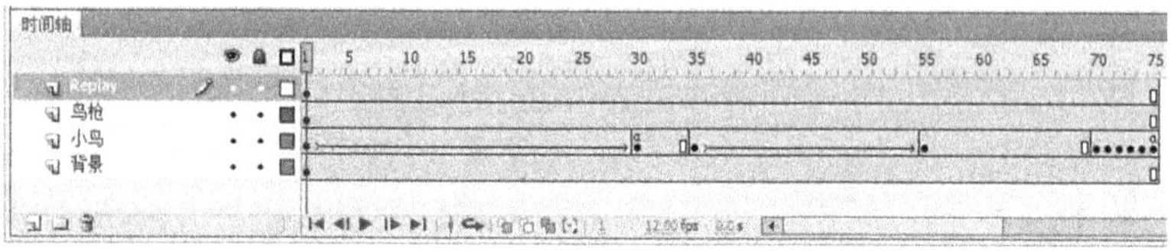

图 2. 121

(7) 此时的库（见图 2. 122）。

5. 进行整体测试，保存文件，导出影片。

6. 导出影片的播放画面之一（见图 2. 123）。

7. 导出影片的播放画面之二（见图 2. 124）。

图 2. 122

图 2. 123

图 2. 124

8. 导出影片的播放画面之三（见图 2. 125）。

图 2. 125

2. 7. 4 任务评价

本任务通过设计和制作图形元件、影片剪辑元件以及按钮元件，添加脚本代码，加载声音，设计多图层，比较顺利地实现了“枪击小鸟”动画的设计和制作。因此，只有在对 Flash 的基本操作熟练掌握的前提下才能顺利完成本任务的设计和制作。

2. 7. 5 任务拓展

本任务“枪击小鸟”还有一些不完善之处：①不管小鸟在什么位置，鸟枪不用调整位置和角度都可以击中小鸟；②小鸟落地不动之后，开枪还可以使小鸟中枪从空中翻滚掉下，不符合实际情况。如何避免以上情况出现，完善本动画呢？

项 目 3

Flash 文字特效的制作

3.1 项目情境

小张在浏览网页以及观看各类视频时，发现里面的好多文字都不是静态的，而是以动态特效的方式呈现出来的，效果棒极了，为网站增添了无限的生机和活力，为视频增添了别样的效果和魅力。于是他萌生了一个想法：能不能在自己的个人网站和视频作品中加入特效文字呢？答案当然是肯定的。

3.2 项目分析

1. 文字特效可以采用矢量动画制作软件 Flash 来设计和制作。

2. Flash 动画是元件动画，因此要对其中的 3 种元件的设计和制作能够熟练掌握。

3. 使用 Flash 设计和制作各种文字特效离不开脚本代码的使用，因此要对 Flash 中的脚本代码能够熟练、灵活地应用。

3.3 任务 1 多张图片穿过文字的特效的设计与制作

3.3.1 任务描述

使用 Flash 设计和制作多张图片穿过文字的特效。影片播放时，3 张图片从右向左穿过文字“one woman”，循环往复，透过文字可以看到部分图片。

3.3.2 任务目标

1. 熟练掌握 Flash 中图形元件的设计和制作。

2. 熟练掌握 Flash 中遮罩动画的设计和制作。

3.3.3 任务实施

1. 新建 Flash 文档，设置宽高大小为 600 像素 ×200 像素，背景颜色为黑色，其余选项默认（见图 3.1）。

2. 把相关素材导入库中（见图 3.2）。

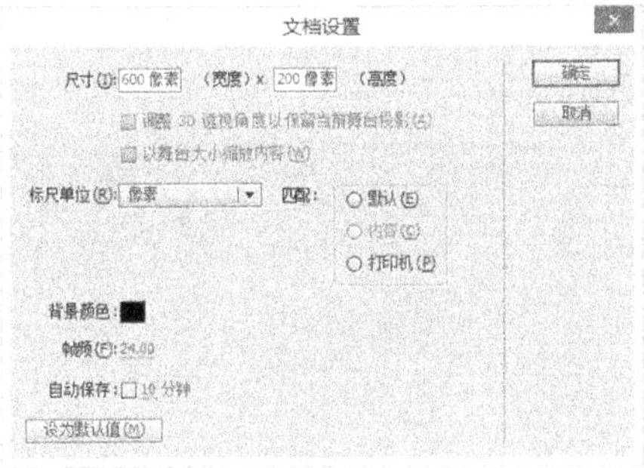

图 3.1

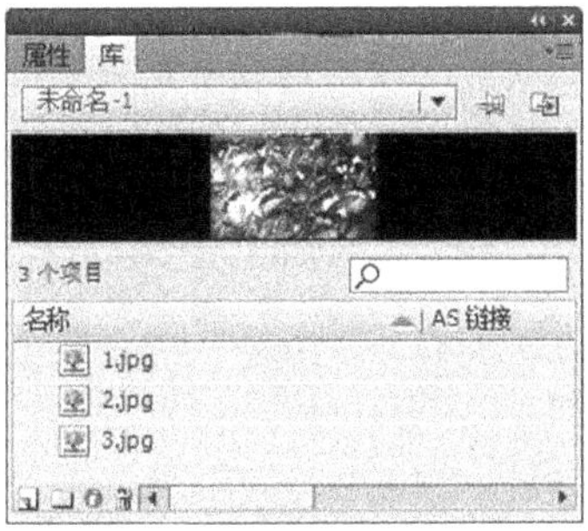

图 3.2

3. 相关元件的设计和制作。

图形元件“图片拼接”的设计和制作。

①创建新元件，命名为“图片拼接”，类型为图形（见图 3.3）。

图 3.3

②用鼠标单击图 3.3 中的“确定”按钮，进入图形元件“图片拼接”的编辑场景。

③选中［图层 1］图层的第 1 空白关键帧，用鼠标把库中的图片素材“1. jpg”拖放到场景中，设置其宽高大小为 320 像素 ×200 像素。继续用鼠标把库中的图片素材“2. jpg”拖放到场景中，设置其宽高大小为 320 像素 ×200 像素，把其移动到图片素材“1. jpg”的右边界拼接对齐。继续用鼠标把库中的图片素材“3. jpg”拖放到场景中，设置其宽高大小为 320 像素 ×200 像素，把其移动到图片素材“2. jpg”的右边界拼接对齐。选中这 3 张图片，进行组合（见图 3.4）。

图 3.4

④此时的图层和时间线设置（见图 3.5）。

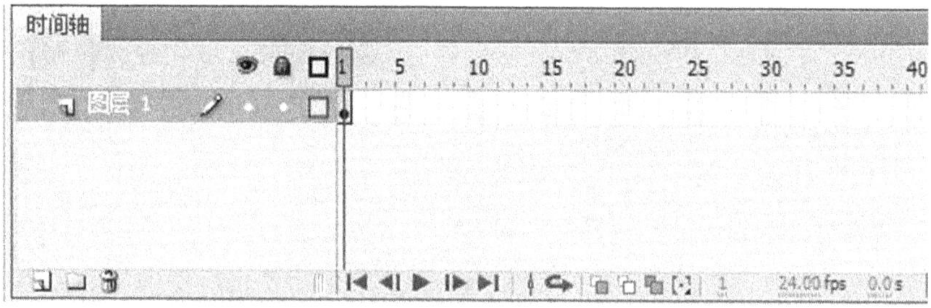

图 3.5

4. 相关元件设计和制作完毕，回到主场景，进行合成。

（1）新建（插入）两个图层，这样就有 3 个图层了，进行命名，从上到下分别是［文字子框］、［文字填充］、［图片拼接］。

（2）选中［图片拼接］图层的第 1 空白关键帧，用鼠标把库中的图形元件“图片拼接”拖放到场景中，将其左边框位置移动到场景的右边框位置拼接对齐（见图 3.6）；在第 70 帧位置插入关键帧，把图形元件“图片拼接”的右边框位置移动到场景的左边框位置拼接对齐（见图 3.7）。建立第 1 关键帧至第 70 关键帧之间的补间动画，从而产生图形元件“图片拼接”从场景右边界运动到场景左边界的动画效果。

图 3.6

图 3.7

(3) 选中［文字填充］图层的第 1 空白关键帧，使用工具箱中的“文本工具”在场景的中心位置输入静态文本“one woman”，设置其字体为 Times New Roman，字号大小为 125，加粗（见图 3.8）。在第 70 帧位置插入帧。选中第 1 关键帧上的文本“one woman”，进行“分离”1 次（见图 3.9），再进行“分离”1 次（见图 3.10）。使用工具箱中的“墨水瓶工具”给文本“one woman”的每个字符加上红色边框（见图 3.11），选中文本“one woman”的红色边框部分，使用键盘上的向上箭头把红色边框部分分离出来（见图 3.12），进行“剪切”操作。

(4) 选中［文字子框］图层的第 1 空白关键帧，进行“粘贴”操作，把粘贴过来的红色边框部分移回到分离之前的位置（见图 3.13）。在第 70 帧位置插入帧。

图 3.8

图 3.9

图 3.10

图 3.11

图 3.12

图 3.13

(5) 选中［文字填充］图层，把其设置为“遮罩层”。

(6) 此时的图层和时间线设置（见图 3.14）。

5. 进行整体测试，保存文件，导出影片。

6. 导出影片播放画面之一（见图 3.15）。

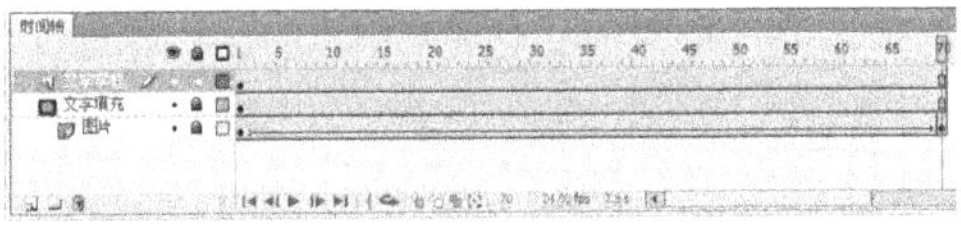

图 3.14

图 3.15

3.3.4　任务评价

本任务使用了 Flash 中的遮罩动画实现了 3 张图片穿过文本的特效，无须脚本代码，操作方法比较简单有效，图片的张数可以不限。

3.3.5 任务拓展

1. 本任务中的3张图片是从右边运动到左边的，能否使多张图片先是从右边运动到左边，然后又从左边运动到右边，从而循环往复？

2. 参考本任务的制作方法，能否使多张图片先是从文本的两边向中间运动，然后又从中间向两边运动，从而循环往复？

3.4 任务2 写字特效的设计和制作

3.4.1 任务描述

本任务使用 Flash 设计和制作模拟书写"人"字的过程。影片播放时，写字笔在画布上按照"人"字的笔画顺序进行临摹书写，效果是比较逼真的，就像你自己用一支笔在纸上写"人"字一样。

3.4.2 任务目标

1. 熟练掌握 Flash 中图形元件和影片剪辑元件的设计和制作。

2. 熟练掌握 Flash 中遮罩动画以及引导动画的设计和制作。

3. 熟练掌握 Flash 中多图层、多时间线、多关键帧的基本操作。

3.4.3 任务实施

1. 新建 Flash 文档，设置宽高大小为600像素×300像素，背景颜色为白色，其余选项默认（见图3.16）。

2. 把相关素材导入库中（见图3.17）。

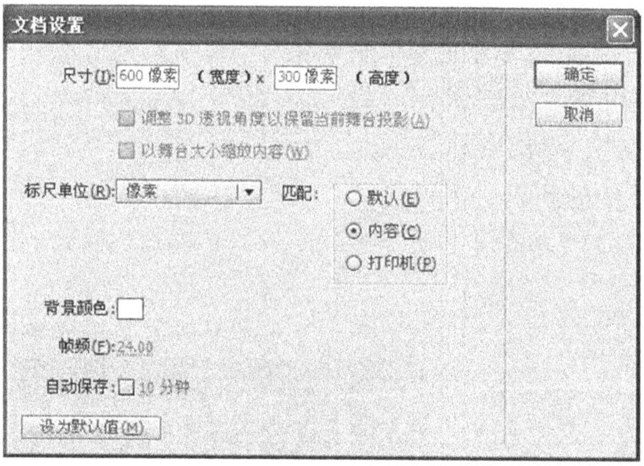

图3.16

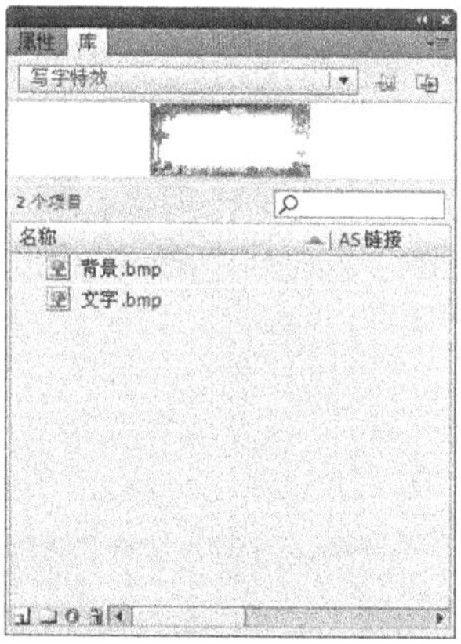

图3.17

3. 相关元件的设计和制作。

（1）图形元件"写字笔"的设计和制作。

①创建新元件，命名为"写字笔"，类型为图形（见图3.18）。

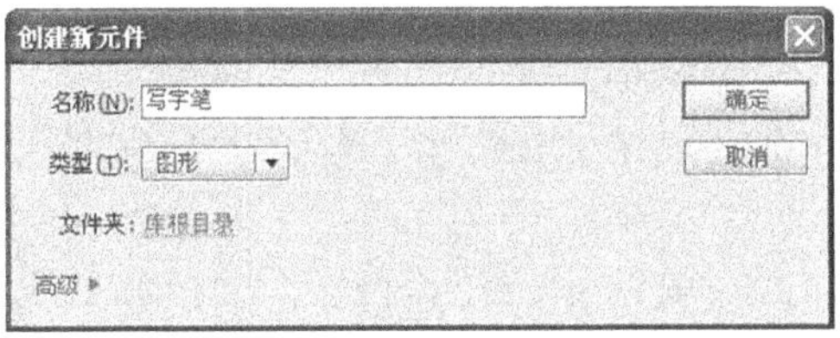

图 3.18

图 3.19

②用鼠标单击图 3.18 中的“确定”按钮，进入图形元件“写字笔”的编辑场景。

③选中［图层 1］图层的第 1 空白关键帧，使用工具箱中的“矩形工具”、“线条工具”以及“选择工具”绘制好“写字笔”（见图 3.19）。

④此时的图层和时间线设置（见图 3.20）。

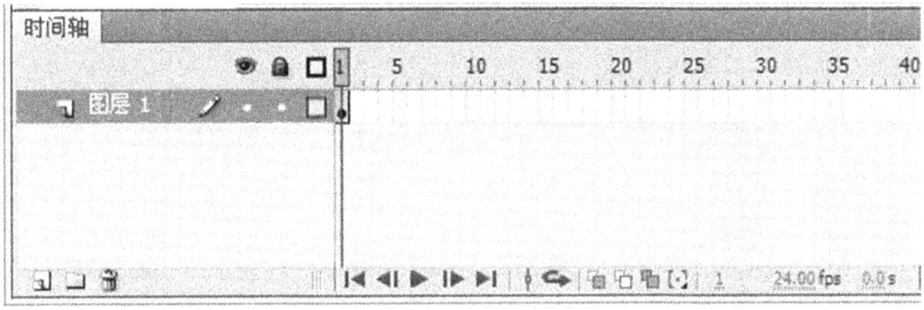

图 3.20

（2）图形元件“左笔画”、“右笔画”的设计和制作。

①创建图形元件“左笔画”，在编辑场景的［图层 1］图层的第 1 空白关键帧中，使用工具箱中的“刷子工具”设计好“人”字的左笔画（见图 3.21）。

②创建图形元件“右笔画”，在编辑场景的［图层 1］图层的第 1 空白关键帧中，使用工具箱中的“刷子工具”设计好“人”字的右笔画（见图 3.22）。

图 3.21

图 3.22

（3）图形元件“左遮罩”、“右遮罩”的设计和制作。

①创建图形元件“左遮罩”，在编辑场景的［图层1］图层的第1空白关键帧中，使用工具箱中的“刷子工具”设计好“人”字的左笔画的遮罩图（见图3.23）。

图3.23

②创建图形元件“右遮罩”，在编辑场景的［图层1］图层的第1空白关键帧中，使用工具箱中的“刷子工具”设计好“人”字的右笔画的遮罩图（见图3.24）。

图3.24

4. 相关元件设计和制作完毕，回到主场景，进行合成。

（1）新建（插入）6个图层，这样就有7个图层了，进行命名，从上到下分别是［写字笔］、［右遮罩］、［右笔画］、［左遮罩］、［左笔画］、［文字］、［背景］。

（2）选中［背景］图层的第1空白关键帧，用鼠标把库中的图形素材“背景.bmp”拖放到场景中，设置其宽高大小为600像素×300像素，位置坐标为（0，0），与主场景重合，在第31帧位置插入帧（见图3.25）。

图3.25

（3）选中［文字］图层的第1空白关键帧，用鼠标把库中的图形素材“文字.bmp”拖放到场景中，设置其宽高大小为200像素×192像素，位置坐标为（321，54）（见图3.26）。

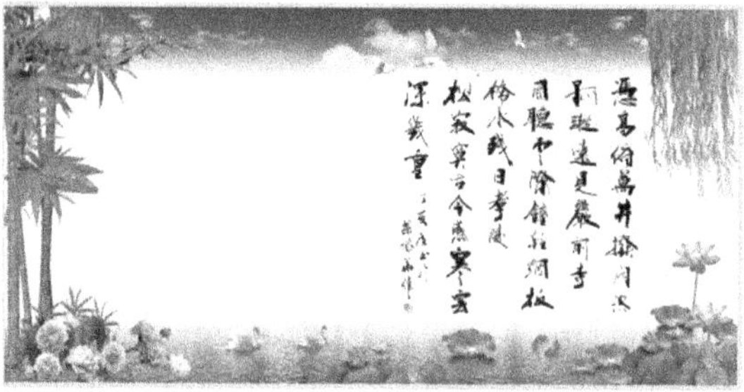

图3.26

（4）选中［左笔画］图层的第 1 空白关键帧，用鼠标把库中的图形元件“左笔画”拖放到场景中，其位置和大小见图 3. 27，在第 31 帧位置插入帧。

（5）选中［左遮罩］图层的第 1 空白关键帧，用鼠标把库中的图形元件“左遮罩”拖放到场景中，其位置和大小见图 3. 28。在第 15 帧位置插入关键帧，把该关键帧对应的图形元件“左遮罩”遮盖住图形元件“左笔画”，其位置和大小见图 3. 29；创建第 1 关键帧至第 15 关键帧之间的补间动画。在第 31 帧位置插入帧。

（6）选中［右笔画］图层，在第 16 帧位置插入空白关键帧，用鼠标把库中的图形元件“右笔画”拖放到场景中，其位置和大小见图 3. 30。在第 31 帧位置插入帧。

（7）选中［右遮罩］图层，在第 16 帧位置插入空白关键帧，用鼠标把库中的图形元件“右遮罩”拖放到场景中，其位置和大小见图 3. 31；在第 30 帧位置插入关键帧，把该关键帧对应的图形元件“右遮罩”遮盖住图形元件“右笔画”，其位置和大小见图 3. 32；创建第 16 关键帧至第 30 关键帧之间的补间动画。在第 31 帧位置插入帧。

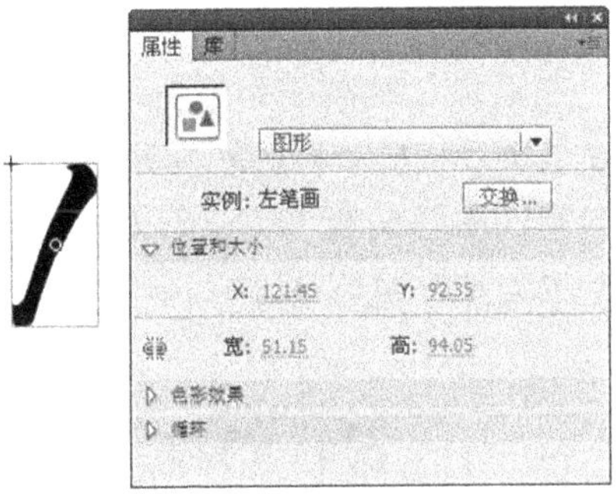

图 3. 27

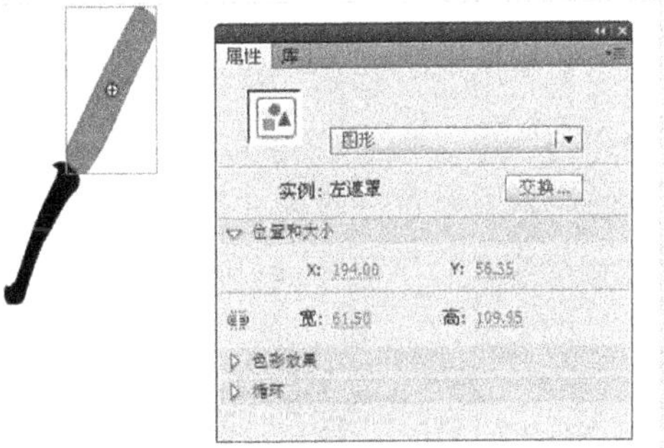

图 3. 28

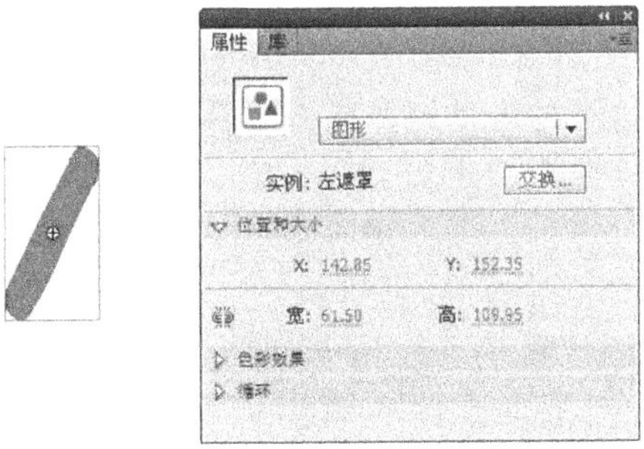

图 3. 29

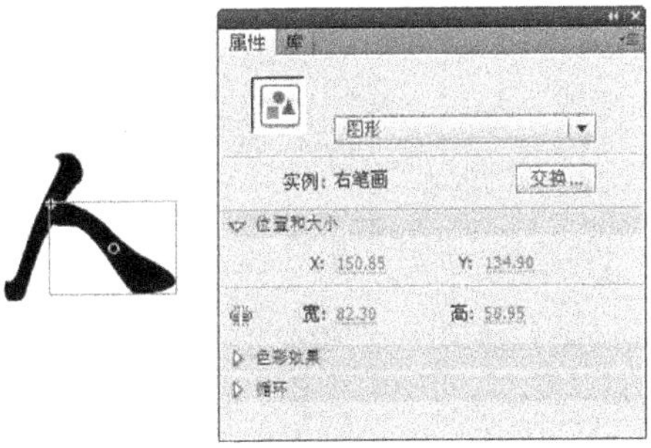

图 3. 30

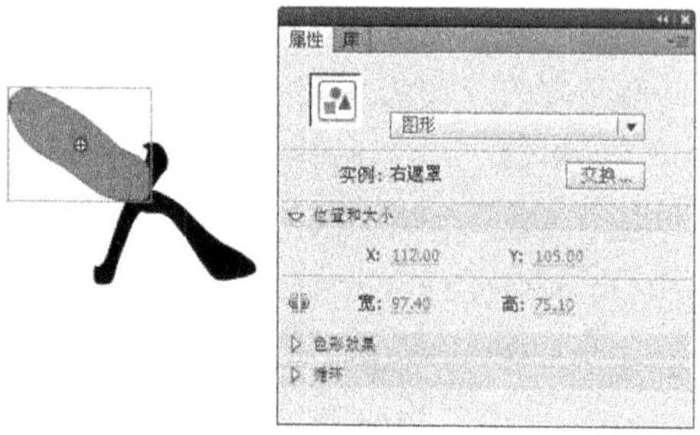

图 3.31

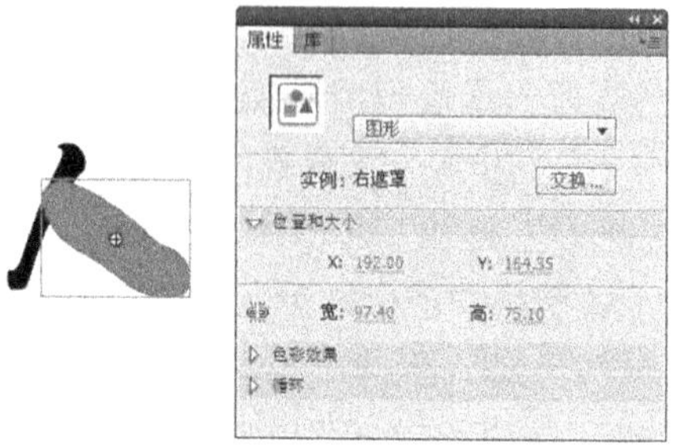

图 3.32

（8）选中［写字笔］图层的第 1 空白关键帧，用鼠标把库中的图形元件“写字笔”拖放到场景中，把图形元件“写字笔”的中心点用“任意变形工具”调整到笔尖位置（见图 3.33）；在第 15 帧位置插入关键帧，注意此时的图形元件“写字笔”的中心点位置也是在笔尖位置的；创建第 1 关键帧至第 15 关键帧之间的补间动画。

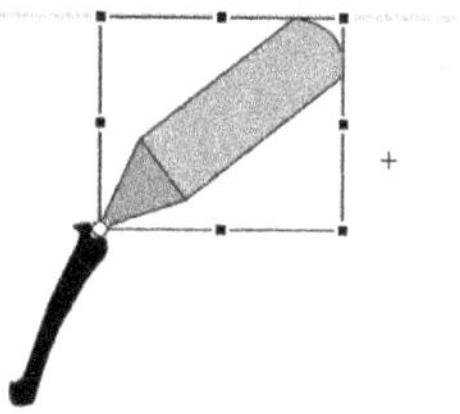

图 3.33

（9）在［写字笔］图层上面插入一个引导层，［写字笔］图层被引导。选中引导层上的第 1 空白关键帧，使用工具箱中的“铅笔工具”沿着图形元件“左笔画”绘制一条红色的引导线。选中［写字笔］图层的第 1 关键帧，把对应的图形元件“写字笔”调整到红色引导线的右上端点（见图 3.34）；选中［写字笔］图层的第 15 关键帧，把对应的图形元件“写字笔”调整到红色引导线的左下端点（见图 3.35）。

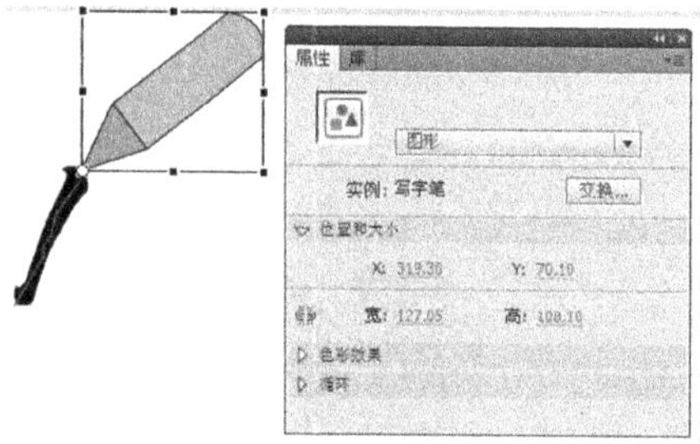

图 3.34

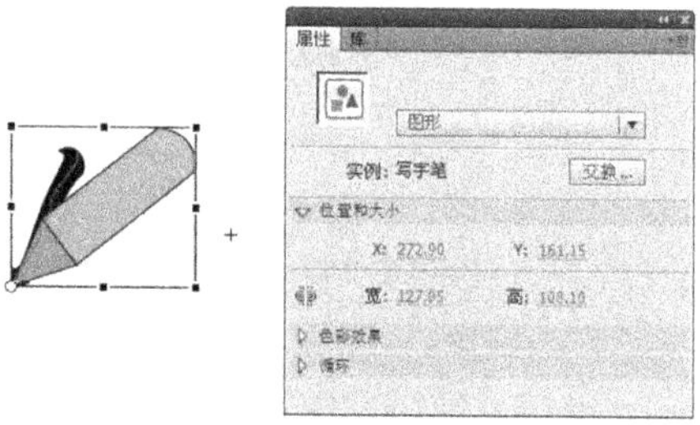

图 3.35

（10）选中［写字笔］图层，在第 16 帧位置插入空白关键帧，用鼠标把库中的图形元件“写字笔”拖放到场景中，把图形元件“写字笔”的中心点用“任意变形工具”调整到笔尖位置；在第 30 帧位置插入关键帧，注意此时的图形元件“写字笔”的中心点位置也是在笔尖位置的；创建第 16 关键帧至第 30 关键帧之间的补间动画。在第 31 帧位置插入关键帧并添加脚本代码“stop（）;”，把该帧对应的图形元件“写字笔”的 Alpha 值设置为 8%。

（11）选中引导层，在第 16 帧位置插入空白关键帧，选中该帧，使用工具箱中的“铅笔工具”沿着图形元件“右笔画”绘制一条红色的引导线。在第 31 帧位置插入帧。选中［写字笔］图层的第 16 关键帧，把对应的图形元件“写字笔”调整到红色引导线的左上端点（见图 3.36）；选中［写字笔］图层的第 30 关键帧，把对应的图形元件“写字笔”调整到红色引导线的右下端点（见图 3.37）。

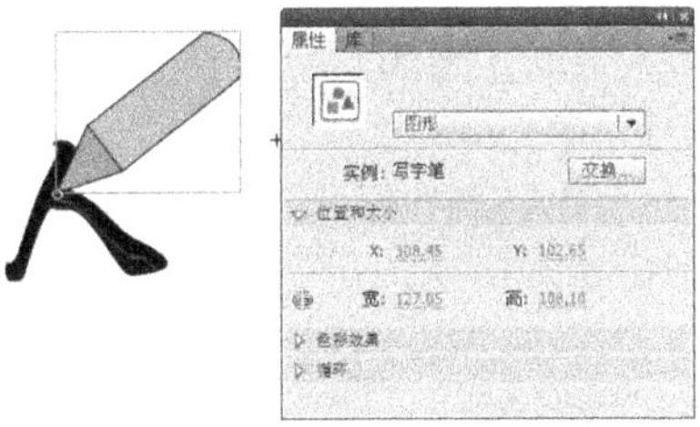

图 3.36

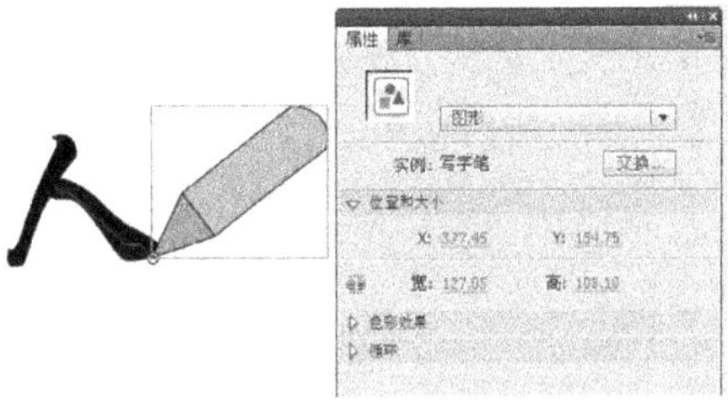

图 3.37

（12）选中［左遮罩］图层，把其设置为“遮罩层”。

（13）选中［右遮罩］图层，把其设置为“遮罩层”。

（14）此时的图层和时间线设置（见图 3.38）。

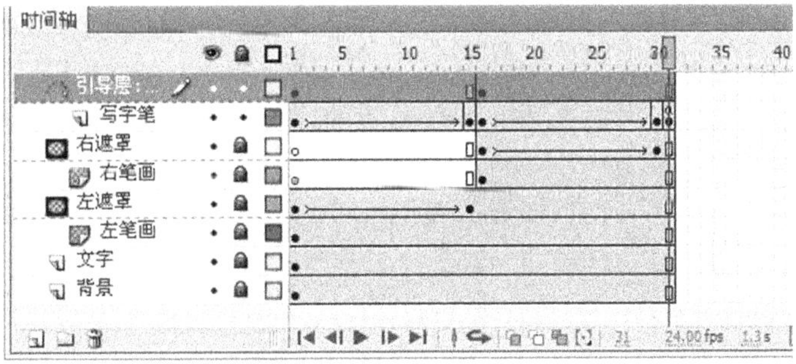

图 3.38

5. 进行整体测试，保存文件，导出影片。
6. 导出影片的播放画面之一（见图 3.39）。
7. 导出影片的播放画面之二（见图 3.40）。
8. 导出影片的播放画面之三（见图 3.41）。

图 3. 39

图 3. 40

图 3. 41

3. 4. 4　任务评价

本任务利用了 Flash 的图形元件设计与制作了遮罩动画、引导动画，实现了文字的书写特效，为模拟文字的书写提供了一种简单有效的解决思路。

3. 4. 5　任务拓展

参考本任务的设计和制作方法，使用 Flash 设计和制作文字“工厂”的书写特效。

3. 5　任务 3　文字放大镜特效的设计与制作

3. 5. 1　任务描述

本任务使用 Flash 设计和制作文字的放大镜特效。影片播放时，在放大镜背景图上，随着放大镜从左向右的移动，文字“放大镜特效”得到放大，效果比较逼真。

3. 5. 2　任务目标

1. 熟练掌握 Flash 中图形元件的设计与制作。
2. 熟练掌握 Flash 中遮罩动画的设计与制作。

3. 5. 3　任务实施

1. 新建一个 Flash 文档，设置其宽高大小为 550 像素 ×400 像素，背景颜色为白色，其余选项默认（见图 3. 42）。

2. 把相关素材导入库中（见图 3. 43）。

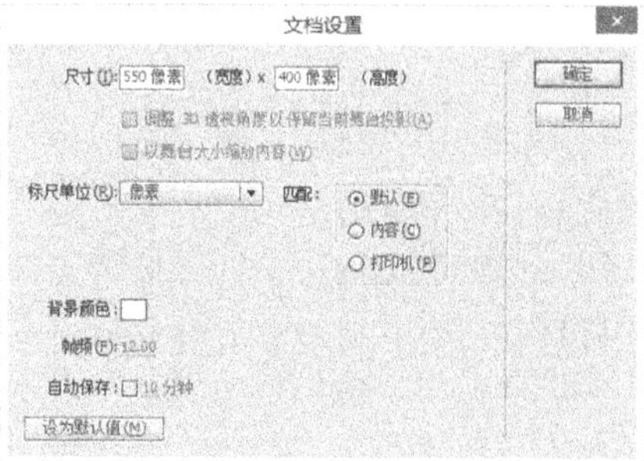

图 3. 42

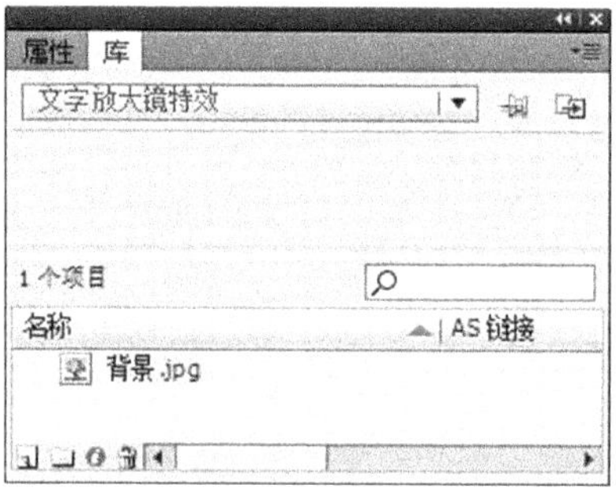

图 3. 43

3. 相关元件的设计和制作。

（1）图形元件“放大镜”的设计和制作。

①创建新元件，命名为“放大镜”，类型为图形（见图3.44）。

②用鼠标单击图3.44中的“确定”按钮，进入图形元件“放大镜”的编辑场景。

③选中［图层1］图层的第1空白关键帧，使用工具箱中的“椭圆工具”等绘制好“放大镜”图形（见图3.45），其位置和大小见图3.46。

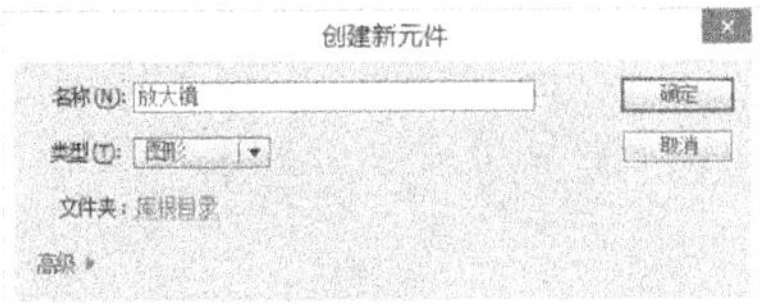

图3.44

图3.45

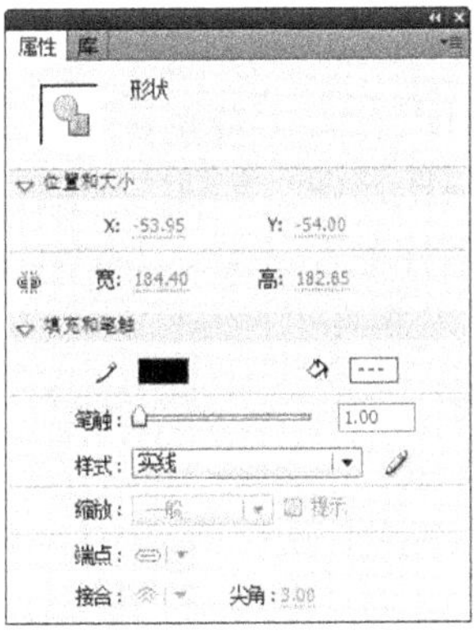

图3.46

④此时的图层和时间线设置（见图3.47）。

（2）图形元件“镜子”的设计和制作。

①创建新元件，命名为“镜子”，类型为图形（见图3.48）。

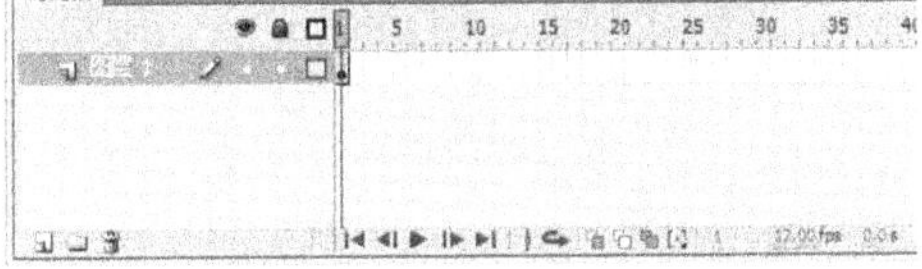

图3.47

图3.48

②用鼠标单击图3.48中的“确定”按钮，进入图形元件“镜子”的编辑场景。

③选中［图层1］图层的第1空白关键帧，使用工具箱中的“椭圆工具”，绘制好一个无边框的红色圆，其位置和大小见图3.49。

④此时的图层和时间线设置（见图3.50）。

图 3.49

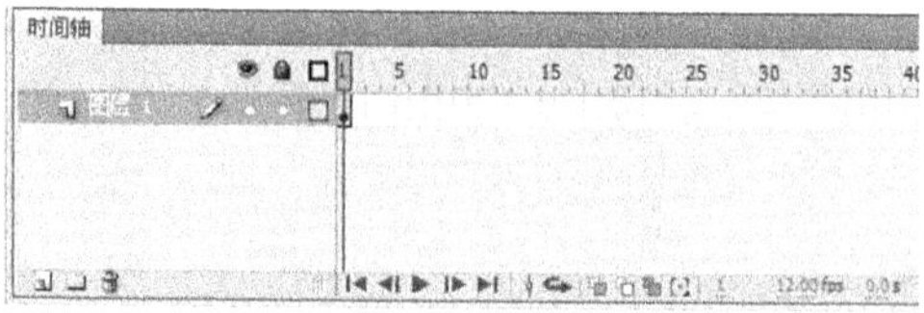

图 3.50

（3）图形元件“遮罩矩形”的设计和制作。

①创建新元件，命名为“遮罩矩形”，类型为图形（见图 3.51）。

②用鼠标单击图 3.51 中的“确定”按钮，进入图形元件“遮罩矩形”的编辑场景。

图 3.51

③选中［图层 1］图层的第 1 空白关键帧，使用工具箱中的“矩形工具”和“椭圆工具”等绘制好图形（见图 3.52），其位置和大小见图 3.53。

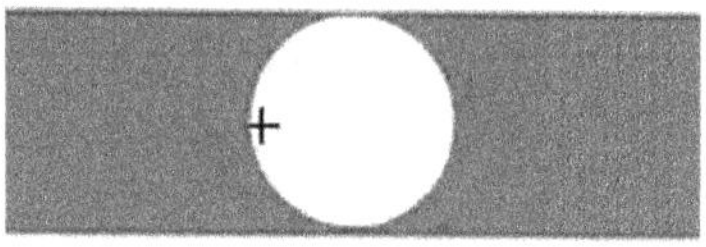

图 3.52

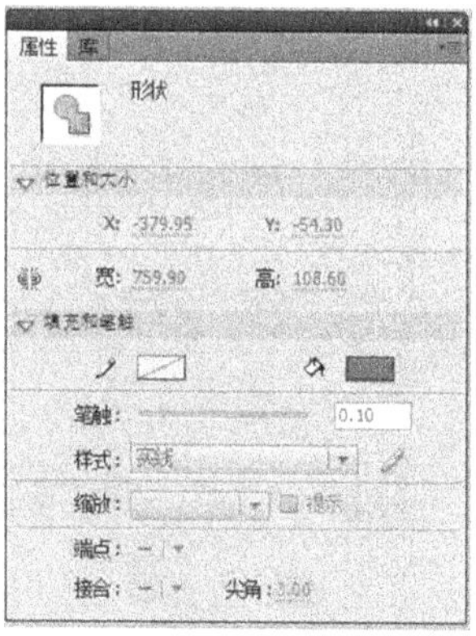

图 3.53

④此时的图层和时间线设置（见图 3.54）。

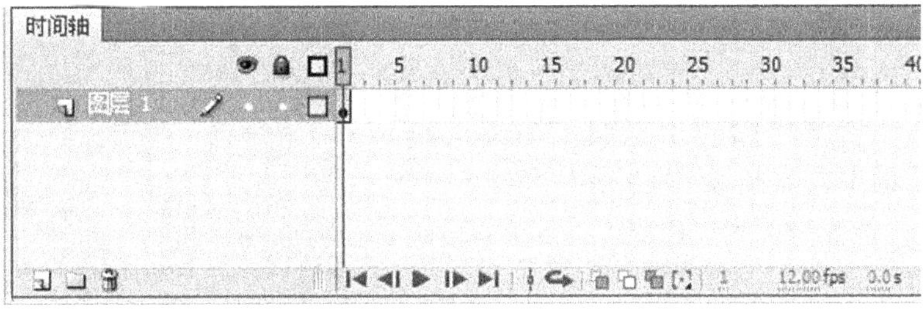

图 3. 54

（4）图形元件“文字”的设计和制作。

①创建新元件，命名为“文字”，类型为图形（见图 3. 55）。

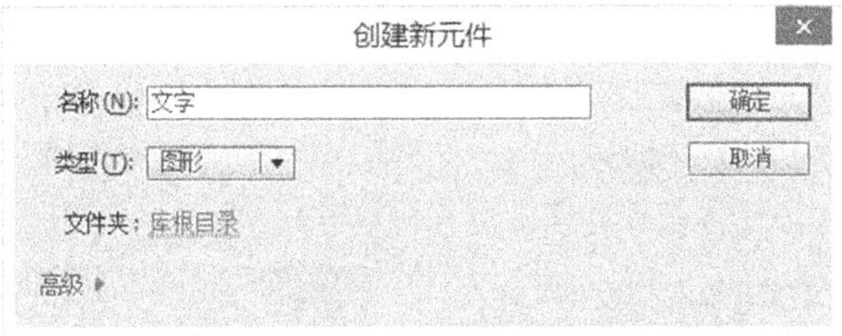

图 3. 55

②用鼠标单击图 3. 55 中的“确定”按钮，进入图形元件“文字”的编辑场景。

③选中［图层 1］图层的第 1 空白关键帧，使用工具箱中的“文本工具”，在编辑场景中输入静态文本“放大镜特效”，其相关格式设置见图 3. 56。

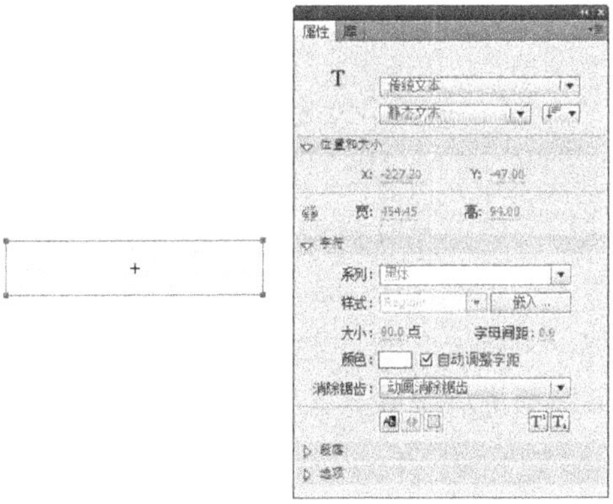

图 3. 56

4. 相关元件设计和制作完毕，回到主场景，进行合成。

（1）新建（插入）5 个图层，这样就有 6 个图层了，进行命名，从上到下分别是［放大镜］、［放大字遮罩］、［放大文字］、［原文字遮罩］、

[原文字]、[背景]。

(2) 选中 [背景] 图层的第 1 空白关键帧，用鼠标把库中的图形素材“背景 . jpg”拖放到场景中，宽高大小设置为 550 像素 × 400 像素，位置坐标为 (0, 0)。在第 40 帧位置插入帧。

(3) 选中 [原文字] 图层的第 1 空白关键帧，用鼠标把库中的图形元件“文字”拖放到场景中 (见图 3. 57)。在第 40 帧位置插入帧。

图 3. 57

(4) 选中 [原文字遮罩] 图层的第 1 空白关键帧，用鼠标把库中的图形元件“遮罩矩形”拖放到场景中，调整其位置 (见图 3. 58)；在第 40 帧位置插入关键帧，该帧对应的图形元件“遮罩矩形”的位置见图 3. 59；创建第 1 关键帧至第 40 关键帧之间的补间动画。

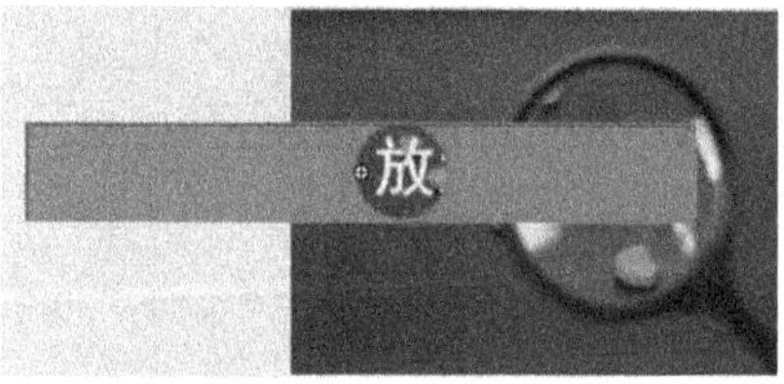

图 3. 58

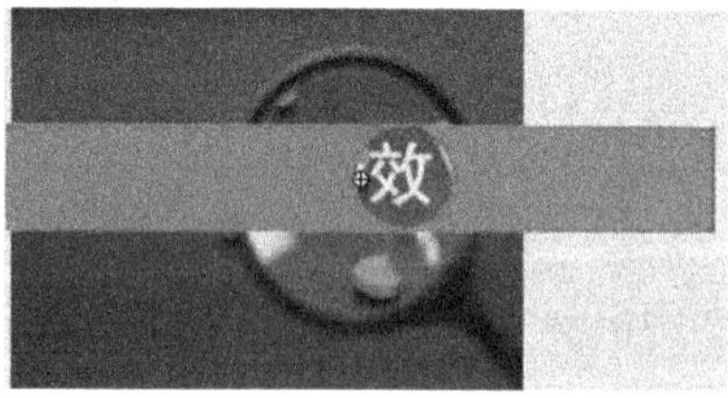

图 3. 59

(5) 选中 [放大文字] 图层的第 1 空白关键帧，用鼠标把库中的图形元件“文字”拖放到场景中，按住键盘中的“Shift”键不放，使用工具箱中的“任意变形工具”等比例放大图形元件“文字”，调整放大的“文字”的位置，使放大的文字和原文字的左端对齐 (见图 3. 60)；在第 40 帧位置插入关键帧，选中该帧，调整放大的文字的位置，使放大的文字和原文字的右端对齐 (见图 3. 61)；创建第 1 关键帧至第 40 关键帧之间的补间动画。

图 3. 60

图 3. 61

（6）选中［放大字遮罩］图层的第 1 空白关键帧，用鼠标把库中的图形元件“镜子”拖放到场景中，调整其位置，遮住放大的文字的第 1 个字“放”（见图 3.62）；在第 40 帧位置插入关键帧，选中该帧，调整图形元件“镜子”的位置，遮住放大的文字的最后 1 个字“效”（见图 3.63）；创建第 1 关键帧至第 40 关键帧之间的补间动画。

图 62

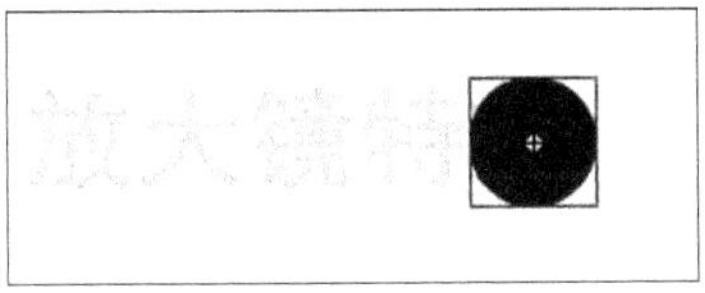

图 3.63

（7）选中［放大镜］图层的第 1 空白关键帧，用鼠标把库中的图形元件“放大镜”拖放到场景中，调整其位置，圈住放大的文字的第 1 个字“放”（见图 3.64）；在第 40 帧位置插入关键帧，选中该帧，调整图形元件“放大镜”的位置，圈住放大的文字的最后 1 个字“效”（见图 3.65）；创建第 1 关键帧至第 40 关键帧之间的补间动画。

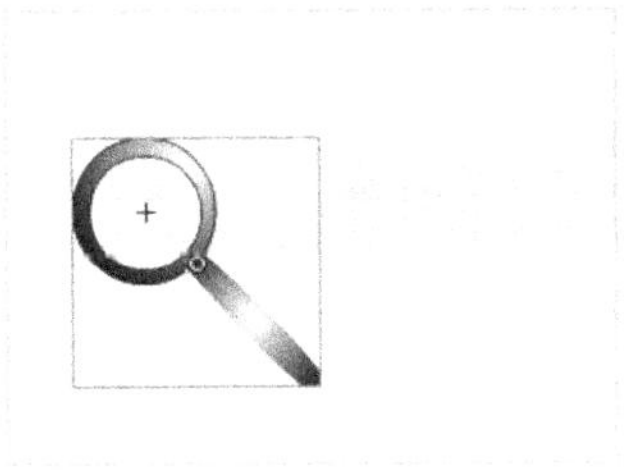

图 3.64

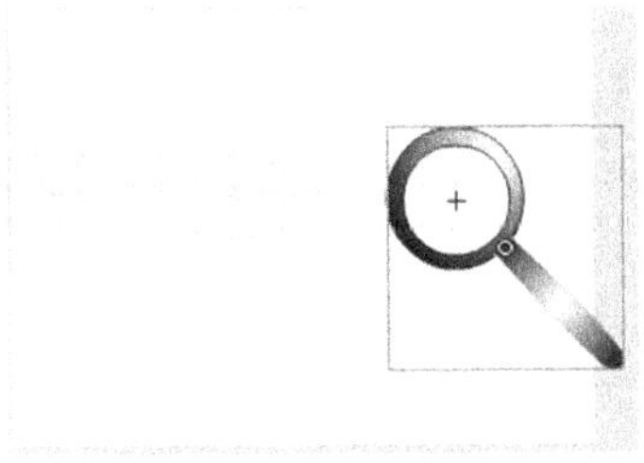

图 3.65

（8）6 个不同图层在同一关键帧即第 1 关键帧上各元件的相对位置（见图 3.66）。

（9）6 个不同图层在同一关键帧即第 40 关键帧上各元件的相对位置（见图 3.67）。

图 3.66

图 3.67

（10）选中［原文字遮罩］图层，把其设置为“遮罩层”。

（11）选中［放大字遮罩］图层，把其设置为“遮罩层”。

（12）此时的图层和时间线设置（见图 3.68）。

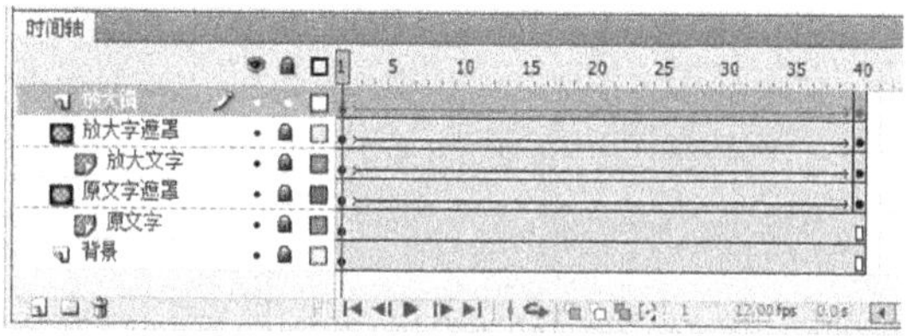

图 3.68

5. 进行整体测试，保存文件，导出影片。

6. 导出影片的播放画面之一（见图 3.69）。

图 3.69

3.5.4 任务评价

本任务通过 Flash 中的遮罩动画技术实现了文字放大镜的逼真模拟特效，推而广之，可以使用 Flash 设计和制作出其他文字的放大镜特效。

3.5.5 任务拓展

参考本任务使用的设计方法，使用 Flash 设计和制作分行文字“厚德载物自强不息”的放大镜效果（见图 3.70）。

图 3.70

3.6　任务 4　文字探照灯特效的设计和制作

3.6.1　任务描述

使用 Flash 设计和制作文字探照灯的特效。影片播放时，随着探照灯从左向右的扫描移动，原本模糊灰暗的文字“明天会更好”逐个变得更清晰、更明亮，这个过程伴随着音效。

3.6.2　任务目标

1. 熟练掌握 Flash 中图形元件的设计与制作。

2. 熟练掌握 Flash 中遮罩动画的设计与制作。

3. 熟练掌握 Flash 中声音的添加和编辑。

3.6.3　任务实施

1. 新建 Flash 文档，设置宽高大小为 550 像素 ×350 像素，背景颜色为黑色，其余选项默认（见图 3.71）。

2. 把相关素材（声音文件）导入库中（见图 3.72）。

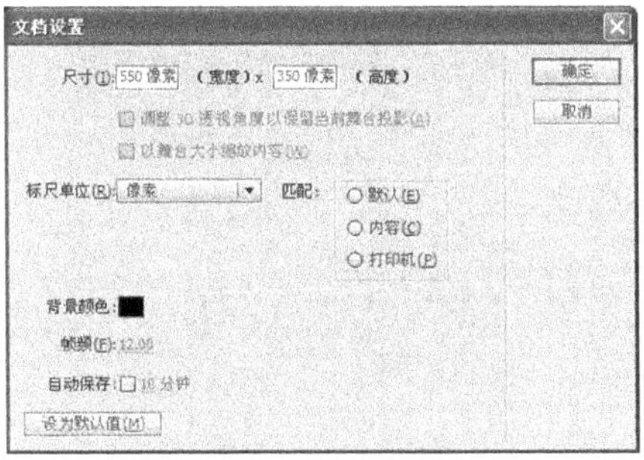

图 3.71

图 3.72

3. 相关元件的设计和制作。

图形元件“遮罩圆”的设计和制作。

①创建新元件，命名为“遮罩圆”，类型为图形（见图 3.73）。

②用鼠标单击图 3.73 中的“确定”按钮，进入图形元件“遮罩圆”的编辑场景。

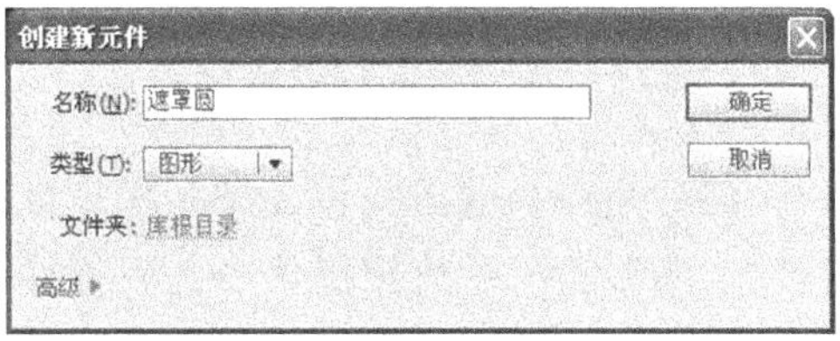

图 3.73

③选中［图层 1］图层的第 1 空白关键帧，使用工具箱中的“椭圆工具”绘制好一个无边框的灰色圆形（见图 3.74）。

④此时的图层和时间线设置（见图 3.75）。

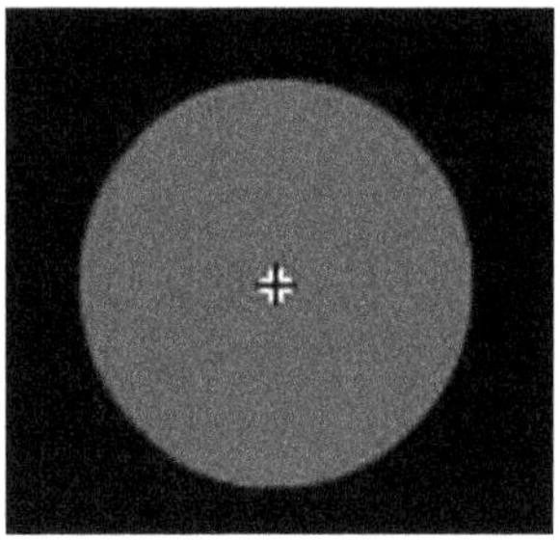

图 3.74

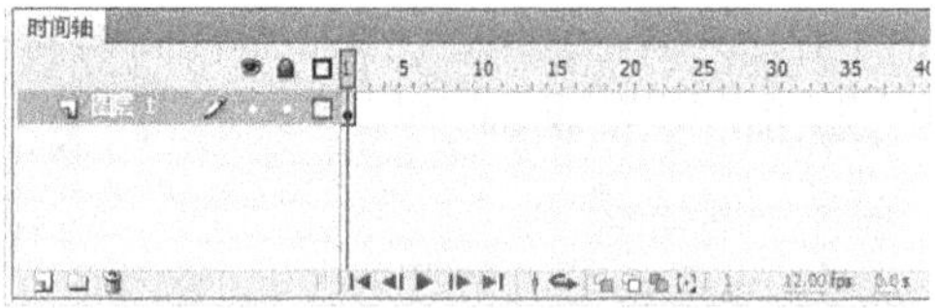

图 3.75

4. 相关元件设计和制作完毕，回到主场景，进行合成。

（1）新建（插入）4 个图层，这样就有 5 个图层了，进行命名，从上到下分别是［音效］、［遮罩白色文字］、［白色文字］、［遮罩灰色文字］、［灰色文字］。

（2）选中［灰色文字］图层的第 1 空白关键帧，使用工具箱中的“文本工具”在场景中输入静态文字“明天会更好”（见图 3.76），文字的格式设置见图 3.77。在第 20 帧位置插入帧。

图 3.76

图 3.77

（3）选中［遮罩灰色文字］图层的第 1 空白关键帧，用鼠标把库中的图形元件“遮罩圆”拖放到场景中，调整其位置，遮盖住文字“明天会更好”的第 1 个字“明”（见图 3.78）。在第 20 帧位置插入关键帧，把该帧对应的图形元件“遮罩圆”遮盖住文字“明天会更好”的最后 1 个字“好”（见图 3.79）。创建第 1 关键帧至第 20 关键帧的补间动画。

图 3. 78

图 3. 79

图 3. 80

(4) 选中［白色文字］图层的第 1 空白关键帧，使用工具箱中的“文本工具”在场景中输入静态文字“明天会更好”（见图 3. 80），文字的格式设置见图 3. 81。在第 20 帧位置插入帧。

(5) 选中［遮罩白色文字］图层的第 1 空白关键帧，用鼠标把库中的图形元件“遮罩圆”拖放到场景中，调整其位置，遮盖住文字“明天会更好”的第 1 个字“明”（见图 3. 82）；在第 20 帧位置插入关键帧，把该帧对应的图形元件“遮罩圆”遮盖住文字“明天会更好”的最后 1 个字“好”（见图 3. 83）；创建第 1 关键帧至第 20 关键帧的补间动画。

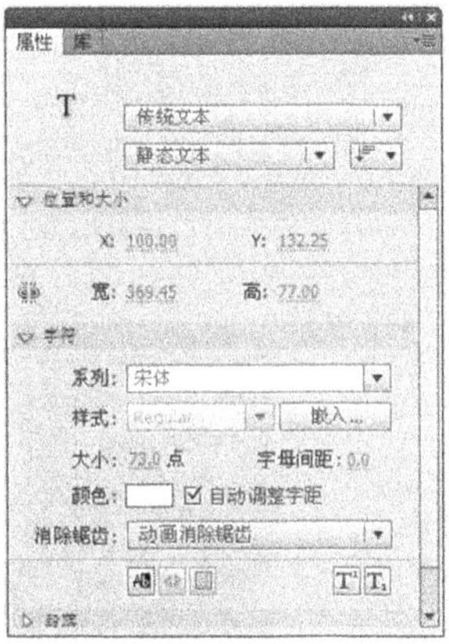

图 3. 81

图 3. 82

图 3. 83

(6) 选中［音效］图层的第 1 空白关键帧，在“属性”面板中选择声音文件“音效”加载声音，在第 20 帧位置插入帧。

(7) 选中［遮罩白色文字］图层，把其设置为“遮罩层”。

(8) 此时的图层和时间线设置（见图 3. 84）。

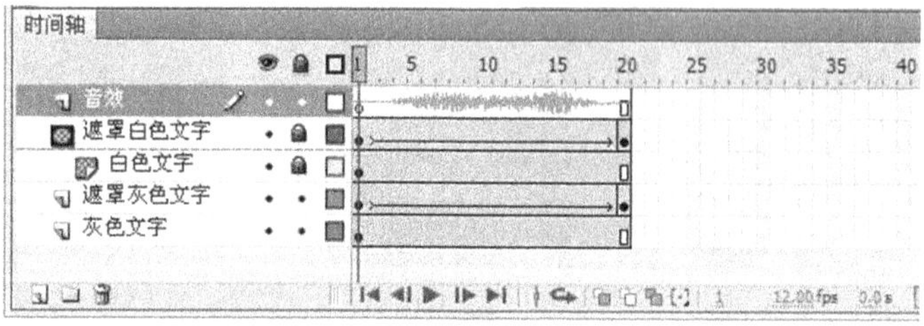

图 3.84

5. 进行整体测试，保存文件，导出影片。
6. 导出影片播放画面之一（见图 3.85）。
7. 导出影片播放画面之二（见图 3.86）。

图 3.85

图 3.86

3.6.4 任务评价

本任务通过 Flash 中的遮罩动画技术实现了文字探照灯特效的逼真模拟，推而广之，可以使用 Flash 设计和制作出其他文字的探照灯特效。

3.6.5 任务拓展

参考本任务使用的设计方法，使用 Flash 设计和制作文字“灯光下的文字”的探照灯效果（见图 3.87）。

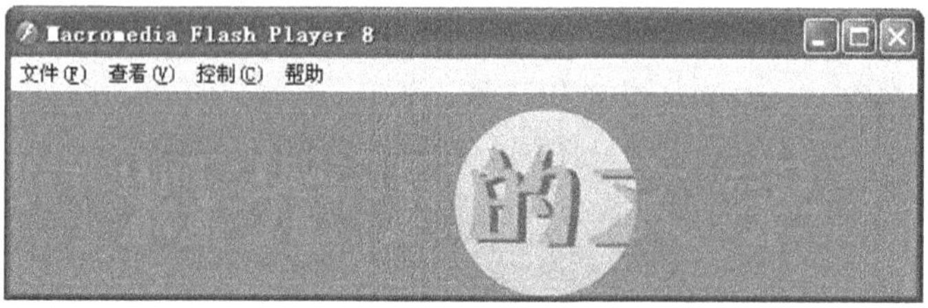

图 3.87

项 目 4

Flash 基础特效的制作

4.1 项目情境

小张喜欢设计和制作个人网站，在正式设计和制作网站之前，一般会在互联网上浏览其他比较有特色且点击率比较高的网站。经过对这些网站进行比对和观察，他发现这些网站具有一个共同的特点：网页上的元素，包括文字、图形、图像以及其他的一些网页元素，有相当部分是以动画特效的形式呈现出来的，这些特效的应用大大增强了网站的感染力和吸引力。这些常用的特效包括下雪效果的模拟、下雨效果的模拟、烟花特效、水珠特效、星空特效、花瓣飘落特效等基础特效，这些大多是一些自然现象的逼真模拟效果，可以使用 Flash 设计和制作出来。小张由此产生灵感，能否在自己的网站上也引入一些诸如此类的特效呢？答案显然是肯定的。

4.2 项目分析

要比较顺利地使用 Flash 设计和制作基础特效，必须对 Flash 中 3 种元件的设计和制作很熟悉；另外，要对 Flash 中的脚本代码，尤其是控制影片剪辑元件的脚本代码有比较熟练的掌握，要达到举一反三、灵活应用之效果。

4.3 任务 1 下雪特效的设计和制作

4.3.1 任务描述

使用 Flash 设计和制作模拟下雪这一自然现象的特效。影片播放时，产生下雪的模拟场景，漫天飘舞着不同大小、不同位置、不同透明度的雪花，雪花纷纷扬扬地飘落到地面上，随即消失，呈现出一种诗情画意，比较逼真。

4.3.2 任务目标

1. 掌握 Flash 中图形元件和影片剪辑元件的设计和制作。
2. 掌握 Flash 中如何使用脚本代码对影片剪辑元件进行控制。

4.3.3 任务实施

1. 新建 Flash 文档，设置文档的宽高大小为 550 像素 ×360 像素，背景颜色为黑色，其余选项默认（见图 4.1）。

2. 把相关素材导入库中（见图 4.2）。

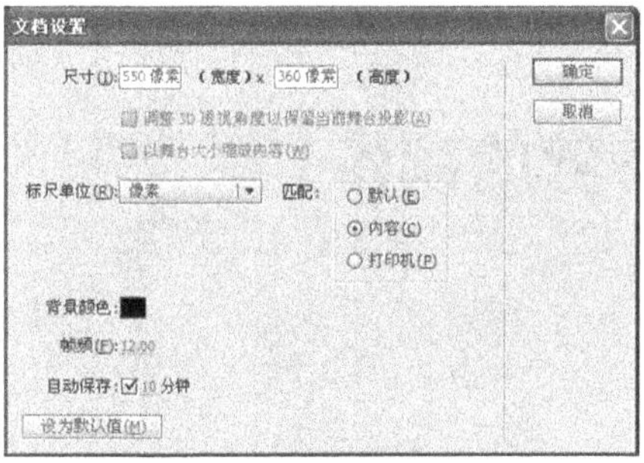

图 4.1

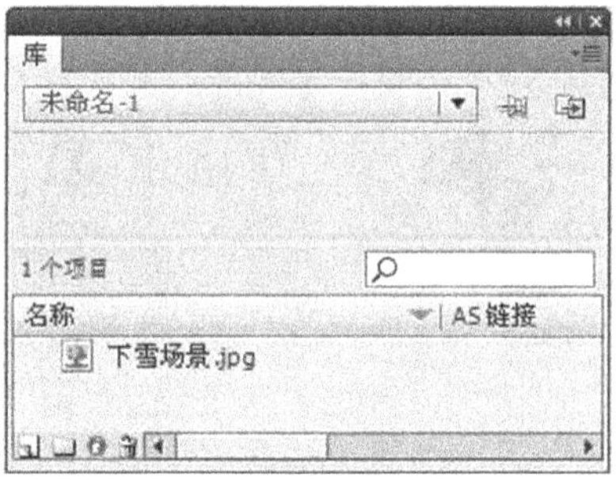

图 4.2

3. 相关元件的设计和制作。

（1）图形元件“雪花”的设计和制作。

①创建新元件，命名为“雪花”，类型为图形（见图 4.3）。

②单击图 4.3 中的“确定”按钮，进入图形元件“雪花”的编辑场景。

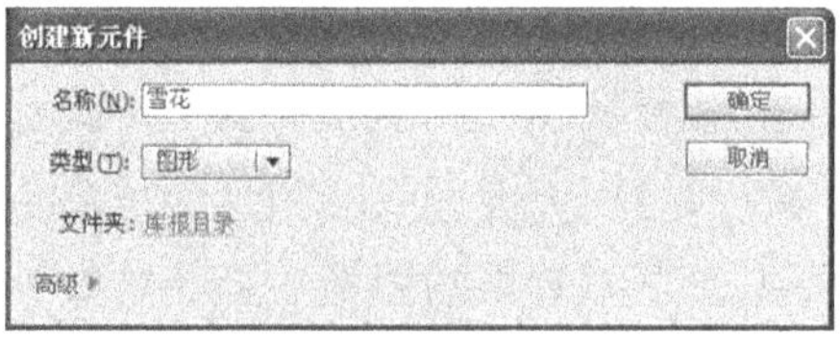

图 4.3

③选中［图层 1］图层的第 1 空白关键帧，使用工具箱中的“线条工具”绘制好图形（见图 4.4），线条颜色为白色，笔触（线粗）为 2；选中图 4.4 中的图形，使用“任意变形工具”把图形的中心点调整到下边线的中点（见图 4.5）；在“变形”面板中设置旋转角度为 60 度，点击面板下方的“复制选区和变形”工具 5 次，得到新图形（见图 4.6）；继续使用工具箱中的“椭圆工具”绘制好一个无边框的白色圆形，把它移动到图 4.6 的中心位置，选中整个图形进行组合（见图 4.7）。

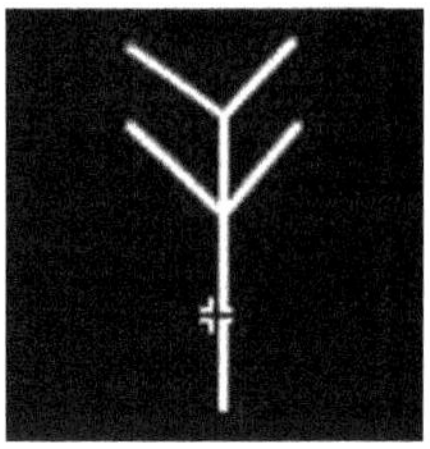

图 4.4

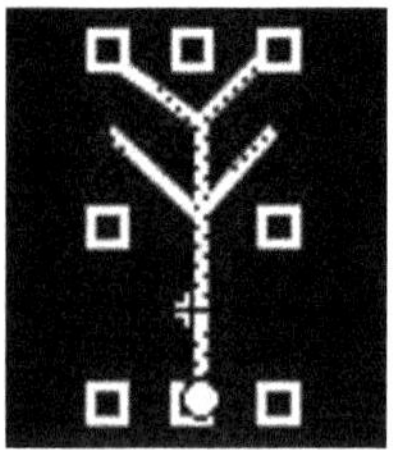

图 4.5

图 4.6

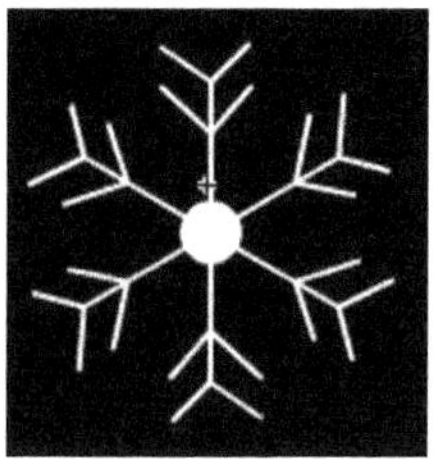

图 4.7

（2）影片剪辑元件“静止雪花”的设计和制作。

①创建新元件，命名为“静止雪花”，类型为影片剪辑（见图 4.8）。

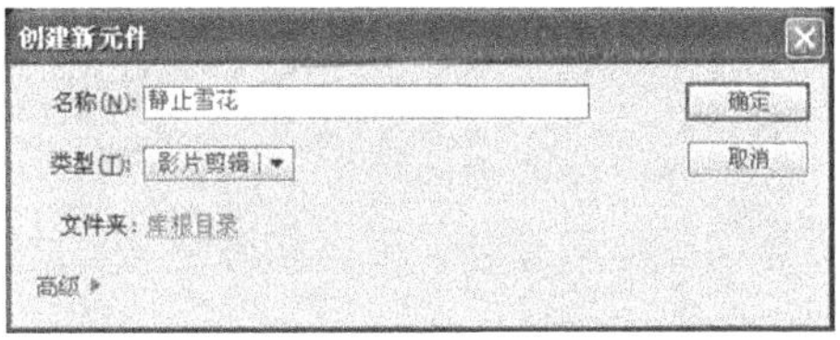

图 4.8

②单击图 4.8 中的“确定”按钮，进入影片剪辑元件“静止雪花”的编辑场景。

③选中［图层 1］图层的第 1 空白关键帧，用鼠标把库中的图形元件“雪花”拖放到场景中即可。

④此时的图层和时间线设置（见图 4.9）。

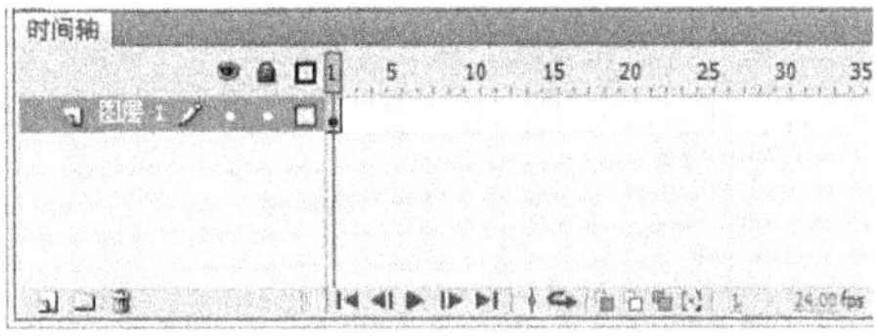

图 4.9

（3）影片剪辑元件“运动雪花”的设计和制作。

①创建新元件，命名为“运动雪花”，类型为影片剪辑（见图 4.10）。

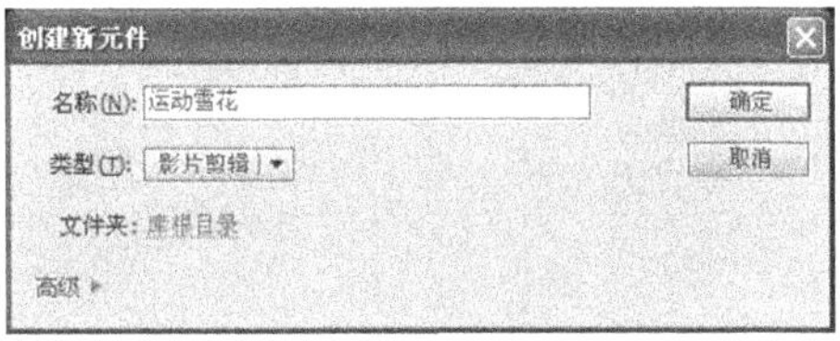

图 4.10

②单击图 4.10 中的“确定”按钮，进入影片剪辑元件“运动雪花”的编辑场景。

③选中［图层 1］图层的第 1 空白关键帧，用鼠标把库中的影片剪辑元件“静止雪花”拖放到场景中，在第 20 帧位置插入关键帧并把该帧对应的影片剪辑元件“静止雪花”逆时针旋转 45 度（在“变形”面板中设置），选中第 1 关键帧至第 20 关键帧创建补间动画，从而使得“静止雪花”产生逆时针旋转的动态效果。

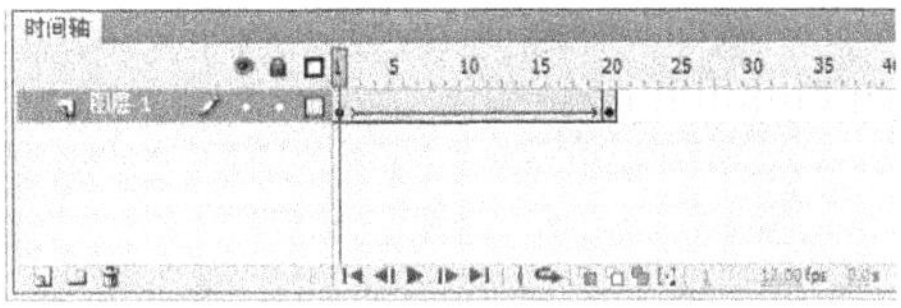

图 4.11

④此时的图层和时间线设置（见图 4.11）。

4. 相关元件设计和制作完毕，回到主场景，进行合成。

（1）新建（插入）两个图层，这样就有 3 个图层了，进行命名，从上到下分别是［脚本代码］、［运动雪花］以及［下雪场景］。

（2）选中［下雪场景］图层的第 1 空白关键帧，用鼠标把库中的图形素材“下雪场景 .jpg”拖放到场景中，宽高大小设置为 550 像素 ×360 像素，位置坐标设置为（0，0）。

（3）选中［运动雪花］图层的第 1 空白关键帧，用鼠标把库中的影片剪辑元件“运动雪花”拖放到场景中，宽高大小设置为 3.1 像素 ×3 像素，位置坐标设置为（280，133），在“属性”面板中将其命名为“snow”（见图 4.12）。

（4）选中［脚本代码］图层的第 1 空白关键帧，添加脚本代码（见图 4.13）。

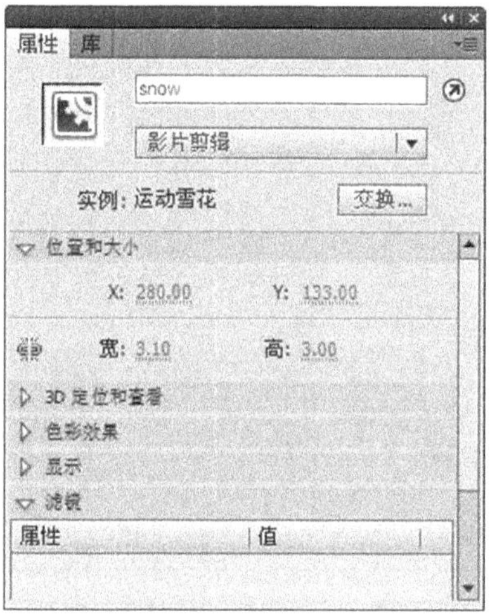

图 4.12

```
var count = 3;
var sum = 100;
var ax = new Array();
var ay = new Array();
_root.snow._visible = 0;
for (i=1; i<sum; i++) {
    duplicateMovieClip(snow, "snow"+i, i);
    with (_root["snow"+i]) {
        _x = random(600);
        _y = random(400);
        _xscale = random(50);
        _yscale = _xscale;
        _rotation = random(180);
        _alpha = random(101);
        ax[i] = count*Math.random()+count/2;
        ay[i] = count*Math.random()+count;
    }
}
snow.onEnterFrame = function() {
    for (i=1; i<sum; i++) {
        with (_root["snow"+i]) {
            _x += ax[i];
            _y += ay[i];
            if (_x<0) {
                _x = 550;
            }

            if (_x>600) {
                _x = 0;
            }

            if (_y>300) {
                _y = 0;
            }

        }
    }
};
```

图 4.13

(5) 此时的图层和时间线设置（见图 4.14）。

5. 进行整体测试，保存文件，导出影片。

6. 导出影片的播放画面之一（见图 4.15）。

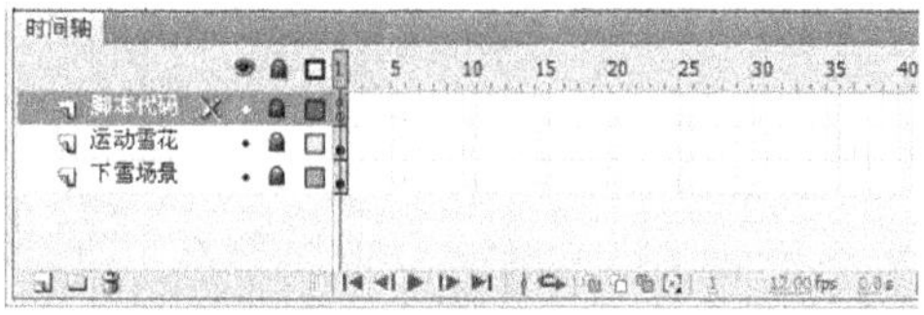

图 4.14

图 4.15

4.3.4 任务评价

本任务通过用 Flash 中的脚本代码控制影片剪辑元件的方式，实现了自然现象下雪场景的模拟，比较逼真，提供了一种使用 Flash 模拟动态自然现象的通用制作方法，值得推广。

4.3.5　任务拓展

1. 本任务中的雪花飘落是使用了脚本代码来控制的，能否不使用脚本代码，而是在影片剪辑元件“运动雪花”中完成雪花的旋转飘落呢？

2. 参考本任务中的方法，设计和制作花瓣从花上飘落到水面上的特效。

4.4　任务2　下雨特效的设计和制作

4.4.1　任务描述

使用 Flash 设计和制作模拟下雨这一自然现象的特效。影片播放时，出现下雨的模拟场景。雨滴打到蓝色的湖面上，溅起水花朵朵，随即消失。雨不大，滴滴答答的。当雨点落到湖中的时候，雨点就在水面上溅出了一个又一个圆圈。

4.4.2　任务目标

1. 掌握 Flash 中图形元件和影片剪辑元件的设计和制作。

2. 掌握 Flash 中如何使用脚本代码对影片剪辑元件进行控制。

4.4.3　任务实施

1. 新建 Flash 文档，设置其宽高大小为 600 像素 ×466 像素，背景颜色为灰色，其余选项默认（见图 4.16）。

2. 把相关素材导入库中（见图 4.17）。

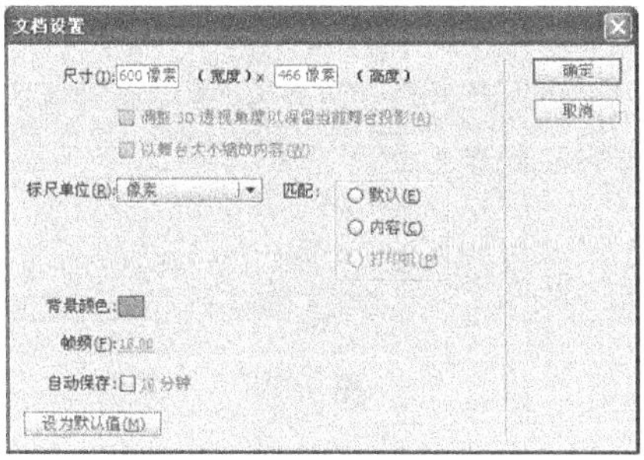

图 4.16

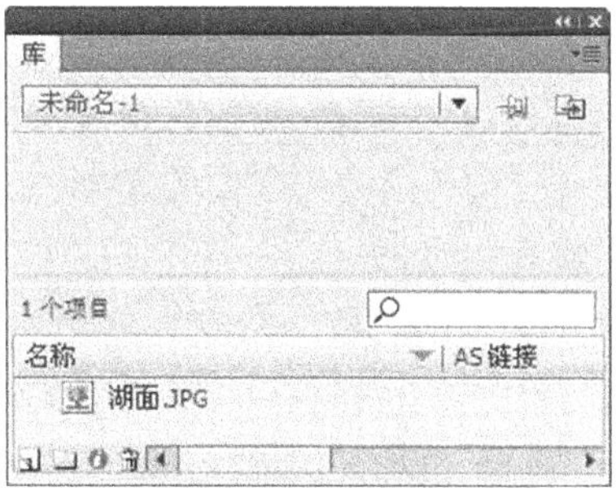

图 4.17

3. 相关元件的设计和制作。

（1）图形元件“雨滴”的设计和制作。

①创建新元件，命名为“雨滴”，类型为图形（见图 4.18）。

②用鼠标单击图 4.18 中的“确定”按钮，进入图形元件“雨滴”的编辑场景。

③选中［雨滴］图层的第 1 空白关键帧，使用工具箱中的“线条工具”绘制好“雨滴”图形，笔触设置为 2，背景颜色设置为白色，宽高大小设置为 1 像

素×6 像素（见图 4.19）。

④此时的图层和时间线设置（见图 4.20）。

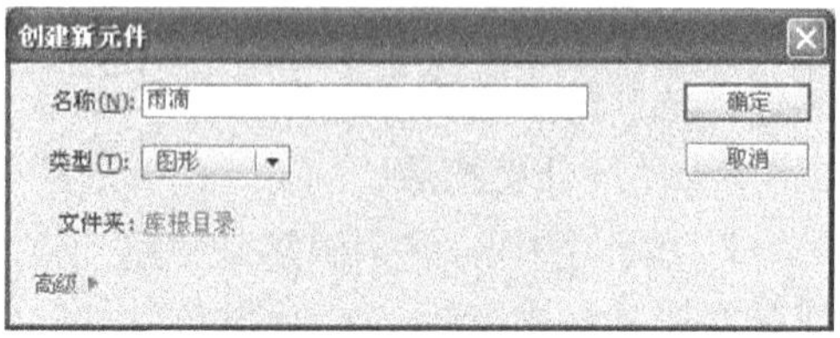

图 4.18

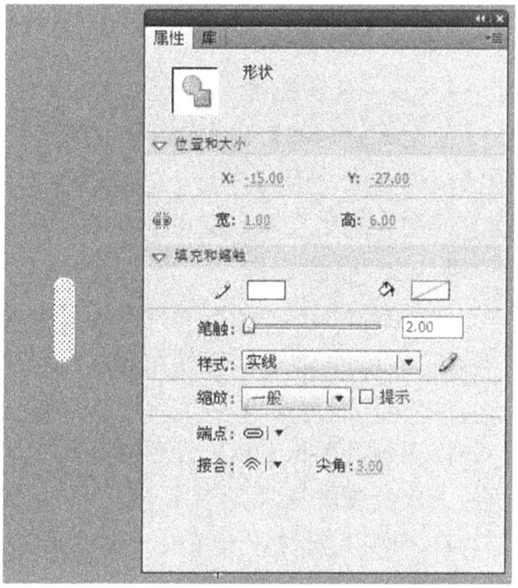

图 4.19

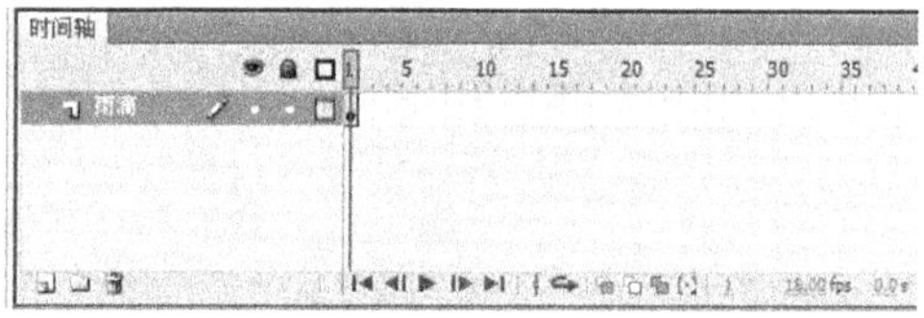

图 4.20

（2）影片剪辑元件“下雨”的设计和制作。

①创建新元件，命名为“下雨”，类型为影片剪辑（见图 4.21）。

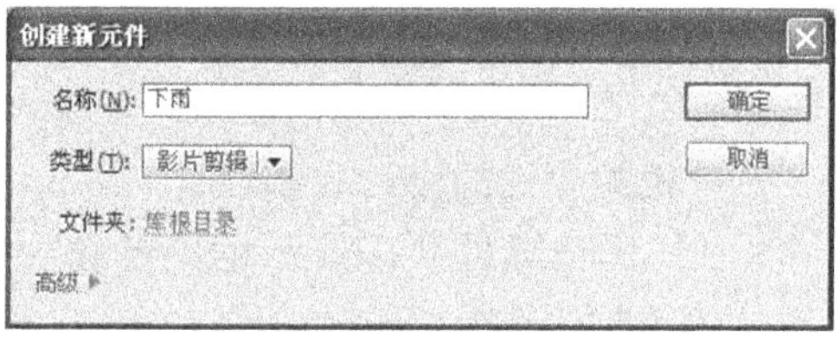

图 4.21

②用鼠标单击图 4.21 中的“确定”按钮，进入影片剪辑元件“下雨”的编辑场景。

③新建（插入）两个图层，这样就有 3 个图层了，进行命名，从上到下分别是［水滴］、［雨圈］、［雨滴］。

④选中［雨滴］图层的第 1 空白关键帧，用鼠标把库中的图形元件“雨滴”拖放到场景中，设置其宽高大小为 2 像素×6 像素，位置坐标为（102，－6）；在第 15 帧位置插入关键帧，把该帧对应的图形元件“雨滴”的位置坐标设置为（3.5，300）；选中第 1 关键帧至第 15 关键帧，建立补间动画，产生雨滴往左下方下落的效果。在第 16 帧插入空白关键帧，在第 32 帧插入帧。

⑤选中［雨圈］图层，在第 15 帧位置插入空白关键帧，使用工具箱中的“椭圆工具”绘制好一个椭圆环，宽高大小设置为 24 像素×6 像素，颜色为白色，位置坐标为（－13，312）（见图 4.22）。在第 19 帧插入关键帧，把图形元件的宽高大小设置为 53 像素×15 像素，颜色为浅灰色，接近场景的背景颜色，位置坐标为（－26，306）（见图 4.23）。在第 28 帧插入关键帧，把图形元件的宽高大小设置为 72 像素×15 像素，颜色为灰色，与场景背景颜色一致，位置坐标为（－31，306）（见图 4.24）。在第 32 帧插入帧。

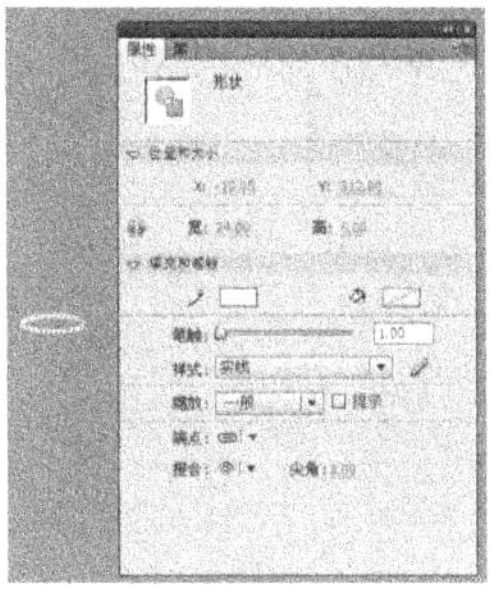

图 4. 22

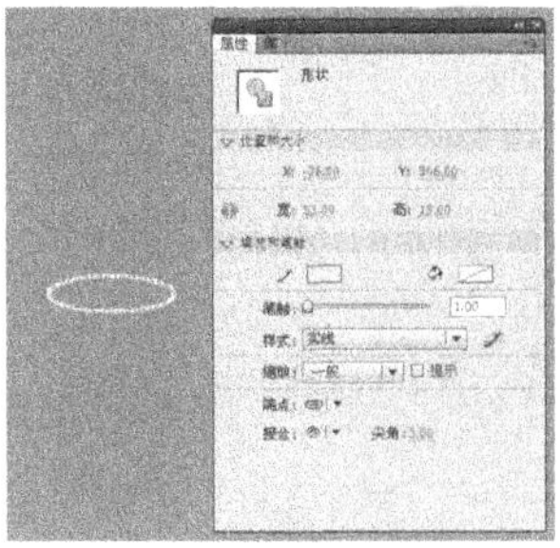

图 4. 23

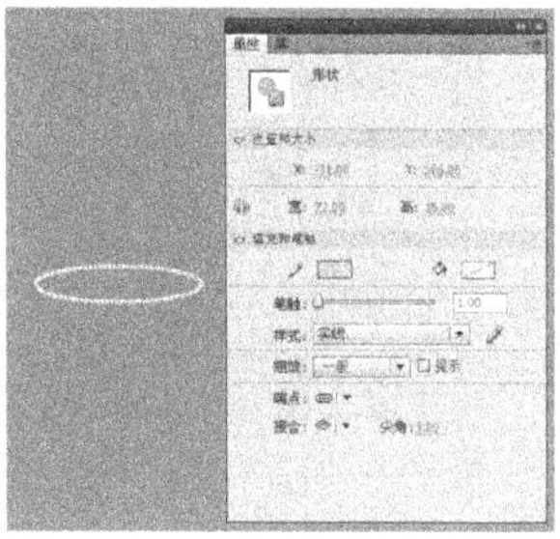

图 4. 24

⑥选中［水滴］图层，在第 15 帧位置插入空白关键帧，绘制好雨滴打在湖面上溅起的水花，其大小和位置见图 4. 25；在第 15 帧位置插入关键帧，此时的图形及其大小和位置见图 4. 26；在第 19 帧位置插入关键帧，此时的图形及其大小和位置见图 4. 27；在第 20 帧位置插入关键帧，此时的图形及其大小和位置见图 4. 28；在第 23 帧位置插入关键帧，此时的图形及其大小和位置见图 4. 29；在第 25 帧位置插入空白关键帧，在第 32 帧位置插入帧。

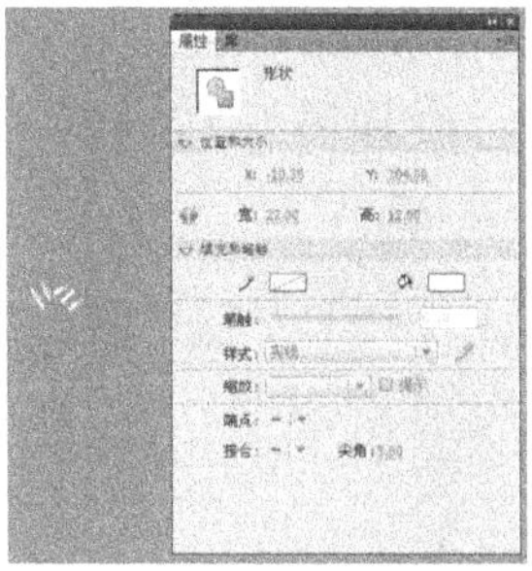

图 4. 25

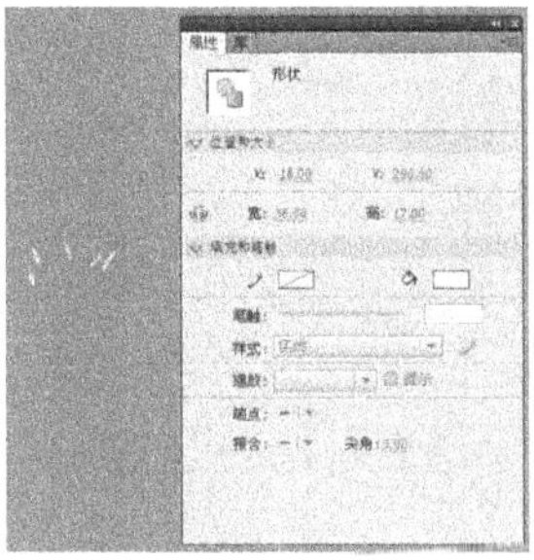

图 4. 26

图 4. 27

图 4. 28

图 4. 29

⑦此时的图层和时间线设置（见图 4. 30）。

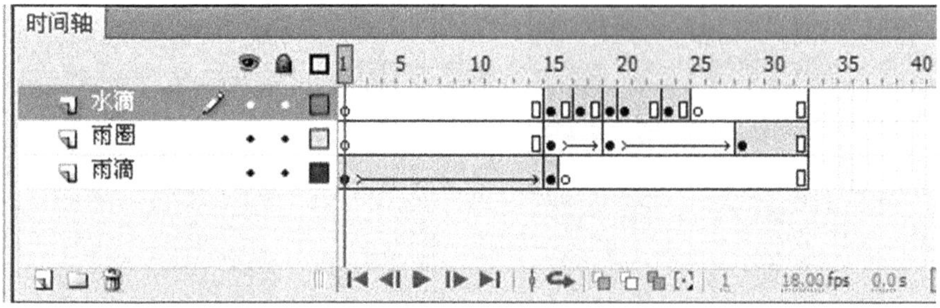

图 4.30

4. 相关元件设计与制作完毕，回到主场景，进行合成。

（1）新建（插入）两个图层，这样就有 3 个图层了，进行命名，从上到下分类别是［代码控制］、［下雨元件］、［湖面背景］。

（2）选中［湖面背景］图层的第 1 空白关键帧，用鼠标把库中的图形素材“湖面 . JPG”拖放到场景中，设置其宽高大小为 600 像素 ×466 像素，位置坐标为（0，0），与场景重合。

（3）选中［下雨元件］图层的第 1 空白关键帧，用鼠标把库中的影片剪辑元件“下雨”拖放到场景中，设置其宽高大小为 2 像素 ×6 像素，位置坐标为（5，－5），在“属性”面板中将其命名为“rain”（见图 4. 31）。

（4）选中［代码控制］图层的第 1 空白关键帧，添加脚本代码（见图 4. 32）。

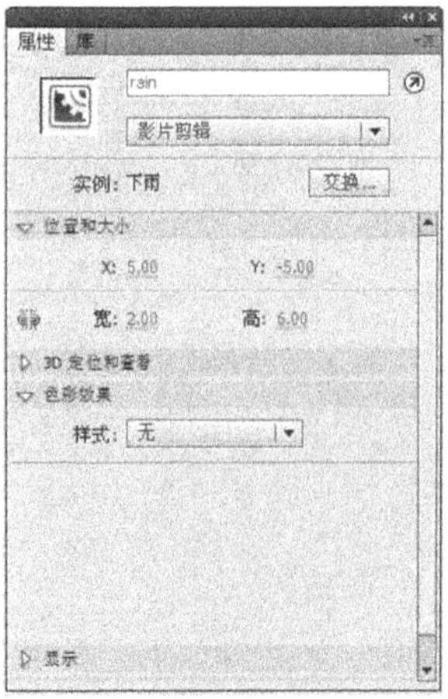

图 4. 31

```
_root.rain._visible = false;
t = 1;
function ab()
{
    duplicateMovieClip("rain", t, t);
    setProperty(t, _x,random(500));
    setProperty(t, _y,random(600));
    setProperty(t, _alpha,random(80)+20);

    setProperty(t, _xscale,random(80)+20);
    setProperty(t, _yscale,random(95)+30);
    updateAfterEvent();
    t++;
    if (t>=300)
    {
        clearInterval(aa);
    }
}
aa = setInterval(ab, 50);
```

图 4. 32

（5）此时的图层和时间线设置（见图 4. 33）。

5. 进行整体测试，保存文件，导出影片。

6. 导出影片的播放画面之一（见图 4.34）。

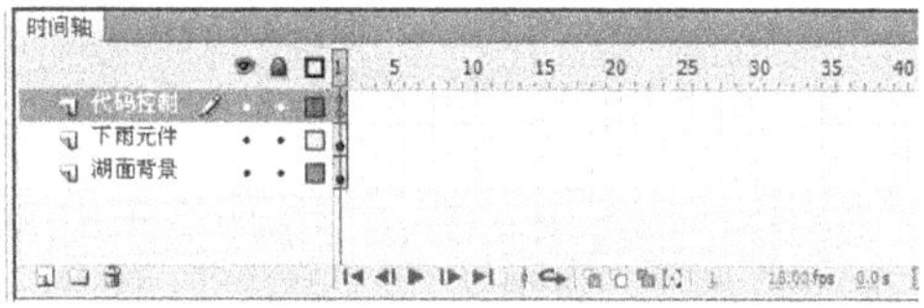

图 4.33

图 4.34

4.4.4　任务评价

本任务通过用 Flash 中的脚本代码控制影片剪辑元件的方式，实现了自然现象下雨场景的模拟，比较逼真，提供了一种使用 Flash 模拟动态自然现象的通用制作方法，值得推广。

4.4.5　任务拓展

参考本任务中的制作方法，能否使用 Flash 设计和制作电闪雷鸣、狂风暴雨的场景？

4.5　任务 3　闪烁的星星特效的设计和制作

4.5.1　任务描述

使用 Flash 设计和制作闪烁的星星特效。影片播放时，在漆黑的夜空中，可以看到许多不同大小、不同位置、不同清晰度的星星在不停地闪烁。

4.5.2　任务目标

1. 熟练掌握 Flash 中图形元件和影片剪辑元件的设计和制作。

2. 熟练掌握 Flash 中如何灵活使用脚本代码对影片剪辑元件进行控制。

4.5.3　任务实施

1. 新建 Flash 文档，设置宽高大小为 450 像素 ×200 像素，背景颜色为黑色，其余选项默认（见图 4.35）。

2. 相关元件的设计和制作。

（1）图形元件“星星 1”的设计和制作。

①创建新元件，命名为“星星 1”，类型为图形（见图 4.36）。

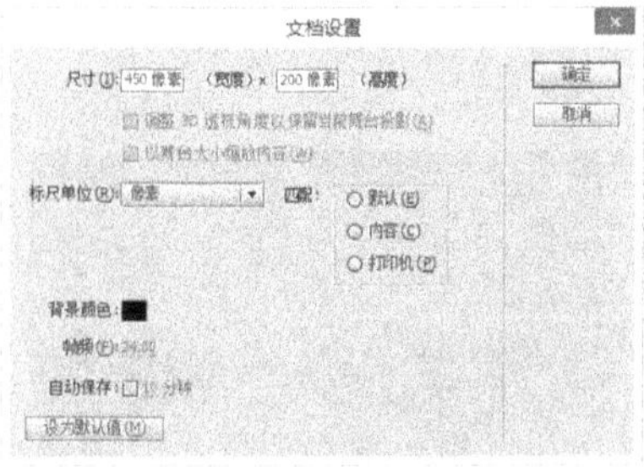

图 4.35

图 4.36

②用鼠标单击图 4.36 中的“确定”按钮，进入图形元件“星星 1”的编辑场景。

③选中［图层 1］图层的第 1 空白关键帧，绘制好“星星”图形，其大小设置为 190 像素 ×25 像素，位置坐标为（－95.5，－13），使用“线性渐变”进行填充。第 1 颜色块的颜色是“FFFFFF”，Alpha 值为 0%；第 2 颜色块的颜色是“FFFFFF”，Alpha 值为 100%（见图 4.37）。

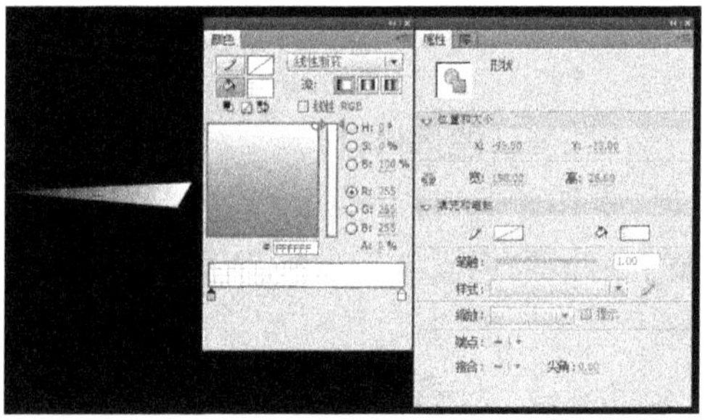

图 4.37

④此时的图层和时间线设置（见图 4.38）。

（2）图形元件“星星 2”的设计和制作。

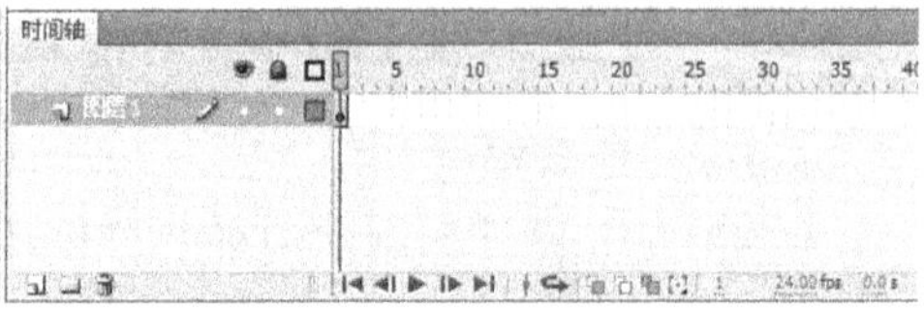

图 4.38

①创建新元件，命名为“星星 2”，类型为图形（见图 4.39）。

②用鼠标单击图 4.39 中的“确定”按钮，进入图形元件“星星 2”的编辑场景。

图 4.39

③选中［图层 1］图层的第 1 空白关键帧，用鼠标把库中的图形元件“星星 1”拖放到场景中（见图 4.40）。使用工具箱中的“任意变形工具”把图形元件“星星 1”的中心点调整到靠近右端的位置（见图 4.41）。弹出“变形”面板，设置“旋转”角度大小为 72 度，用鼠标左键单击面板下方的按钮“重置选区和变形”4 次（见图 4.42），得到新图形（见图 4.43）。

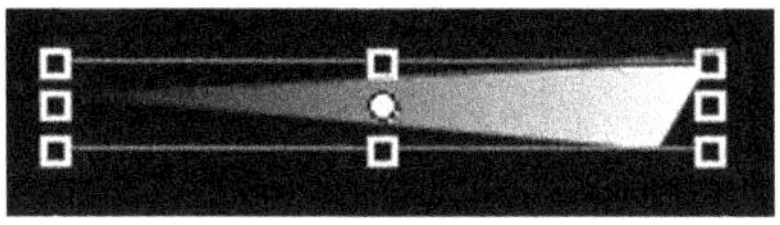

图 4.40

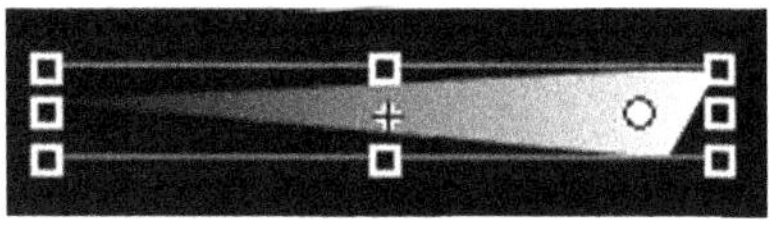

图 4.41

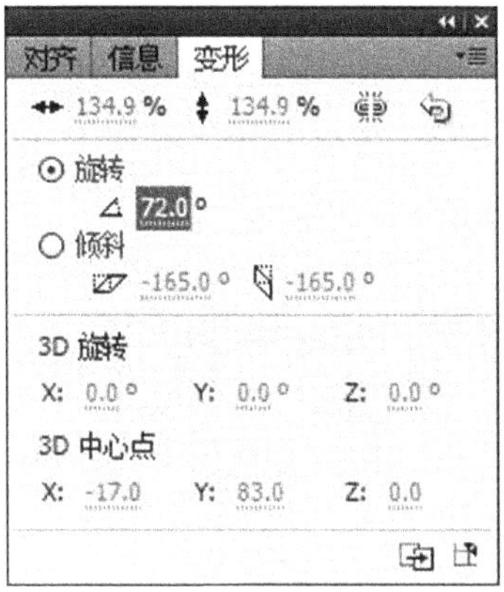

图 4.42

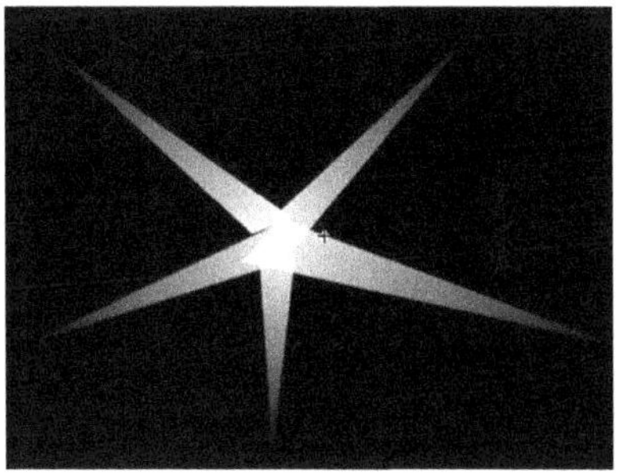

图 4.43

④此时的图层和时间线设置（见图 4.44）。

（3）影片剪辑元件“星星闪动”的设计和制作。

①创建新元件，命名为“星星闪动”，类型为影片剪辑（见图 4.45）。

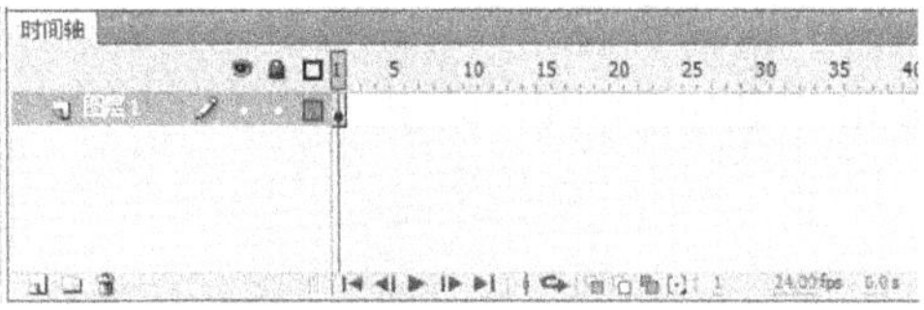

图 4.44

图 4.45

②用鼠标单击图 4.45 中的“确定”按钮，进入影片剪辑元件“星星闪动”的编辑场景。

③选中［图层 1］图层的第 1 空白关键帧，用鼠标把库中的图形元件“星星 2”拖放到场景中，其位置、大小、Alpha 值的设置见图 4.46。在第 15 帧插入关键帧，设置该帧所对应的图形元件“星星 2”的位置、大小、Alpha 值（见图 4.47）；在第 30 帧插入关键帧，设置该帧所对应的图形元件“星星 2”的位置、大小、Alpha 值（见图 4.48）；选中第 1 关键帧至第 30 关键帧，创建补间动画。

图 4.46

图 4.47

图 4.48

④此时的图层和时间线设置（见图 4.49）。

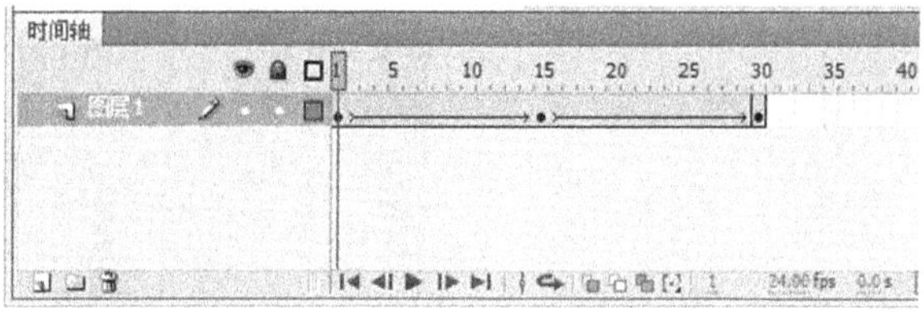

图 4.49

3. 相关元件设计和制作完毕，回到场景，进行合成。

（1）新建（插入）1 个图层，这样就有两个图层了，进行命名，从上到下分别是［AS］、［星星闪动］。

（2）选中［星星闪动］图层的第 1 空白关键帧，用鼠标把库中的影片剪辑元件“星星闪动”拖放到场景中，其位置和大小见图 4.50，在“属性”面板中将其命名为“star”。在第 3 帧插入帧。

（3）选中［AS］图层的第 1 空白关键帧，添加脚本代码（见图 4.51）。在第 2 帧插入空白关键帧并添加脚本代码（见图 4.52）。在第 3 帧插入空白关键帧并添加脚本代码（见图 4.53）。

图 4.50

```
count = 0;
```

图 4.51

```
if (count>50) {
    count = 0;
}
_root.star.stop();
_root.star._x = random(550);
_root.star._y = random(400);
_root.star.duplicateMovieClip("star"+count, count);
count = count+1;
```

图 4.52

```
gotoAndPlay(2);
```

图 4.53

（4）此时的图层和时间线设置（见图 4.54）。

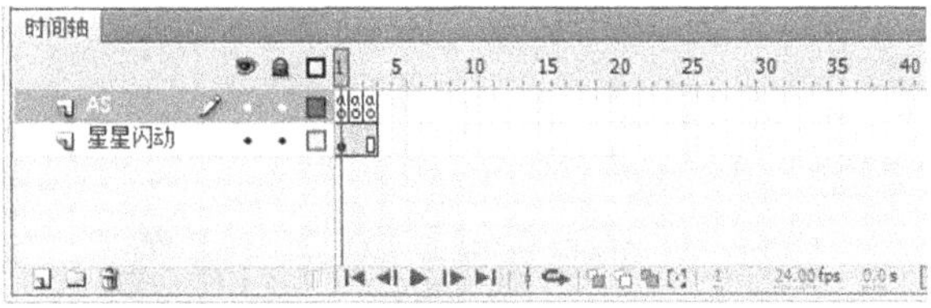

图 4.54

4. 进行整体测试，保存文件，导出影片。

5. 导出影片播放画面之一（见图 4.55）。

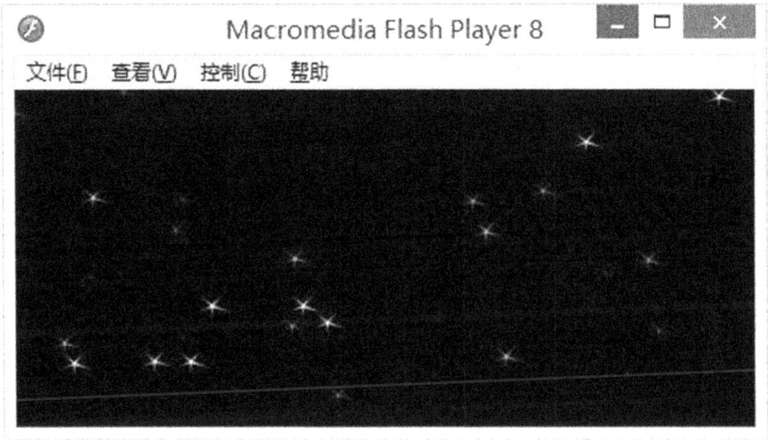

图 4.55

4.5.4 任务评价

本任务通过用 Flash 中的脚本代码控制影片剪辑元件的方式，实现了满天繁星场景的模拟，比较逼真，提供了一种使用 Flash 模拟动态自然现象的通用制作方法，是值得借用和推广的。

4.5.5 任务拓展

参考本任务使用的方法进行设计和制作：静静的夜空中，繁星点点，不断闪烁着耀眼的光芒，给人一种很强的视觉冲击力。这样的夜空也许只能出现在无限的幻想中，使用 Flash 模拟一个这样绚丽的夜空效果，可以在制作过程中充分发挥自己的想象力。

项 目 5

Flash 图像特效的制作

5.1 项目情境

小张经常浏览网页，喜欢观看 Flash MV 以及 Flash 动漫作品等，还喜欢观看和制作幻灯片。他发现其中绝大多数的图形图像在出现和消失时伴随着特定的图像特效，比如百叶窗效果、棋盘式效果、马赛克效果、照相机镜头的伸缩效果等，这样的图像特效为作品增色不少。小张对图像特效的设计和制作产生了浓厚的兴趣。能否自己独立使用 Flash 软件来设计和制作一些常见的图像特效呢？答案是肯定的。

5.2 项目分析

1. 熟练掌握 Flash 中元件的设计和制作。

2. 熟练掌握 Flash 中逐帧动画、补间动画、遮罩动画以及脚本动画的设计和制作。

5.3 任务1 多张图像百叶窗特效的设计和制作

5.3.1 任务描述

使用 Flash 设计和制作多张图像的百叶窗特效。动画播放时，6 张图片轮流显示，图片切换时会出现不同方向的百叶窗式效果。

5.3.2 任务目标

1. 掌握 Flash 中影片剪辑元件的设计和制作。

2. 掌握 Flash 中逐帧动画、补间动画以及遮罩动画的设计和制作。

5.3.3 任务实施

1. 新建 Flash 文档，宽高大小设置为 750 像素 ×560 像素，背景颜色为浅蓝色，其余选项默认（见图 5.1）。

2. 把相关素材（6 张 jpg 格式的图像）导入库中（见图 5.2）。

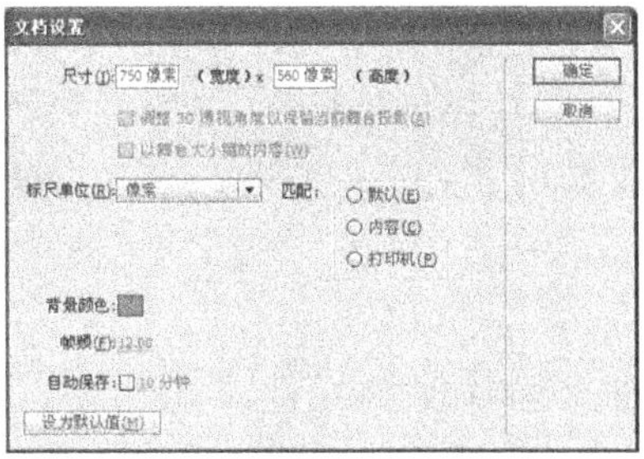

图 5.1

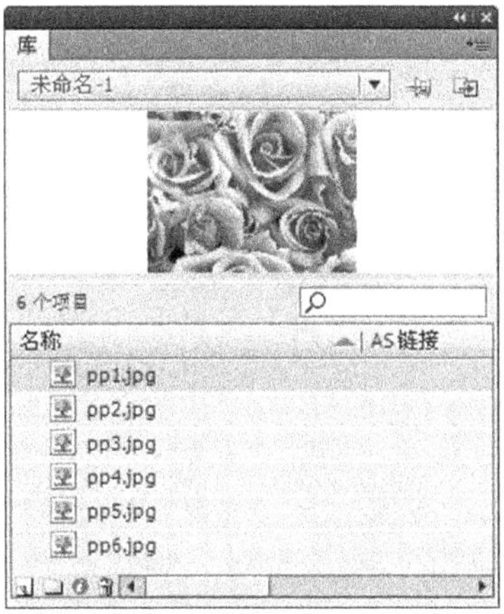

图 5.2

3. 相关元件的设计与制作。

(1) 影片剪辑元件“遮罩 1”的设计和制作。

①创建新元件，命名为“遮罩 1”，类型为影片剪辑（见图 5.3）。

②点击图 5.3 中的“确定”按钮，进入影片剪辑元件“遮罩 1”的编辑场景。

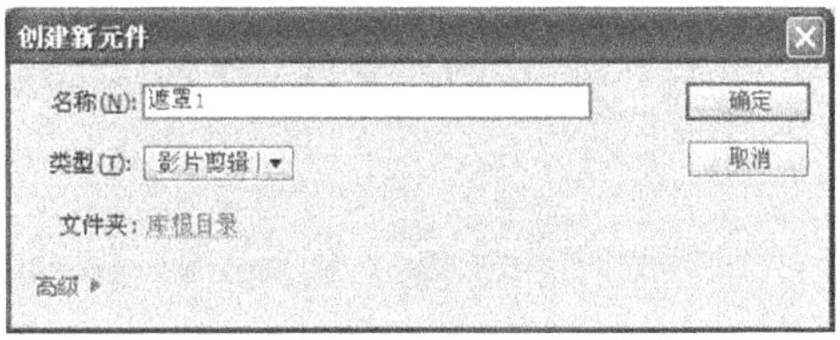

图 5.3

③选中［图层 1］图层的第 1 空白关键帧，绘制 1 个无边框的白色矩形，宽高大小为 800 像素 × 30 像素（见图 5.4）。选中第 20 帧，插入关键帧，把该帧对应的矩形的宽高大小设置为 800 像素 × 1 像素，保持中心点不变（见图 5.5）。选中第 1 关键帧至第 20 关键帧，创建补间动画。选中第 21 帧，插入空白关键帧。选中第 40 帧，插入空白关键帧并选中该帧，添加脚本代码“_root. play ( ) ;”。

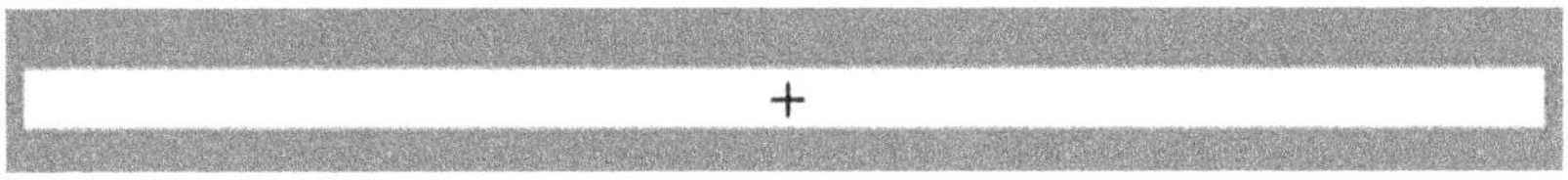

图 5.4

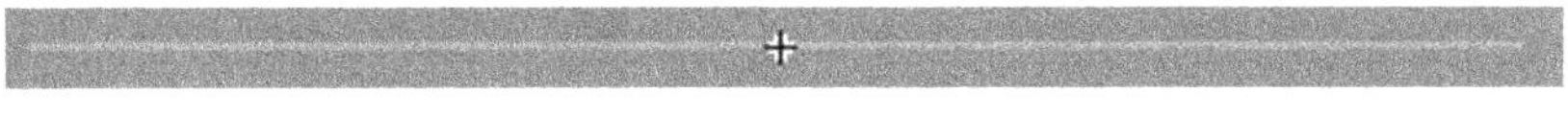

图 5.5

④此时的图层和时间线设置（见图 5.6）。

（2）影片剪辑元件“遮罩 2”的设计和制作。

①创建新元件，命名为“遮罩 2”，类型为影片剪辑（见图 5.7）。

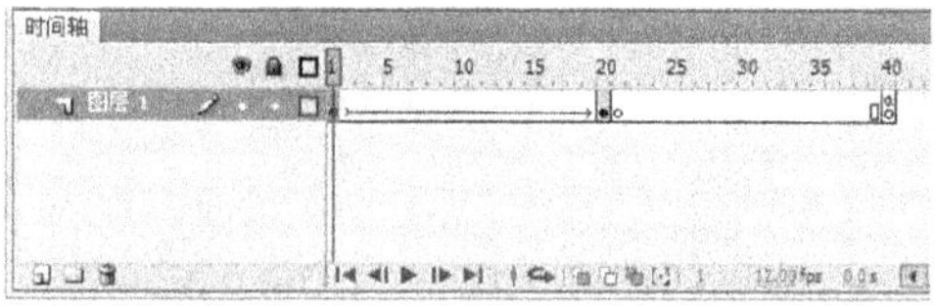

图 5.6

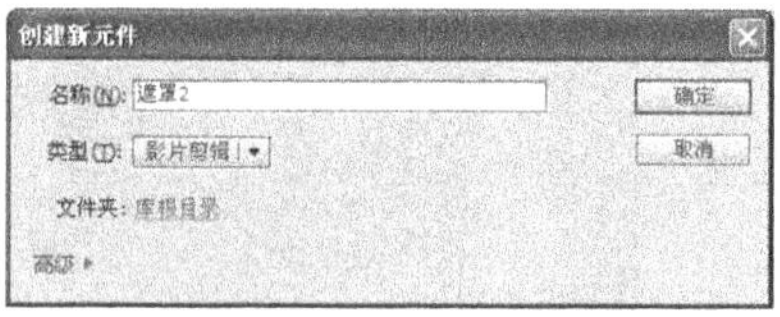

图 5.7

②点击图 5.7 中的“确定”按钮，进入影片剪辑元件“遮罩 2”的编辑场景。

③选中［图层 1］图层的第 1 空白关键帧，用鼠标把库中的影片剪辑元件“遮罩 1”拖放到舞台上，此时的图层和时间线设置见图 5.8。

（3）影片剪辑元件“遮罩 3”的设计和制作。

①创建新元件，命名为“遮罩 3”，类型为影片剪辑（见图 5.9）。

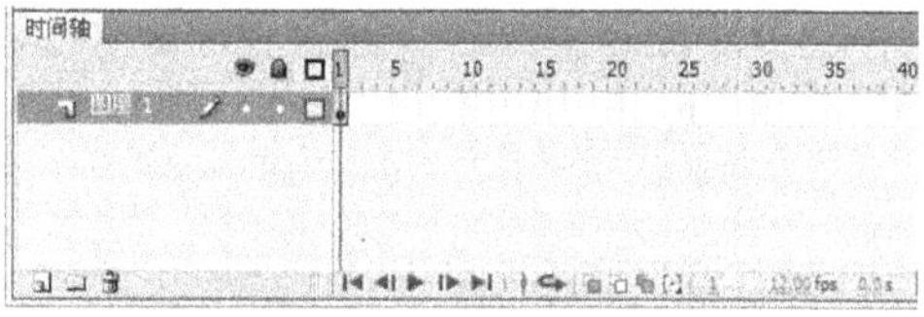

图 5.8

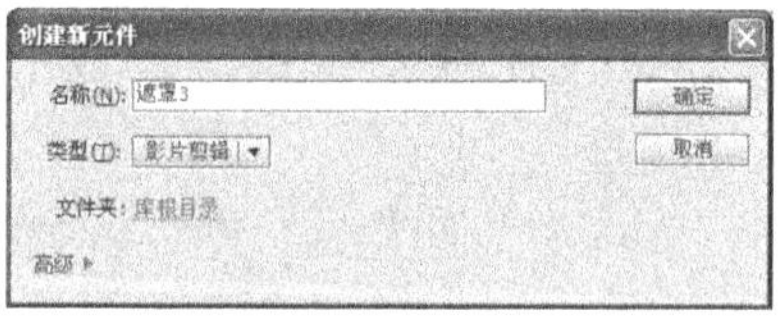

图 5.9

②点击图 5.9 中的“确定”按钮，进入影片剪辑元件“遮罩 3”的编辑场景。

③新建（插入）30 个图层，这样就有 31 个图层了，进行命名，从上到下分别是［1］至［31］。

④选中［1］图层的第 1 空白关键帧，用鼠标把库中的影片剪辑元件“遮罩 2”拖放到场景中；选中［2］图层的第 1 空白关键帧，用鼠标把库中的影片剪辑元件“遮罩 2”拖放到场景中，放置到与［1］图层相同帧位置所对应影片剪辑元件的正下方；选中［3］图层的第 1 空白关键帧，用鼠标把库中的影片剪辑元件“遮罩 2”拖放到场景中，放置到与［2］图层相同帧位置所对应影片剪辑元件的正下方；继续相同的操作，一直到［31］图层。最终这 31 个影片剪辑元件经对齐形成了一个矩形（见图 5.10）。

⑤此时的图层和时间线设置（见图 5.11）。

（4）影片剪辑元件“遮罩 4”的设计和制作。

打开影片剪辑元件“遮罩 3”，进入编辑场景，在场景中选中由 31 个影片剪辑元件“遮罩2”组成的矩形，转换为影片剪辑元件“遮罩4”（见图5.12）。

4. 相关元件设计和制作完毕，回到主场景，进行合成。

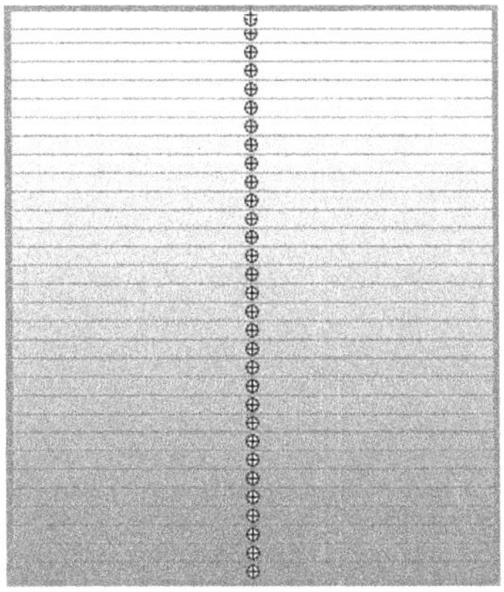

图5.10

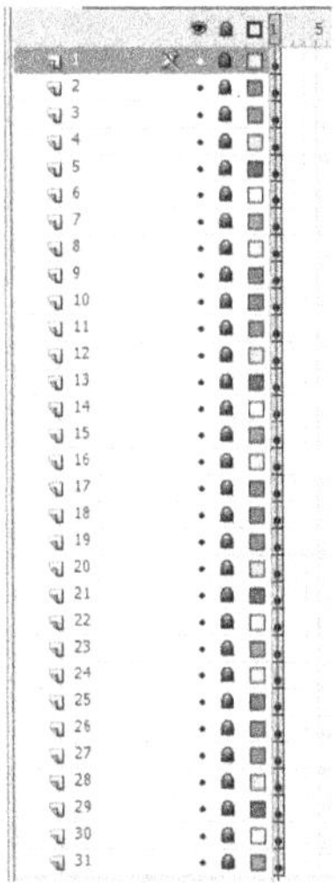

图5.11

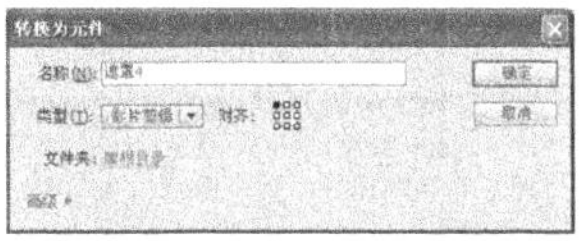

图5.12

（1）新建（插入）3个图层，这样就有4个图层了，从上到下分别是［AS］、［遮罩］、［图像2］以及［图像1］。

（2）选中［图像1］图层的第1空白关键帧，用鼠标把库中的图像素材“pp1.jpg”拖放到场景中，把图像“pp1.jpg”的宽高大小在“属性”面板中设置为场景的宽高大小750像素×560像素，坐标设置为（0，0），目的是使得图像与场景重合在一起。分别选中第2、3、4、5、6帧，均插入空白关键帧，依照相同的步骤，把库中的图像素材“pp2.jpg”至“pp6.jpg”依次放置到第2空白关键帧至第6空白关键帧所对应的场景中，每个关键帧上所对应的图像大小均设置成与场景相同（宽高大小为750像素×560像素），坐标均设置为（0，0）。

（3）选中［图像2］图层，在第1帧至第6帧均插入空白关键帧，用鼠标把库中的图像素材“pp6.jpg”至“pp1.jpg”依次拖放到第1空白关键帧至第6空白关键帧所对应的场景中，每个关键帧上所对应的图像大小均设置成与场景相同（宽高大小为750像素×560像素），坐标均设置为（0，0）。

（4）选中［遮罩］图层的第1空白关键帧，用鼠标把库中的影片剪辑元件“遮罩4”拖放到场景中，使得元件的中心点与场景的中心点重合；选中第2帧，插入关键帧，把影片剪辑元件“遮罩4”顺时针旋转35度；选中第3帧，插入关键帧，把影片剪辑元件“遮罩4”顺时针旋转90度；选中第4帧，插入关键帧，把影片剪辑元件“遮罩4”顺时针旋转180度；选中第5帧，插入关键帧，把影片剪辑元件“遮罩4”逆时针旋转135度；选中第6帧，插入关键帧，把影片剪辑元件“遮罩4”逆时针旋转90度。

（5）选中［AS］图层，在第 1 帧至第 6 帧均插入空白关键帧，在每个空白关键帧上均添加脚本代码“stop（）;”。

（6）选中［遮罩］图层，把其设置为“遮罩层”。

（7）此时的图层和时间线设置（见图 5.13）。

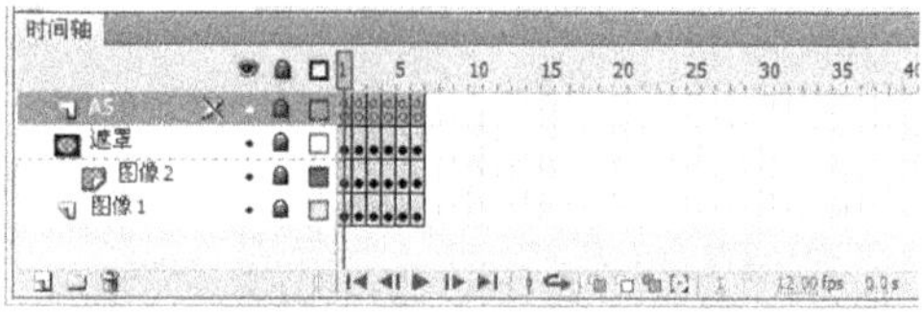

图 5.13

5. 进行整体测试，保存文件，导出影片，本任务完成。

6. 影片播放画面之一（见图 5.14）。

7. 影片播放画面之二（见图 5.15）。

8. 影片播放画面之三（见图 5.16）。

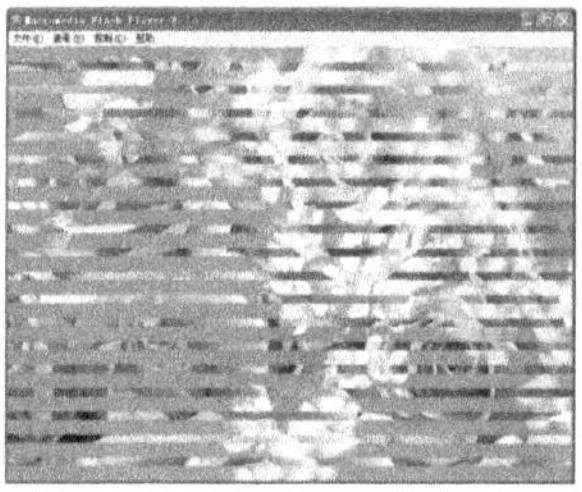

图 5.14

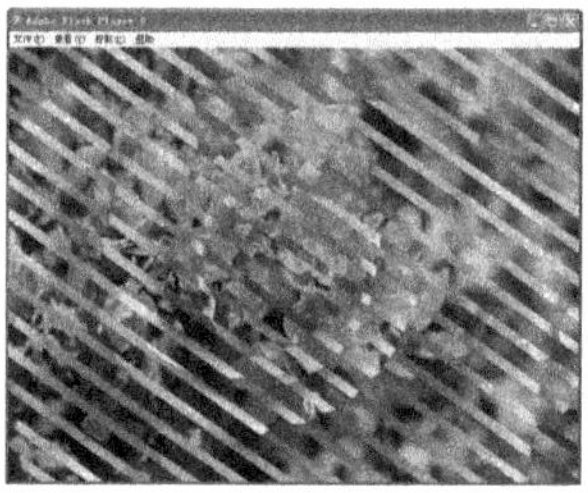

图 5.15

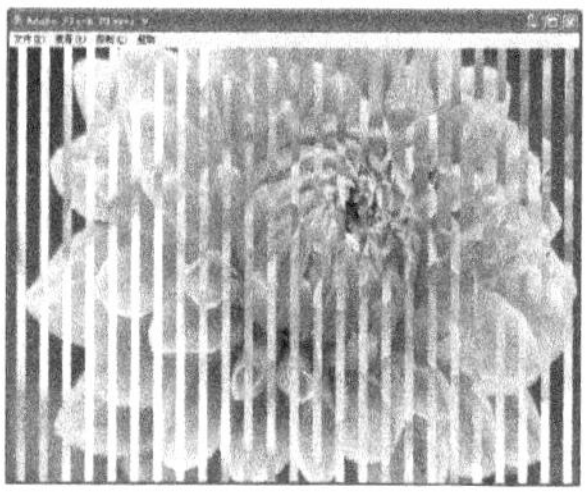

图 5.16

5.3.4 任务评价

本任务主要通过 Flash 中影片剪辑元件的设计和制作，以及使用 Flash 中的逐帧动画和遮罩动画，再加上简单帧脚本动画的使用，实现了多张图像的百叶窗特效，从而达到了理想状态中多张图像的百叶窗效果。为设计和制作类似的多张图像显示特效提供了一种思路和解决方案。

5.3.5 任务拓展

利用 Flash 中的遮罩层运动，仿制百叶窗，使第 2 张背景图被遮罩的面积由最小逐渐变成最大以至于完全被遮盖。此时第一张真正的背景图瞬间就全部显示出来，起到了双层的遮罩作用。遮罩层在不断运动，两张背景图也在作交互的展示，达到同时欣赏两张图像的效果。

5.4 任务 2 图像放大镜特效的设计与制作

5.4.1 任务描述

使用 Flash 设计和制作图像放大镜效果，动画播放时，移动鼠标，“放大镜”随之移动，所到之处，镜框下的图像得到放大。

5.4.2　任务目标

1. 熟练掌握 Flash 中遮罩动画的设计和制作。

2. 熟练掌握 Flash 中脚本代码在影片剪辑元件中的控制作用。

5.4.3　任务实施

1. 新建 Flash 文档，宽高大小设置为 550 像素 ×400 像素，背景颜色设置为浅绿色（见图 5.17）。

2. 把相关素材导入库中（见图 5.18）。

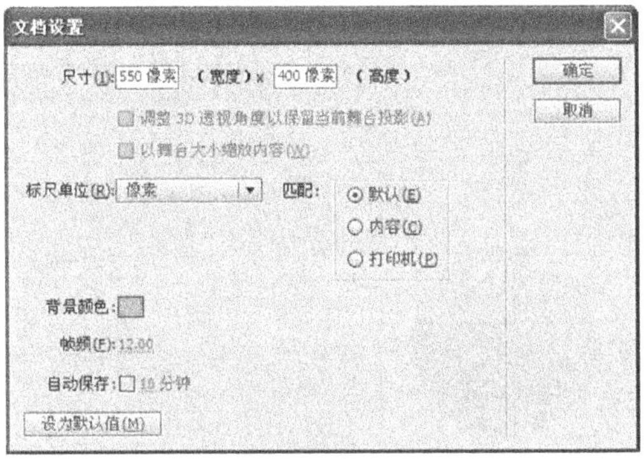

图 5.17

图 5.18

3. 相关元件的设计和制作。

（1）影片剪辑元件“底图”的设计和制作。

①创建新元件，命名为“底图”，类型为影片剪辑（见图 5.19）。

②用鼠标左键单击图 5.19 中的“确定”按钮，进入影片剪辑元件“底图”的编辑场景。

③选中［图层 1］图层的第 1 空白关键帧，用鼠标把库中的位图素材“放大图像.jpg”拖放到场景中，设置其宽高大小为 573 像素 ×510 像素，位置坐标为（-296，-260）（见图 5.20）。

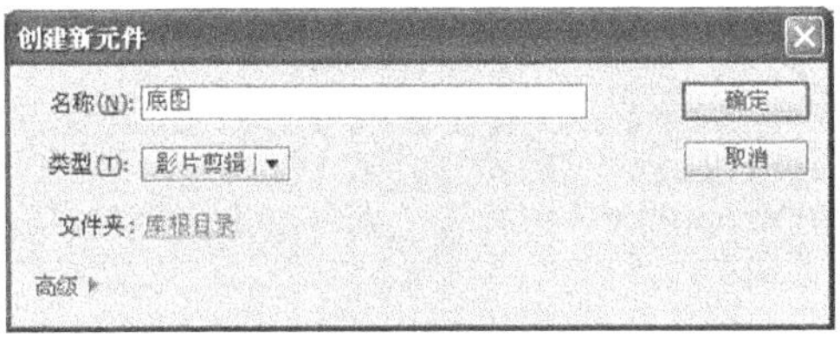

图 5.19

图 5.20

（2）影片剪辑元件“放大镜”的设计和制作。

①创建新元件，命名为“放大镜”，类型为影片剪辑（见图 5.21）

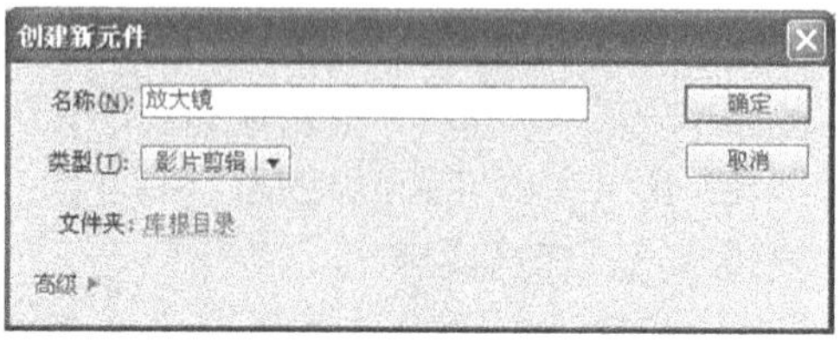

图 5.21

②用鼠标左键单击图 5.21 中的“确定”按钮，进入影片剪辑元件“放大镜”的编辑场景。

③新建两个图层，这样就有 3 个图层了，进行命名，从上到下依次是［放大镜框］、［放大镜面］以及［底图］。

④选中［底图］图层的第 1 空白关键帧，用鼠标把库中的影片剪辑元件“底图”拖放到场景中，宽高大小设置为 835 像素 ×743 像素，位置坐标为（0，0）。在“属性”面板中将其命名为“图片”。选中第 2 帧，插入帧。

⑤选中［放大镜面］图层的第 1 空白关键帧，使用“椭圆工具”绘制好一个无边框的黑色椭圆，宽高大小为 280 像素 ×284 像素，位置坐标为（－75，－72）（见图 5.22），选中第 2 帧，插入帧。

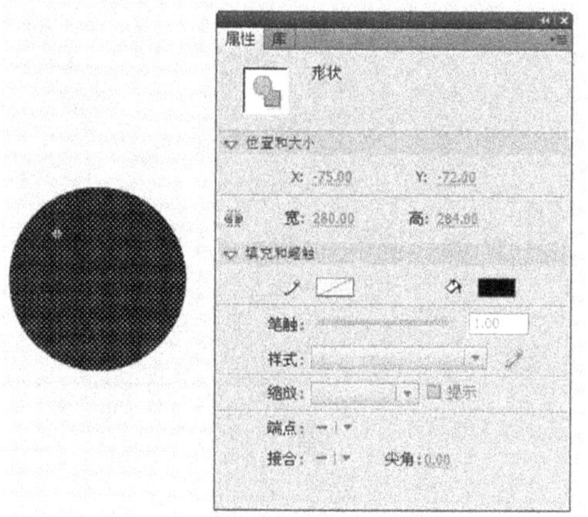

图 5.22

⑥选中［放大镜框］图层的第 1 空白关键帧，用鼠标把库中的位图素材“放大镜框 . png”拖放到场景中，宽高大小设置为 459 像素 ×461 像素，位置坐标为（－79，－77）（见图 5.23）。选中第 2 帧，插入帧。选中第 1 关键帧，添加脚本代码（见图 5.24）。

图 5.23

```
setProperty("图片", _x, (275-_x)*1.5);
setProperty("图片", _y, (200-_y)*1.5);
```

图 5.24

⑦此时 3 个图层的相同帧位置即第 1 关键帧上所对应的场景见图 5.25。

⑧选中［放大镜面］图层，把该图层设置为“遮罩层”，此时 3 个图层的相同帧位置即第 1 关键帧上所对应的场景见图 5.26。

图 5.25

图 5.26

⑨此时的图层和时间线设置（见图 5.27）。

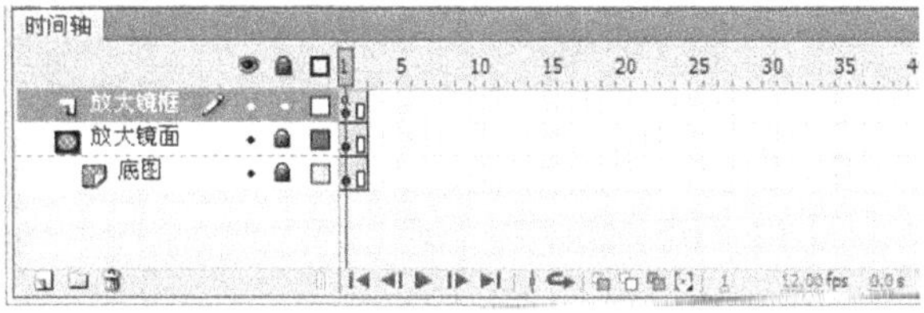

图 5.27

4. 相关元件设计与制作完毕，回到主场景，进行合成。

（1）新建（插入）1 个图层，这样就有两个图层了，进行命名，从上到下分别是［放大镜］、［底图］。

（2）选中［底图］图层的第 1 空白关键帧，用鼠标把库中的影片剪辑元件“底图”拖放到场景中，宽高大小设置为 573 像素 × 510 像素，位置坐标为（275，200），在“属性”面板中将其命名为“图片”。选中第 1 关键帧，添加脚本代码“startDrag（" /放大镜", true）;”。

图 5.28

（3）选中［放大镜］图层的第 1 空白关键帧，用鼠标把库中的影片剪辑元件“放大镜”拖放到场景中，宽高大小设置为 459 像素×461 像素，位置坐标为（220，140）。

（4）此时两个图层的相同帧位置即第 1 关键帧上所对应的场景见图 5.28。

（5）此时的图层和时间线设置（见图 5.29）。

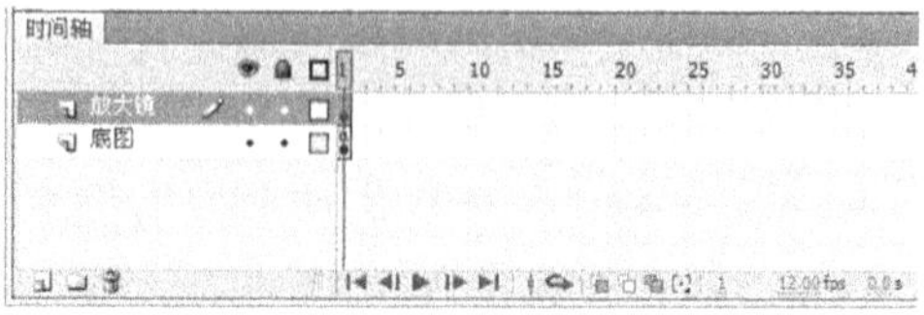

图 5.29

5. 进行整体测试，保存文件，导出影片。

6. 影片播放画面之一（见图 5.30）。

图 5.30

5.4.4 任务评价

本任务的内容是使用 Flash 设计和制作图像的真实放大镜效果，通过设计和制作影片剪辑元件，再加上脚本代码对影片剪辑元件的控制，较好地实现了图像的真实放大镜特效的设计和制作。

5.4.5 任务拓展

1. 使用 Flash 设计和制作图像放大效果，使鼠标移动到图像上就会显示放大的图像。

2. 使用 Flash 设计和制作图像放大效果，使人们透过跟随鼠标移动的放大镜，可以看到诸多不同的美味食品。

5.5 任务 3 美食图片展示效果的设计与制作

5.5.1 任务描述

使用 Flash 设计和制作两张美食图片的展示效果。影片循环播放时，可以透过上面的美食图片从左向右移动的宽度不等的条形空隙看到下面的美食图片。

5.5.2 任务目标

1. 掌握 Flash 中元件的设计与制作。

2. 掌握 Flash 中遮罩动画在图像显示方面的应用。

5.5.3 任务实施

1. 新建 Flash 文件，设置其宽高大小为 550 像素×343 像素，背景颜色设置为黑色（见图 5.31）。

2. 把相关素材导入库中（见图 5.32）。

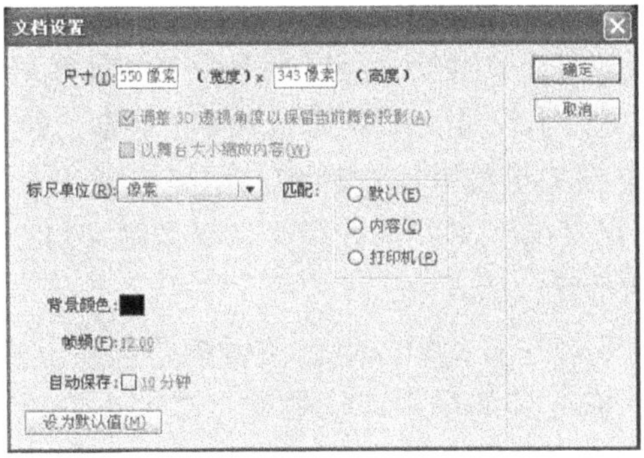

图 5.31

图 5.32

3. 相关元件的设计与制作。

（1）图形元件“美食图 1”的设计与制作。

用鼠标把库中的图像素材“pp1. jpg”拖放到场景中，选中图像，按鼠标右键，弹出快捷菜单，用鼠标左键点击“转换为元件…”，把“pp1. jpg”转换成图形元件“美食图 1”（见图 5. 33）。把场景中的图形元件“美食图 1”删除。

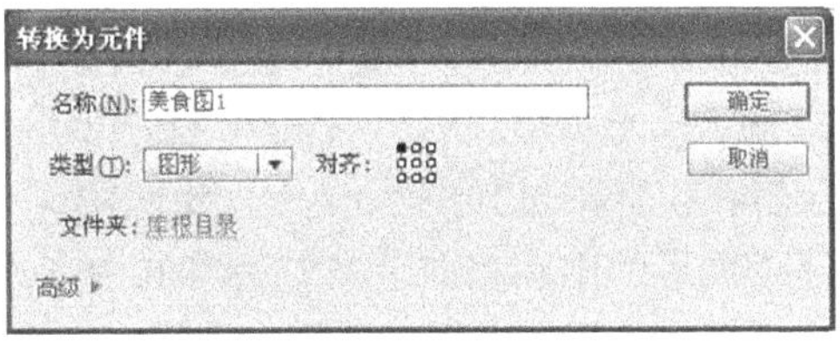

图 5. 33

（2）图形元件“美食图 2”的设计与制作。

用鼠标把库中的图像素材“pp2. jpg”拖放到场景中，选中图像，按鼠标右键，弹出快捷菜单，用鼠标左键点击“转换为元件…”，把“pp2. jpg”转换成图形元件“美食图 2”（见图 5. 34）。把场景中的图形元件“美食图 2”删除。

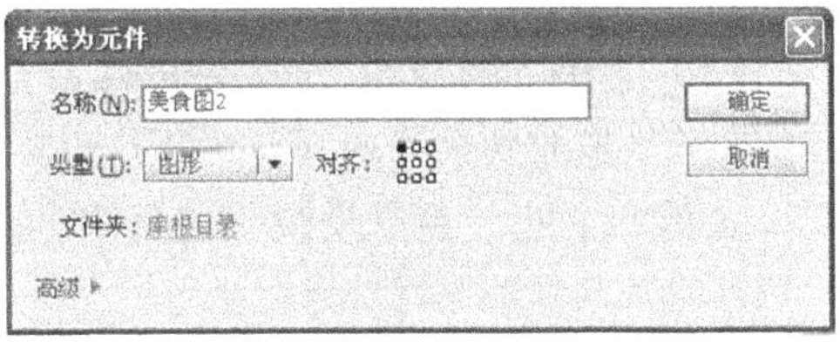

图 5. 34

（3）设计与制作图形元件“遮罩框”，使用“矩形工具”或者“线条工具”进行绘制（见图 5. 35）。

图 5. 35

4. 相关元件设计与制作完毕，回到主场景，进行合成。

（1）新建（插入）3 个图层，这样就有 4 个图层了，进行命名，从上到下分别是［遮罩框］、［遮罩图层］、［图像图层 2］、［图像图层 1］。

（2）选中［图像图层 1］图层的第 1 空白关键帧，用鼠标把库中的图形元件“美食图 1”拖放到场景中，场景的宽高大小设置为 550 像素 ×343 像素，位置坐标为（0，0）。选中第 29 帧，插入空白关键帧并选中该帧，用鼠标把库中的图形元件“美食图 2”拖放到场景中，场景的宽高大小设置为 550 像素 ×343 像素，位置坐标为（0，0）。选中第 40 帧位置，插入帧。

（3）选中［图像图层 2］图层的第 8 帧位置，插入空白关键帧并选中该帧，用鼠标把库中的图形元件“美食图 2”拖放到场景中，场景的宽高大小设置为 550 像素 ×343 像素，位置坐标为（0，0）。选中第 29 帧，插入空白关键帧并选中该帧，用鼠标把库中的图形元件“美食图 1”拖放到场景中，场景的宽高大小设置为 550 像素 ×343 像素，位置坐标为（0，0）。选中第 40 帧位置，插入帧。

（4）选中［遮罩图层］图层的第 8 帧位置，插入空白关键帧并选中该帧，使用“矩形工具”绘制好遮罩蒙版（见图 5. 36）。在第 14 帧位置插入关键帧，使用“任意变形工具”把每个竖条矩形向右平移拉伸，保持竖条矩形的左边界位置在拉伸的过程中不动（只要使用“任意变形工具”将两个关键帧位置上的竖条矩形的中心点固定在左边界的中点即可），直到与右边相邻的竖条矩形相临接（见图 5. 37）。建立第 8 关键帧至第 14 关键帧之间的补间动画。在第 15 帧位置插入空白关键帧，复制第 8 关键帧至第 14 关键帧之间的动画到第 29 帧至第 35 帧位置。选中第 36 帧位置，插入空白关键帧。选中第 40 帧位置，插入帧。

（5）选中［遮罩框］图层的第 1 空白关键帧，用鼠标把库中的图形元件“遮罩框”拖放到场景中（见图 5. 38），调整其位置，使其跟［遮罩图层］图层第 8 关键帧上的“遮罩蒙版”位置吻合。选中第 40 帧位置，插入帧。

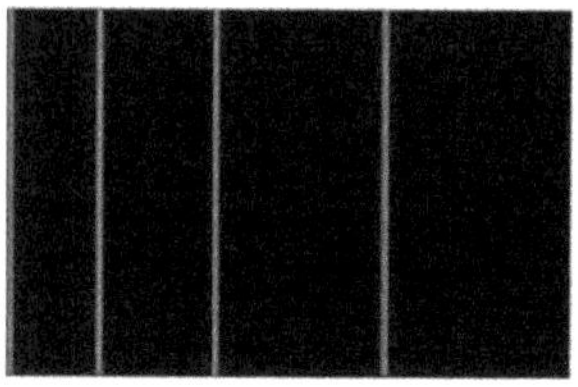

图 5. 36

图 5. 37

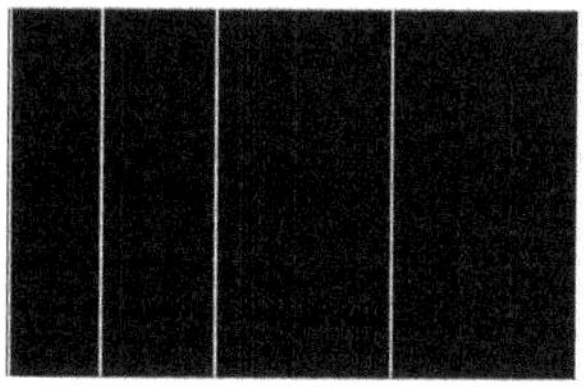

图 5. 38

（6）选中［遮罩图层］图层，把其设置为“遮罩层”。

（7）不同图层相同关键帧位置上的对齐效果：①第 1 关键帧位置见图 5. 39；②第 8 关键帧位置见图 5. 40；③第 14 关键帧位置见图 5. 41；④第 29 关键帧位置见图 5. 42；⑤第 35 关键帧位置见图 5. 43。

图 5. 39

图 5. 40

图 5. 41

图 5. 42

图 5. 43

（8）此时的图层和时间线设置（见图 5. 44）。

（9）此时的库（见图 5. 45）。

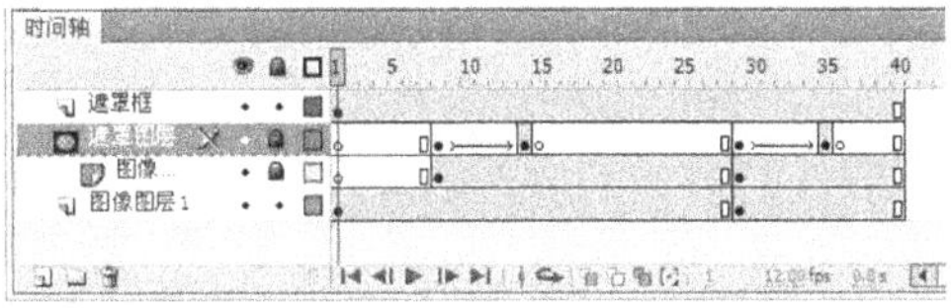

图 5. 44

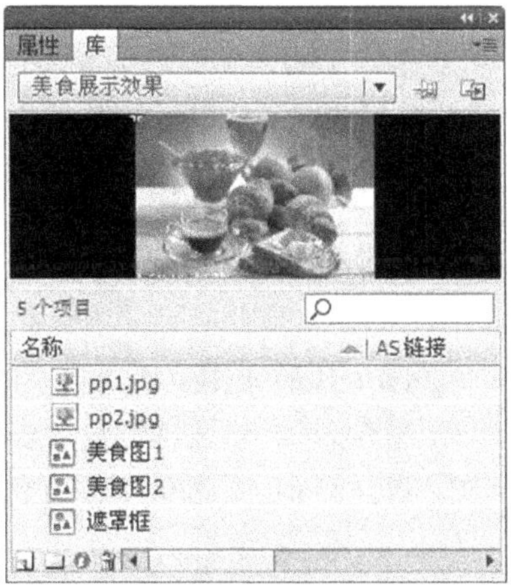

图 5. 45

5. 进行整体测试，保存文件，导出影片。

6. 导出影片的播放画面之一（见图 5. 46）。

图 5.46

5.5.4 任务评价

本任务通过设计与制作 Flash 中的简单元件，采用遮罩动画，无须使用脚本代码，也实现了美食图像的循环动态显示特效，方法新颖独特。

5.5.5 任务拓展

1. 仿照本任务中的案例设计和制作方法，使用 Flash 设计和制作水平向右展开的 3 张以上的美食图像展示特效，不得使用脚本代码。

2. 仿照本任务中的案例设计和制作方法，使用 Flash 设计和制作棋盘式的 3 张以上的美食图像展示特效，不得使用脚本代码。

5.6 任务 4 图像的十字切换特效的设计与制作

5.6.1 任务描述

使用 Flash 设计和制作两张图像的十字切换特效。影片播放时，图像通过十字图形开合的方式进行动态显示，十字图形打开和闭合时切换 1 张图像。

5.6.2 任务目标

1. 掌握 Flash 中元件的设计和制作。

2. 掌握 Flash 中遮罩动画的设计和应用。

5.6.3 任务实施

1. 新建 Flash 文档，设置文档的宽高大小为 500 像素 ×360 像素，背景颜色为白色，其余选项默认（见图 5.47）。

2. 把相关素材导入库中（见图 5.48）。

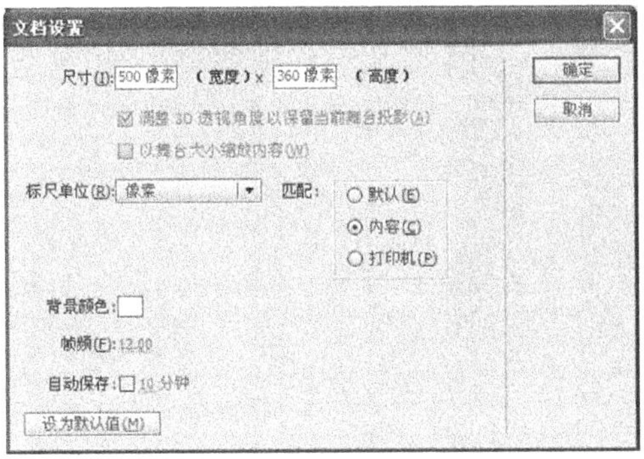

图 5.47

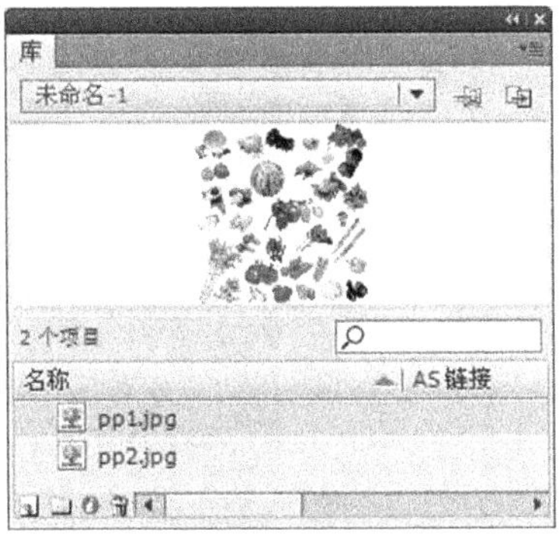

图 5.48

3. 相关元件的设计和制作。

(1) 图形元件“单个矩形”的设计和制作。

①创建新元件，命名为“单个矩形”，类型为图形（见图 5.49）。

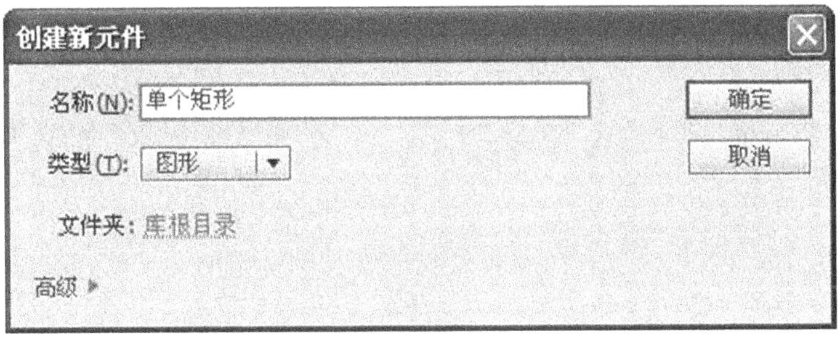

图 5.49

②选择图 5.49 中的“确定”按钮，进入图形元件“单个矩形”的编辑场景。

③选中［图层 1］图层的第 1 空白关键帧，使用工具箱中的“矩形工具”绘制一个无边框的红色正方形，设置宽高大小为 200 像素 ×200 像素，位置坐标为（0，0）（见图 5.50），使用“任意变形工具”把矩形的中心点调整到右边界的中点位置；在第 15 帧位置插入关键帧，设置矩形的宽高大小为 1 像素 ×200 像素，位置坐标为（199，0）（见图 5.51），保持中心点在右边界的中点位置不变；建立第 1 关键帧至第 15 关键帧的补间动画。在第 16 帧位置插入空白关键帧，选择第 1 关键帧至第 15 关键帧，复制帧，选择第 25 帧位置，粘贴帧。此时把第 1 关键帧至第 15 关键帧上的动画复制到第 25 帧至第 39 帧位置上了。选中第 25 关键帧至第 39 关键帧，翻转帧。在第 50 帧插入关键帧。

图 5.50

图 5.51

④此时的图层和时间线设置（见图 5.52）。

（2）影片剪辑元件“矩形组合”的设计和制作。

①创建新元件，命名为“矩形组合”，类型为影片剪辑（见图 5.53）。

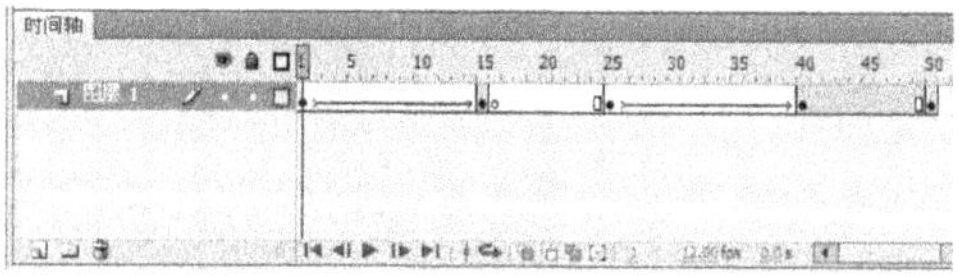

图 5.52

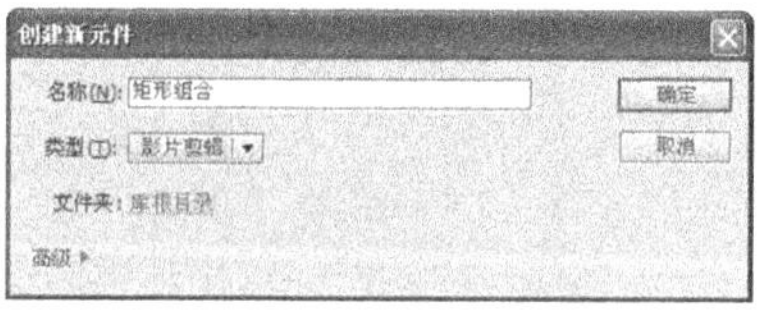

图 5.53

②选择图 5.53 中的“确定”按钮，进入影片剪辑元件“矩形组合”的编辑场景。

③选中［图层 1］图层的第 1 空白关键帧，用鼠标把库中的图形元件“单个矩形”拖放到场景中 4 次，组合成一个矩形。需要注意的是，从库中拖放到场景中的每个图形元件“单个矩形”的“固定轴”（图 5.51 图形）的位置是不一样的：左下角的图形元件“单个矩形”的“固定轴”在矩形的上边；右下角的图形元件“单个矩形”的“固定轴”在矩形的左边；左上角的图形元件“单个矩形”的“固定轴”在矩形的右边；右上角的图形元件“单个矩形”的“固定轴”在矩形的下边。“固定轴”的位置可以通过工具箱中的“任意变形工具”来调整。在第 50 帧位置插入关键帧。最终形成十字图形的打开和闭合效果。

④［图层 1］图层第 1 关键帧位置上的效果见图 5.54，中间帧位置上的效果见图 5.55。

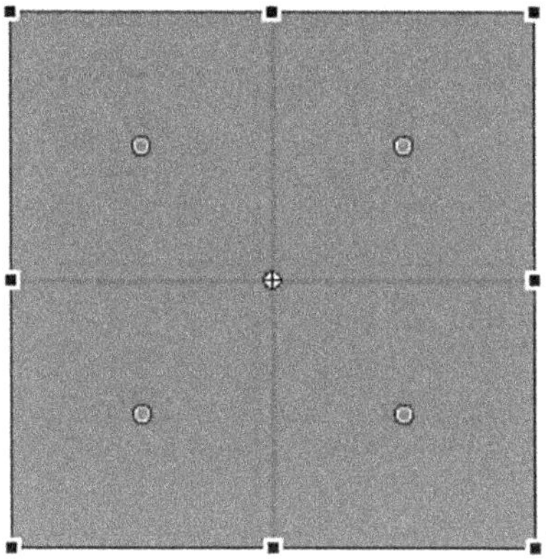

图 5.54

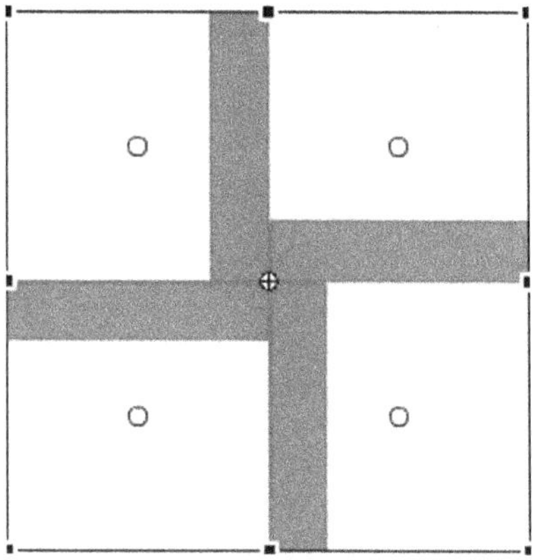

图 5.55

⑤此时的图层和时间线设置（见图 5.56）。

4. 相关元件设计和制作完毕，回到主场景，进行合成。

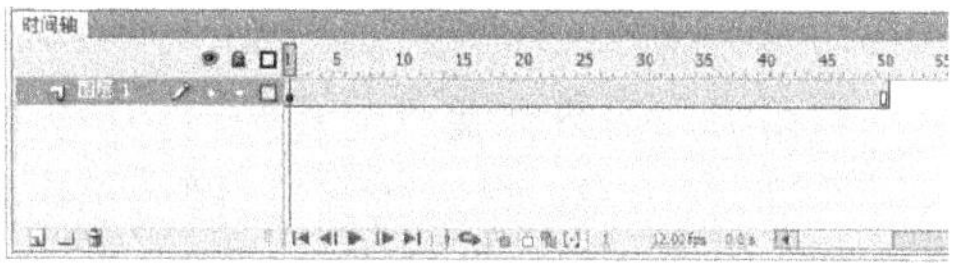

图 5.56

（1）新建（插入）两个图层，这样就有 3 个图层了，进行命名，从上到下分别是［矩形组合］、［图像 2］、［图像 1］。

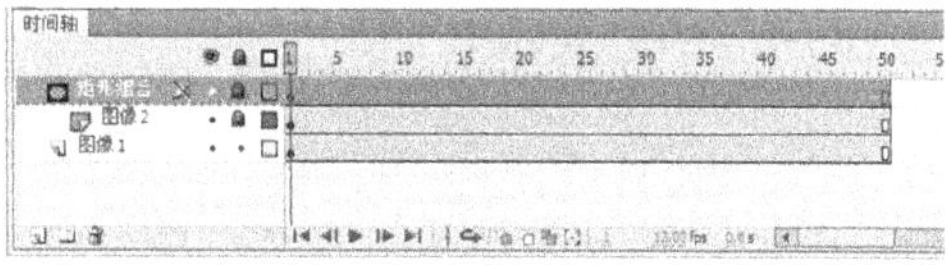

图 5.57

（2）选中［图像 1］图层的第 1 空白关键帧，用鼠标把库中的图像素材“pp1. jpg”拖放到场景中，设置其宽高大小为 500 像素 ×360 像素，与场景大小一致，位置坐标为（0，0），在第 50 帧位置插入帧。

（3）选中［图像 2］图层的第 1 空白关键帧，用鼠标把库中的图像素材“pp2. jpg”拖放到场景中，设置其宽高大小为 500 像素 ×360 像素，与场景大小一致，位置坐标为（0，0），在第 50 帧位置插入帧。

（4）选中［矩形组合］图层的第 1 空白关键帧，用鼠标把库中的影片剪辑元件“矩形组合”拖放到场景中，设置其宽高大小为 500 像素 ×360 像素，与场景大小一致，位置坐标为（0，0），在第 50 帧位置插入帧。

（5）此时的图层和时间线设置（见图 5.57）。

5. 进行整体测试，保存文件，导出影片。

6. 导出影片的播放画面（见图 5.58、图 5.59）。

图 5.58

图 5.59

5.6.4 任务评价

本任务的实施没有使用脚本代码，只是通过设计和制作 Flash 中的图形元件和影片剪辑元件，采用简单的遮罩动画实现了图像的十字切换特效，设计和制作方法简单有效，实用性较强。

5.6.5 任务拓展

1. 使用 Flash 遮罩动画设计和制作多张图像幻灯片式切换动画效果。
2. 使用 Flash 遮罩动画设计和制作类似 QQ 相册那样的动画效果。

5.7 任务 5 全景图像展示特效的设计与制作

5.7.1 任务描述

使用 Flash 设计和制作全景图像展示特效。鼠标移动时，全景图像随之反方向移动：鼠标向左移动时，全景图像向右移动；鼠标向右移动时，全景图像向左移动。鼠标停止移动时，全景图像随之停止移动。

5.7.2 任务目标

1. 掌握 Flash 中 3 种元件的设计和制作。
2. 掌握 Flash 中补间动画、遮罩动画以及脚本动画的灵活应用方法。

5.7.3 任务实施

1. 新建 Flash 文档，设置场景的宽高大小为 890 像素 ×420 像素，背景颜色为白色，其余选项默认（见图 5.60）。

2. 把相关素材导入库中（见图 5.61）。

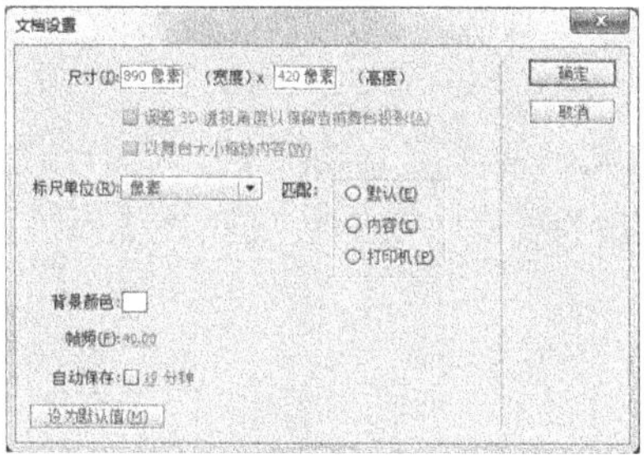

图 5.60

图 5.61

3. 相关元件的设计与制作。

（1）影片剪辑元件“南京夜景”的设计与制作。

①创建新元件，命名为“南京夜景”，类型为影片剪辑（见图 5.62）。

②选择图 5.62 中的“确定”按钮，进入影片剪辑元件“南京夜景”的编辑场景。

③选中［图层 1］图层的第 1 空白关键帧，用鼠标把库中的图像素材“南京夜景 .jpg”拖放到场景中，此时图像宽高大小为 1 780 像素 ×238 像素，位置坐标设置为（0，0）。

④此时的图层和时间线设置（见图 5.63）。

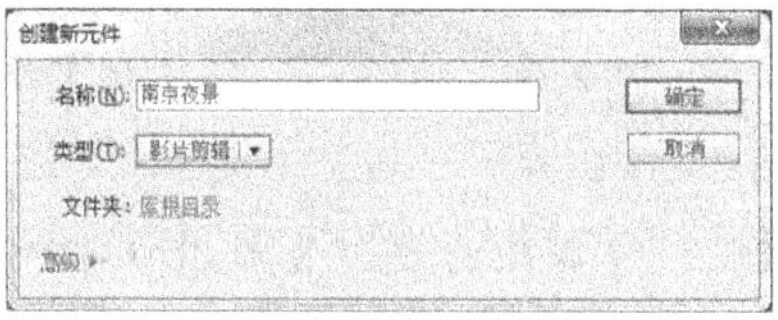

图 5.62

图 5.63

（2）图形元件“箭头图形”的设计和制作。

①创建新元件，命名为“箭头图形”，类型为图形（见图 5.64）。

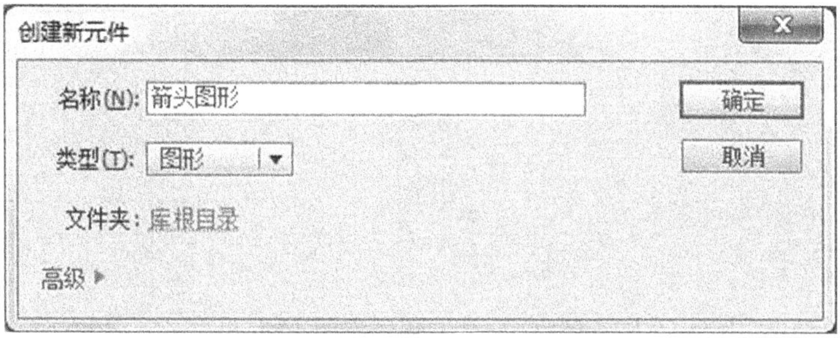

图 5.64

②用鼠标点击图 5.64 中的“确定”按钮，进入图形元件“箭头图形”的编辑场景。

③选中［图层 1］图层的第 1 空白关键帧，使用工具绘制好一个粉红色的箭头，宽高大小设置为 36 像素 ×97 像素，位置坐标为（0，0）（见图 5.65）。

④此时的图层和时间线设置（见图 5.66）。

图 5.65

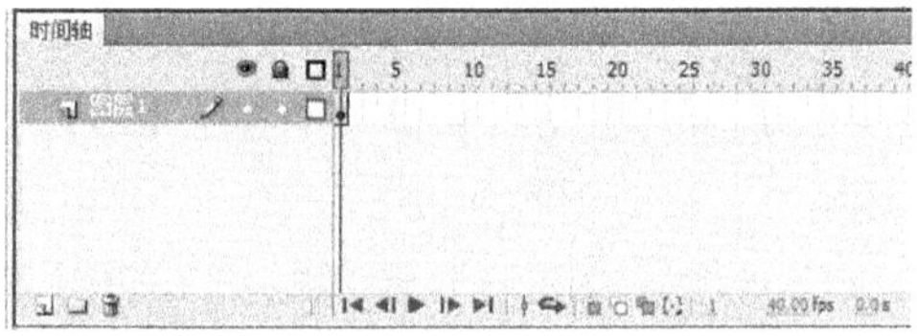

图 5.66

（3）影片剪辑元件“箭头影片剪辑”的设计与制作。

①创建新元件，命名为“箭头影片剪辑”，类型为影片剪辑（见图 5.67）。

②用鼠标点击图 5.67 中的“确定”按钮，进入影片剪辑元件“箭头影片剪辑”的编辑场景。

③选中［图层 1］图层的第 1 空白关键帧，用鼠标把库中的图形元件“箭头图形”拖放到场景中，宽高大小设置为 36 像素 ×97 像素，位置坐标为（0，0）（见图 5.68）。

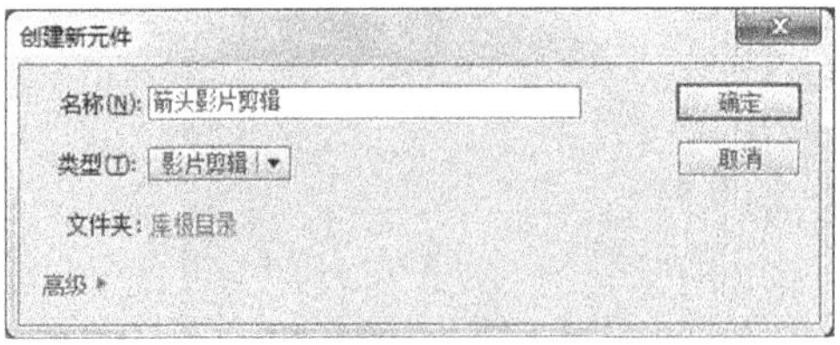

图 5.67

图 5.68

④此时的图层和时间线设置（见图 5. 69）。

（4）影片剪辑元件“方向箭头”的设计与制作。

①创建新元件，命名为“方向箭头”，类型为影片剪辑（见图 5. 70）。

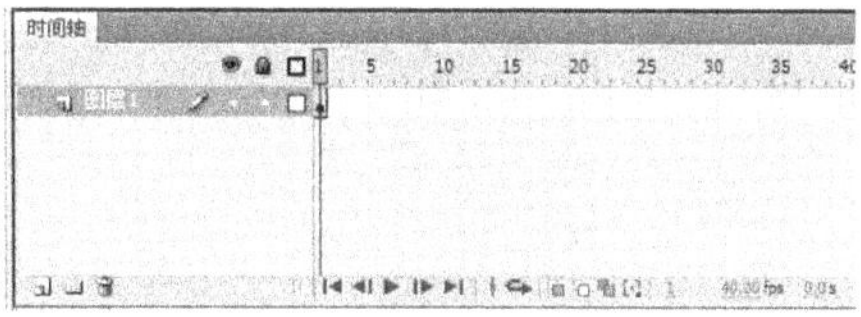

图 5. 69

图 5. 70

②选择图 5. 70 中的“确定”按钮，进入影片剪辑元件“方向箭头”的编辑场景。

③选中［图层 1］图层的第 1 空白关键帧，用鼠标把库中的影片剪辑元件“箭头影片剪辑”拖放到场景中，宽高大小设置为 36 像素 ×97 像素，位置坐标为（0，0），Alpha 值设置为 39%（见图 5. 71）。选中第 15 帧，插入关键帧，设置该帧上的影片剪辑元件“箭头影片剪辑”，宽高大小设置为 36 像素 ×97 像素，位置坐标为（0，0），Alpha 值设置为 0%（见图 5. 72）。选中第 30 帧，插入关键帧，设置该帧上的影片剪辑元件“箭头影片剪辑”，宽高大小设置为 36 像素 ×97 像素，位置坐标为（0，0），Alpha 值设置为 39%（见图 5. 73）。选中第 1 关键帧至第 30 关键帧，建立补间动画，此时的图层和时间线设置见图 5. 74。

图 5. 71

图 5. 72

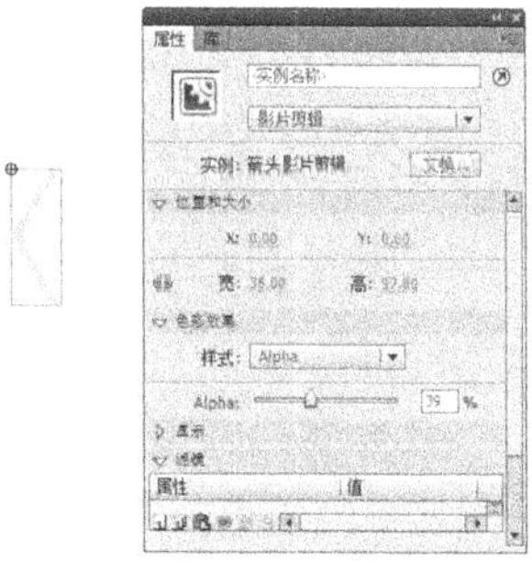

图 5. 73

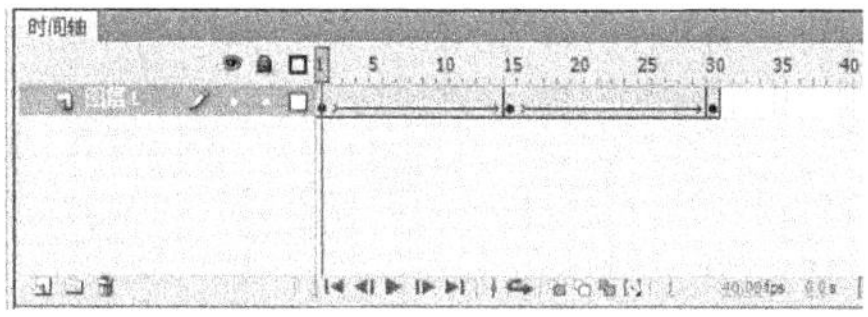

图 5. 74

（5）影片剪辑元件“遮罩矩形块”的设计与制作。

①创建新元件，命名为“遮罩矩形块”，类型为影片剪辑（见图 5.75）。

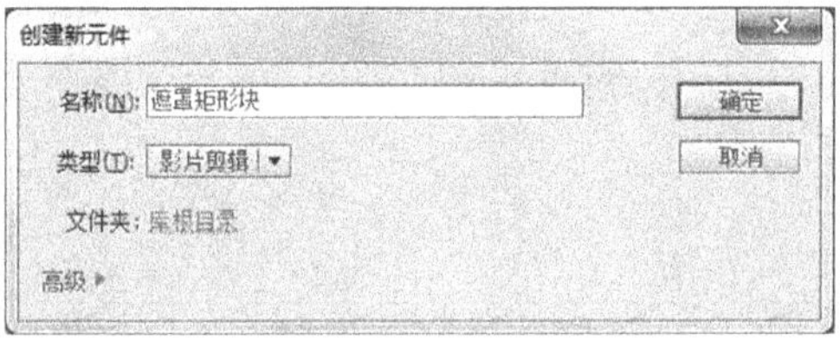

图 5.75

②选择图 5.75 中的“确定”按钮，进入影片剪辑元件“遮罩矩形块”的编辑场景。

③选中［图层 1］图层的第 1 空白关键帧，使用工具箱中的“矩形工具”绘制好一个无边框的黑色矩形，宽高大小设置为 890 像素 ×420 像素，位置坐标为（0，0）（见图 5.76）。

④此时的图层和时间线设置（见图 5.77）。

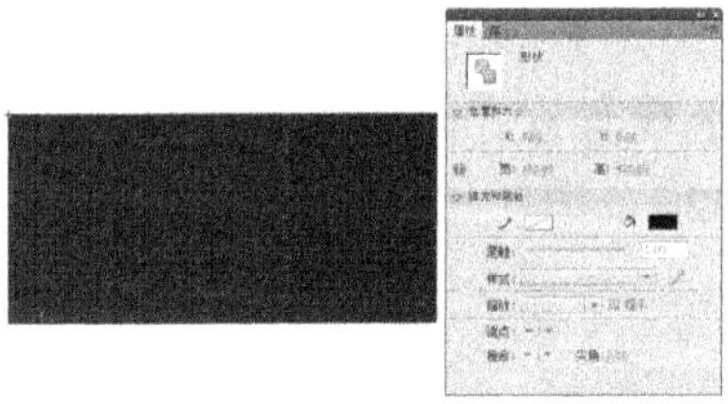

图 5.76

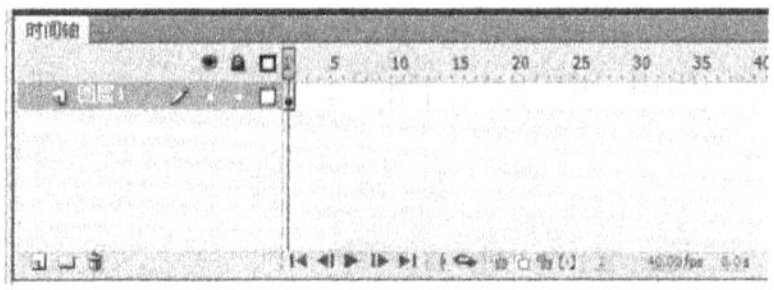

图 5.77

4. 相关元件设计和制作完毕，回到主场景，进行合成。

（1）新建（插入）3 个图层，这样就有 4 个图层了，进行命名，从上到下分别是［AS］、［方向箭头］、［遮罩矩形块］、［南京夜景］。

（2）选中［南京夜景］图层的第 1 空白关键帧，用鼠标把库中的影片剪辑元件“南京夜景”拖放到场景中，宽高大小设置为 3 800 像素 × 420 像素，位置坐标为（－1 455，0），将其命名为“pp”（见图 5.78）。

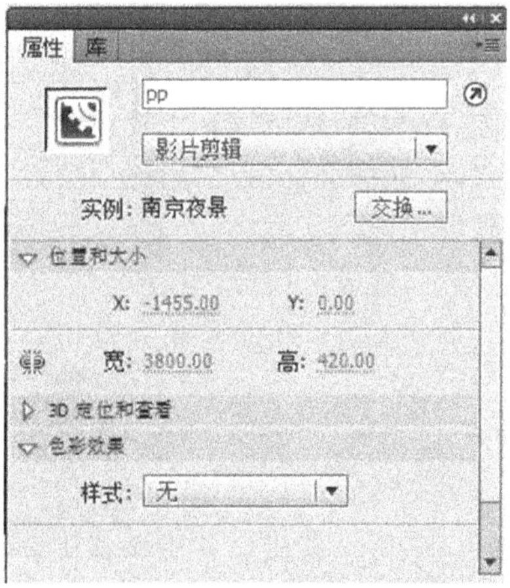

图 5.78

（3）选中［遮罩矩形块］图层的第 1 空

白关键帧，用鼠标把库中的影片剪辑元件“遮罩矩形块”拖放到场景中，宽高大小设置为 890 像素 × 420 像素，位置坐标为（0，0），将其命名为“zh”（见图 5.79）。

图 5.79

（4）选中［方向箭头］图层的第 1 空白关键帧，用鼠标把库中的影片剪辑元件“方向箭头”拖放到场景中，对影片剪辑元件“方向箭头”复制粘贴一次，把其中的一个“方向箭头”改变方向，设置好它们的位置（见图 5.80）。

（5）选中［AS］图层的第 1 空白关键帧，添加脚本代码（见图 5.81）。

图 5.80

```
stop ();
setProperty("", _quality, "BEST");
mc_z._visible = 0;
mc_y._visible = 0;
pp.onEnterFrame = function ()
{
    vn = (pp._width - zh._width) / Stage.width;
    pp._x = pp._x + (-_xmouse * vn - this._x) / 50;
    if (_xmouse > Stage.width / 2)
    {
        mc_y._visible = 1;
        mc_z._visible = 0;
    }
    if (_xmouse < Stage.width / 2)
    {
        mc_z._visible = 1;
        mc_y._visible = 0;
    }
};
```

图 5.81

（6）把［遮罩矩形块］图层设置为“遮罩层”。

（7）此时的图层和时间线设置（见图 5.82）。

5. 进行整体测试，保存文件，导出影片。

6. 导出影片播放画面（见图 5.83）。

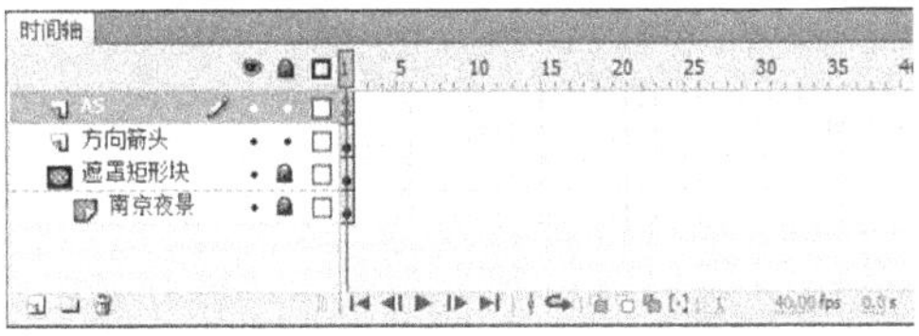

图 5.82

图 5.83

5.7.4　任务评价

本任务是通过用 Flash 中的脚本代码对影片剪辑元件进行控制来设计和制作的，对设计和制作类似的图像展示特效有一定的借鉴和参考作用。

5.7.5　任务拓展

1. 在本任务的基础上加上两个功能按钮，分别用来等比例地放大和缩小图像。

2. 在本任务的基础上实现图像随着鼠标的上下移动作反方向的运动。

5.8 任务6 动物图像展示特效的设计和制作

5.8.1 任务描述

使用 Flash 设计和制作多张动物图像的展示特效。影片播放时，多张动物图像在背景图的展示区域上循环往复地向右滚动；鼠标移动到展示区域上时，动物图像立刻停止滚动。

5.8.2 任务目标

1. 熟练掌握 Flash 中 3 种元件（图形元件、影片剪辑元件以及按钮元件）的设计和制作。

2. 熟练掌握 Flash 中的脚本代码在元件的交互控制方面的应用。

5.8.3 任务实施

1. 新建 Flash 文档，设置场景的宽高大小为 840 像素 ×340 像素，背景颜色为黑色，其余选项默认（见图 5.84）。

2. 把相关素材导入库中（见图 5.85）。

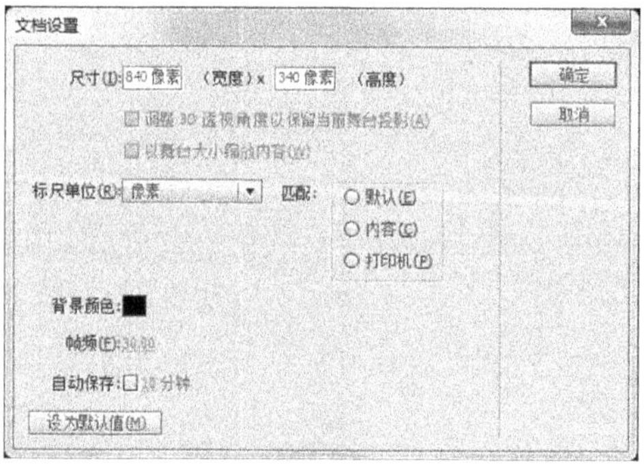

图 5.84

图 5.85

3. 相关元件的设计和制作。

(1) 按钮元件“海豚按钮”的设计和制作。

①创建新元件，命名为“海豚按钮”，类型为按钮（见图 5.86）。

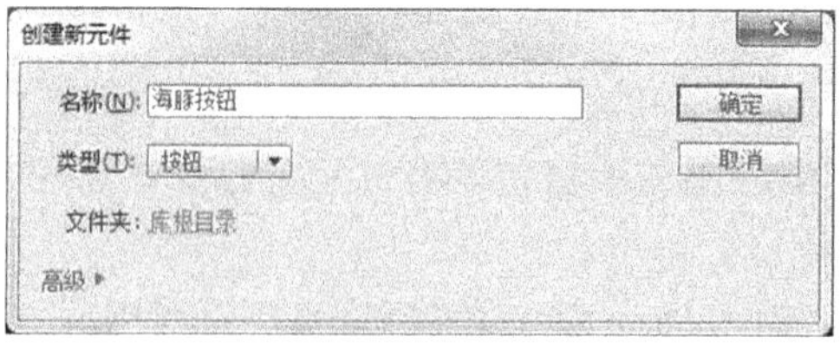

图 5.86

②选择图 5.86 中的“确定”按钮，进入按钮元件“海豚按钮”的编辑场景。

③选择［图层 1］图层的“弹起”状态所对应帧位置（第 1 帧）插入空白关键帧，用鼠标把库中的图像素材“海豚.jpg”拖放到场景中，宽高大小设置为 190 像素 ×190.05 像素，位置坐标为（0，0）（见图 5.87）。在“点击”状态所对应的帧位置（第 4 帧）插入帧。

④此时的图层和时间线设置（见图 5.88）。

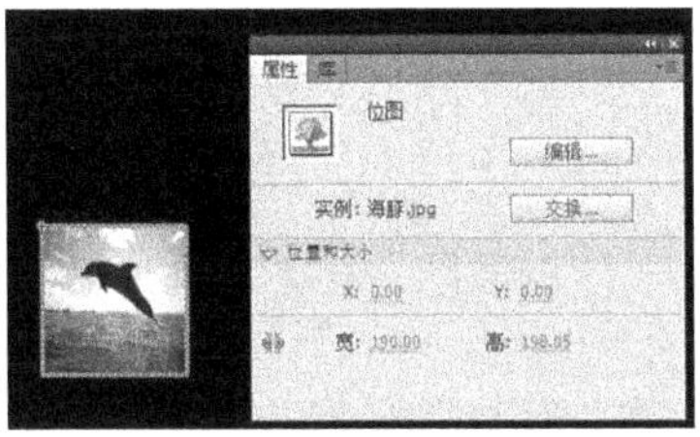

图 5.87

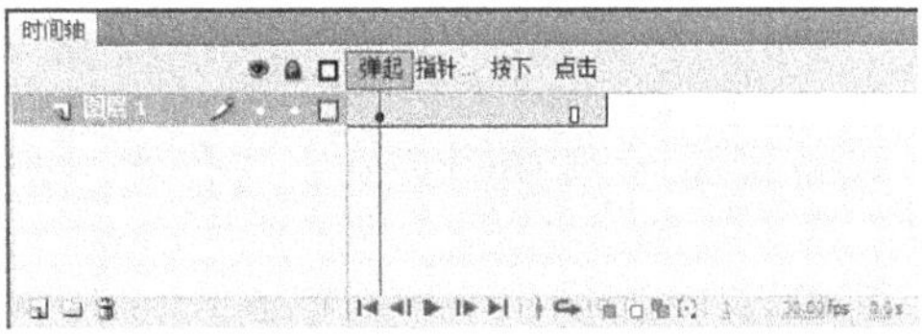

图 5.88

依照设计和制作按钮元件“海豚按钮”的操作步骤和方法，设计和制作好按钮元件“猫按钮”、“松鼠按钮”以及“小狗按钮”。

（2）影片剪辑元件“白底矩形”的设计和制作。

①创建新元件，命名为“白底矩形”，类型为影片剪辑（见图 5.89）。

②选择图 5.89 中的“确定”按钮，进入影片剪辑元件“白底矩形”的编辑场景。

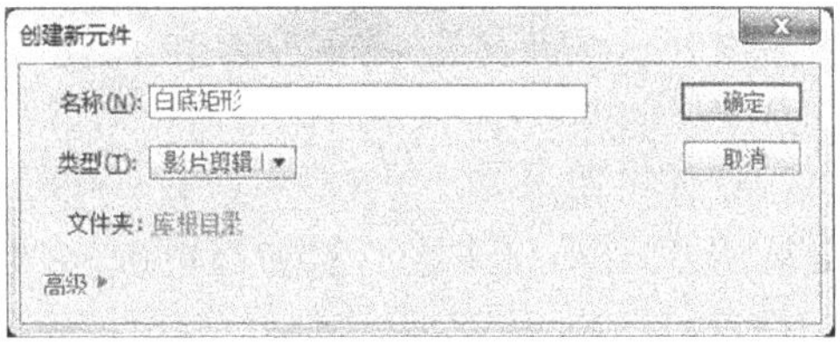

图 5.89

③选择［图层 1］图层的第 1 空白关键帧，使用“矩形工具”绘制好一个无边框的白色矩形，宽高大小设置为 620 像素 ×210 像素，位置坐标为（0，0）（见图 5.90）。

④此时的图层和时间线设置（见图 5.91）。

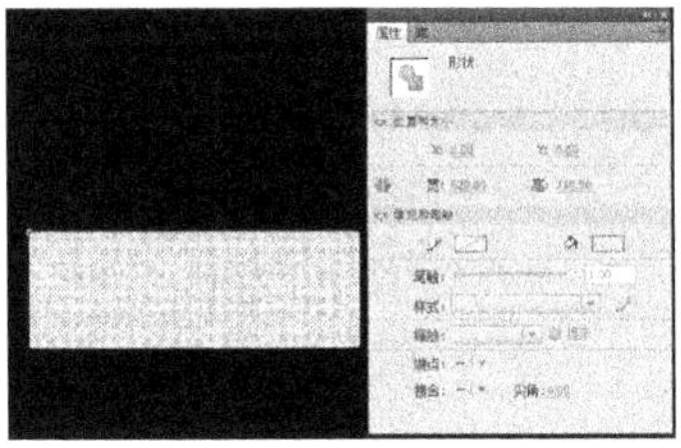

图 5.90

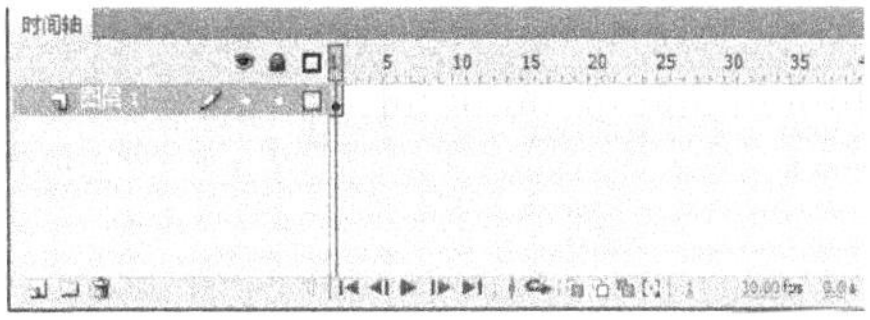

图 5.91

(3) 影片剪辑元件“动物图像”的设计和制作。

①创建新元件，命名为“动物图像”，类型为影片剪辑（见图 5. 92）。

图 5. 92

②选择图 5. 92 中的“确定”按钮，进入影片剪辑元件“动物图像”的编辑场景。

③选择［图层 1］图层的第 1 空白关键帧，用鼠标把库中的 4 个按钮元件“海豚按钮”、“猫按钮”、“松鼠按钮”以及“小狗按钮”拖放到场景中，宽高大小设置为 190 像素 ×190 像素，位置坐标分别是（0，0）、（200，0）、（400，0）、（600，0）（见图 5. 93）。

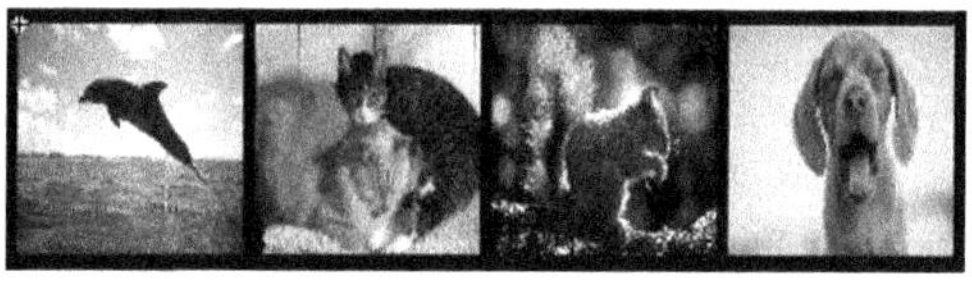

图 5. 93

④选中场景中的按钮元件“海豚按钮”，添加脚本代码（见图 5. 94）。

```
on (rollOver) {
    _root.scrollspeed = 0;
}
on (rollOut) {
    _root.scrollspeed = 3;
}
```

图 5. 94

注意：给其他 3 个按钮元件“猫按钮”、“松鼠按钮”、“小狗按钮”添加与图 5. 94 相同的脚本代码。

⑤此时的图层和时间线设置（见图 5. 95）。

(4) 影片剪辑元件“动物图像组合”的设计和制作。

①创建新元件，命名为“动物图像组合”，类型为影片剪辑（见图 5. 96）。

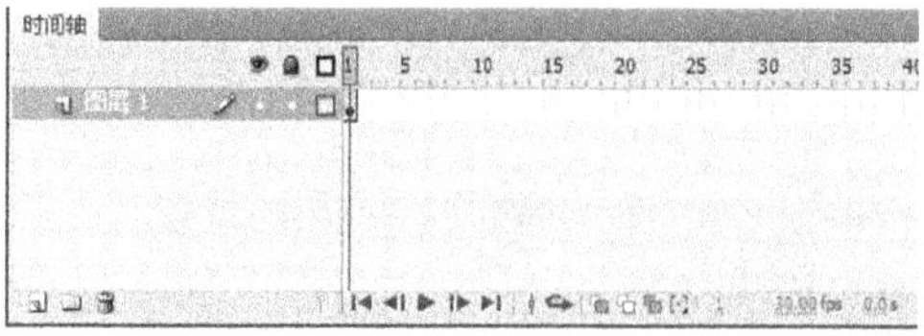

图 5. 95

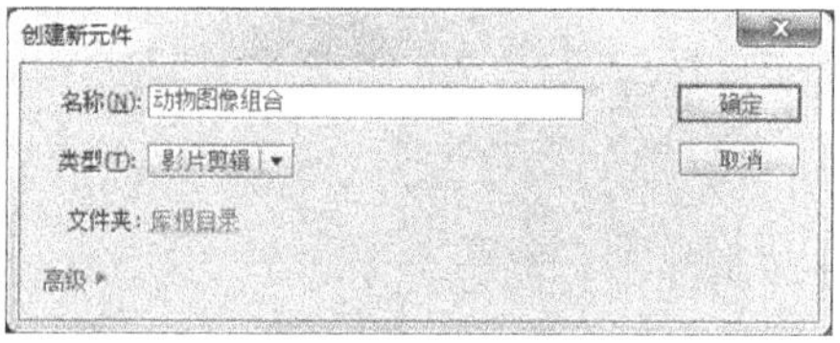

图 5. 96

②选择图 5. 95 中的“确定”按钮，进入影片剪辑元件“动物图像组合”的

编辑场景。

③选择［图层 1］图层的第 1 空白关键帧，用鼠标把库中的影片剪辑元件“动物图像”拖放到场景中，宽高大小设置为 790 像素 ×190 像素，位置坐标是（0，0）。再用鼠标把库中的影片剪辑元件“动物图像”拖放到场景中，宽高大小设置为 790 像素 ×190 像素，位置坐标是（800，0）。把这两个影片剪辑元件“动物图像”水平拼接在一起（见图 5. 97）。

④此时的图层和时间线设置（见图 5. 98）。

图 5. 97

图 5. 98

4. 相关元件设计和制作完毕，回到主场景，进行合成。

（1）新建（插入）4 个图层，这样就有 5 个图层了，进行命名，从上到下分别是［AS］、［遮罩矩形］、［图片展示］、［白底矩形］、［背景］。

（2）选择［背景］图层的第 1 空白关键帧，用鼠标把库中的图像素材“背景. jpg”拖放到场景中，宽高大小设置为 840 像素 ×340 像素，位置坐标为（0，0）（见图 5. 99）。在第 3 帧位置插入帧。

图 5. 99

（3）选择［图片展示］图层的第 1 空白关键帧，用鼠标把库中的影片剪辑元件“白底矩形”拖放到场景中，宽高大小设置为 620 像素 ×210 像素，位置坐标为（198，18）（见图 5. 100）。在第 3 帧位置插入帧。

（4）选择［图片展示］图层的第 1 空白关键帧，用鼠标把库中的影片剪辑元件“动物图像组合”拖放到场景中，宽高大小设置为1 590像素 ×190 像素，位置坐标为（－595，25），把影片剪辑元件“动物图像组合”命名为“scroller”（见图 5. 101）。在第 3 帧位置插入帧。

图 5. 100

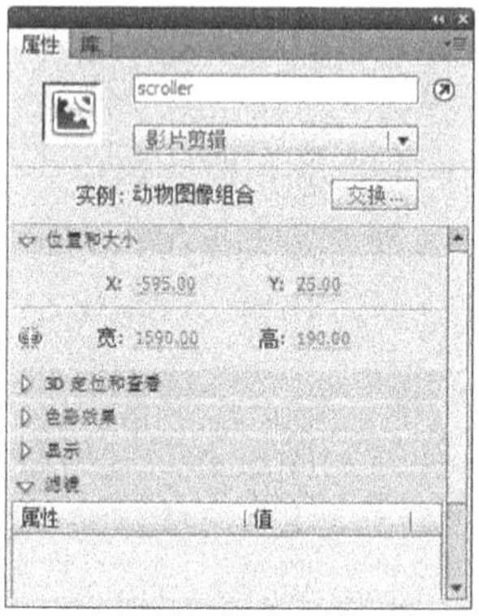

图 5. 101

（5）选择［遮罩矩形］图层的第 1 空白关键帧，用鼠标把库中的影片剪辑元件“白底矩形”拖放到场景中，宽高大小设置为 600 像素 ×210 像素，位置坐标为（209，18）（见图 5. 102）。在第 3 帧位置插入帧。

（6）选择［AS］图层，在第 1 帧、第 2 帧、第 3 帧位置插入空白关键帧。给第 1 空白关键帧添加脚本代码“scrollspeed =3;”；给第 2 空白关键帧添加脚本代码（见图 5. 103）；给第 3 空白关键帧添加脚本代码“gotoAndPlay（2）;”。

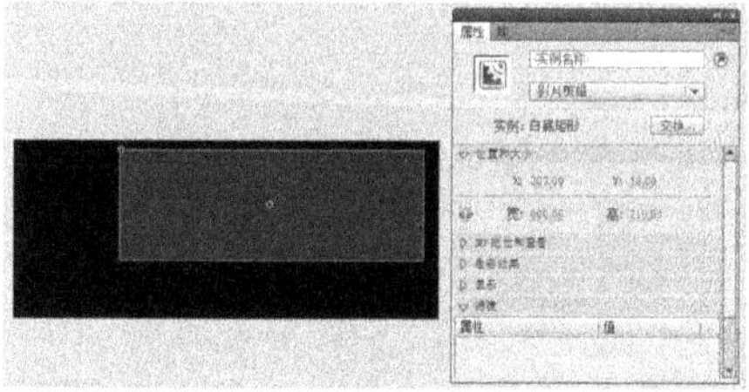

图 5. 102

```
_root.scroller._x +=  scrollspeed;
if (_root.scroller._x >= 210) {
    setProperty("_root.scroller", _x, "-595");
}
```

图 5. 103

（7）把［遮罩矩形］图层设置为“遮罩层”。

（8）此时不同图层的第 1 关键帧上的场景画面见图 5. 104。

图 5. 104

（9）此时的图层和时间线设置（见图5.105）。

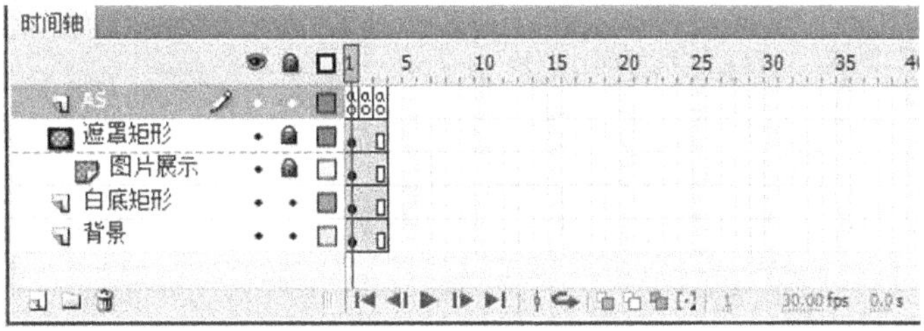

图5.105

5. 进行整体测试，保存文件，导出影片。

6. 导出影片播放画面之一（见图5.106）。

图5.106

5.8.4 任务评价

本任务主要是通过使用Flash中的脚本代码对元件进行控制来实现的，效果比较好。只是这其中使用了脚本代码来控制元件，需要熟练掌握Flash脚本代码的应用。

5.8.5 任务拓展

1. 在本任务的基础上进行完善和提高：图像可以随着鼠标的移动进行左右滚动。

2. 在本任务的基础上进行完善和提高：当鼠标移到某张图像上时，可以放大图像，此时各图像停止滚动；一旦鼠标移出滚动区域，各图像又开始滚动。

项目6

Flash对象跟随鼠标移动之特效制作

6.1 项目情境

小张喜欢浏览网页，玩网游，观看影视作品以及动漫作品等，经常发现有文字、图形图像以及其他一些动态元素会随着鼠标的移动而运动，效果出色，为作品增色不少。小张对此类特效产生了浓厚的兴趣，于是思考：这些对象跟随鼠标移动的特效是怎么设计和制作出来的呢？我自己能够设计和制作吗？其实，此类特效大多是使用 Flash 设计和制作出来的，设计和制作的关键是要掌握其中的规律。

6.2 项目分析

1. 要使用 Flash 设计和制作对象跟随鼠标移动的特效，对 Flash 中 3 种类型的元件的设计和制作要熟练，以达到灵活应用、举一反三之效果。

2. 此类特效的设计和制作离不开 Flash 脚本代码的掌握，所以，对 Flash 脚本代码要熟练掌握，达到灵活应用、举一反三之效果。

6.3 任务1 文字跟随鼠标移动而飘动之特效的设计和制作

6.3.1 任务描述

使用 Flash 设计和制作文字跟随鼠标移动而飘动之特效。只要鼠标移动，一串文字“鼠标走我也走”就随即飘动，幻化出各种形状；一旦鼠标停止移动，文字也随即停止飘动，组合成水平排列的一行文字。

6.3.2 任务目标

1. 掌握 Flash 中文字的输入及其格式化操作、影片剪辑元件的创建和编辑操作。

2. 掌握 Flash 中脚本代码的使用以及能够对其灵活应用。

6.3.3 任务实施

1. 新建 Flash 文档，设置文档的宽高大小为 400 像素 ×300 像素，背景颜色为黑色（见图 6.1）。

2. 选中［图层 1］图层的第 1 空白关键帧，使用“文本工具”输入静态文本“鼠标走我也走”，字体为宋体，字号为 30，字体颜色为白色（见图 6.2）。

3. 把图 6.2 中的文字进行 1 次分离操作（见图 6.3）。

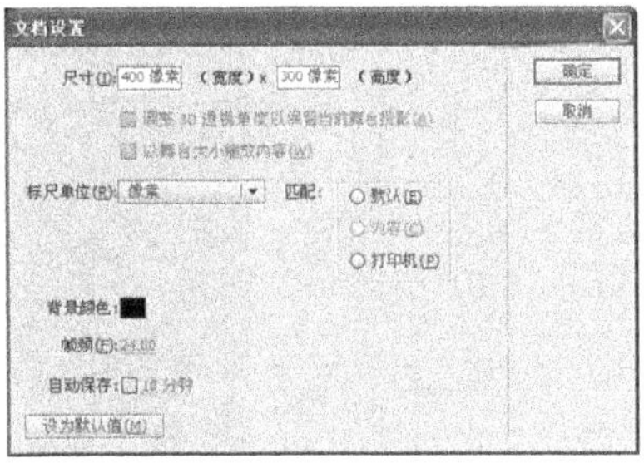

图 6.1

图 6.2

图 6.3

4. 把图 6.3 中的每个文字从左向右依次转换成影片剪辑元件导入库中，依次默认命名为“元件 1”至“元件 6”（见图 6.4），在“属性”面板中把影片剪辑元件“元件 1”至“元件 6”依次命名为“mc1”至“mc6”。

注意：在对文字进行操作的过程中不要移动文字。

5. 在场景中选中文字“鼠”（影片剪辑元件“元件 1”，“属性”面板中的命名是“mc1”），添加脚本代码（见图 6.5）。

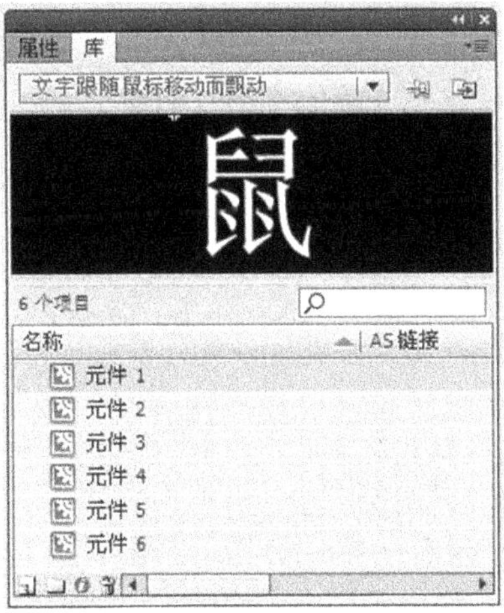

图 6.4

```
onClipEvent (enterFrame)
 {
   for (i=2; i<=6; i++)
      {
          this._x += (_root._xmouse-_x)/1+9;
          this._y += (_root._ymouse-_y)/1;
          _root["mc"+i]._x += (_root["mc"+(i-1)]._x-_root["mc"+i]._x)/5+8;
          _root["mc"+i]._y += (_root["mc"+(i-1)]._y-_root["mc"+i]._y)/5;
       }
 }
```

图 6.5

6. 进行整体调试，保存文件，导出影片，启动画面见图 6.6，此时移动鼠标，文字跟随鼠标飘动，变幻出不同的形状。

图 6.6

6.3.4 任务评价

本任务提供了一种在 Flash 中制作文字跟随鼠标移动的特效的简单有效的解法，在此基础上稍加修改，可以得到不同的文字运动特效。

6.3.5 任务拓展

本任务中跟随鼠标移动的对象是文字，能否把文字换成其他的对象，比如图形图像、动态的元素等？答案显然是肯定的。

6.4 任务 2 小狗跟随鼠标移动而跑动之特效的设计和制作

6.4.1 任务描述

使用 Flash 设计和制作小狗跟随鼠标移动而跑动之特效。影片启动之后，舞台先是一片空白的；鼠标移动后，在鼠标移动轨迹上即刻出现数量随机的小狗集体从右往左跑动；一旦鼠标停止移动，舞台又恢复空白。

6.4.2 任务目标

1. 掌握 Flash 中逐帧动画的设计和制作。
2. 掌握 Flash 中按钮元件的设计和制作。
3. 掌握 Flash 中脚本代码的使用。

6.4.3 任务实施

1. 新建文档，设置文档的宽高大小为 550 像素 ×400 像素，背景颜色为白色，其余选项默认（见图 6.7）。

2. 把相关素材导入库中（见图 6.8）。

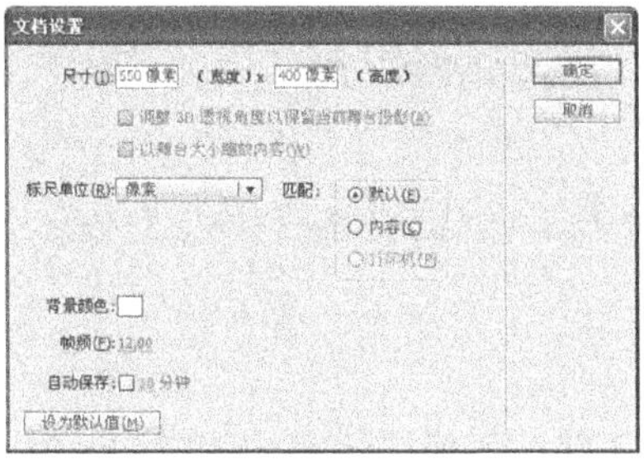

图 6.7

图 6.8

3. 相关元件的设计和制作。

（1）“动态小狗”影片剪辑元件的设计和制作。

①创建新元件，命名为“动态小狗”，类型为影片剪辑（见图 6.9）。

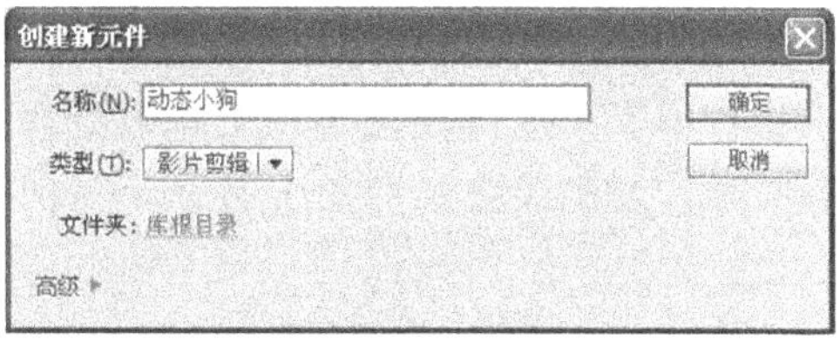

图 6.9

②单击图 6.9 中的“确定”按钮，进入影片剪辑元件的编辑场景。

③选中［图层 1］图层的第 1 空白关键帧，用鼠标把库中的图形元件“小狗 1. ai”拖放到场景中，选中第 2 帧位置，插入空白关键帧并选中该帧，同样地，用鼠标把库中的图形元件“小狗 2. ai”拖放到场景中，确保第 1 和第 2 两个关键帧上的图形元件位置相同。

④此时的图层和时间线设置（见图 6.10）。

（2）按钮元件“按钮”的设计和制作。

①创建新元件，命名为“按钮”，类型为按钮（见图 6.11）。

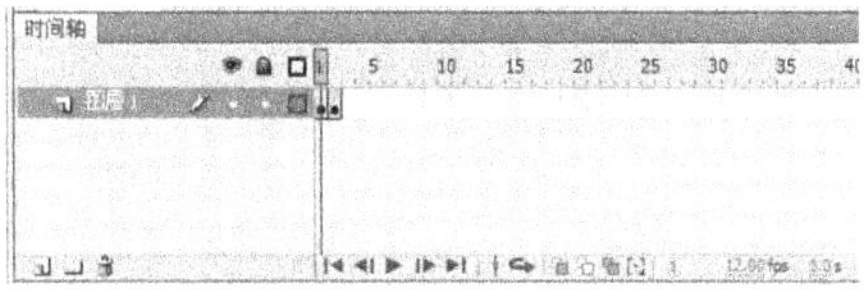

图 6.10

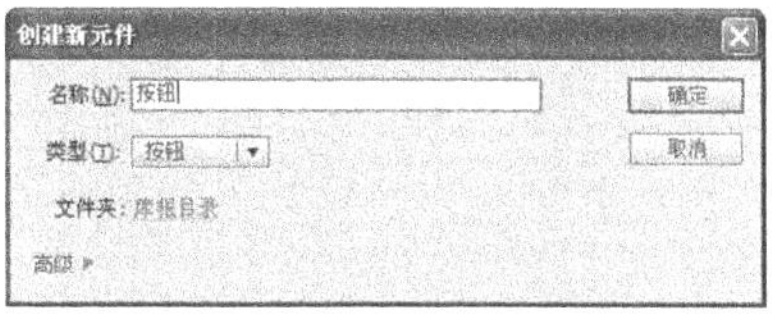

图 6.11

②单击图 6.11 中的“确定”按钮，进入按钮元件的编辑场景。

③选中［图层 1］图层，在“点击”状态所对应帧的位置（第 4 帧）插入关键帧，使用“矩形工具”在场景中绘制一个黑色无边的矩形，宽高大小为 110 像素 × 68 像素（见图 6.12）。

图 6.12

④此时的图层和时间线设置（见图 6.13）。

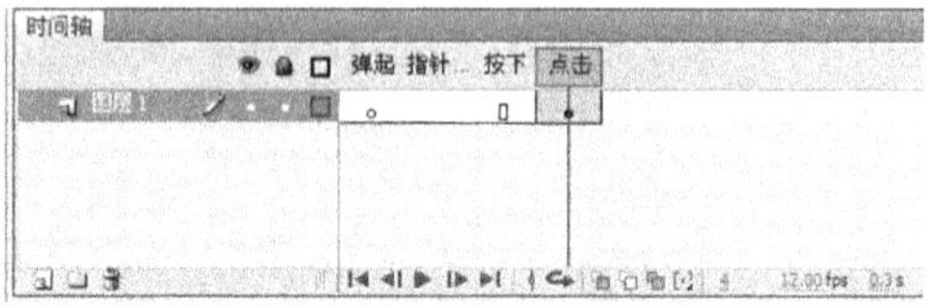

图 6.13

（3）“小狗跑动”影片剪辑元件的设计和制作。

①创建新元件，命名为“小狗跑动”，类型为影片剪辑（见图 6.14）。

②单击图 6.14 中的“确定”按钮，进入影片剪辑元件的编辑场景。

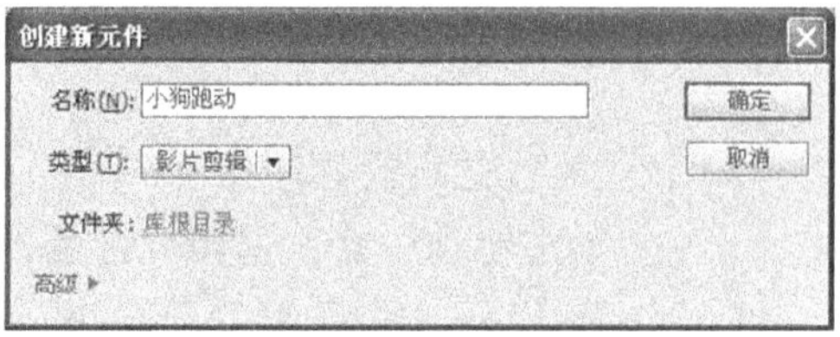

图 6.14

③选中［图层 1］图层中的第 1 空白关键帧，用鼠标把库中的按钮元件“按钮”拖放到场景中。

④选中［图层 1］图层中的第 2 帧，插入空白关键帧，用鼠标把库中的影片剪辑元件“动态小狗”拖放到场景中，要确保影片剪辑元件“动态小狗”和按钮元件“按钮”的位置基本一致。

⑤选中［图层 1］图层中的第 66 帧，插入关键帧，建立第 1 关键帧到第 66 关键帧的补间动画，选中第 66 帧，把场景中的影片剪辑元件“动态小狗”向左平移一段距离。

⑥选中［图层 1］图层中的第 1 关键帧，添加脚本代码“stop ( ) ;”。

⑦选中［图层 1］图层中第 1 关键帧所对应的场景中的按钮元件“按钮”，添加脚本代码（见图 6.15）。

```
on (rollOver) {
    gotoAndPlay(2);
}
```

图 6.15

⑧此时的部分图层和时间线设置（见图 6.16）。

⑨此时的库中各元件（见图 6.17）。

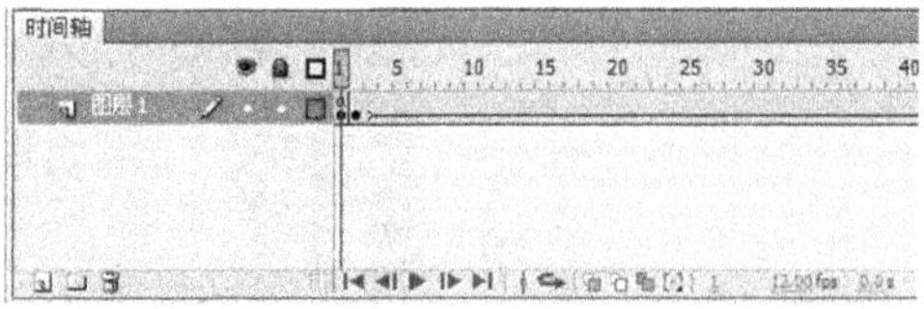

图 6.16

图 6.17

4. 相关元件设计和制作完毕，回到主场景，进行合成。

（1）选中主场景［图层1］图层中的第1空白关键帧，用鼠标把库中的影片剪辑元件“小狗跑动”拖放到场景中，对影片剪辑元件“小狗跑动”连续复制多次并进行排列，直到影片剪辑元件占满整个主场景为止（见图6.18）。

（2）进行影片的整体测试，保存文件，导出影片，完成本任务的设计和制作。

（3）导出的影片画面之一（见图6.19）。

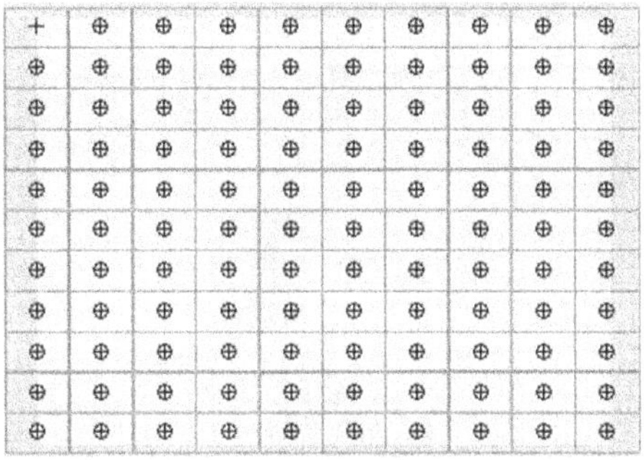

图6.18

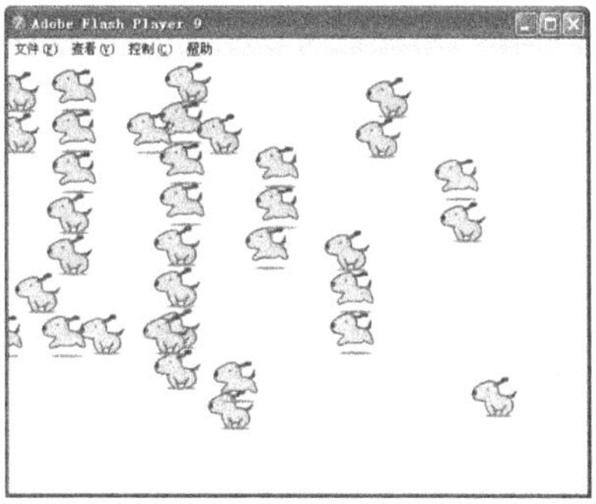

图6.19

6.4.4 任务评价

本任务的设计和制作思路比较新颖独特，使用了少量简单的脚本代码，只通过巧妙的元件之间的组合设计就达到了预期的动画效果。如果把本任务中的“动态小狗”换成别的动态元件，将动态元件设计成拥有不同的运动效果，就可以设计和制作出拥有不同特效的对象跟随鼠标移动的动画作品。

6.4.5 任务拓展

1. 依照本任务的设计和制作方法，设计和制作飘落的雪花群跟随鼠标移动之特效。

2. 依照本任务的设计和制作方法，设计和制作飞翔的蜻蜓群跟随鼠标移动之特效。

3. 依照本任务的设计和制作方法，设计和制作盛开的玫瑰花群跟随鼠标移动之特效。

6.5 任务3 小猫跟随鼠标移动之特效的设计和制作

6.5.1 任务描述

使用Flash设计和制作小猫跟随鼠标移动之特效。影片播放时，鼠标的正常箭头指针消失，画面上出现一只黑色的小猫，鼠标移动时，黑色的小猫跟随鼠标移动；点击鼠标的左键，在黑色的小猫旁边出现水波纹；鼠标一旦停止移动，黑色的小猫也停止运动，水波纹也随之消失。

6.5.2 任务目标

1. 掌握 Flash 中元件的设计和制作。
2. 掌握 Flash 中脚本代码在控制影片剪辑元件方面的使用。

6.5.3 任务实施

1. 新建 Flash 文档，宽高为 400 像素 ×400 像素，背景颜色为白色，其余选项默认（见图 6.20）。

2. 把相关素材导入库中（见图 6.21）。

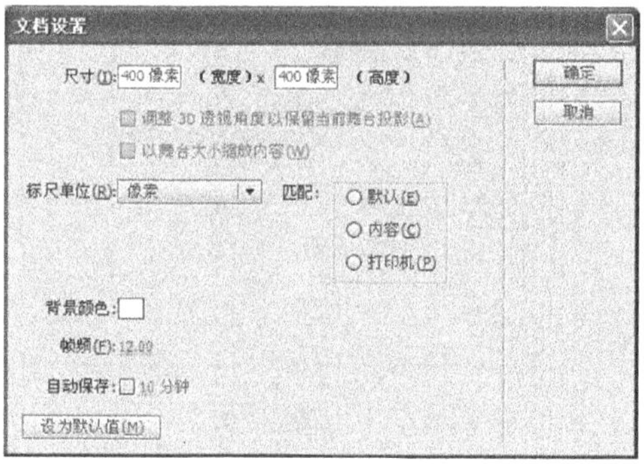

图 6.20

图 6.21

3. 相关元件的设计和制作。

（1）把库中的素材“小猫”转换成影片剪辑元件“小猫 1”（见图 6.22）。

（2）“静态水波纹”图形元件的设计和制作。

①创建新元件，命名为“静态水波纹”，类型为图形（见图 6.23）。

图 6.22

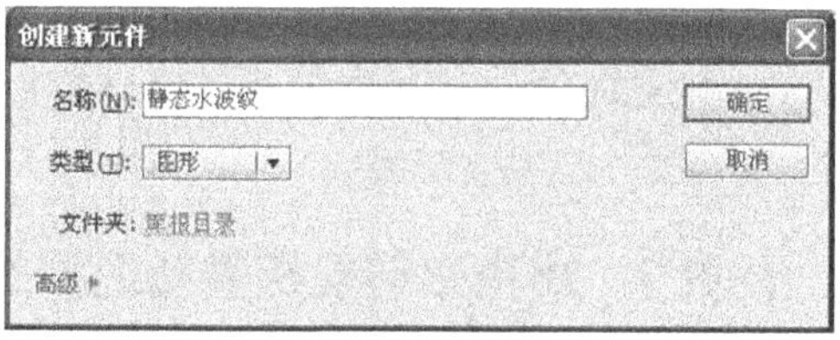

图 6.23

②单击图 6.23 中的“确定”按钮，进入图形元件的编辑场景。

③使用工具箱中的“椭圆工具”绘制一个线性渐变填充的无边框椭圆，第 1

种颜色设置为“0067CE”，第 2 种颜色设置为“95BDF9”（见图 6.24、图 6.25）。

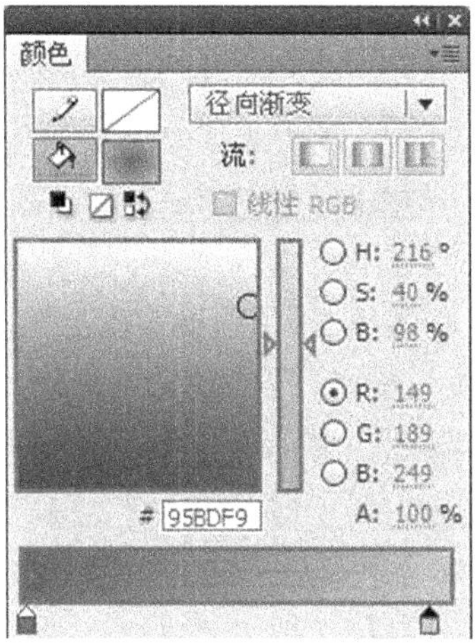

图 6.24

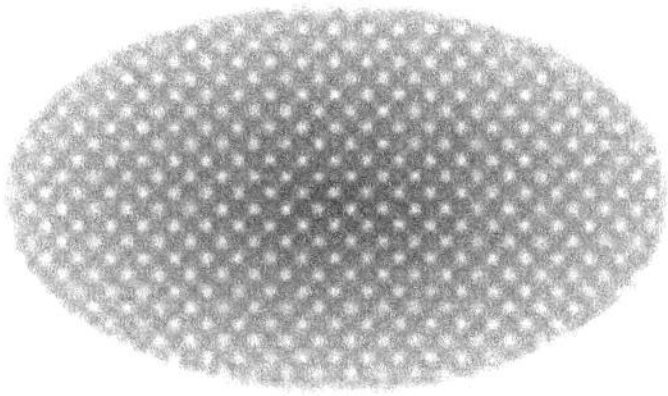

图 6.25

（3）“动态水波纹”影片剪辑元件的设计和制作。

①创建新元件，命名为“动态水波纹”，类型为影片剪辑（见图 6.26）。

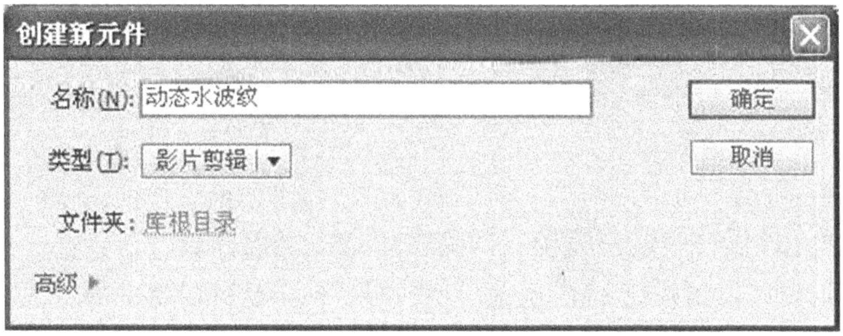

图 6.26

②单击图 6.26 中的“确定”按钮，进入影片剪辑元件的编辑场景。

③选中［图层 1］图层的第 2 帧，插入空白关键帧并选中该帧，用鼠标把库中的图形元件“静态水波纹”拖入场景中，设置元件的 Alpha 值为 80%；在第 30 帧位置插入关键帧，把元件放大并设置元件的 Alpha 值为 10%；建立第 2 关键帧到第 30 关键帧的补间动画，图形元件由中心点向四周从小到大变化，同时伴随着透明度的变化，这样就形成了一圈水波荡漾的效果。

注意：为了更逼真地模拟水波纹向四周荡漾的效果，可以多叠加几个波纹，由中心点依次向四周扩散开来。

④在［图层 1］图层上面增加 1 个［图层 2］图层。选择［图层 1］图层中的第 2 关键帧至第 30 关键帧，进行“复制帧”操作；再选中［图层 2］图层中的第 8 帧至第 36 帧，进行“粘贴帧”操作；把［图层 1］图层的动画粘贴到［图层 2］图层上，错开播放顺序。

⑤在［图层 2］图层上面增加 1 个［图层 3］图层。选择［图层 1］图层中的第 2 关键帧至第 30 关键帧，进行“复制帧”操作；再选中［图层 3］图层中的第 14 帧至第 42 帧，进行“粘贴帧”操作；把［图层 1］图层的动画粘贴到［图层 3］图层上，错开播放顺序。

⑥在［图层 3］图层上面增加 1 个图层［图层 4］。选择［图层 1］图层中的第 2 关键帧至第 30 关键帧，进行“复制帧”操作；再选中［图层 4］图层中的第 21 帧至第 49 帧，进行“粘贴帧”操作；把［图层 1］图层的动画粘贴到［图层 3］图层上，错开播放顺序。

⑦选中［图层 4］图层中的第 49 关键帧，添加脚本代码“stop ( ) ;”。

⑧此时的图层和时间线设置（见图 6. 27）。

⑨影片剪辑元件“动态水波纹”的播放画面之一（见图 6. 28）。

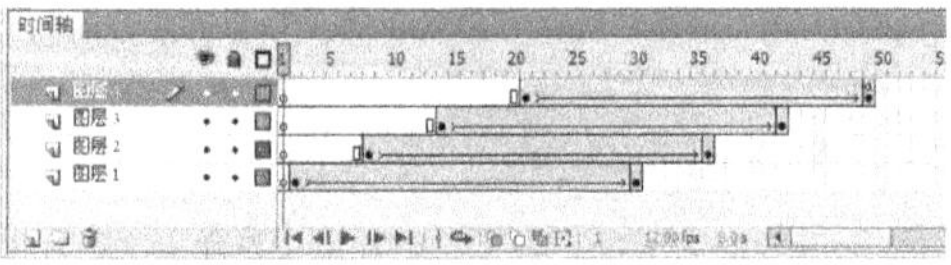

图 6. 27

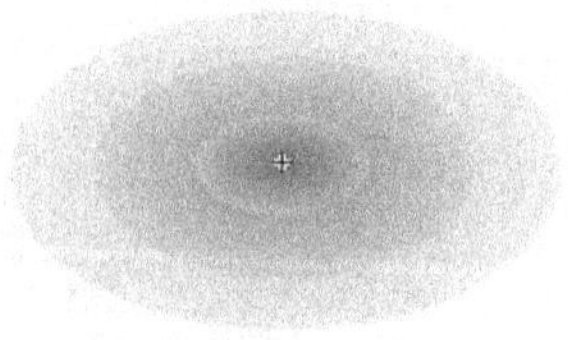

图 6. 28

4. 相关元件设计和制作完毕，回到主场景，进行合成。

（1）插入两个图层，这样就有 3 个图层了，进行命名，从上到下分别是［小猫］、［背景］以及［水波纹］。

（2）选中［水波纹］图层的第 1 空白关键帧，用鼠标把库中的影片剪辑元件“动态水波纹”拖放到场景中，在“属性”面板中将其命名为“ripple”，选中场景中的小猫，添加脚本代码（见图 6. 29）。

```
onClipEvent (mouseDown) {
    _x=_root._xmouse;
    _y=_root._ymouse;
    gotoAndPlay (2);
    duplicateMovieClip(this,"ripple",1);
    _root.ripple._x=_root._xmouse+5;
    _root.ripple._y=_root._ymouse+5;
}
```

图 6. 29

（3）选中［背景］图层的第 1 空白关键帧，把库中的素材“背景 . bmp”拖放到场景中，调整好大小和位置，使得场景和背景图完全重合在一起（见图 6. 30）。

（4）选中［小猫］图层的第 1 空白关键帧，用鼠标把库中的影片剪辑元件“小猫 1”拖放到场景中，在“属性”面板中将其命名为“xm”，选中场景中的小猫，添加脚本代码（见图 6.31）。

图 6.30

```
onClipEvent (enterFrame) {
    Mouse.hide();
    startDrag("", true);
}
```

图 6.31

（5）此时的图层和时间线设置（见图 6.32）。

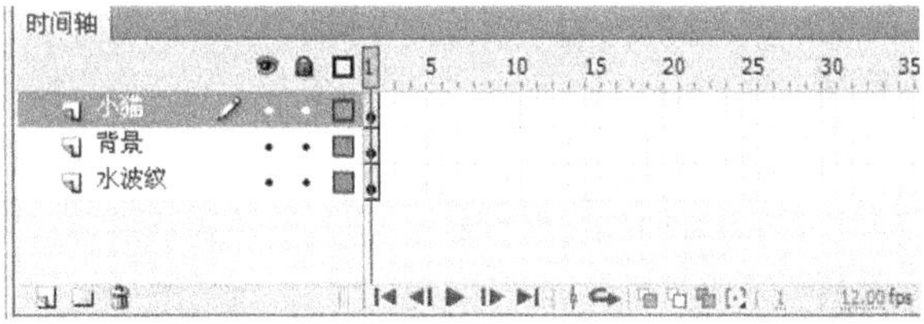

图 6.32

（6）整体测试影片，保存文件，导出影片，本任务完成。

5. 影片播放画面之一（见图 6.33）。

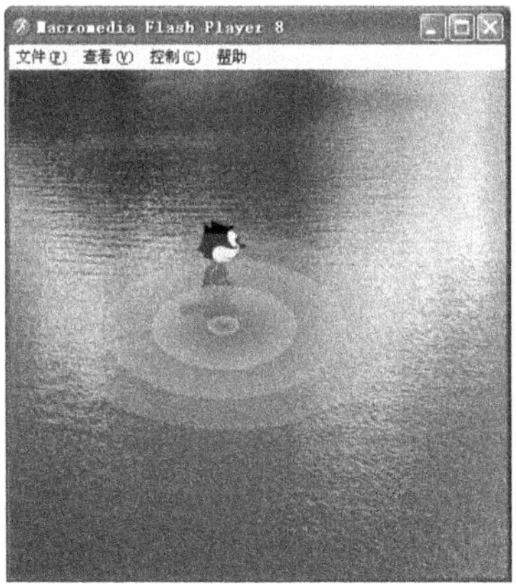

图 6.33

6.5.4 任务评价

本任务使用 Flash 中的脚本代码对影片剪辑元件进行控制，从而顺利实现了小猫跟随鼠标移动，同时在小猫旁边出现水波荡漾的动画特效，对于设计和制作这一类动画提供了一种简单有效的解决方案。

6.5.5 任务拓展

1. 使用 Flash 设计和制作一只飞舞的蜻蜓跟随鼠标移动，同时蜻蜓点水出现水波荡漾的特效动画。

2. 使用 Flash 设计和制作一条金鱼跟随鼠标移动而在水中自由游动，鱼儿所过之处激起水花荡漾的动画特效。

6.6 任务4 洁白的星形跟随鼠标移动之特效的设计和制作

6.6.1 任务描述

使用 Flash 设计和制作洁白的星形跟随鼠标移动的特效。鼠标不移动时，诸多洁白的小星形组成一个大的星形图案；鼠标移动时，诸多洁白的小星形跟随鼠标的移动轨迹进行旋转运动；一旦鼠标停止移动，诸多洁白的小星形快速消失，又形成一个大星形图案。

6.6.2 任务目标

1. 能够使用 Flash 设计和制作较为复杂的影片剪辑元件。

2. 能够灵活应用 Flash 脚本代码对影片剪辑元件进行控制。

6.6.3 任务实施

1. 新建 Flash 文档，宽高为 550 像素 ×400 像素，背景颜色为黑色（见图 6.34）。

2. 相关元件的设计和制作。

（1）图形元件“星形”的设计和制作。

①创建新元件，命名为“星形”，类型为图形（见图 6.35）。

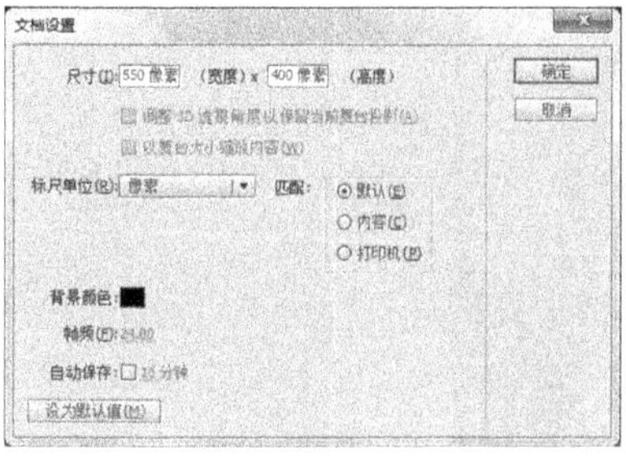

图 6.34

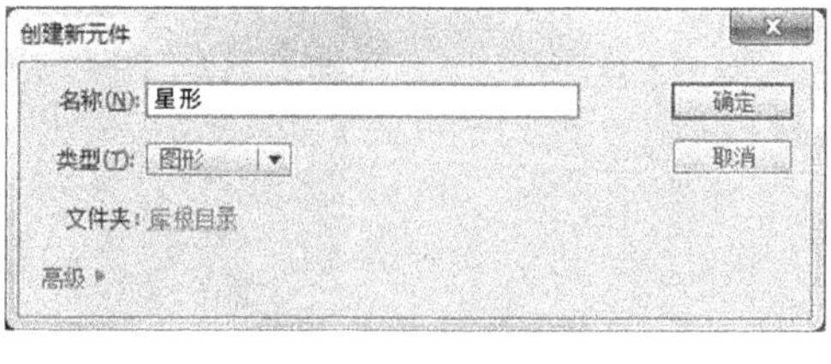

图 6.35

②单击图 6.35 中的“确定”按钮，进入图形元件“星形”的编辑场景。

③插入一个新图层，这样就有两个图层了，从上到下分别是［图层 2］、［图层 1］。

④选中［图层 1］图层的第 1 空白关键帧，使用“矩形工具”绘制一个无边框的圆，采用径向渐变模式进行填充。最左端颜色块的颜色设置为“FFFFFF”，Alpha 值设置为 100%（见图 6.36）；最右端颜色块的颜色设置为“FFFFFF”，Alpha 值设置为 0%（见图 6.37）。

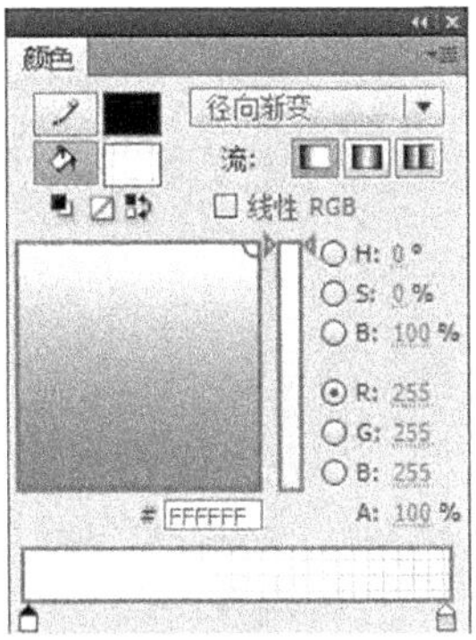

图 6.36

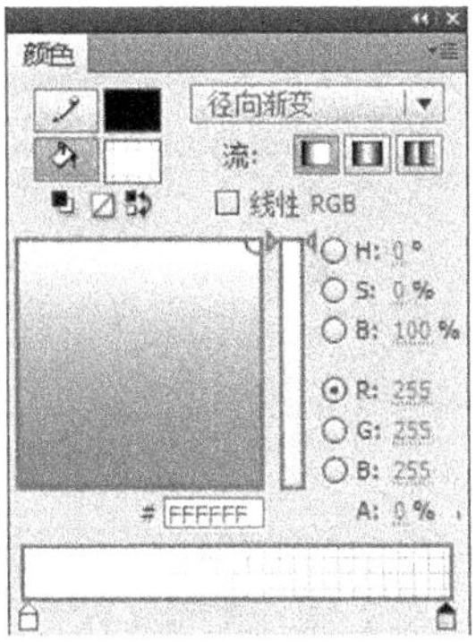

图 6.37

⑤选中［图层 2］图层的第 1 空白关键帧，使用相关工具绘制好一个无边框的星形图案，采用线性渐变模式进行填充，插入两个颜色块。最左端颜色块的颜色设置为“FFFFFF”，Alpha 值设置为 0%（见图 6.38）；左边顺数第 2 个颜色块的颜色设置为“FFFFFF”，Alpha 值设置为 100%（见图 6.39）；左边顺数第 3 个颜色块的颜色设置为“FFFFFF”，Alpha 值设置为 100%（见图 6.40）；左边顺数第 4 个颜色块的颜色设置为“FFFFFF”，Alpha 值设置为 0%（见图 6.41）。注意要将星形图案的中心跟［图层 1］图层中的圆的中心重合。

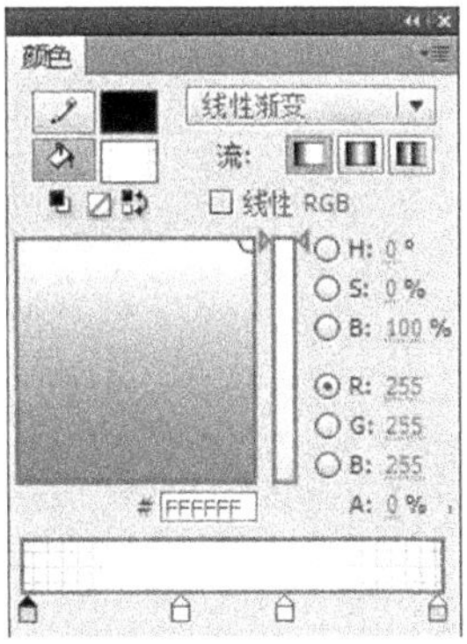

图 6.38

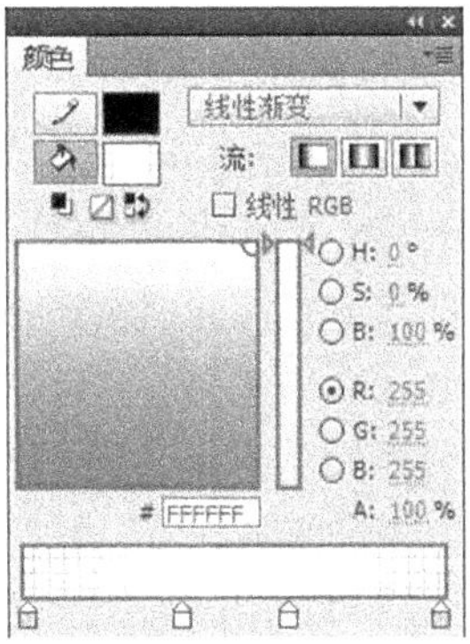

图 6.39

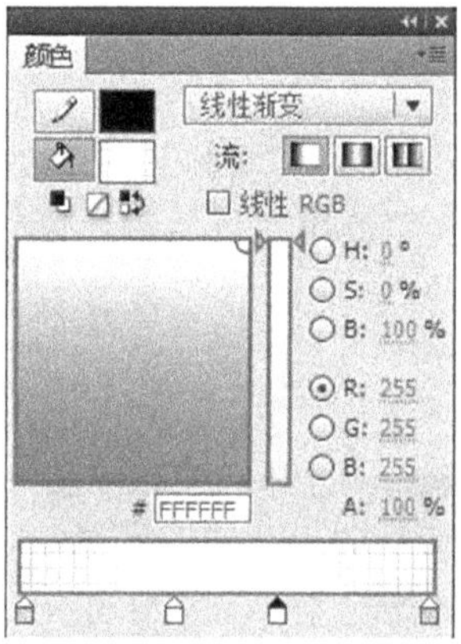

图 6.40

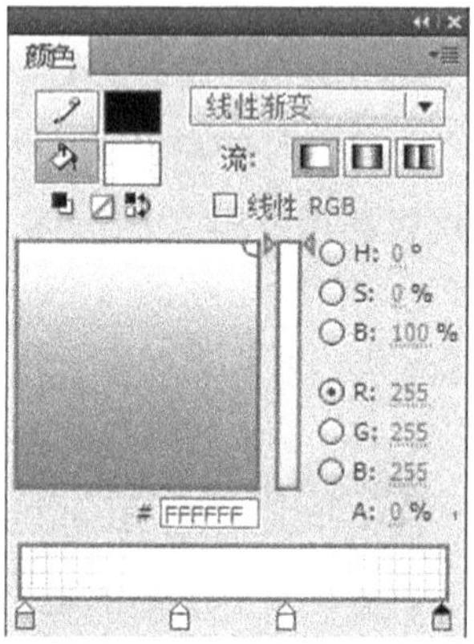

图 6.41

⑥此时的图层和时间线设置（见图 6.42）。

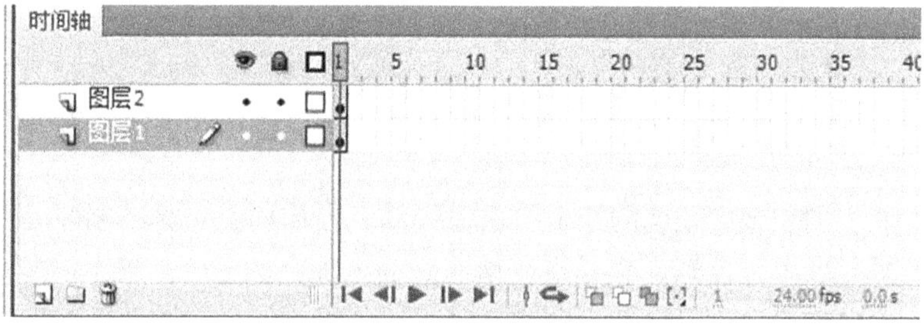

图 6.42

⑦“星形”图形元件设计效果（见图 6.43）。

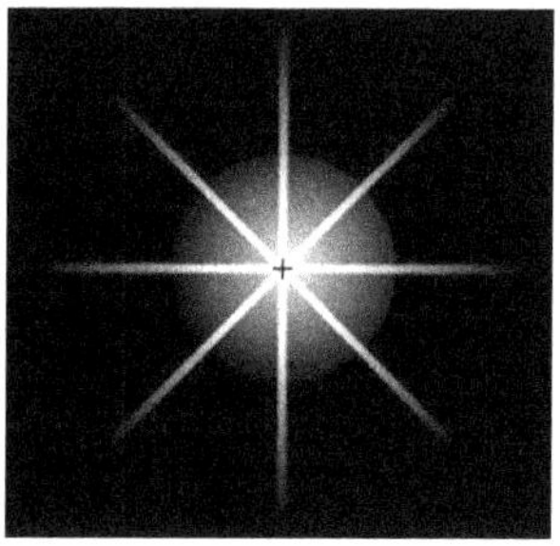

图 6.43

（2）影片剪辑元件“旋转的星形”的设计和制作。

①创建新元件，命名为“旋转的星形”，类型为影片剪辑（见图 6.44）。

②单击图 6.44 中的“确定”按钮，进入影片剪辑元件“旋转的星形”的编辑场景。

③选中［图层 1］图层的第 1 空白关键帧，用鼠标把库中的图形元件“星形”拖放到场景中，在“属性”面板中设置其为顺时针旋转 1 次；选中第 20 帧位置，插入关键帧；建立第 1 关键帧至第 20 关键帧的补间动画。

④此时的图层和时间线设置（见图 6.45）。

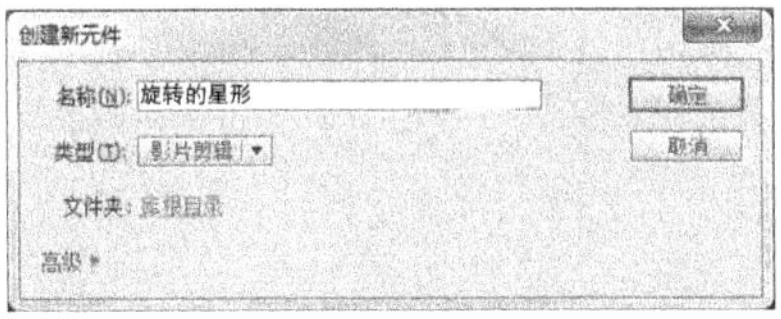

图 6.44

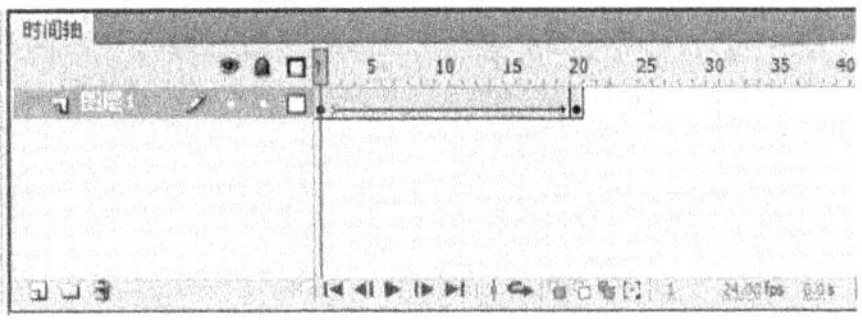

图 6.45

（3）影片剪辑元件“双星运动”的设计和制作。

①创建新元件，命名为“双星运动”，类型为影片剪辑（见图 6.46）。

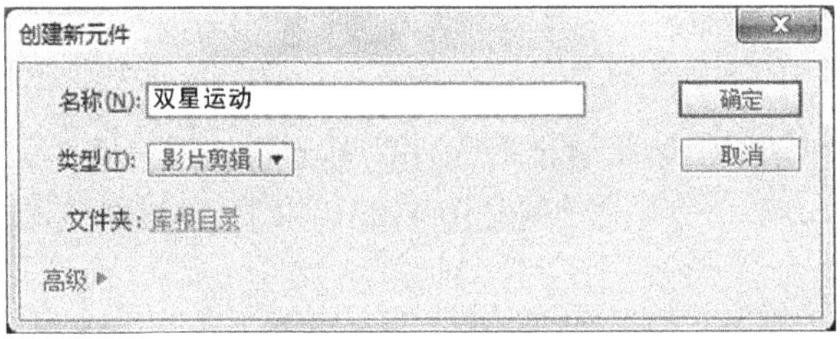

图 6.46

②单击图 6.46 中的“确定”按钮，进入影片剪辑元件“双星运动”的编辑场景。

③插入两个图层，这样就有 3 个图层了，从上到下分别是［AS］、［图层 2］、［图层 1］。

④选中［图层 1］图层的第 1 空白关键帧，用鼠标把库中的影片剪辑元件“旋转的星形”拖放到场景中。选中第 4 帧位置，插入关键帧，选中该帧，把场景中的影片剪辑元件“旋转的星形”向左上方移动一小段距离，建立第 1 关键帧至第 4 关键帧的补间动画。选中第 5 帧位置，插入关键帧，把影片剪辑元件“旋转的星形”向左下方移动一小段距离；选中第 18 帧位置，插入关键帧，选中该帧，把场景中的影片剪辑元件“旋转的星形”向右下方移动一小段距离；建立第 5 关键帧至第 18 关键帧的补间动画。

⑤选中［图层 2］图层的第 1 空白关键帧，用鼠标把库中的影片剪辑元件“旋转的星形”拖放到场景中，把其定位到与［图层 1］图层相对应的影片剪辑元件“旋转的星形”上边的位置；选中第 4 帧位置，插入关键帧，选中该帧，把场景中的影片剪辑元件“旋转的星形”向右上方移动一小段距离；建立第 1 关键帧至第 4 关键帧的补间动画。选中第 5 帧位置，插入关键帧，把影片剪辑元件“旋转的星形”向右下方移动一小段距离；选中第 18 帧位置，插入关键帧，选中该帧，把场景中的影片剪辑元件“旋转的星形”向左下方移动一小段距离；建立第 5 关键帧至第 18 关键帧的补间动画。

⑥选中［AS］图层的第 18 帧，插入空白关键帧，添加脚本代码“stop ( );”。

⑦此时的图层和时间线设置（见图 6.47）。

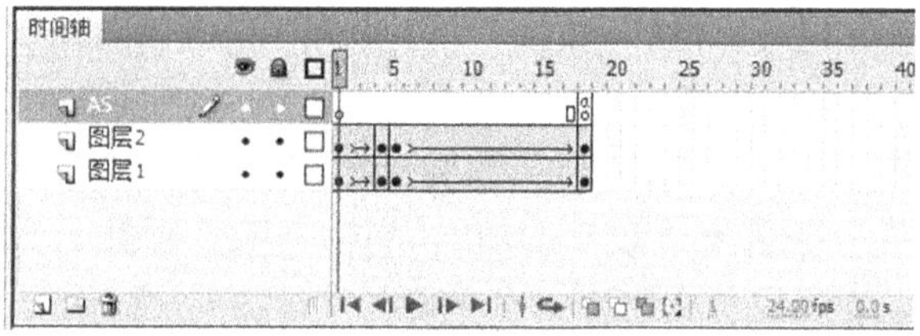

图 6.47

⑧不同图层相同关键帧位置上的元件位置分别如下：第 1 关键帧见图 6.48、第 4 关键帧见图 6.49、第 5 关键帧见图 6.50、第 18 关键帧见图 6.51。

图 6.48

图 6.49

图 6.50

图 6.51

（4）影片剪辑元件“多星运动”的设计和制作。

①创建新元件，命名为“多星运动”，类型为影片剪辑（见图 6.52）。

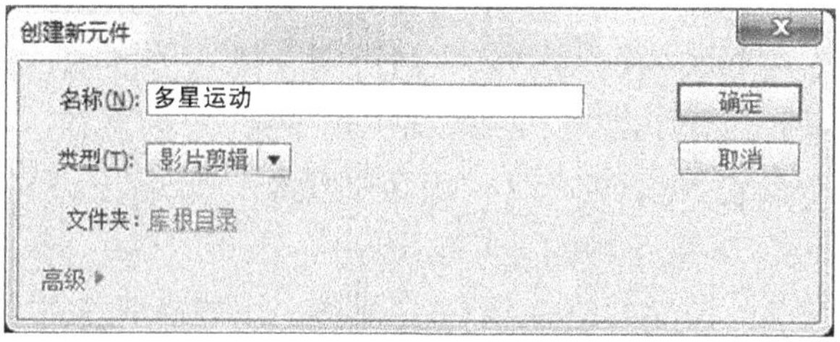

图 6.52

②单击图 6.52 中的“确定”按钮，进入影片剪辑元件“多星运动”的编辑场景。

③插入 1 个图层，这样就有两个图层了，从上到下分别是［AS］、［图层 1］。

④选中［图层 1］图层的第 1 空白关键帧，用鼠标把库中的影片剪辑元件“双星运动”拖放到场景中，在“属性”面板中将其命名为“star”。选中第 3 帧

位置，插入帧。

⑤选中［AS］图层的第 1 空白关键帧，添加脚本代码（见图 6.53）。

⑥选中［AS］图层的第 2 帧位置，插入空白关键帧，选中该空白关键帧，添加脚本代码（见图 6.54）。

⑦选中［AS］图层的第 3 帧位置，插入空白关键帧，选中该空白关键帧，添加脚本代码（见图 6.55）。

```
startDrag ("star", true);
n = 0;
setProperty("star", _visible, false);
```

图 6.53

```
if (n < 25)
{
    duplicateMovieClip("star", "sta" + n, n);
    ++n;
}
else
{
    n = 0;
}
```

图 6.54

```
gotoAndPlay(2);
```

图 6.55

⑧此时的图层和时间线设置（见图 6.56）。

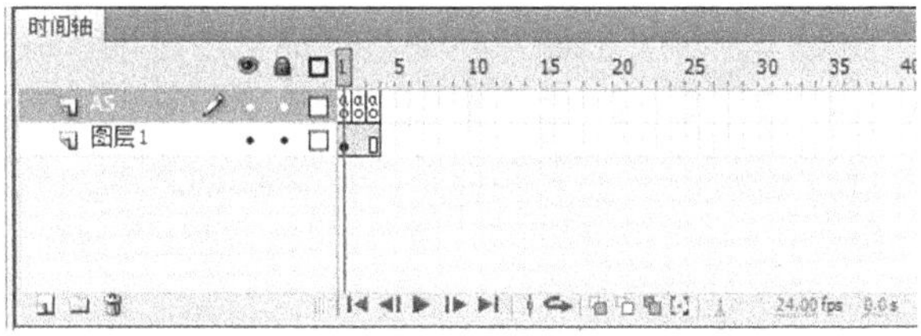

图 6.56

3. 相关元件全部制作完毕，回到主场景，进行合成。

（1）选中［图层 1］图层的第 1 空白关键帧，用鼠标把库中的影片剪辑元件“多星运动”拖放到场景的中央位置（见图 6.57）。

（2）进行整体测试，保存文件，导出影片。

4. 导出影片播放时鼠标停止的播放画面之一（见图 6.58）。

5. 导出影片播放时鼠标移动的播放画面之二（见图 6.59）。

图 6.57

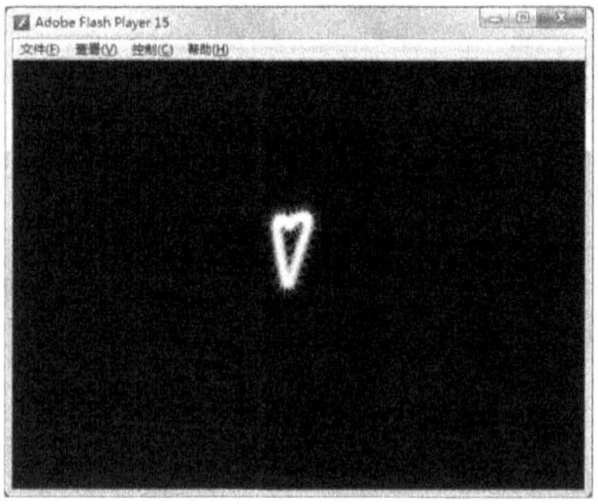

图 6. 58

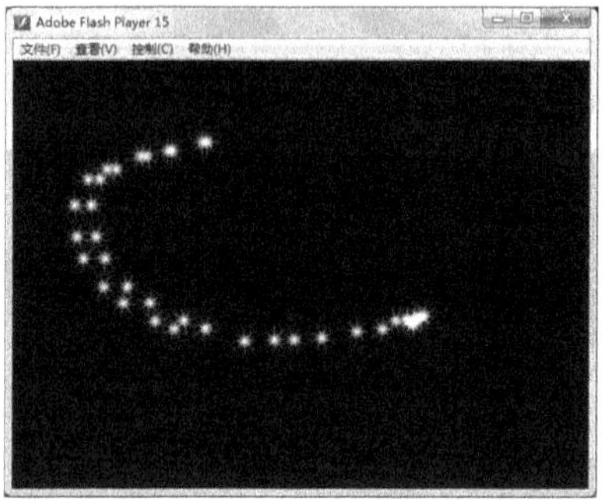

图 6. 59

6. 6. 4　任务评价

本任务中洁白星形跟随鼠标移动之特效的设计和制作，主要是通过使用 Flash 中的脚本代码控制影片剪辑元件来实现的，为设计和制作相类似的 Flash 特效提供了一种简单有效的解决方案。

6. 6. 5　任务拓展

1. 使用 Flash 设计和制作星星和月亮跟随鼠标移动之动画效果。
2. 使用 Flash 设计和制作蓝色烟花跟随鼠标移动之动画效果。
3. 使用 Flash 设计和制作彩色三角形跟随鼠标移动之动画效果。

项 目 7

Flash 音频视频特效的制作

7.1 项目情境

小张特别喜欢时下网上流行的各种网络游戏、动漫、MTV 等音频和视频作品，其中的逼真的音效和绚丽的画面深深地吸引了他。通过请教网友加上自己的了解和摸索，小张知道这些东西其实绝大多数是使用 Flash 设计和制作出来的，比如 Flash 网络游戏、Flash MTV、Flash 动漫等。小张想：这些东西是别人设计和制作好的，我只能玩人家的东西。既然别人能做，我自己能不能也设计和制作一些较为简单的 Flash 音频和视频作品供好友欣赏呢？那该多有成就感啊！答案是肯定的，只要努力，只要坚持。

7.2 项目分析

1. 掌握 Flash 中音频的导入、使用以及编辑功能。
2. 掌握 Flash 中视频的导入和播放控制功能。

7.3 任务 1 按钮声音的加载

7.3.1 任务描述

使用 Flash 设计和制作“播放”和“停止”按钮来控制足球的上下弹跳循环运动，足球在运动的过程中伴随着阴影的变化，用鼠标单击按钮时会有声音发出。

7.3.2 任务目标

1. 足球阴影元件的设计和制作。
2. 声音按钮的设计和制作。

7.3.3 任务实施

1. 新建 Flash 文档（见图 7.1）。
2. 把声音文件导入库中（见图 7.2）。

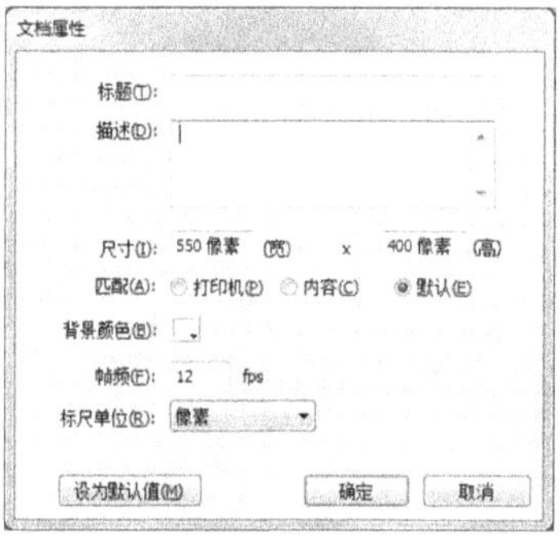

图 7.1

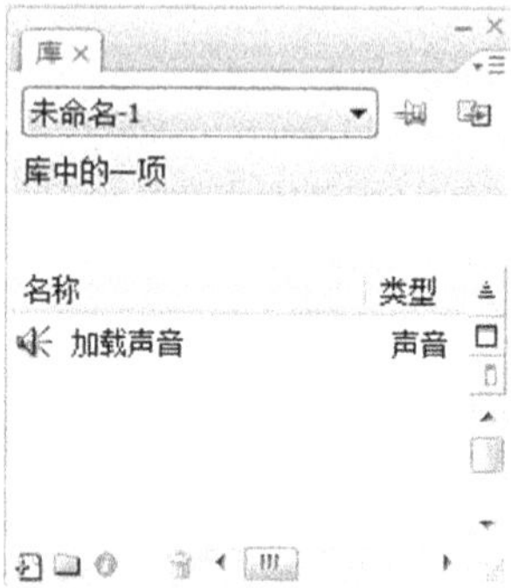

图 7.2

3. 相关元件的设计与制作。

（1）设计和制作“足球”图形元件（见图 7.3）。

图 7.3

（2）设计和制作“阴影”图形元件。使用“椭圆工具”绘制一个宽高大小为 120 像素 ×90 像素的无边框椭圆，填充颜色类型选择放射状。第 1 颜色方块颜色设置为“CCCCCC”，Alpha 值为 100%（见图 7.4）；第 2 颜色方块颜色设置为“FFFFFF”，Alpha 值为 0%（见图 7.5）。阴影设置效果见图 7.6。

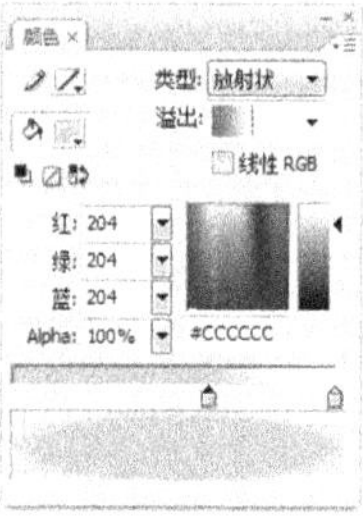

图 7.4

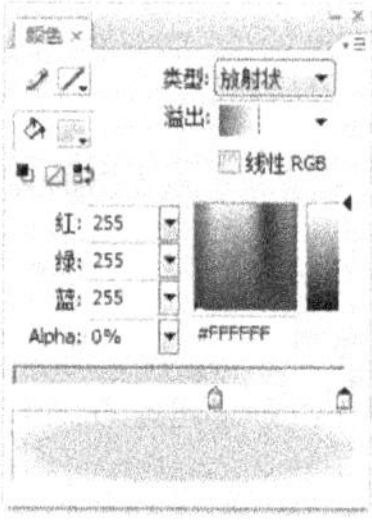

图 7.5

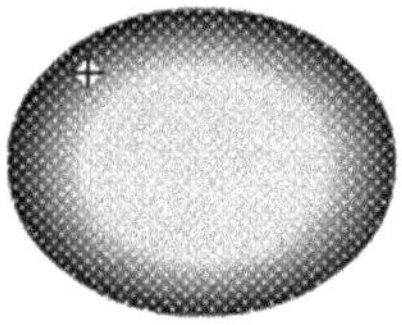

图 7.6

（3）“播放”按钮元件的设计与制作。

①创建新元件，命名为“播放”，类型为按钮（见图 7.7）。

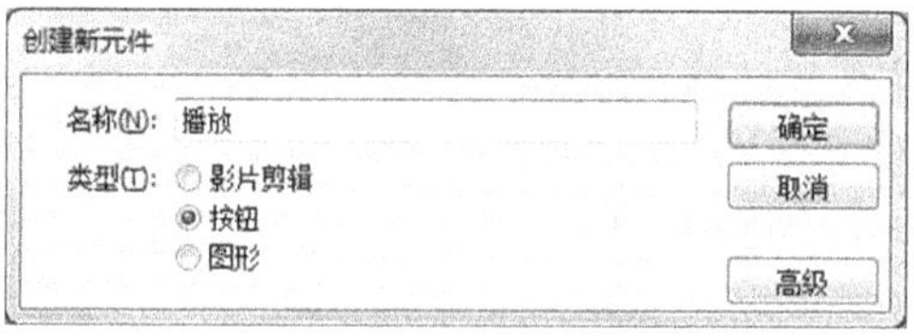

图 7.7

②点击图 7.7 中的“确定”按钮，进入“播放”按钮元件的编辑场景。

③新建两个图层，这样就有 3 个图层了，从上到下分别是［声音］、［文字］和［按钮］。

④在［按钮］图层的“弹起”状态所对应的帧位置（第 1 帧）使用“椭圆工具”绘制好两个无边框的同心圆（见图 7.8）。两圆之间（圆环）的填充颜色类型选择放射状，第 1 颜色方块颜色设置为“CC6633”，Alpha 值为 100%（见图 7.9）；第 2 颜色方块颜色设置为“000000”，Alpha 值为 100%（见图 7.10）。内圆的填充颜色类型选择放射状，第 1 颜色方块颜色设置为“18E7DC”，Alpha 值为 100%（见图 7.11）；第 2 颜色方块颜色设置为“000000”，Alpha 值为 100%（见图 7.12）。最终的效果见图 7.13。

图 7.8

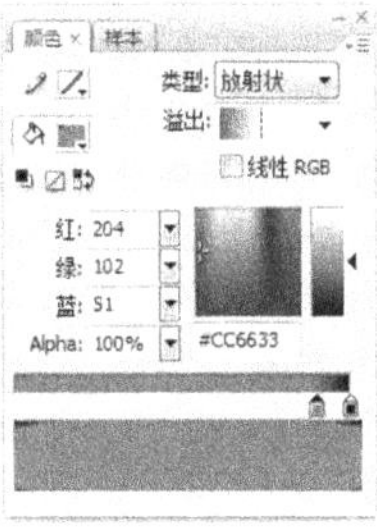

图 7.9

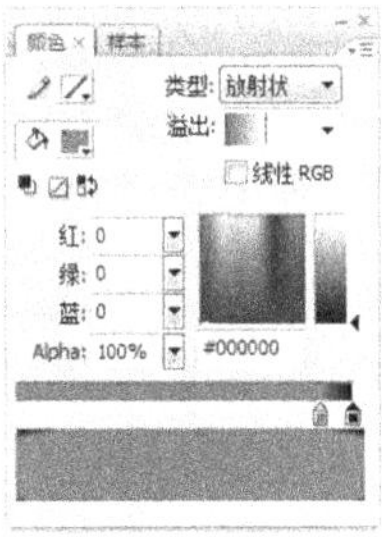

图 7.10

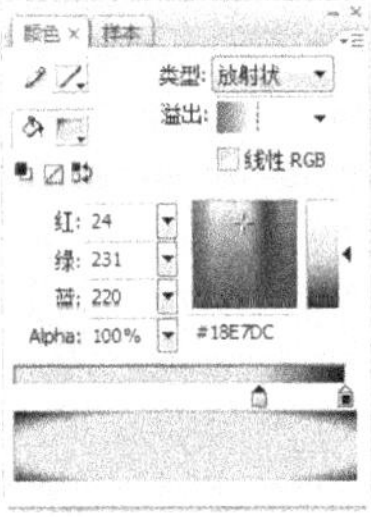

图 7.11

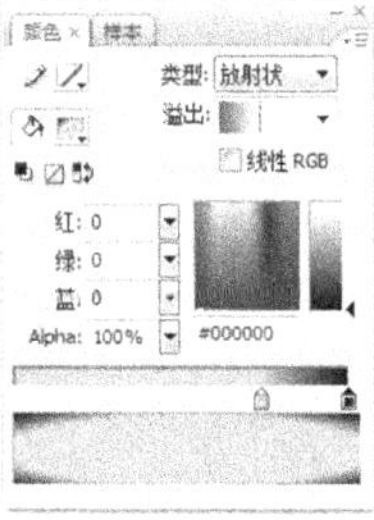

图 7.12

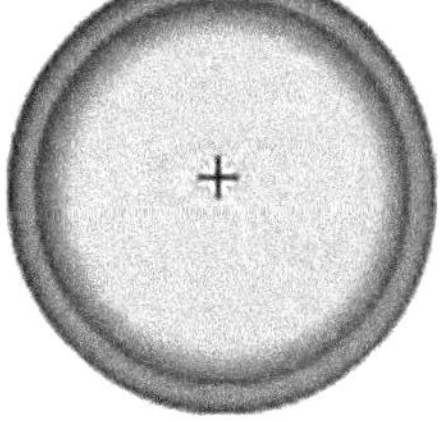

图 7.13

⑤在［按钮］图层的“指针经过”状态所对应的帧位置（第 2 帧）插入帧，在“按下”状态所对应的帧位置（第 3 帧）插入关键帧并选中该帧，把圆环和内圆的填充颜色对调（见图 7.14）。

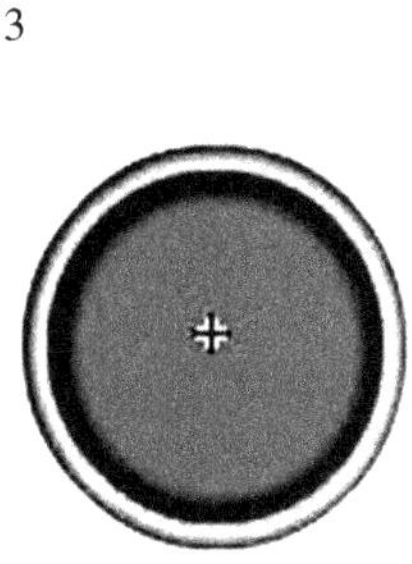

图 7.14

⑥在［文字］图层的“弹起”状态所对应的帧位置（第 1 帧）使用“文本工具”输入静态文本“播放”，字体为宋体，字号为 20，字体颜色为“BB5D2E”。在“指针经过”状态所对应的帧位置（第 2 帧）插入帧，在“按下”状态所对应的帧位置（第 3

帧）插入关键帧并选中该帧，把文字颜色设置为“17DDD3”。

⑦在［文字］图层的“按下”状态所对应的帧位置（第 3 帧）插入关键帧或空白关键帧，在“属性”面板中选择声音文件“加载声音”。

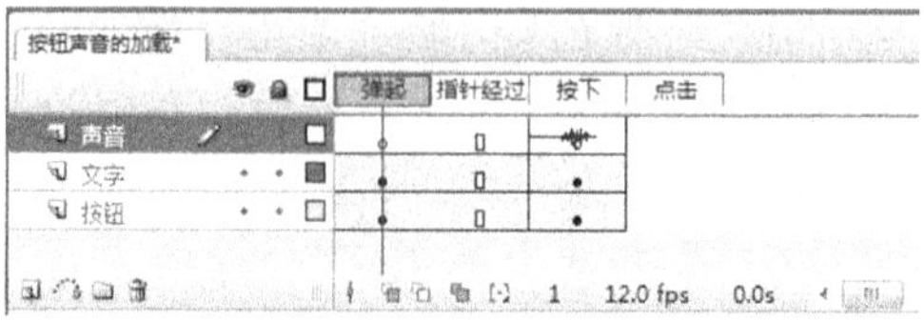

图 7.15

⑧此时的图层和时间线设置（见图 7.15）。

（4）“停止”按钮元件的设计与制作。

“停止”按钮元件的设计与制作方法同“播放”按钮元件的完全一样，在此不再赘述，最终的效果见图 7.16、图 7.17。

图 7.16

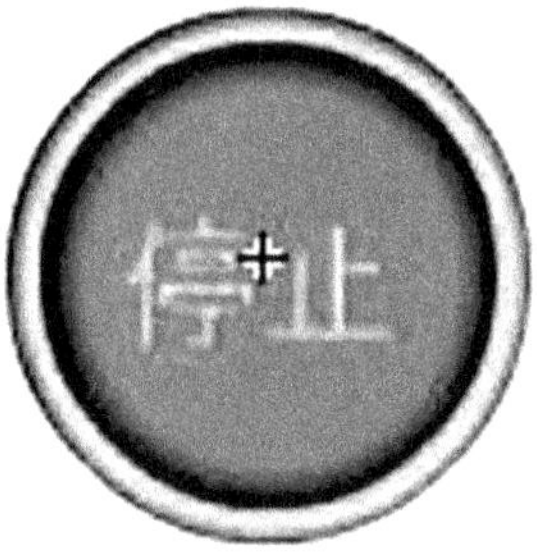

图 7.17

4. 回到主场景，进行合成。

（1）新建（插入）3 个图层，这样就有 4 个图层了，从上到下分别是［按钮］、［足球］、［阴影］以及［背景］。

（2）把背景图片用鼠标拖放到［背景］图层的第 1 关键帧，调整其大小和位置，跟场景（舞台）重合。在第 24 帧位置插入帧。

（3）选中［阴影］图层的第 1 空白关键帧，用鼠标把库中的“阴影”图形元件拖放到场景中的适当位置，在第 12 帧、第 24 帧位置插入关键帧，建立第 1 帧到第 24 帧的补间动画。选中第 12 关键帧对应的“阴影”图形元件，使用“任意变形工具”将“阴影”图形元件在垂直方向上进行压缩，最好在压缩的过程中保持圆心位置。

（4）选中［足球］图层的第 1 空白关键帧，用鼠标把库中的“足球”图形元件拖放到场景中，调整其位置，与相同位置的“阴影”图形元件在垂直方向上相接触；在第 12 帧、第 24 帧位置插入关键帧；建立第 1 帧到第 24 帧的补间动画。选中第 12 关键帧对应的“足球”图形元件，使用鼠标或者键盘上的向上方向键将“足球”图形元件向上移动一段距离，不要超过场景上边界。

（5）选中［按钮］图层的第 1 空白关键帧，用鼠标把库中的“播放”按钮元件和“停止”按钮元件拖放到场景中，调整其位置。

(6) 选中“播放”按钮元件，添加脚本代码（见图 7.18）。

(7) 选中“停止”按钮元件，添加脚本代码（见图 7.19）。

```
on (release) {
play();

}
```

图 7.18

```
on (release) {
stop();
}
```

图 7.19

(8) 不同图层相同位置上各元件的位置。

①第 1 关键帧上各元件的位置（见图 7.20）。

②第 12 关键帧上各元件的位置（见图 7.21）。

图 7.20

图 7.21

③第 12 关键帧上各元件的位置同第 1 关键帧上的位置相同。

(9) 最终的图层和时间线设置（见图 7.22）。

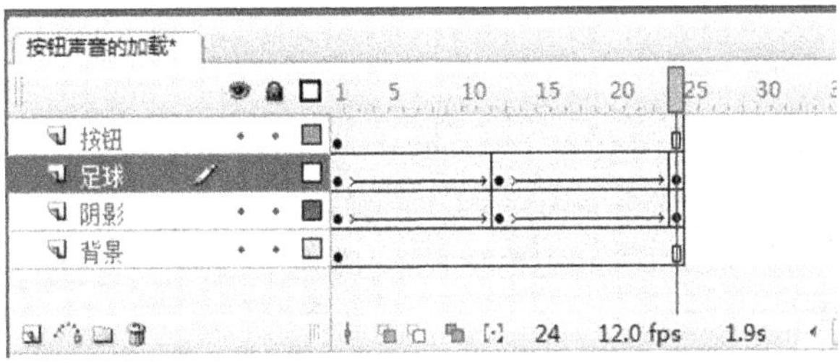

图 7.22

5. 整体调试，保存文件，导出影片，本任务完成。

7.3.4　任务评价

通过本任务的训练，可以熟练地掌握对按钮元件添加声音效果以及对按钮元件添加脚本代码的操作，从而达到利用按钮来控制影片的播放和停止的目的。

7.3.5 任务拓展

1. 要给按钮元件添加声音特效，除了以上方法之外，还有没有其他简单有效的方法呢?

2. 本任务中的影片启动之后，还没有点击“播放”按钮，足球就开始不停地上下运动；如果要让影片启动之后足球不动，直到点击“播放”按钮才开始上下不停运动，又该怎么样来改进本任务呢?

7.4 任务2 音乐播放列表的设计和制作

7.4.1 任务描述

使用 Flash 设计和制作一个音乐播放列表，用鼠标左键单击播放列表中任意一个选项，相应的音乐便开始播放；单击播放列表中另外任意一个选项，之前选中的音乐就停止播放，开始播放当前选中的音乐。不管选择播放哪首歌曲，都会在播放时伴随着音乐的波形图出现，效果比较逼真。

7.4.2 任务目标

1. 掌握较为复杂的元件的设计与制作。
2. 掌握脚本代码在帧动作和按钮控制方面的灵活应用。
3. 掌握脚本代码在控制声音播放方面的灵活应用。

7.4.3 任务实施

1. 新建 Flash 文档，文档的宽高大小设置为 600 像素 ×375 像素，背景颜色为浅蓝色，其余选项默认（见图 7.23）。

2. 把音乐播放列表的背景界面图导入库中（见图 7.24）。

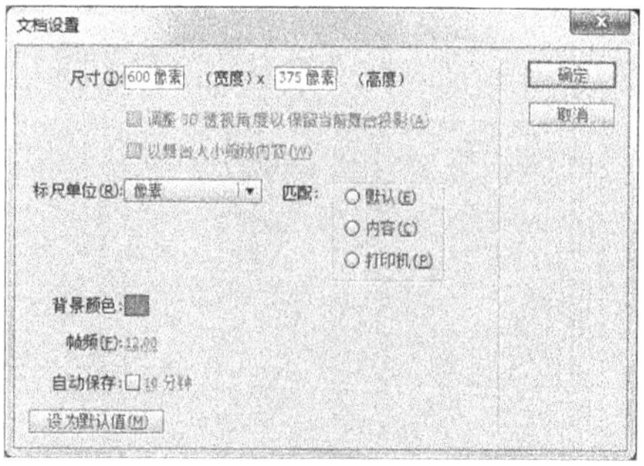

图 7.23

图 7.24

3. 相关元件的设计与制作。

（1）“说明文字”图形元件的设计与制作。

①创建新元件，命名为“说明文字”，类型为图形（见图 7.25）。

②点击图7.25中的“确定”按钮，进入元件的编辑场景，用“文本工具”输入静态文本“请点击播放列表中的歌曲”，字体为宋体，字号为25，字体颜色为白色（见图7.26）。

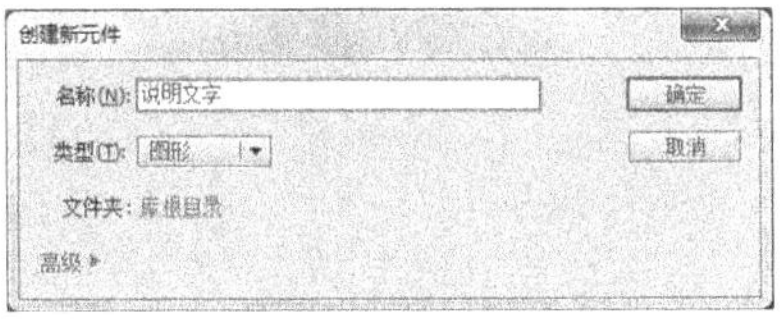

图7.25

图7.26

（2）“向上三角形”图形元件的设计与制作。

①创建新元件，命名为“向上三角形”，类型为图形（见图7.27）。

②点击图7.27中的“确定”按钮，进入元件的编辑场景，在场景中绘制好一个三角形（见图7.28）。

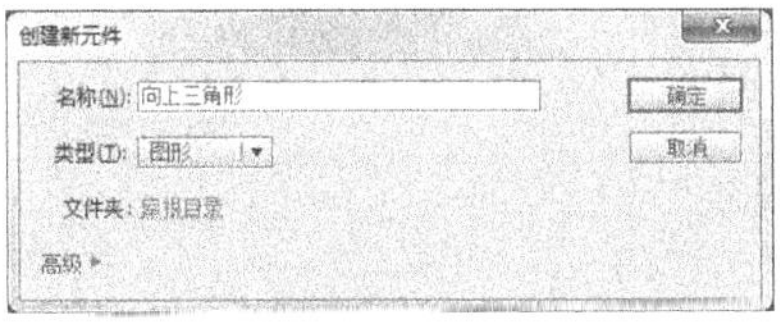

图7.27

图7.28

（3）“播放说明”影片剪辑元件的设计与制作。

①创建新元件，命名为“播放说明”，类型为影片剪辑（见图7.29）。

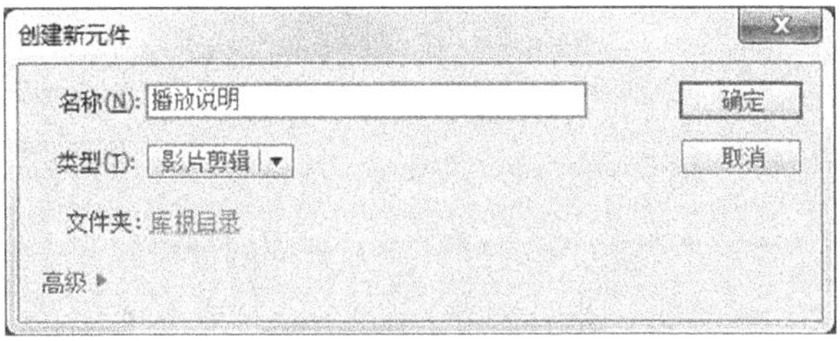

图7.29

②点击图7.29中的“确定”按钮，进入元件的编辑场景。

③新建1个图层，这样就有两个图层了，进行命名，从上到下分别是［三角形］和［文字］。

④选中［文字］图层的第 1 关键帧，用鼠标把库中的“说明文字”图形元件拖放到场景的任意位置，在第 10 帧、第 20 帧位置插入关键帧，建立第 1 帧到第 20 帧的补间动画。选中第 10 关键帧，把文本“请点击播放列表中的歌曲”的 Alpha 值设置为 40%（见图 7.30）。

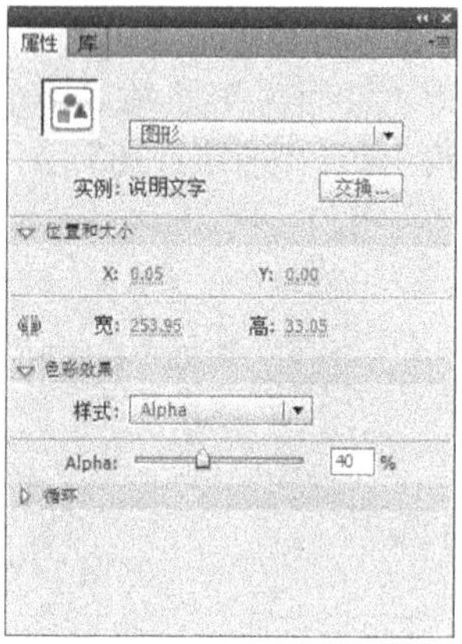

图 7.30

⑤选中［三角形］图层的第 1 关键帧，用鼠标把库中的“向上三角形”图形元件拖放到场景中，调整其位置，把它移动到文本“请点击播放列表中的歌曲”的中上方位置（见图 7.31），Alpha 值设置为 30%。在第 10 帧、第 20 帧位置插入关键帧，建立第 1 帧到第 20 帧的补间动画。选中第 10 关键帧，把“向上三角形”图形元件向上平移一小段距离，Alpha 值设置为 100%（见图 7.32）。把第 20 帧上的“向上三角形”图形元件的 Alpha 值设置为 30%（见图 7.33）。

图 7.31

图 7.32

图 7.33

⑥此时的图层和时间线设置（见图 7.34）。

（4）“按钮”按钮元件的设计与制作。

①创建新元件，命名为“按钮”，类型为按钮（见图 7.35）。

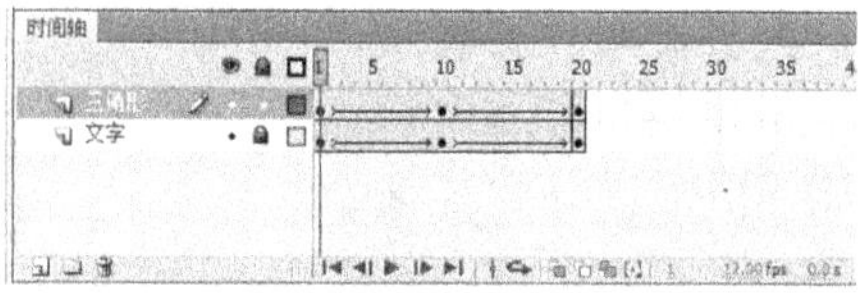

图 7.34

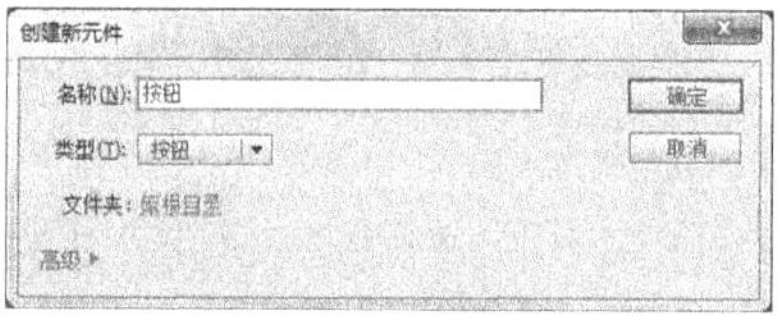

图 7.35

②点击图 7.35 中的“确定”按钮，进入元件的编辑场景。

③在［图层 1］图层的“指针经过”状态所对应的帧位置（第 2 帧）插入关键帧，在场景中绘制好一个无边框的浅绿色矩形（宽高大小为 80 像素 ×20 像素）。在“点击”状态所对应的帧位置（第 4 帧）插入关键帧，把矩形的颜色设置为黄色（见图 7.36）。

④此时的图层和时间线设置（见图 7.37）。

图 7.36

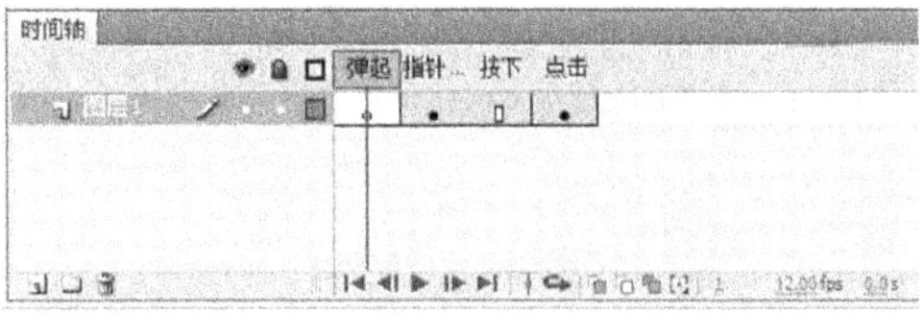

图 7.37

（5）“音乐列表”影片剪辑元件的设计与制作。

①创建新元件，命名为“音乐列表”，类型为影片剪辑（见图 7.38）。

②点击图 7.38 中的“确定”按钮，进入元件的编辑场景。

③新建（插入）1 个图层，这样就有两个图层了，进行命名，从上到下分别是［命名］和［按钮］。

图 7.38

④选中［按钮］图层的第 1 关键帧，用鼠标把库中的“按钮”按钮元件连续 4 次拖放到编辑场景中并调整好它们的位置，从上到下依次命名为“btn1”、“btn2”、“btn3”以及“btn4”（见图 7.39）。

⑤选中［命名］图层的第 1 关键帧，使用“文本工具”对 4 个按钮进行命名，从上到下依次命名为“01 The first music”、“ 02 The second music”、“ 03 The third music”以及“04 The fourth music”（见图 7.40）。

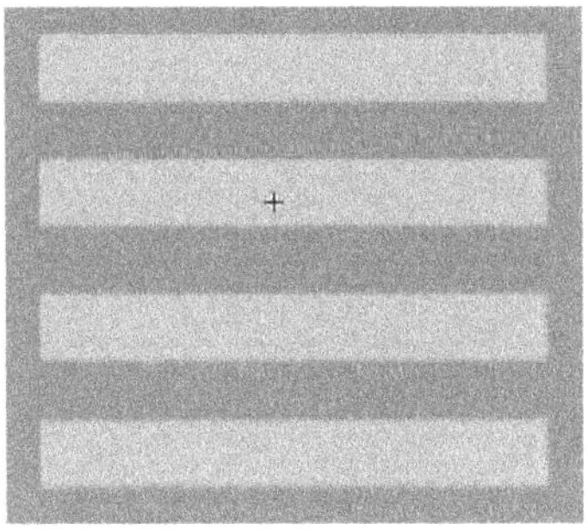

图 7.39

图 7.40

⑥此时的图层和时间线设置（见图 7.41）。

（6）“单条音乐波形图”影片剪辑元件的设计与制作。

①创建新元件，命名为“单条音乐波形图”，类型为影片剪辑（见图 7.42）。

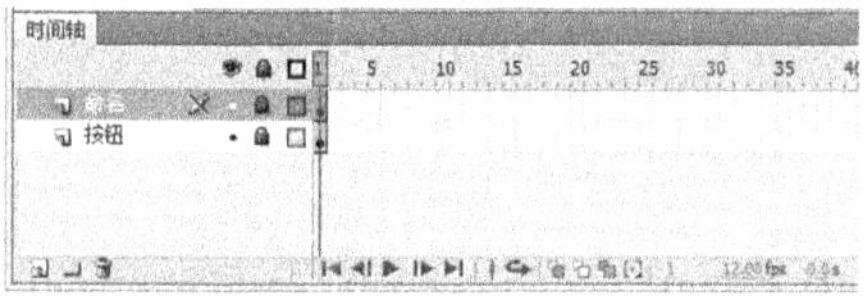

图 7.41

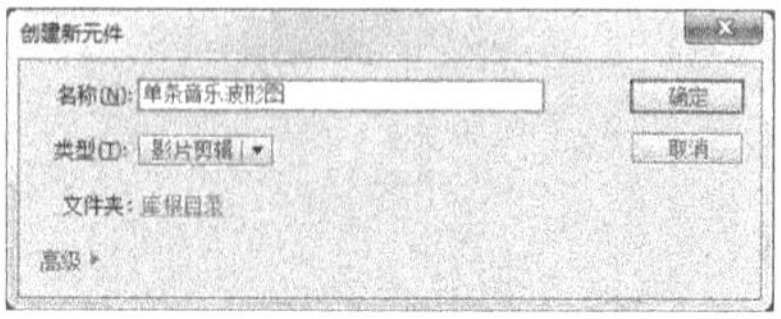

图 7.42

②点击图 7.42 中的“确定”按钮，进入元件的编辑场景。

③选中［图层 1］图层的第 1 关键帧，在场景中使用“矩形工具”绘制好一个无边框的灰色矩形，宽高大小为 50 像素 ×18 像素。在第 2、3 帧位置插入关键帧，在第 4 帧位置插入关键帧并选中该帧，此时复制一个矩形，并把新复制出来的矩形移动到原来的矩形的正上方。继续这样的操作，连续插入关键帧，复制矩形，使得后一关键帧位置上的矩形数量比前一关键帧位置上的矩形数量多一个，多出来的那个矩形放置在前一位置矩形组的正上方，一直到第 11 帧，此时垂直方向上有 9 个矩形。从第 13 关键帧开始，关键帧上的矩形数量依次减少 1 个，也就是说，第 12 关键帧有 8 个矩形，第 13 关键帧有 7 个矩形，依此类推，到第 19 关键帧时只有 1 个矩形。每个关键帧对应的矩形数量见下表所示：

帧号	1 至 3	4	5	6	7	8	9	10	11	12	13	14	15	16	17	18	19
垂直方向上的矩形数量	1	2	3	4	5	6	7	8	9	8	7	6	5	4	3	2	1

④在第 1 帧添加脚本代码“stop ( );”，在第 2 帧添加脚本代码“gotoAndPlay (f);”，在第 19 帧添加如下脚本代码：

```
f = random(19) +1;
gotoAndPlay(2);
```

⑤此时的图层和时间线设置（见图 7.43）。

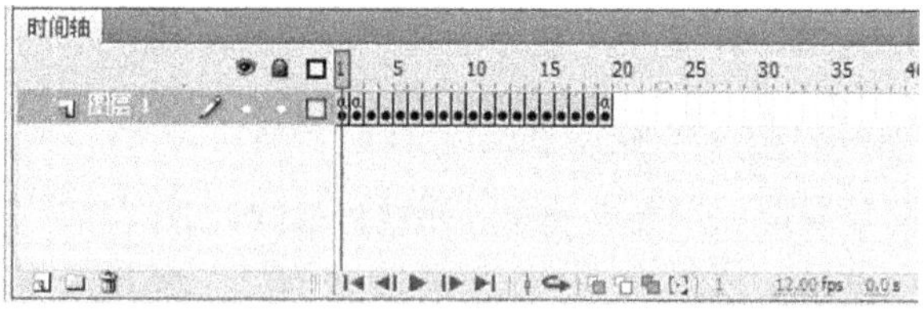

图 7.43

4. 元件设计和制作完毕，回到主场景，进行合成。

（1）新建（插入）6 个图层，这样就得到 7 个图层了，从上到下分别是［代码］、［操作提示］、［音乐波形］、［曲目］、［动态文本］、［音乐列表框］以及［背景］。

（2）选中［背景］图层的第 1 关键帧，用鼠标把库中的“背景 . jpg”拖放到场景中，设置其大小和位置，使得其跟场景重合在一起。

（3）选中［音乐列表框］图层的第 1 关键帧，绘制一个白色无边框的倒角矩形并转换为图形元件“播放列表框”，调整其位置到场景的靠左方，设置其 Alpha 值为 30%（见图 7. 44）。

图 7. 44

（4）选中［动态文本］图层的第 1 关键帧，在靠近场景右上方的位置设置好一个动态文本框（见图 7. 45）。

（5）选中［曲目］图层的第 1 关键帧，用鼠标把库中的“音乐列表”影片剪辑元件拖放到场景中，调整其位置到“播放列表框”图形元件的中间位置。

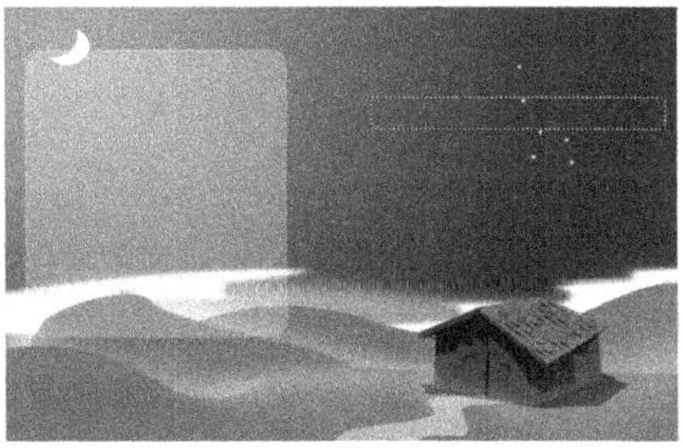

图 7. 45

（6）选中［音乐波形］图层的第 1 关键帧，用鼠标把库中的“单条音乐波形图”影片剪辑元件连续 6 次拖放到场景中，调整其位置到场景下边靠右的位置，进行水平间隔排列，从左到右分别命名为“bar1”、“bar2”、“bar3”、“bar4”、“bar5”、“bar6”（见图 7. 46）。

（7）选中［操作提示］图层的第 1 关键帧，用鼠标把库中的“播放说明”影片剪辑元件拖放到“播放列表框”图形元件的正下方（见图 7. 47）。

图 7. 46

图 7. 47

（8）选中［代码］图层的第 1 关键帧，添加如下脚本代码：

```
function selectSound(song) {
stopAllSounds();
_root.mysound = new Sound();
_root.mysound.loadSound(song,true);
mysound.onSoundComplete = function() {
stopAllSounds();
};
}
_root.list.btn1.onRelease = function() {
_root.selectSound("1.mp3");
_root.title = "现在正在播放的是第一曲音乐";
_root.bar1.gotoAndPlay(18);
_root.bar2.gotoAndPlay(18);
_root.bar3.gotoAndPlay(18);
_root.bar4.gotoAndPlay(18);
_root.bar5.gotoAndPlay(18);
_root.bar6.gotoAndPlay(18);
};
_root.list.btn2.onRelease = function() {
_root.selectSound("2.mp3");
_root.title = "现在正在播放的是第二曲音乐";
_root.bar1.gotoAndPlay(18);
_root.bar2.gotoAndPlay(18);
_root.bar3.gotoAndPlay(18);
_root.bar4.gotoAndPlay(18);
_root.bar5.gotoAndPlay(18);
_root.bar6.gotoAndPlay(18);
};
_root.list.btn3.onRelease = function() {
_root.selectSound("3.mp3");
_root.title = "现在正在播放的是第三曲音乐";
_root.bar1.gotoAndPlay(18);
_root.bar2.gotoAndPlay(18);
_root.bar3.gotoAndPlay(18);
```

```
_root. bar4. gotoAndPlay(18);
_root. bar5. gotoAndPlay(18);
_root. bar6. gotoAndPlay(18);
};
_root. list. btn4. onRelease = function()  {
_root. selectSound("4. mp3");
_root. title = "现在正在播放的是第四曲音乐";
_root. bar1. gotoAndPlay(18);
_root. bar2. gotoAndPlay(18);
_root. bar3. gotoAndPlay(18);
_root. bar4. gotoAndPlay(18);
_root. bar5. gotoAndPlay(18);
_root. bar6. gotoAndPlay(18);
};
```

(9) 最终的图层和时间线设置（见图7.48）。

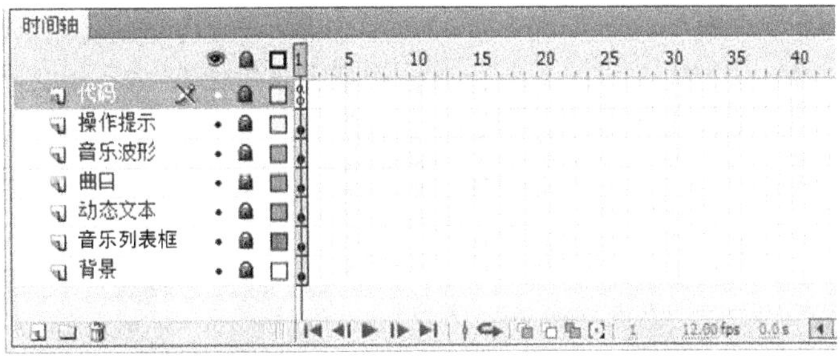

图7.48

5. 主场景合成完毕，进行整体调试，保存文件，导出影片，本任务顺利完成。

7.4.4 任务评价

通过本任务的实训，可掌握音乐波形图的设计和制作以及使用Flash脚本代码控制播放音乐文件，提供了解决这一类相似问题的有效方案，有较强的借鉴和参考作用。

7.4.5 任务拓展

1. 在设计和制作“单条音乐波形图”影片剪辑元件时，使用了脚本代码，其作用和功能是什么？

2. ［代码］图层的第1关键帧上添加了脚本代码，其作用和功能是什么？

3. 本任务中设计和制作的音乐波形图特效还可以进一步改进，比如每个矩形方块的颜色变化可以更丰富一些，另外，矩形方块的大小和位置也可以发生变化等等。不过，这样一来，虽然影片播放的效果会好很多，但是设计和制作的难度和复杂度也会相应增加许多，所以，要达到什么样的效果，还是要依据整个影片播放的实际需求来决定的。

7.5 任务3 按钮控制声音的播放、暂停和停止

7.5.1 任务描述

使用 Flash 设计和制作按钮来控制声音的播放、暂停和停止，声音播放时旁边的卷带一直沿着顺时针方向旋转，声音暂停或者停止播放时，卷带随之停止旋转。点击“暂停”按钮，声音停止播放，再点击“播放”按钮，声音继续播放，不会从头开始播放；点击“停止”按钮，声音停止播放，再点击“播放”按钮，声音不会继续播放，而是从头开始播放。

7.5.2 任务目标

1. 掌握卷带旋转运动的设计和制作。

2. 掌握控制按钮的设计和制作。

3. 掌握控制声音播放、暂停、停止的 Flash 脚本代码。

7.5.3 任务实施

1. 新建文档，设置其宽高大小为 300 像素 ×200 像素，其余选项默认（见图 7.49）。

2. 把相关素材导入库中（见图 7.50）。

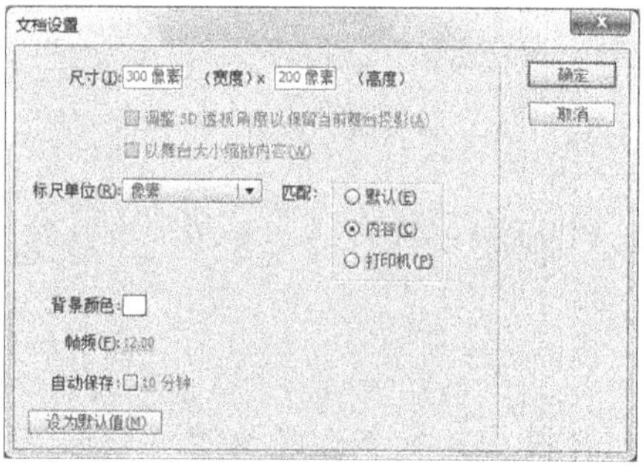

图 7.49

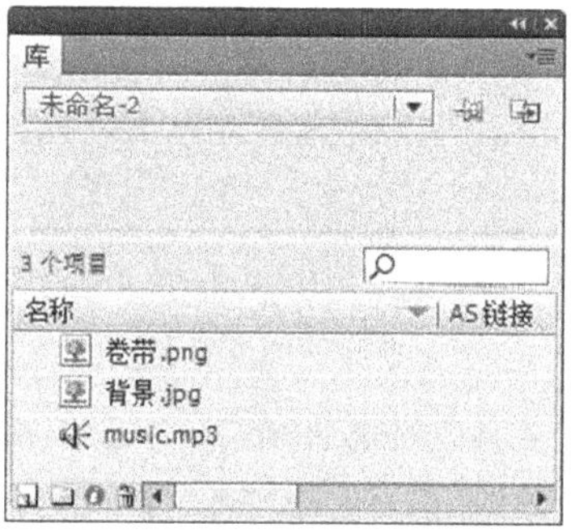

图 7.50

3. 相关元件的设计和制作。

（1）“卷带运动”影片剪辑元件的设计和制作。

①把导入库中的素材“卷带.png”转换为图形元件“卷带”。

②创建新元件，命名为“卷带运动”，类型为影片剪辑（见图 7.51）。

图7.51

③点击图7.51中的“确定”按钮，进入“卷带运动”影片剪辑元件的编辑场景。

④新建1个图层，这样就有两个图层了，进行命名，从上到下分别是［代码］和［卷带］。

⑤选中［卷带］图层的第1关键帧，用鼠标把库中的图形元件“卷带”拖放到场景中的任意位置；在第20帧位置插入关键帧；建立第1关键帧到第20关键帧的补间动画。把第1关键帧上的图形元件“卷带”设置为顺时针旋转（见图7.52）。

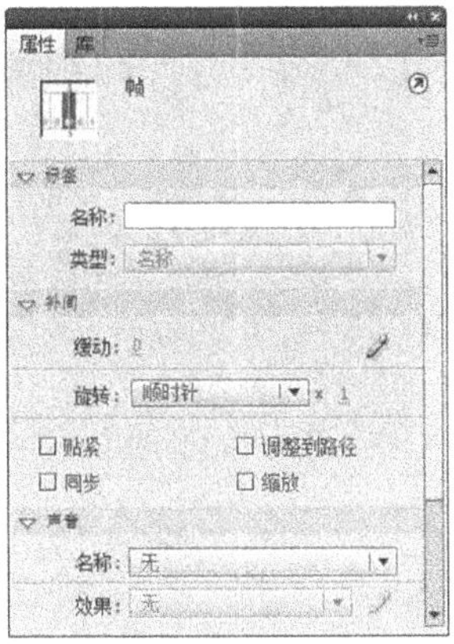

图7.52

⑥选中［代码］图层的第1空白关键帧，添加脚本代码“stop（）;”；在第20帧位置插入空白关键帧，添加脚本代码“gotoAndPlay（2）;”。

⑦此时的图层和时间线设置（见图7.53）。

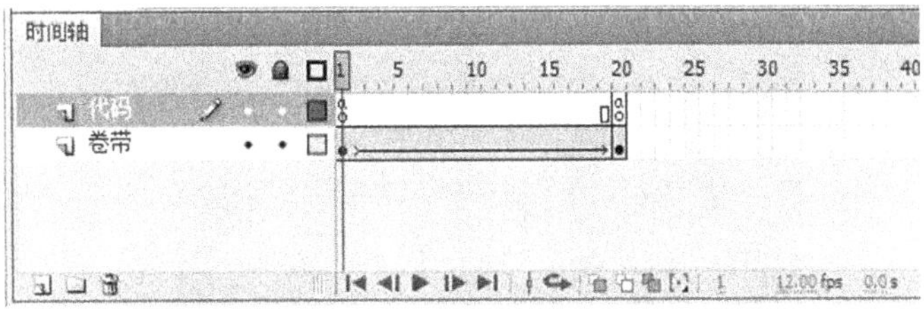

图7.53

4. 元件设计与制作完毕，回到主场景，进行合成。

（1）新建（插入）3个图层，这样就有4个图层了，从上到下分别是［卷带］、［按钮］、［声音］以及［背景］。

（2）选中［背景］图层的第1空白关键帧，用鼠标把库中的素材“背景.jpg”拖放到场景中，调整其大小和位置，使其与场景重合在一起（见图7.54）。在第1 261帧位置插入帧。

（3）选中［声音］图层的第 1 空白关键帧，在“属性”面板中选择声音文件“music. mp3”，此时在图层上可以看到声音的波形图。在第 1 261 帧位置插入帧。

（4）选中［按钮］图层的第 1 空白关键帧，将公用库中的 3 个按钮导入场景中，调整其大小和位置，分别用来控制声音的播放、暂停和停止（见图 7. 55）。给第 1 关键帧添加脚本代码（见图 7. 56）。在第 1 261 帧位置插入帧。

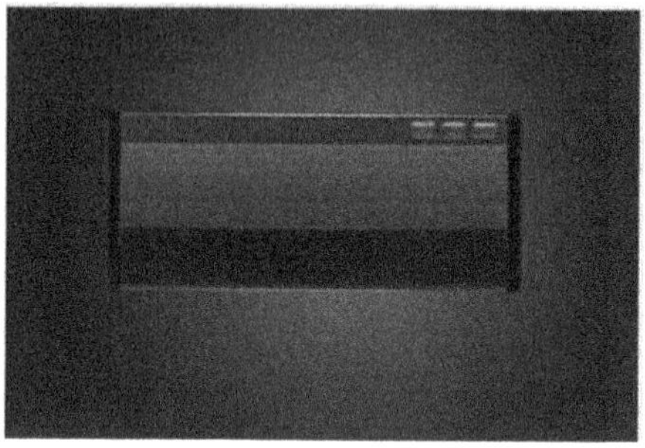

图 7. 54

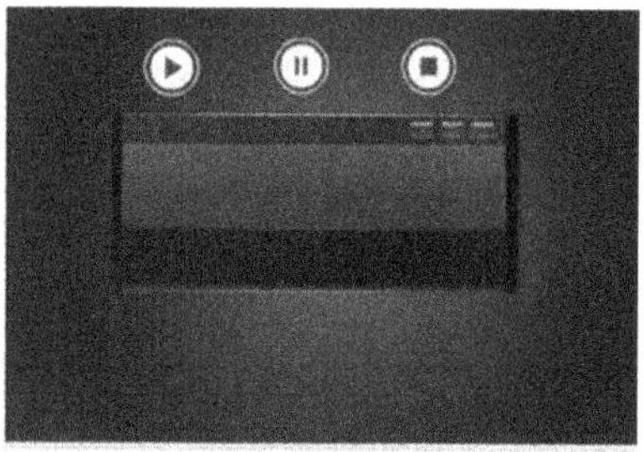

图 7. 55

```
stop();
song = new Sound();
_root.song.attachSound("mysong");
```

图 7. 56

（5）选中［卷带］图层的第 1 空白关键帧，用鼠标把库中的“卷带运动”影片剪辑元件拖放到场景中，在“属性”面板中将其命名为“dai”，调整其大小和位置（见图 7. 57）。在第 1 261 帧位置插入帧。

图 7. 57

（6）选择［按钮］图层中左边的按钮（播放按钮），添加脚本代码（见图 7. 58）。

(7) 选择［按钮］图层中的中间的按钮（暂停按钮），添加脚本代码（见图7.59）。

(8) 选择［按钮］图层中右边的按钮（停止按钮），添加脚本代码（见图7.60）。

```
on (release) {        //当释放鼠标时
    play();           //播放
    dai.gotoAndPlay(2);
}
```

图7.58

```
on (release) {
    stop();
    dai.gotoAndStop(1);
}
```

图7.59

```
on (release) {
    gotoAndStop(1);
    dai.gotoAndStop(1);
}
```

图7.60

(9) 最终的部分图层和时间线设置（见图7.61）。

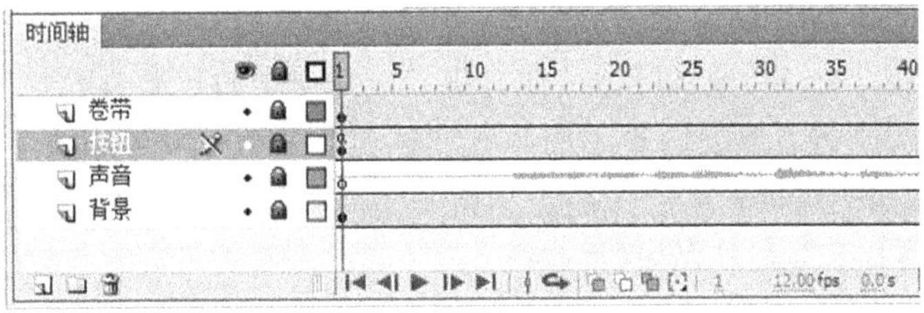

图7.61

5. 主场景合成完毕，进行整体调试，保存文件，导出影片，本任务顺利完成。

7.5.4　任务评价

本任务的设计和制作提供了一种利用按钮来控制声音播放、暂停、停止的方案，有一定的通用性和实际参考价值。

7.5.5　任务拓展

1. 声音播放时能否显示播放时长、曲目名称以及进度条等？
2. 能否选择播放的曲目？

项 目 8

Flash 按钮和导航栏特效的制作

8.1 项目情境

小张在观看 MTV 时经常遇到开始播放的按钮，在浏览网页时经常遇到导航按钮，在玩游戏时经常遇到开始按钮等等。他发现诸如此类的按钮和导航栏还经常出现在 MTV、游戏以及网页里面。其实这些具有强大交互功能的按钮和导航栏特效大多是采用 Flash 来制作的。小张于是萌生了使用 Flash 来制作具有强大交互功能的按钮和导航栏特效的想法。

8.2 项目分析

1. 熟悉 Flash 按钮的设计原则并掌握 Flash 按钮的制作方法。
2. 掌握 Flash 导航栏的制作方法。

8.3 任务1 动态按钮的设计和制作

8.3.1 任务描述

使用 Flash 设计和制作一组动态按钮，当鼠标移动到按钮上时，按钮上的文字“按钮”呈现动态的效果，同时出现一组动态光晕箭头从左向右循环运动。

8.3.2 任务目标

1. 能够熟练使用 Flash 创建按钮类型的元件。
2. 能够熟练使用 Flash 设计和制作较为简单的动态文字效果。
3. 能够熟练使用 Flash 中的工具绘制较为简单的矢量图形。
4. 能够熟练使用 Flash 遮罩技术设计较为简单的遮罩动画。

8.3.3 任务实施

1. 新建文档（见图 8.1）。
2. 把相关素材导入库中（见图 8.2）。

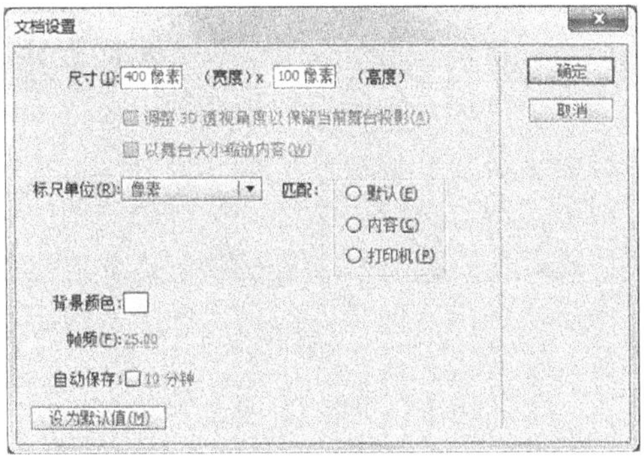

图 8.1

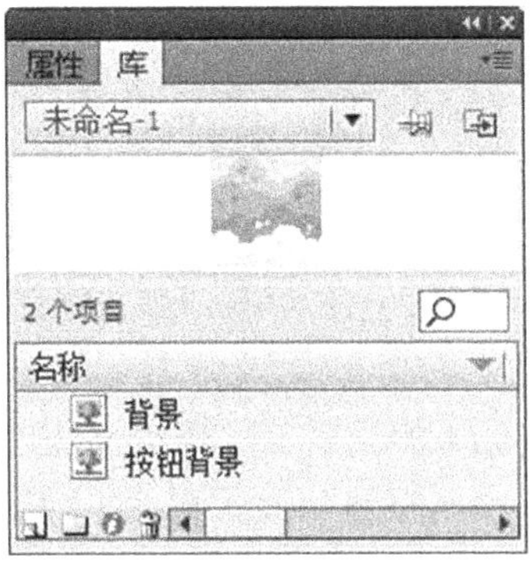

图 8.2

3. 相关元件的设计和制作。

（1）“文字”图形元件和“箭头”图形元件的设计和制作（见图 8.3 和图 8.4）。

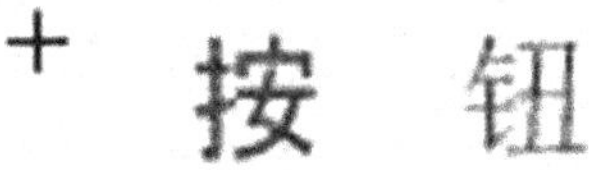

图 8.3

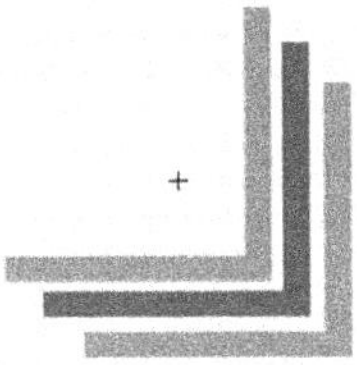

图 8.4

（2）“文字运动”影片剪辑元件的设计和制作。

①创建新元件，命名为“文字运动”，类型为影片剪辑（见图 8.5）。

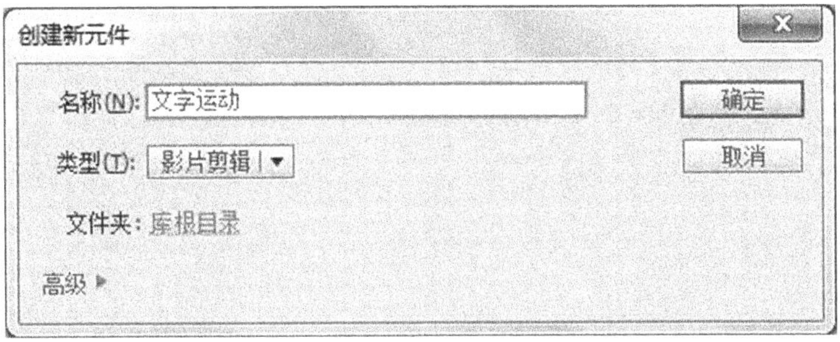

图 8.5

②点击图 8.5 中的“确定”按钮，进入影片剪辑元件的编辑场景。

③选中［图层 1］图层的第 1 关键帧，用鼠标把库中的“文字”图形元件拖

放到编辑场景的任意位置，在第15帧位置插入关键帧，在第30帧位置也插入关键帧。使用“任意变形工具”对第15帧上的文字“按钮”进行放大，对第30帧上的文字“按钮”进行缩小（要比第1关键帧上的文字小），创建第1帧到第30帧的补间动画，形成文字“按钮”放大和缩小的动画效果，此时的图层和时间线设置见图8.6。

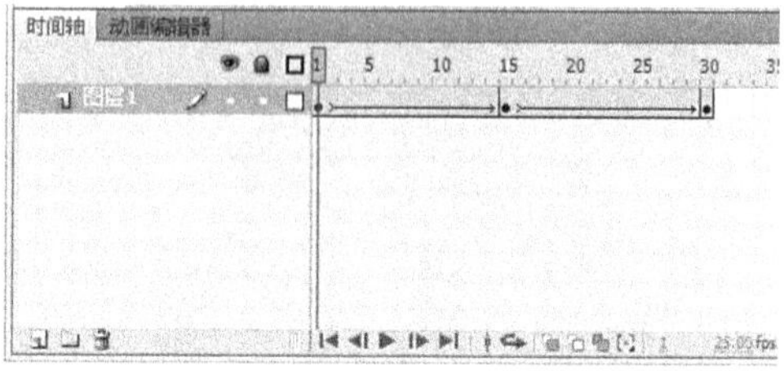

图8.6

（3）“箭头动画”影片剪辑元件的设计和制作。

①创建新元件，命名为“箭头动画”，类型为影片剪辑（见图8.7）。

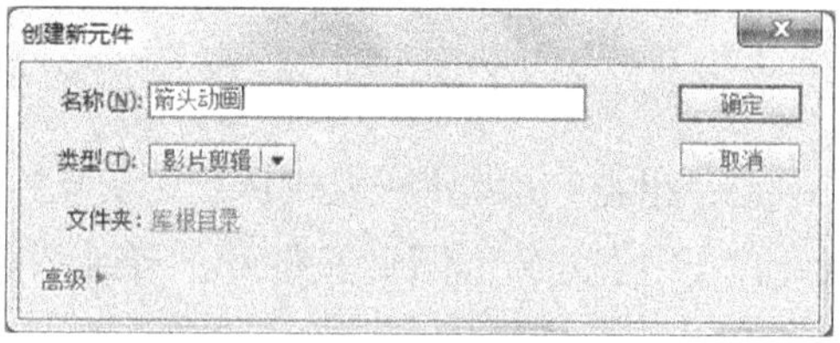

图8.7

②点击图8.7中的“确定”按钮，进入影片剪辑元件“箭头动画”的编辑场景。

③插入1个新的图层，这样就有两个图层了，进行命名，从上到下分别是[遮罩]和[箭头]。

④选中[箭头]图层的第1关键帧，用鼠标把库中的“箭头”图形元件拖放到编辑场景的任意位置，用“任意变形工具”调整其角度，使箭头方向水平向右，同时设置其Alpha值为20%；在第8帧插入关键帧，把“箭头”图形元件水平向右平移一小段距离；创建第1关键帧到第8关键帧的补间动画。在[遮罩]图层的第1关键帧位置用“椭圆工具”绘制一个大小合适的椭圆，调整好位置（见图8.8）；在第8帧位置插入帧，调整好位置（见图8.9）；最后把[遮罩]图层设置为“遮罩层”。此时的图层和时间线设置见图8.10。

图8.8

图8.9

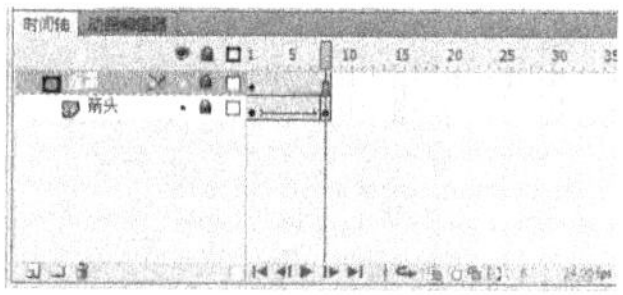

图8.10

（4）“按钮”按钮元件的设计和制作。

①创建新元件，命名为“按钮”，类型为按钮（见图8.11）。

②点击图8.11中的“确定”按钮，进入按钮元件“按钮”的编辑场景。

③插入两个新的图层，这样就有3个图层了，从上到下分别是[文字动画]、[箭头动画]以及[按钮背景]。

④在［按钮背景］图层的“弹起”状态对应帧位置（第 1 帧）绘制好一个用库中的“按钮背景”素材填充的椭圆，在“点击”状态对应帧位置（第 4 帧）插入帧。在［箭头动画］图层的“指针经过”状态对应帧位置（第 2 帧）插入关键帧并选中该帧，用鼠标把库中的“箭头动画”影片剪辑元件拖放到编辑场景，调整“箭头动画”影片剪辑元件中的椭圆的大小和位置或者［按钮背景］图层“弹起”状态对应帧位置上的椭圆的大小和位置，使这两个椭圆的大小一致并重合在一起，在“点击”状态对应帧位置（第 4 帧）插入帧。在［文字动画］图层的“弹起”状态对应帧位置（第 1 帧）插入关键帧并选中该帧，用鼠标把库中的“文字运动”影片剪辑元件拖放到编辑场景，将其位置调整到椭圆的中央位置，在“指针经过”状态对应帧位置（第 2 帧）插入关键帧，在“点击”状态对应帧位置（第 4 帧）插入帧。此时 3 个图层上“弹起”状态对应位置上的各元件的大小和位置见图 8. 12，“指针经过”状态对应位置上的各元件的大小和位置见图 8. 13。

图 8. 11

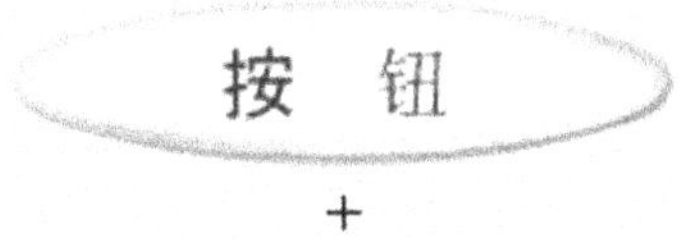

图 8. 12

⑤此时的图层和时间线设置（见图 8. 14）。

图 8. 13

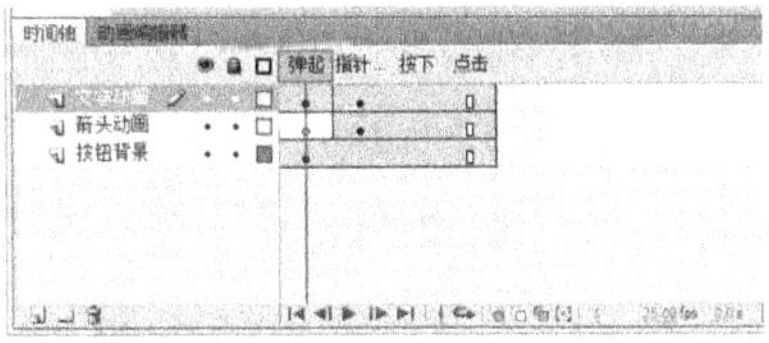

图 8. 14

4. 回到主场景，进行合成。

（1）插入 1 个新的图层，两个图层从上到下依次是［按钮］和［背景］。

（2）用鼠标把库中的“背景”素材拖放到［背景］图层的第 1 关键帧位置，调整其大小和位置，使其与场景重合在一起。

（3）用鼠标把库中的“按钮”按钮元件拖放到［按钮］图层的第 1 关键帧位置，调整其大小和位置（见图 8. 15）。

（4）此时的素材库（见图 8. 16）。

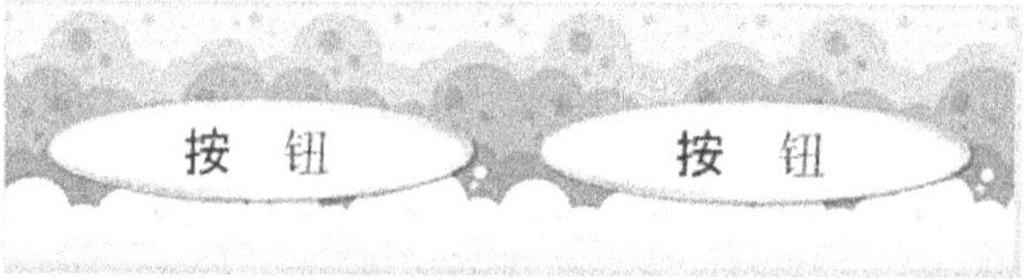

图 8. 15

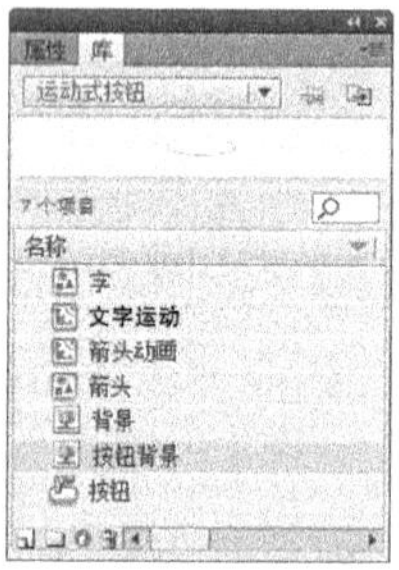

图 8. 16

（5）最终的图层和时间线设置（见图 8. 17）。

（6）影片的启动主画面（见图 8. 18）。

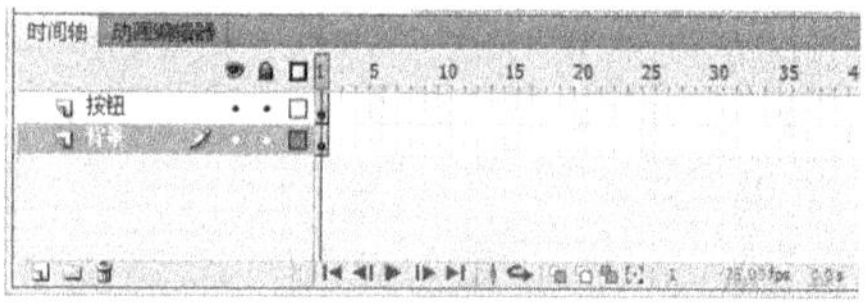

图 8. 17

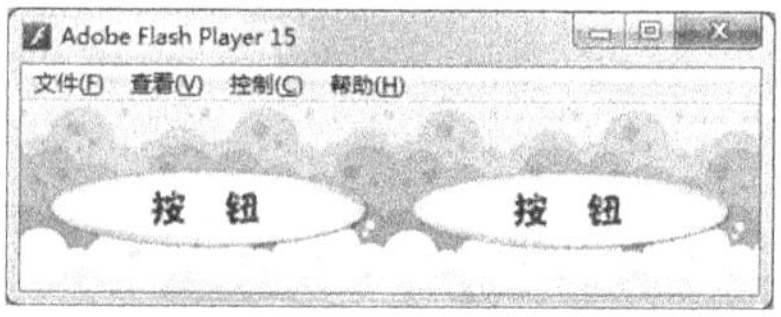

图 8. 18

5. 进行整体调试，保存文件，导出影片，本任务完成。

8. 3. 4　任务评价

本任务的实施为如何使用 Flash 设计和制作动态特效按钮提供了一个简单有效的思路，有一定的参考作用和推广价值。

8. 3. 5　任务拓展

本任务中的文字动态特效和箭头动态特效是使用了简单的补间动画和遮罩动画来实现的，除了此方法，还有哪些更加简单有效的解决方案呢?

8. 4　任务 2　导航条按钮的设计和制作

8. 4. 1　任务描述

使用 Flash 设计和制作一个具有导航功能的按钮特效。用鼠标左键单击“导航条”按钮，会弹出 3 个下拉菜单按钮；再用鼠标左键单击该按钮，下拉菜单按钮缩回消失。

8. 4. 2　任务目标

1. 能够熟练使用 Flash 创建按钮类型的元件。
2. 能够熟练使用 Flash 工具箱中的工具绘制较为简单的矢量图形。
3. 熟练掌握在关键帧上如何添加脚本代码。

4. 熟练掌握在按钮元件上如何添加脚本代码。

8.4.3　任务实施

1. 设置文档宽高大小为 300 像素 ×300 像素，背景颜色为灰色，其余选项默认（见图 8.19）。

2. 按钮元件的创建。

（1）创建新元件，命名为“按钮”，类型为按钮（见图 8.20）。

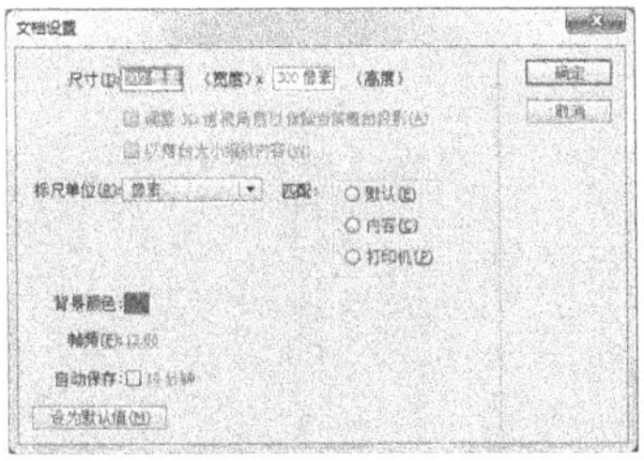

图 8.19

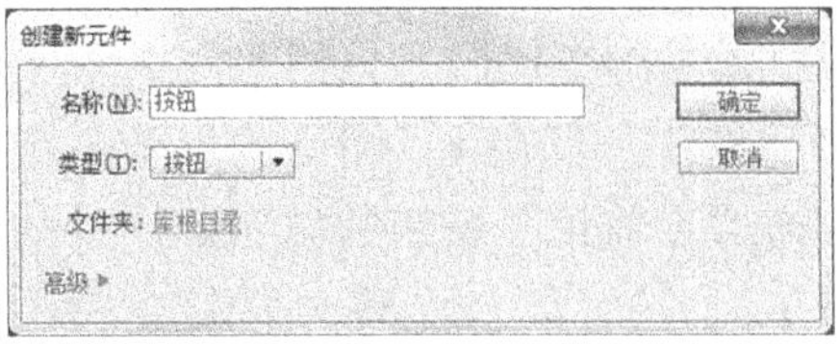

图 8.20

（2）点击图 8.20 中的“确定”按钮，进入“按钮”按钮元件的编辑场景。

（3）在［图层 1］图层的“弹起”状态对应的帧位置（第 1 帧）用“矩形工具”绘制一个无边框的矩形，宽高大小设置为 180 像素 ×60 像素，填充色设置为棕黄色（见图 8.21）。在“指针经过”状态对应的帧位置（第 2 帧）插入关键帧，填充色设置为浅黄色（见图 8.22）。在“按下”状态对应的帧位置（第 3 帧）插入关键帧，填充色设置为红色（见图 8.23）。

图 8.21

图 8.22

图 8.23

3. 回到主场景，进行合成。

（1）选中［图层 1］图层的第 1 关键帧，用鼠标把库中的“按钮”按钮元件拖放到场景中的中上位置，用“文字工具”输入静态文本“导航条”，字体为宋体，字号为 20，字体颜色为黄色（见图 8.24）。

（2）在第 2 帧位置插入关键帧，在“导航条”按钮下面连续 3 次从库中用鼠标拉入“按钮”按钮元件，在垂直方向上无缝拼接在一起，使用“文字工具”分别输入静态文本“政治新闻”、“经济报道”以及“文化快递”。把“导航条”文本颜色设置为绿色，字体和字号不变；把文本“政治新闻”、“经济报道”以及“文化快递”的字体设置为黑体，字号为30，字体颜色为黄色（见图8.25）。

（3）选中［图层1］图层的第1关键帧，按键盘上的F9功能键，添加脚本代码“stop（）;”；同样，选中第2关键帧，按键盘上的F9功能键，添加脚本代码“stop（）;”。

（4）选中［图层1］图层的第1关键帧，用鼠标左键点击“导航条”按钮的填充矩形（注意不要点击选中文字），按键盘上的F9功能键，进入脚本动作添加窗口，添加脚本代码（见图8.26）。

（5）选中［图层1］图层的第2关键帧，用鼠标左键点击“导航条”按钮的填充矩形（注意不要点击选中文字），按键盘上的F9功能键，进入脚本动作添加窗口，添加脚本代码（见图8.27）。

图8.24

图8.25

```
on (release) {
    gotoAndPlay(2);
}
```

图8.26

```
on (release) {
    gotoAndPlay(1);
}
```

图8.27

（6）最终的图层和时间线设置（见图8.28）。

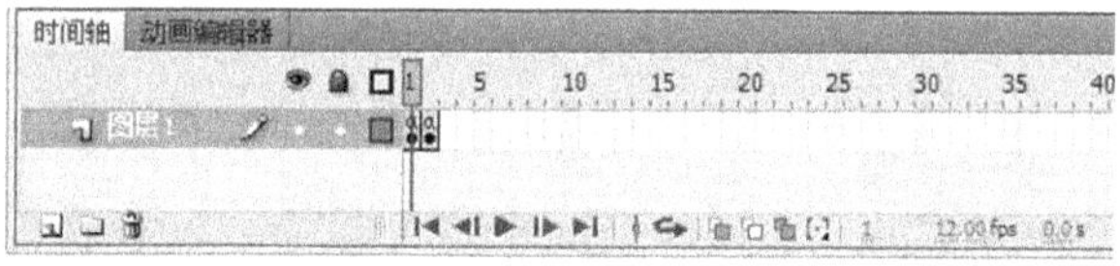

图8.28

（7）最终导出影片的画面（见图8.29、图8.30）。

图8.29

图8.30

4. 进行整体调试，保存文件，导出影片，本任务完成。

8.4.4　任务评价

本任务设计和制作具有展开和隐藏功能的导航菜单按钮，是通过在帧上添加脚本代码和在按钮元件上添加脚本代码来共同完成的，达到了较好的特效设计效果。

8.4.5　任务拓展

1. 为什么要在第 1、第 2 关键帧上添加脚本代码“stop ( ) ;”? 作用是什么?

2. 为什么要在按钮元件上添加脚本代码“stop ( ) ;”? 作用是什么?

8.5　任务 3　图片式导航栏的设计与制作

8.5.1　任务描述

使用 Flash 设计和制作利用动物图片缩略图做成的按钮对相应动物进行介绍的图片式导航栏。

8.5.2　任务目标

1. 能够熟练使用 Flash 创建图形元件和按钮元件。

2. 能够对按钮元件所对应的 4 个状态的设置进行熟练的操作。

3. 能够熟练使用 Flash 中的脚本代码对帧和按钮元件进行控制，达到灵活应用和举一反三的效果。

8.5.3　任务实施

1. 设置文档宽高大小为 800 像素 ×600 像素，背景颜色为白色，其余选项默认（见图 8.31）。

2. 导入素材（见图 8.32）。

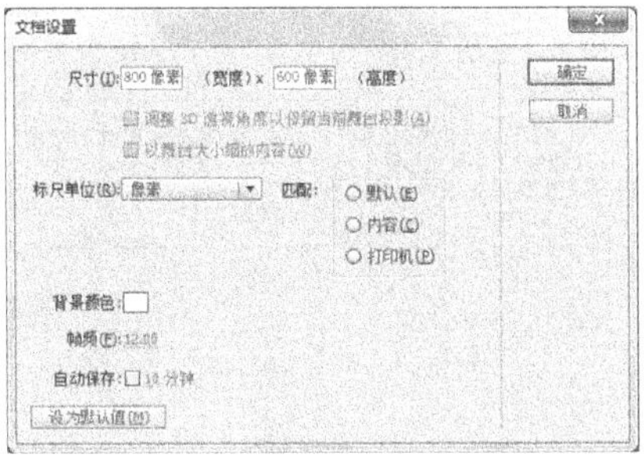

图 8.31

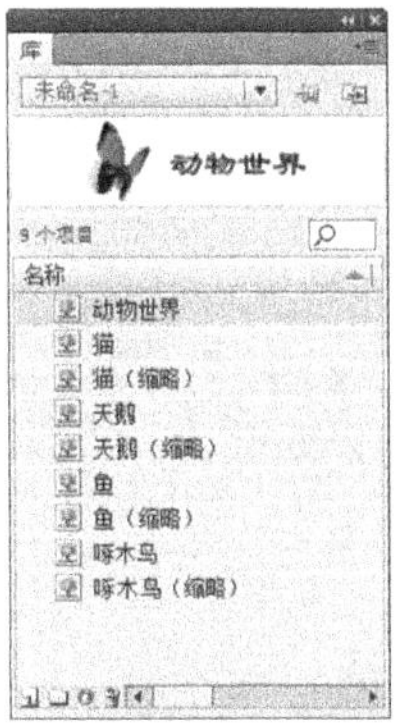

图 8.32

3. 动物文字介绍图形元件的设计与制作。

（1）啄木鸟文字介绍。

①创建新元件，命名为“啄木鸟文字介绍”，类型为图形（见图 8.33）。

②点击图 8.33 中的“确定”按钮，进入图形元件“啄木鸟文字介绍”的编辑场景。

③在编辑场景中使用“文字工具”输入静态文本（见图 8.34）。

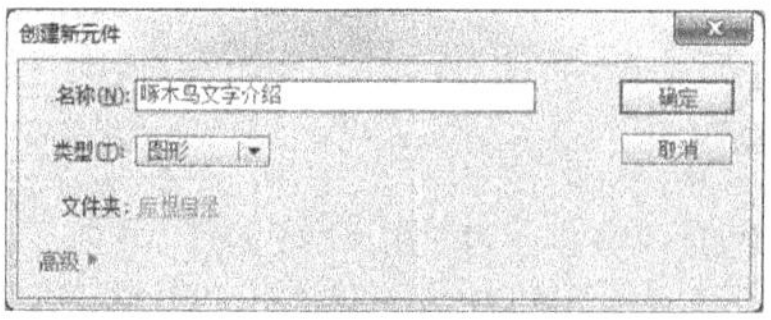

图 8.33

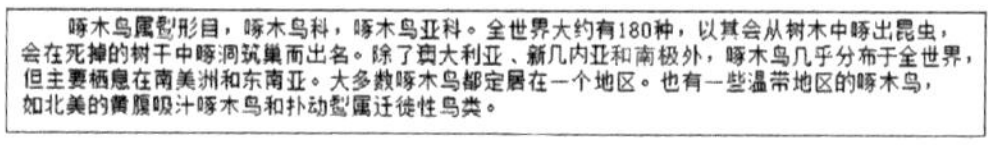

图 8.34

（2）猫文字介绍。

①创建新元件，命名为“猫文字介绍”，类型为图形（见图 8.35）。

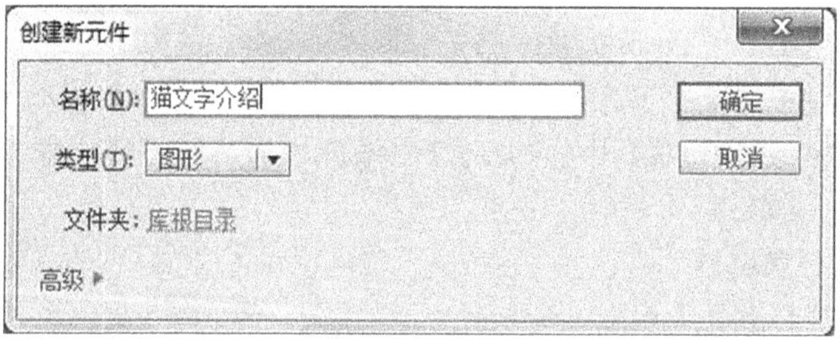

图 8.35

②点击图 8.35 中的“确定”按钮，进入图形元件“猫文字介绍”的编辑场景。

③在编辑场景中使用“文字工具”输入静态文本（见图 8.36）。

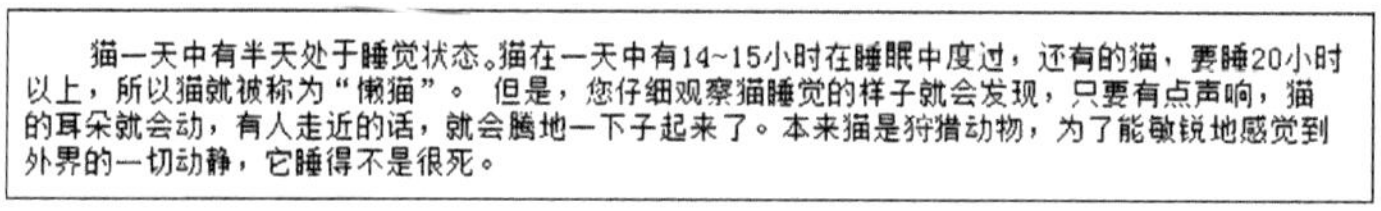

图 8.36

（3）天鹅文字介绍。

①创建新元件，命名为“天鹅文字介绍”，类型为图形（见图 8.37）。

②点击图 8.37 中的“确定”按钮，进入图形元件“天鹅文字介绍”的编辑场景。

③在编辑场景中使用“文字工具”输入静态文本（见图 8.38）。

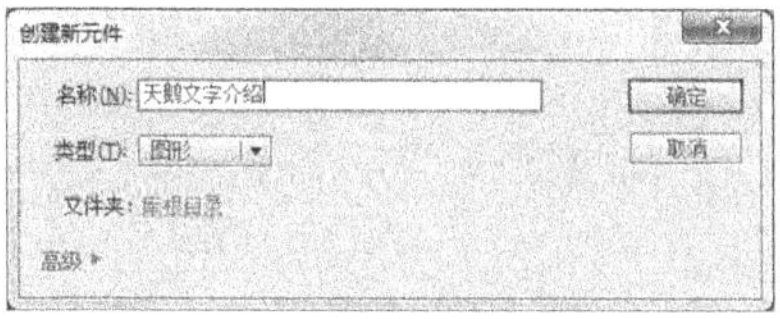

图 8.37

在我国一千多种鸟类中，雌雄间结成终身伴侣的只有天鹅，它们不仅在繁殖期成双成对，相互恩爱非常，就是在其他时间也一起觅食、休息、戏水，甚至在迁徙途中也前后照应从不分离。一旦有一只不幸死去，另一只宁肯单独生活一辈子，也不再另选佳偶，真称得上是忠贞伴侣。天鹅一向是人们珍重和爱戴的鸟类，它那洁白的身躯给人以圣洁文雅之感，它那悠然自得、从容不迫的飞翔姿态显得那样高贵。

图 8.38

④此时的图层和时间线设置（见图 8.39）。

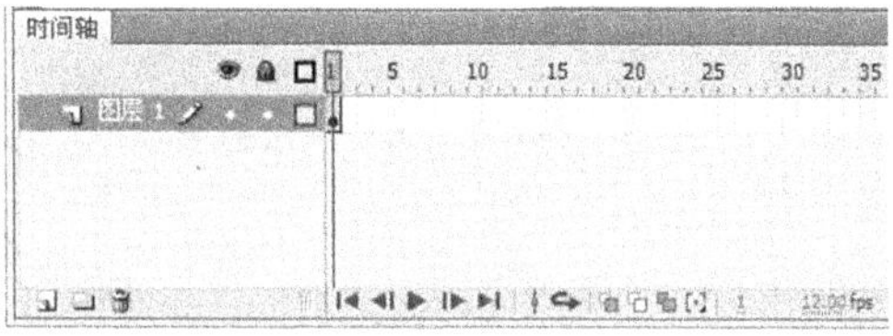

图 8.39

（4）鱼文字介绍。

①创建新元件，命名为“鱼文字介绍”，类型为图形（见图 8.40）。

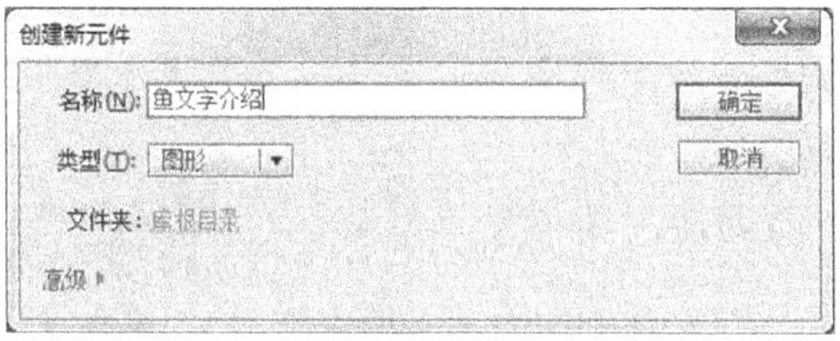

图 8.40

②点击图 8.40 中的“确定”按钮，进入图形元件“鱼文字介绍”的编辑场景。

③在编辑场景中使用“文字工具”输入静态文本（见图 8.41）。

鱼在水下四处游动，其主要目的就是觅食，因为这是它们赖以生存的唯一手段。鱼又是变温动物，它的体温随着水温变化而变化，所以说不同季节的水温变化都很大程度上限制了鱼的活动范围。

鱼在不同季节有不同的活动范围，就是在一天里它的活动地点也在不时变更，这里面有食物、水温变化带来的影响，同时人为干扰也不容忽视。

图 8.41

4. 图片按钮的设计与制作。

下面详述啄木鸟图片按钮的设计与制作，其他 3 个图片按钮的设计与制作方法与啄木鸟图片按钮的大致相似，在此就不再赘述了。

（1）把库中的“啄木鸟（缩略）”图形转换为图形元件“啄木鸟（缩略）1”。

（2）创建新元件，命名为“啄木鸟图形按钮”，类型为按钮（见图8.42）。

图 8.42

（3）点击图 8.42 中的“确定”按钮，进入按钮元件“啄木鸟图形按钮”的编辑场景。

（4）在［图层 1］图层的“弹起”状态所对应的帧位置（第 1 帧）用鼠标把库中的图形元件“啄木鸟（缩略）1”拖放到场景的任意位置；在“指针经过”状态所对应的帧位置（第 2 帧）插入关键帧，把图形元件的 Alpha 值设置为 40%；在“按下”状态所对应的帧位置（第 3 帧）插入关键帧，把图形元件的 Alpha 值设置为 100%；在“点击”状态所对应的帧位置（第 4 帧）插入关键帧，把图形元件的 Alpha 值设置为 100%。

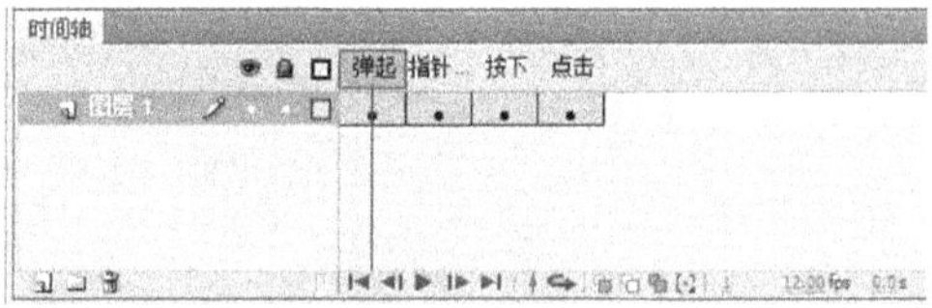

图 8.43

（5）此时的图层和时间线设置（见图 8.43）。

5. 相关元件制作完毕，回到主场景，进行合成。

（1）插入一个新的图层，这样就有两个图层了，从上到下分别是［AS］和［按钮］。

（2）选中［按钮］图层的第 1 关键帧，用鼠标把库中的 4 个按钮元件拖放到场景中，从上到下分别是“啄木鸟图形按钮”、“猫图形按钮”、“天鹅图形按钮”以及“鱼图形按钮”，调整好它们的位置（大小应该相同），把“动物世界”图形也拖放到场景中并调整好其位置，同时把库中的“啄木鸟”图形和“啄木鸟文字介绍”图形元件用鼠标拖放到场景中，调整好它们的位置（见图 8.44）。

图 8.44

图 8.45

（3）在［按钮］图层的第 2 帧位置插入关键帧，删除场景中的“啄木鸟”图形及其文字介绍，其余保持原样，用鼠标拖入库中的“猫”图形以及“猫文字介绍”图形元件，调整好它们的位置（见图 8.45）。

（4）在［按钮］图层的第 3 帧位置插入关键帧，删除场景中的“猫”图形及其文字介绍，其余保持原样，用鼠标拖入库中的“天鹅”图形以及“天鹅文字介绍”图形元件，调整好它们的位置（见图 8.46）。

（5）在［按钮］图层的第 4 帧位置插入关键帧，删除场景中的“天鹅”图形及其文字介绍，其余保持原样，用鼠标拖入库中的“鱼”图形以及“鱼文字介绍”图形元件，调整好它们的位置（见图 8.47）。

图 8.46

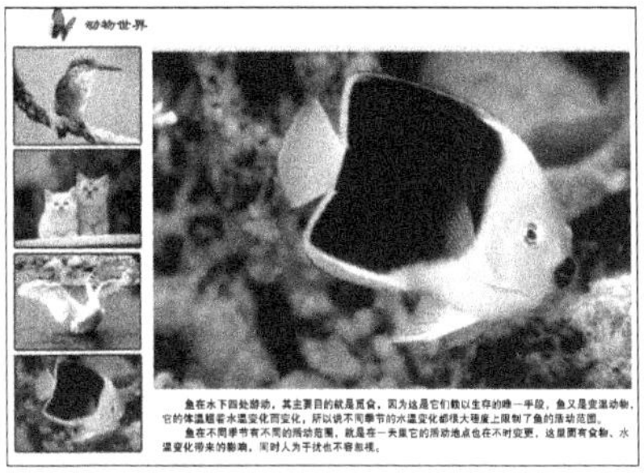

图 8.47

（6）在［AS］图层的第 1 空白关键帧位置添加脚本代码“stop（）;”，在第 4 帧位置插入帧。

（7）此时的图层和时间线设置（见图 8.48）。

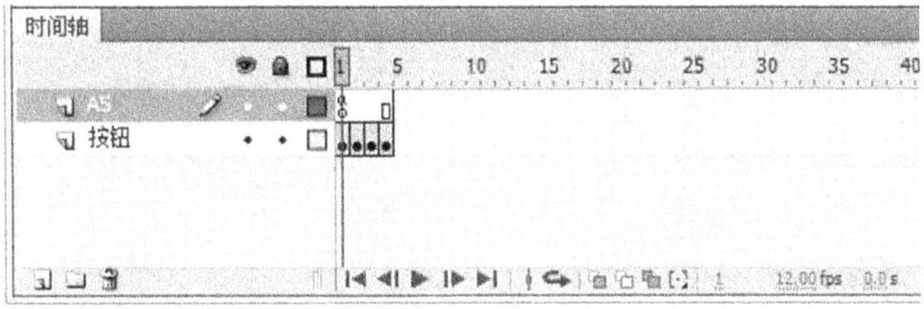

图 8.48

（8）接下来就是给［按钮］图层的 4 个关键帧上的 4 个图形按钮分别添加脚本代码。

①选中第 1 关键帧，点击场景中的“啄木鸟图形按钮”，按键盘上的功能键 F9 键，进入脚本动作添加窗口，添加脚本代码（见图 8.49）；点击场景中的“猫图形按钮”，添加脚本代码（见图 8.50）；点击场景中的“天鹅图形按钮”，添加脚本代码（见图 8.51）；点击场景中的“鱼图形按钮”，添加脚本代码（见

图 8.52）。

```
on (release) {
gotoAndStop(1);
}
```

图 8.49

```
on (release) {
gotoAndStop(2);
}
```

图 8.50

```
on (release) {
gotoAndStop(3);
}
```

图 8.51

```
on (release) {
gotoAndStop(4);
}
```

图 8.52

②同样为第 2、3、4 关键帧位置上的 4 个图形按钮添加相同的脚本代码，也就是说，为不同关键帧位置上的同一图形按钮添加相同的脚本代码。

（9）作品的最终效果（见图 8.53）。

图 8.53

6. 进行整体调试，保存文件，导出影片，本任务完成。

8.5.4 任务评价

通过练习本任务的设计和制作，仔细体会以上的详细制作过程，可以掌握图片式导航栏的设计和制作方法。此解决方法具有一定的通用性，在设计介绍性网页方面有较大的借鉴作用和比较实际的参考价值。

8.5.5 任务拓展

1. ［AS］图层中的第 1 关键帧上为什么要添加脚本代码“stop（）;”？作用是什么？如果不添加该代码，又会出现什么情况？

2. 在设计图形按钮时为什么要使用动物图形元件来制作？直接使用动物图形缩略图可以吗？

3. 为什么要不厌其烦地为［按钮］图层的 4 个关键帧上的图形按钮分别添加相同的脚本代码？如果只是在第 1 关键帧上添加结果又如何？

项 目 9

Flash 动感音乐电子相册的制作

9.1 项目情境

小张喜欢外出旅游摄影，是一个不折不扣的“驴友”。几年下来，他手上积累了海量的照片，现在想把其中的一部分精彩照片以 MTV 作品的形式分享给自己的好友和同学，上传到自己的个人网站和 QQ 空间，供大家浏览和分享，从而通过互联网实现精彩资源的共享。

9.2 项目分析

1. 此项目的最终目的是将小张的照片做成 MTV 作品，通过网络实现共享，采用 Flash 作为制作工具。只有熟练掌握 Flash 中的各种基本操作技术，方能顺利完成本项目的制作。

2. 要求熟练使用 Photoshop 等图形图像处理软件对照片进行编辑，比如把照片剪裁成统一大小尺寸等。

9.3 任务 制作动物电子相册

9.3.1 任务描述

本任务要把小张照片库中的一些动物照片制作成照片 MTV，MTV 播放时，在按钮的控制下，伴随着各种音乐以及文字说明，一张张可爱的动物照片缓缓地显示出来。

9.3.2 任务目标

1. 能够在 Photoshop 中制作图像特效。
2. 能够掌握相册背景框架图形的制作方法。
3. 能够在 Flash 中导入文字、图像和声音。
4. 能够掌握 Flash 动作补间动画的应用。
5. 能够掌握按钮的制作和按钮声效、背景音乐的添加。
6. 能够通过按钮动作和帧动作实现音乐电子相册的交互性。

9.3.3 任务实施

1. 本任务中抽取了 10 张照片，使用 Photoshop 裁剪图像并优化导出，下面以一张照片为例，其他照片的处理方法相同。

（1）在 Photoshop 中打开照片“dw01. jpg”。

（2）更改图像大小：选择“图像”→“图像大小”，设置“像素大小”中的宽度为 350 像素，高度为 260 像素，其他参数不变。

（3）优化并输出图像：执行“文件”→“存储为 Web 所用格式”命令，将图像存储为“dw1. gif”。

温馨提示：

本次处理选择 GIF 格式，GIF 格式支持的颜色最高为 256 色，该图像格式的文件较小，并且可以输出透明背景的图片。

此外，还有一种常用的图像格式：JPEG，这种格式最大的特点是文件比较小，压缩质量可以选择，当压缩质量较低时会损失一些图像细节。

在压缩优化图像时，如果图像的颜色较少、较单一，一般采用 GIF 格式，这样图像的大小比压缩成 JPEG 的图像小得多，而且图像质量也优于 JPEG 格式；相反，如果图像的色彩比较丰富，那么一般采用 JPEG 格式。

2. 在 Photoshop 中制作特效字。

为了突出相册的效果，把相册的标题“人类的朋友——可爱的动物”制作成特效字。

（1）启动 Photoshop，执行“文件”→“新建”命令，设置图像尺寸为 290 像素 ×36 像素，背景为透明。

（2）选择工具箱中的“文本工具”，输入文本。设置字号大小为 20，选择一种合适的字体，本相册使用的是文鼎水晶体，输入相册标题“人类的朋友——可爱的动物”。

（3）执行“窗口”→“样式”命令，选择一种样式应用到文字上。

（4）将特效字优化并输出，存储文件名为“特效文字 . gif”。

3. 将外部素材导入 Flash 库中。

（1）新建 Flash 文档，将舞台尺寸宽高大小设置为 550 像素 ×420 像素，背景色为浅灰色（见图 9. 1）。

（2）将用 Photoshop 处理后的动物图像文件“dw1. gif”至“dw10. gif”导入 Flash 库中。

（3）用同样的方法将用 Photoshop 制作好的特效图像文件也导入 Flash 中。

（4）将外部声音素材文件导入 Flash 库中，在库中可以浏览到（见图 9. 2）。

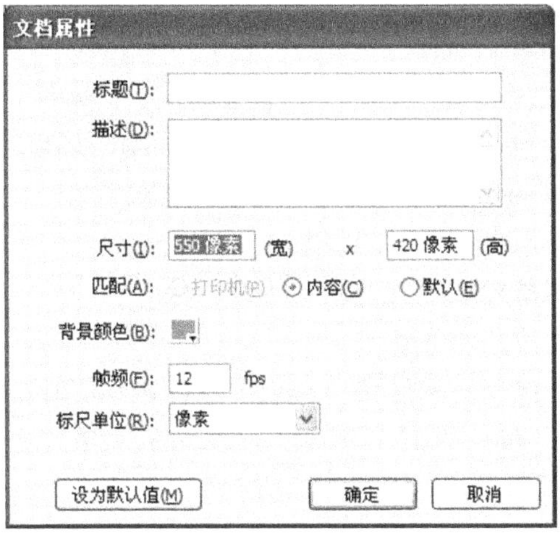

图 9.1

图 9.2

4. 相册框架背景的制作（见图 9.3）。

图 9.3

温馨提示：

（1）在相册背景上增添绿色树叶，能够增强相册的艺术表现效果。

（2）将图像文件“叶子.gif”导入 Flash 中，执行“修改”→“分离”命令，将叶子图像打散。选择“箭头工具”，在场景的空白处单击一下，取消“叶子”图像的选中状态。选择“套索工具”，用“魔术棒”（阈值为 1，平滑方式为像素）单击“叶子”图形的白色背景，按 Delete 键，将背景删除。使用“任意变形工具”调整“叶子”图形的大小，并把它放在合适的位置。

5. 制作相册中的交互控制按钮元件。

按钮元件简介：

按钮元件是元件的一种，它具有多种状态，并且会响应鼠标事件，执行指定的动作，是实现交互性相册的关键对象。按钮元件有特殊的编辑环境，通过在 4 个不同状态的帧时间轴上创建关键帧，可以指定不同的按钮状态。

“弹起”帧：表示鼠标指针不在按钮时的状态。

“指针经过”帧：表示鼠标指针在按钮上时的状态。

“按下”帧：表示鼠标单击按钮时的状态。

“点击”帧：定义对鼠标作出反应的区域，这个反应区域在影片播放时是看不到的。也可以不定义“点击”帧，这时“弹起”状态下的对象就会作为鼠标的响应区。

（1）制作课件中的按钮：“插入”→“新建元件”，新建命名为“next”的按钮元件（见图 9.4）。

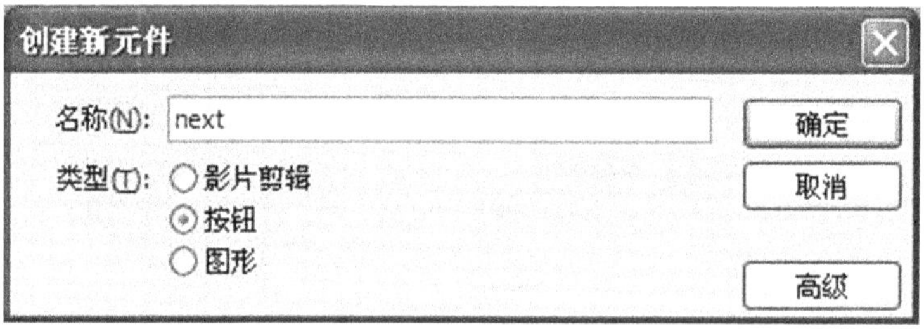

图 9.4

（2）创建指针经过按钮时的声效：新建一个图层，将这个图层重新命名为“声音图层”。选择该图层中的第 2 帧（“指针经过”帧），插入一个空白关键帧，选择该空白关键帧，在“属性”面板中选择名为“down. wav”的声音文件。选择［声音图层］图层的第 3 帧（“按下”帧），插入一个空白关键帧（见图 9.5）。

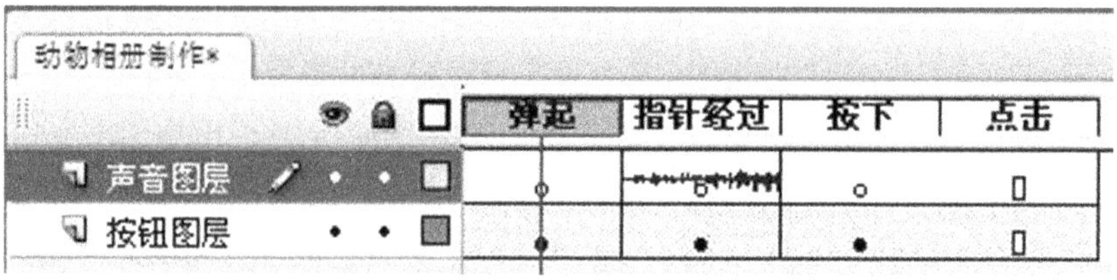

图 9.5

（3）按照上面的步骤，再创建一个名为“prev”的按钮元件。

6. 制作照片的动态显示效果和说明文字的飞入效果。

（1）把导入库中的照片素材“dw1”转换为图形元件，命名为“dw01”。将照片转换为图形元件主要是为了方便定义运动动画效果。

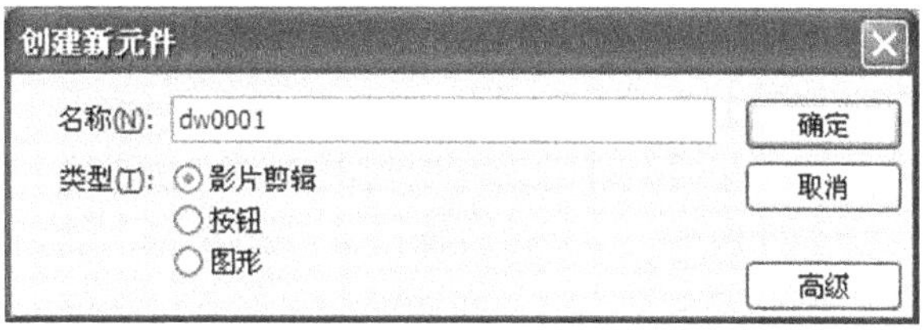

图 9.6

（2）创建新元件，命名为“dw0001”，类型为影片剪辑（见图 9.6）。

（3）点击图 9.6 中的“确定”按钮，进入影片剪辑元件“dw0001”的编辑场景。

（4）将［图层 1］图层重新命名为“dw01”，选中第 1 帧，把库中的图形元件“dw01”拖放到影片编辑场景的适当位置；选中第 20 帧，插入一个关键帧。选中第 1 帧上的“dw01”图形元件，执行“窗口”→“变形”命令，设置变形百分比为 20%，Alpha 值设置为 10%。创建第 1 帧到第 20 帧之间的补间动画，选中第 1 帧，设置“旋转”为顺时针 1 次。在第 26 帧插入一个帧。

（5）插入一个新图层，重新命名为“文字 1”，在第 21 帧插入一个空白关键帧。用工具箱中的“文字工具”在场景中输入有关动物的说明文字，并将文本对象转换为图形元件。

（6）选中［文字 1］图层的第 26 帧，插入一个关键帧；选中第 21 帧上的文本图形元件，将文本向右水平移动到舞台外部；创建第 21 帧到第 26 帧之间的补间动画。

（7）再插入一个新图层，并重新命名为“声音”。在这个图层中的第 19 帧插入一个空白关键帧，选中第 19 帧，选择声音文件“sound1”。

（8）在［文字 1］图层的第 26 帧添加脚本代码“stop ( );”。

（9）“dw0001”影片剪辑元件制作完毕（见图 9.7）。

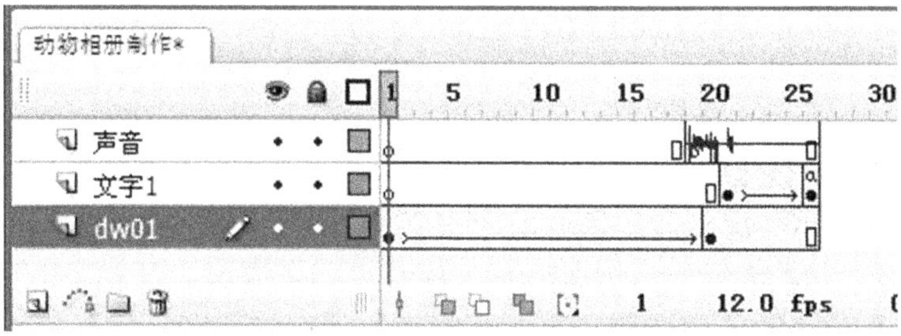

图 9.7

（10）依此类推，进行相同操作，依次得到影片剪辑“dw0002”至

“dw0010”。

7. 制作相册简介影片剪辑。

浏览相册简介时，有滚动的说明文字和循环播放的背景音乐。

主界面的文字：“动物是人类最亲密的朋友，可随着生态环境的不断破坏，动物变得无家可归，一些珍稀动物甚至濒临绝种！我们要行动起来，保护生态环境、保护动物。我们永远不要忘记，地球是人类和动物共同的家园！”

（1）执行“插入”→“新建元件”命令，新建一个名为“主界面效果设计”的影片剪辑元件。

（2）影片剪辑元件共有 4 个图层，在最下边的［背景］图层放 10 幅动物照片的缩小图。

（3）中间两个图层通过遮罩动画来定义文字滚动的效果。其中［文字］图层的第 1 帧到第 65 帧为文字移动的补间动画，从下往上移；第 100 帧到第 135 帧为文字的淡出效果，为透明度的补间动画。在［遮罩文字］图层画一个矩形作遮罩处理。

（4）上面的［声音］图层，放置的是外部导入的名为“背景音乐”的声音素材。

（5）在［action］图层的第 135 帧添加脚本代码“stop（）;”。

（6）最终的部分图层和时间线设置（见图 9.8）。

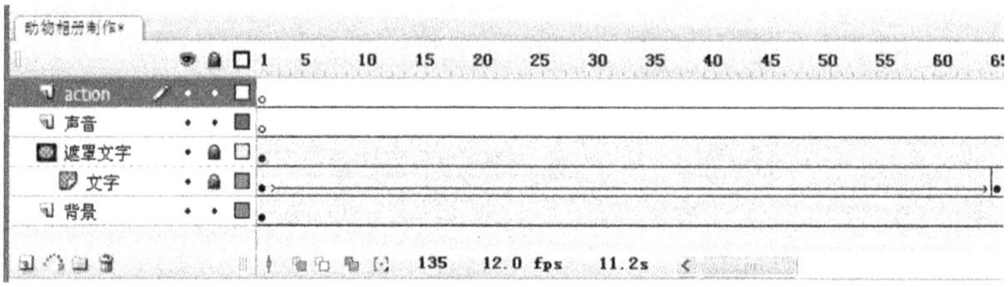

图 9.8

8. 布局场景和创建交互控制。

（1）回到主场景，创建 4 个图层，进行命名，从下到上依次是［相册背景］、［控制按钮］、［影片元件］、［控制代码］。

（2）在［控制代码］图层的第 1 帧至第 11 帧生成空白关键帧，在每个关键帧上均添加脚本代码“stop（）;”。

（3）在［影片元件］图层连续插入 10 个空白关键帧，这里的第 1 帧至第 11 帧都是空白关键帧。在第 1 帧放置“主界面效果设计”的影片剪辑，在第 2 帧至第 11 帧连续放置 10 个影片剪辑元件“dw0001”至“dw0010”并调整好每个元件的位置。

（4）在［控制按钮］图层放置控制按钮元件“next”和“prev”，调整好位置，在图层的第 11 帧位置插入一个帧。

（5）在［相册背景］图层的第 1 帧放置“背景”图形元件，调整好位置，在图层的第 11 帧位置插入一个帧。

（6）对［控制按钮］图层中的交互控制按钮“next”和“prev”进行动作设置，按钮元件“next”的脚本代码为“on (release) {nextFrame ( );}”，按钮元件“prev”的脚本代码为“on (release) {prevFrame ( );}”。

（7）相册的设计基本完成，总体的图层和时间线设置见图 9. 9。

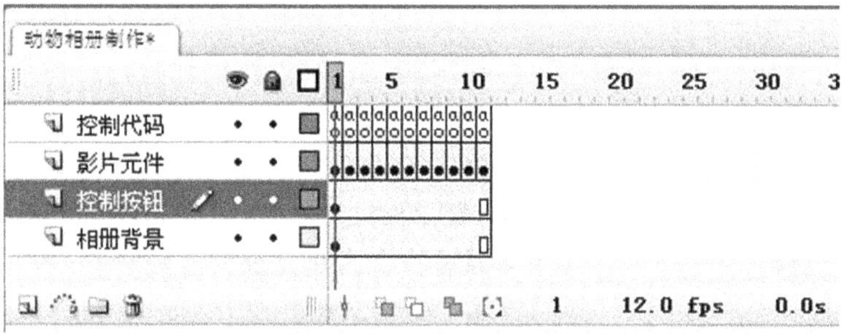

图 9. 9

（8）电子相册启动的主界面（见图 9. 10）。

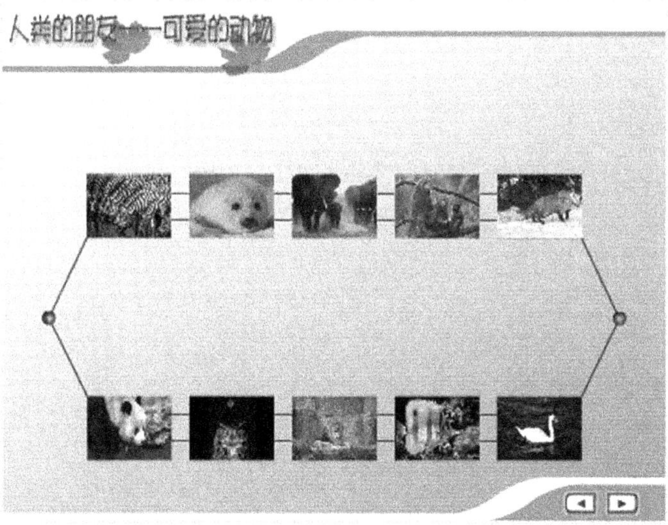

图 9. 10

9. 保存并测试动画，导出，形成影片。

9.3.4 任务评价

本任务设计和制作了一个具有交互控制功能的动态音乐相册，涉及 Flash 中图层和时间线上的帧的基本操作、元件的创建、脚本代码的应用等技术。通过不断演练，可以设计和制作出相类似的动画作品，从而有利于使用 Flash 等制作工具开发出更高质量的动画作品。

9.3.5 任务拓展

1. 此任务中照片的动态显示效果和说明文字的飞入效果，是做成影片剪辑元件然后放到主场景的关键帧上通过脚本代码来控制播放的。如果不这样处理的话，有没有其他的方法？

2. 照片的动态显示效果和说明文字的飞入效果的影片剪辑元件是放在同一图层的连续关键帧上的，如果不连续放置的话，效果会怎么样？

3. 在制作每个照片的动态显示效果和说明文字的飞入效果的影片剪辑元件时，在时间线上的最后一帧是添加了帧动作“stop ( ) ;”的。在此处添加帧动作“stop ( ) ;”的作用是什么？不添加该帧动作效果又会怎么样？

4. 主场景［控制代码］图层的每个空白关键帧上均添加了帧动作“stop ( ) ;”，作用是什么？如果不添加该帧动作的话，播放效果又会怎么样？

5. 本任务的电子相册的播放按钮是单独放置在一个图层里的，可以放置在相册背景图层吗？

项 目 10

Flash 电子贺卡的制作

10.1 项目情境

小张喜欢交友，他有很多朋友。逢年过节，他都接二连三地收到朋友发来的精美电子贺卡，读着一行行如诗般优美隽永的语句，他的心头往往会涌出一股股暖流，分外愉悦，徒添了几分节日的情趣。由此小张突发奇想，如果能自己亲手设计和制作精美的电子贺卡，通过网络发给好友，表达特定的问候和祝福，那意义就更加非同寻常。

10.2 项目分析

要实现小张的想法其实不难，可以借助 Flash 在制作多媒体作品方面的强大功能进行电子贺卡的设计和制作。

10.3 任务1 生日贺卡的制作

10.3.1 任务描述

本任务将制作一份生日电子贺卡，通过点击“生日蛋糕”按钮给对方送上一段诙谐幽默的生日祝福语，成功营造出一种快乐的氛围。

10.3.2 任务目标

1. 学会特定功能按钮元件的设计和制作，本任务需要制作“蛋糕按钮”和“影片按钮”两个按钮元件。

2. 学会生日祝福文字逐个显示的特效制作。

3. 学会通过按钮动作和帧动作实现电子贺卡的交互性控制效果。

10.3.3 任务实施

1. 新建 Flash 文档，设置舞台宽高大小为 550 像素 ×400 像素，背景颜色为黄色。

2. “蛋糕”图形元件的绘制（见图 10.1）。

注意：蛋糕上的动态蜡烛实际上是一个影片剪辑元件，是逐帧动画（2 帧），形状大小不变，变化的只是背景颜色而已，制作方法比较简单。

3. “电脑”图形元件的绘制（见图 10.2）。

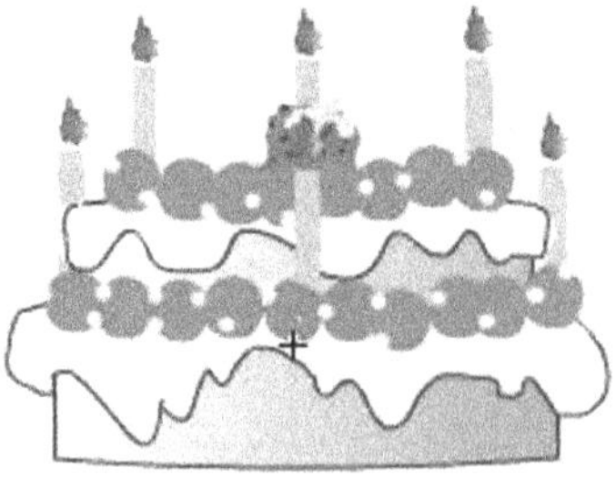

图 10.1

图 10.2

4. 蛋糕控制按钮的制作。

（1）新建一个元件，命名为“蛋糕按钮”，元件类型为按钮（见图 10.3）。

（2）把已绘制好的“蛋糕”图形元件从库中用鼠标拖放到“蛋糕按钮”按钮元件的“弹起”空白关键帧，确定大小和位置。在“指针经过”、“按下”、“点击”位置均插入关键帧，放大这 3 个位置上的“蛋糕”，保持大小和位置相同（见图 10.4）。

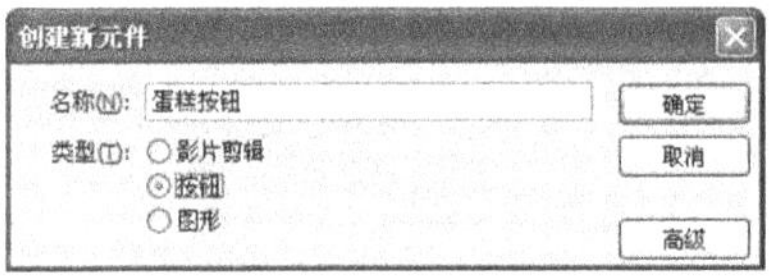

图 10.3

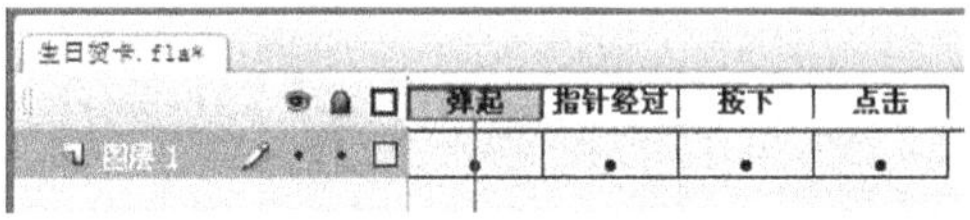

图 10.4

5. 电脑控制按钮的制作。

（1）新建一个元件，命名为“影片按钮”，元件类型为按钮（见图 10.5）。

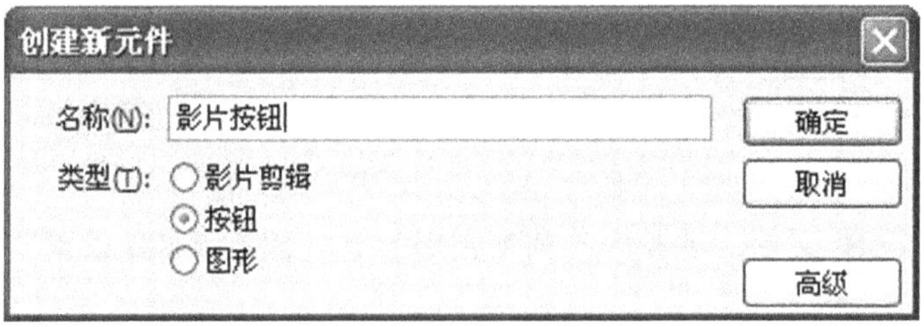

图 10.5

（2）分别在按钮的 4 个状态关键帧位置上绘制好按钮的图形并注意背景颜色设置应不同。

6. 生日祝福文字逐个显示的特效制作。

（1）把每个文字、每个标点符号以及移动光标均制作成图形元件。

（2）新建一个命名为“生日快乐”的影片剪辑元件，利用连续逐帧动画来实现文字的逐个显示。需要注意的是，前后相邻两个关键帧的内容是有规律的：前一帧放置完毕之后，把移动光标向后移动一个文字位置，同时注意换行，把待显示的后一个文字或标点符号放置在移动之前的光标所在位置。

7. 在主场景中合成动画。

（1）生成 4 个图层，从下到上依次是［电脑］、［蛋糕按钮］、［影片按钮］、［文字］。

（2）在［电脑］图层的第 1 帧放置“电脑”图形元件，将其缩小并放置到靠近舞台左上角的位置；在第 20 帧位置插入关键帧，放大“电脑”图形元件到接近舞台的大小并调整到舞台中间位置；创建第 1 帧到第 20 帧之间的补间动画。在第 26 帧位置插入关键帧并添加脚本代码“stop（）;”。在第 27 帧位置插入帧。

（3）在［蛋糕按钮］图层的第 26 帧位置插入空白关键帧，放置“蛋糕按钮”按钮元件并添加脚本代码“on（release）{gotoAndPlay（1）;}”。

（4）在［影片按钮］图层的第 27 帧位置插入空白关键帧，放置“影片按钮”按钮元件。

（5）在［文字］图层的第 27 帧位置插入空白关键帧，放置“生日快乐”影片剪辑元件并添加脚本代码“stop（）;”。

（6）最终的图层和时间线设置（见图 10.6）。

（7）生日电子贺卡的启动界面（见图 10.7）。

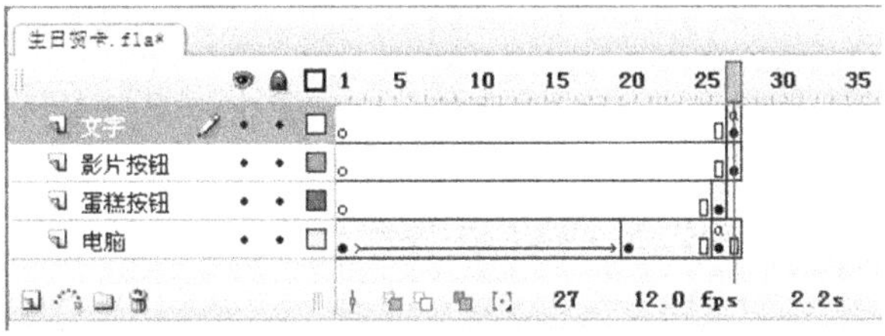

图 10.6

图 10.7

8. 保存并测试动画，导出，形成影片。

10.3.4　**任务评价**

本任务设计和制作了一个生日贺卡动画，提供了逐个显示文字或符号并换行的简单有效的解决方法、动态图像按钮的制作方法、帧动作的设置以及按钮元件的脚本添加方法、舞台多图层的操作以及不同对象出现的先后次序的控制方法。

10.3.5 任务拓展

1. 要逐个显示文字除了采用逐帧动画的方法外，还有什么有效的方法？

2. 本任务中有多个地方添加了脚本代码“stop ( );”。为什么要添加在这个位置？作用是什么？

10.4 任务2 情人节贺卡的制作

10.4.1 任务描述

本任务要设计和制作一份情人节电子贺卡。打开贺卡时先逐字分行显示一段温馨浪漫的爱情短语，显示完毕后，出现“爱”和“不爱”的选择，表面上是给对方充分的选择权，可以选择“爱”或者“不爱”，实际上对方如果想选择“不爱”的话，那是不可能的，因为“不爱”不能选择，它永远比对方跑得快，无奈之下，对方只能选择“爱”。此时奇迹出现了，动态飞翔的爱心群、亲手送上的玫瑰花外加深情浪漫的爱情表达短语马上出现。本电子贺卡的设计和制作比较有特点和创意。

爱情短语内容：“又是一个没有情人的情人节，像这样的节日你还要我度过几个？或许时间真的是检验爱情的唯一标准，但是你知道爱情也是有很多种的。在这没有结束的等待中，我害怕我的感情变老。除了我的爱，这世界上有太多的不确定，包括你，还没有确定的你的爱。我只想问你一句：爱不爱我？”

10.4.2 任务目标

1. 学会动态文字按钮的设计和制作。
2. 学会动态文本的创建和设置。
3. 学会大段文本逐字显示的技术。
4. 学会动态影片剪辑元件的设计和制作。
5. 学会关键帧脚本代码的添加以及按钮脚本代码的添加。

10.4.3 任务实施

1. 新建 Flash 文档，设置舞台宽高大小为 550 像素 ×400 像素，背景颜色为白色（见图 10.8）。

2. 将外部素材导入 Flash 库中（见图 10.9）。

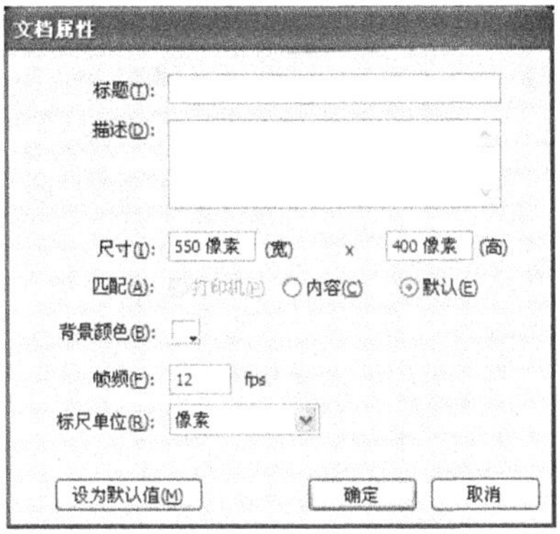

图 10.8

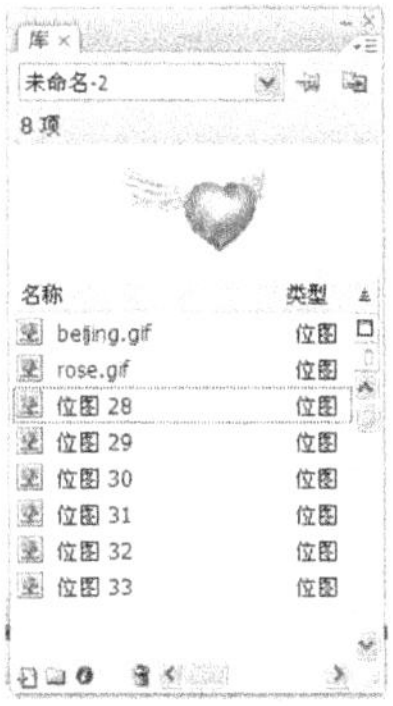

图 10.9

3. 文字按钮元件“ai”的制作。

(1) 创建新元件，命名为“ai”，类型为按钮（见图 10.10）。

(2) 选择“ai”按钮元件“弹起”状态对应的关键帧，在元件的编辑窗口中用“文本工具”输入静态文本“爱”，设置字号大小为 40，字体为文鼎齿轮体繁，字体颜色为蓝色。在其余的 3 个按钮状态所对应的位置插入关键帧，设置“指针经过”状态所对应的文本“爱”的颜色为浅黄色；“按下”状态所对应的文本“爱”的颜色为红色；“点击”状态的文本颜色不变，同样是蓝色（见图 10.11）。

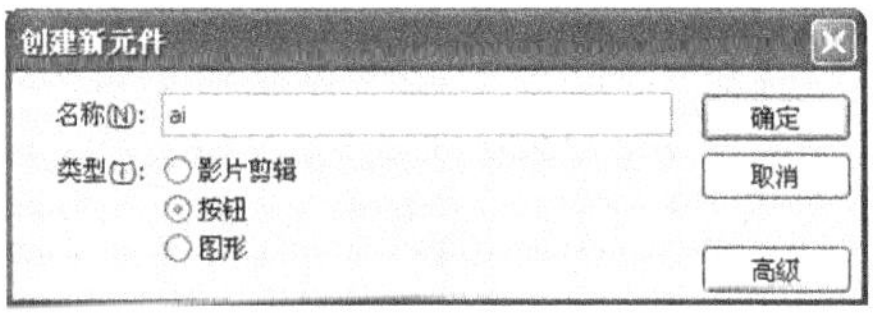

图 10.10

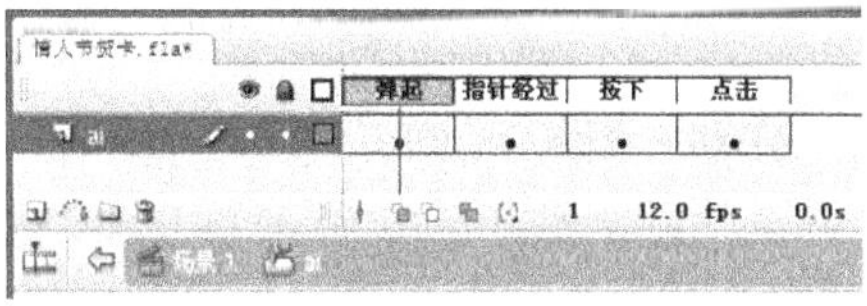

图 10.11

4. 文字按钮“no”的制作。

(1) 创建新元件，命名为“no”，类型为按钮（见图 10.12）。

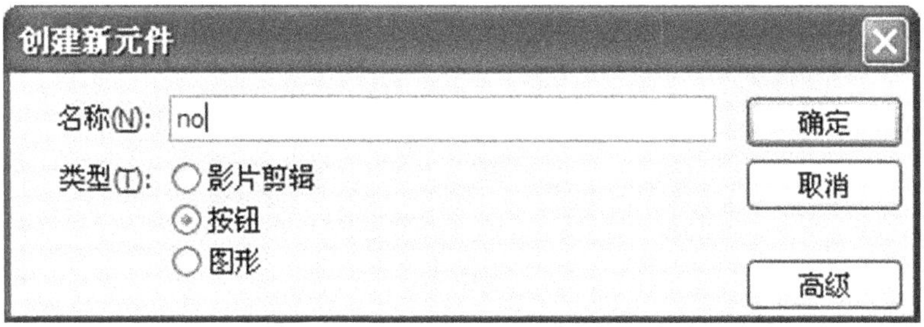

图 10.12

（2）选择“no”按钮元件“弹起”状态对应的关键帧，在元件的编辑窗口中用“文本工具”输入静态文本“不爱”，设置字号大小为 40，字体为文鼎 POP－4，字体颜色为蓝色。在其余的 3 个按钮状态所对应的位置插入关键帧（见图 10.13）。

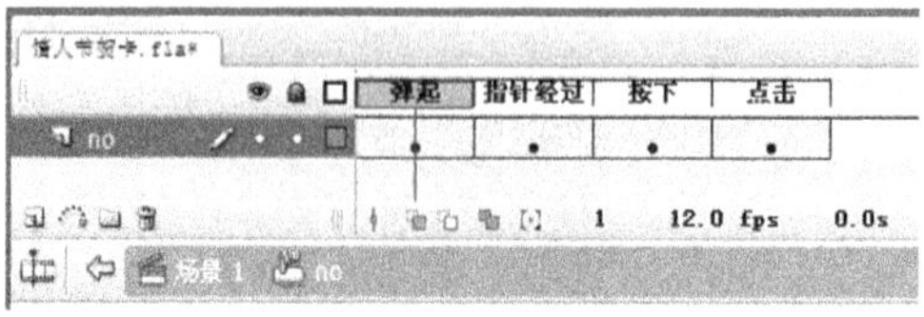

图 10.13

5. 文字“双”的特效制作。

（1）创建文字“双”的图形元件。创建一个命名为“shuang1”的图形元件，在编辑窗口用“文本工具”输入一个字号大小为 128、字体为文鼎 POP－4、字体颜色为绿色的加粗静态文本“双”。

（2）创建一个命名为“shuang2”的影片剪辑元件，选中［图层 1］图层的第一个关键帧，把制作好的“shuang1”图形元件从库中用鼠标拖放到元件的编辑窗口。在第 6 帧插入关键帧，设置文本“双”的颜色为浅绿色；在第 12 帧插入关键帧，设置文本“双”的颜色为浅黄色；在第 18 帧插入关键帧，设置文本“双”的颜色为浅蓝色；在第 22 帧插入帧（见图 10.14）。

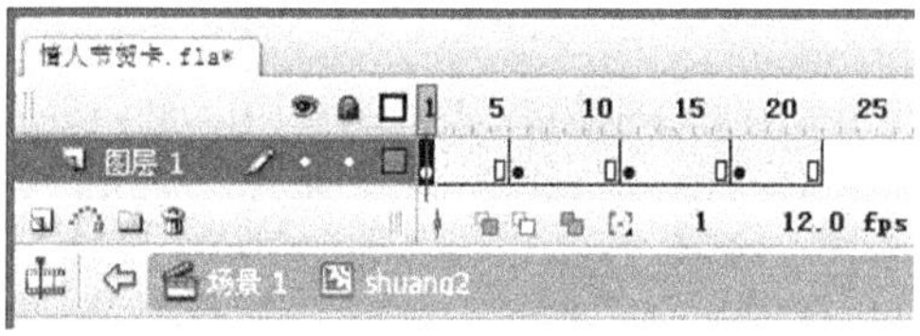

图 10.14

6. 单颗心跳动特效的制作。创建一个命名为“heart”的影片剪辑元件，在［图层 1］图层的第 2 帧到第 6 帧插入空白关键帧，此时第 1 帧到第 6 帧都是空白关键帧，用鼠标把库中的“位图 28”到“位图 33”依次放入第 1 空白关键帧至第 6 空白关键帧。注意要保证每个关键帧上放入的位图坐标位置一致（见图 10.15）。

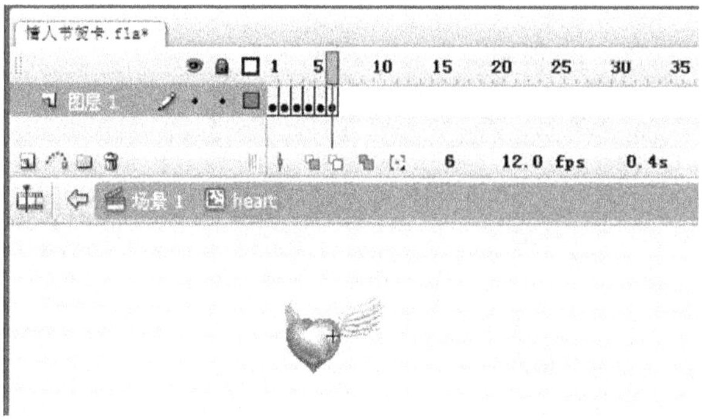

图 10.15

7. 单颗心飞翔的特效的制作。创建一个命名为“heartdong”的影片剪辑元件，选中［图层1］图层的第1个关键帧，把制作好的“heart”影片剪辑元件从库中用鼠标拖放到元件编辑窗口的靠右上角位置；在第68帧插入关键帧，把“heart”影片剪辑元件往左下角位置移动一段距离，移动的幅度要适中；创建第1帧到第68帧之间的补间动画，这样就产生了一颗跳动着的心从右上角往左下角飞翔的效果（见图10.16）。

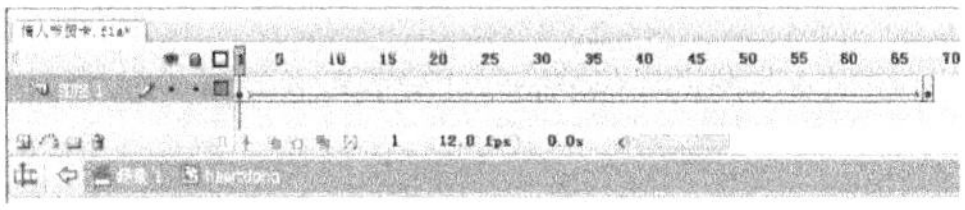

图10.16

8. 群心飞翔的特效制作。创建一个命名为“qunheartdong”的影片剪辑元件，选中［图层1］图层的第1个关键帧，用鼠标把制作好的“heartdong”影片剪辑元件从库中多次拖放到元件编辑窗口的靠近右上角的位置，组成一束带状的群心，在第12帧插入帧（见图10.17）。

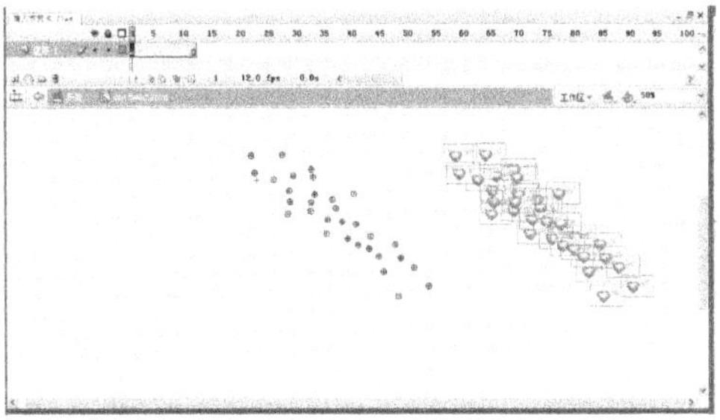

图10.17

9. 把库里面的位图“rose.gif”转换为影片剪辑元件“rose”。

10. 本任务所需的元件素材制作完毕，回到舞台进行动画的合成。

（1）生成7个新图层，图层从下到上分别是［背景］、［玫瑰花］、［爱心飞翔］、［文字］、［代码控制］、［爱你］、［不爱］。

（2）选中［文字］图层的第1个关键帧，在舞台的左上角用“文本工具”输入静态文本“亲爱的点点”，字号大小为28，字体为宋体，字体颜色为粉红，文字加粗。

（3）同样地，选中［文字］图层的第1个关键帧，在文本“亲爱的点点”下面放置一个动态文本，命名为“love”，宽高为325像素×318像素，设置为多行显示、可选状态、不显示边框，字号大小为20，字体为文鼎POP－4，字体颜色为浅蓝色。在图层的第11帧插入空白关键帧。

（4）［代码控制］图层的脚本代码的添加，用来控制文本的逐字显示并分行输出。

①在第1个空白关键帧位置添加如下脚本代码：

```
x = 0;

wenben = " 又是一个没有情人的情人节，像这样的节日你还要我度过几个？或许时间真的是检验爱情的唯一标准，但是你知道爱情也是有很多种的。在这没有结束的等待中，我害怕我的感情变老。除了我的爱，这世界上有太多的不确定，包括你，还没有确定的你的爱。我只想问你一句：爱不爱我？";
```

注意：上面变量“wenben”的赋值语句在输入时不能分行。

②在第 2 帧位置插入空白关键帧，添加脚本代码：

```
if(x < = mblength(wenben)){
x + + ;
love.text = mbsubstring(wenben,1,x);
}else{
gotoAndStop(5);
}
```

③在第 3 帧位置处插入帧。

④在第 4 帧位置处插入空白关键帧，添加脚本代码“gotoAndPlay（2）;”。

⑤在第 5 帧位置处插入空白关键帧，添加如下脚本代码“stop（）;”。

11. 在［爱你］图层的第 5 帧位置处插入空白关键帧并选中该关键帧，把“ai”按钮元件放置到动态文本框下面适当的位置并添加如下脚本代码：

```
on(rollOver,keyPress"y"){
gotoAndPlay(11);
}
```

在该图层的第 10 帧插入帧。

12. 在［不爱］图层的第 5 帧到第 10 帧连续插入 6 个空白关键帧并添加同样的脚本代码“stop（）;”，分别依次选中这 6 个空白关键帧，把库中的“no”按钮元件拖放到舞台上的 6 个不同的位置。

（1）为对应第 5 帧至第 9 帧的“no”按钮元件均添加如下的脚本代码：

```
on(rollOver,keyPress"n"){
nextFrame();
}
```

（2）为对应第 10 帧的“no”按钮元件添加如下的脚本代码：

```
on(rollOver,keyPress"n"){
gotoAndPlay(5);
}
```

13. 在［爱心飞翔］图层的第 11 帧插入空白关键帧并选中该关键帧，用鼠标把库中的“qunheartdong”影片剪辑元件拖放到舞台右上角的位置。在第 75 帧插入空白关键帧；在第 85 帧插入空白关键帧并选中该关键帧，在舞台的左边界之外用“文本工具”输入静态文本“我还要”（字号大小为 48，字体为文鼎 POP－4，字体颜色为浅蓝色，文字加粗）；在第 92 帧插入关键帧，把文本“我还要”向右倾斜一定的角度；在第 94 帧插入关键帧，把文本“我还要”向左倾斜一定的角度；在第 96 帧插入关键帧，把文本“我还要”调整回非倾斜状态；创建第 85 帧至第 96 帧之间的补间动画。在第 97 帧插入空白关键帧并添加脚本代码“stop（）;”，选中该关键帧，把“shuang2”影片剪辑元件拖放到舞台的适当位置，在该元件的下面使用“文本工具”再输入竖向的文本“倍爱你”；在第 98 帧插入帧。

14. 在［文字］图层的第 75 帧插入空白关键帧并选中该关键帧，使用“文本工具”在舞台的适当位置输入静态文本“除”（字号大小为 64，字体为文鼎弹簧体，字体颜色为灰色，文字加粗）。在第 77 帧插入空白关键帧并选中该关键帧，使用“文本工具”在舞台的适当位置输入静态文本“了”（字号大小为 64，字体为文鼎弹簧体，字体颜色为灰色，文字加粗）。

15. 在［玫瑰花］图层的第 79 帧插入空白关键帧并选中该关键帧，用鼠标把库中的“rose”影片剪辑元件拖放到舞台的左下角，利用“任意变形工具”调整玫瑰花的角度为下垂状态；在第 84 帧插入关键帧，调整玫瑰花的角度为上扬状态；创建第 79 帧到第 84 帧的补间动画。在第 98 帧插入帧。

16. 在［背景］图层的第 1 帧放置背景图片并调整好位置，在第 98 帧插入帧。

17. 最终的图层和时间线设置（见图 10.18）。

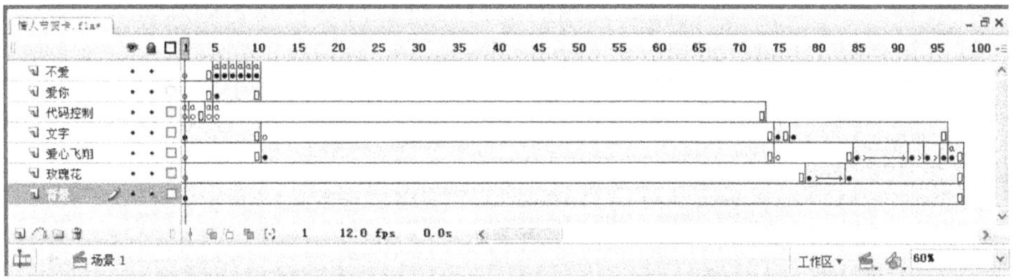

图 10.18

10.4.4　任务评价

本任务通过较为简单的脚本代码的应用，实现了大段文本的逐字显示特效和较高的应用价值和普遍的推广性。同时，通过简单的脚本代码的应用，也可以控制按钮的各种特效，比如本任务中“no”按钮元件的跳跃跑动效果的设计和制作就是一个典型的例子。

10.4.5 任务拓展

1. 用脚本代码实现大段文本的逐字显示效果的设计一般遵循如下 6 个步骤：

（1）选择一个图层，在舞台上创建一个动态文本框并命名（命名特别重要，因为文字的输出就是通过这个动态文本框输出的，在编写脚本代码时要用到这个命名），设置为分行输出，设置是否显示边框。

（2）增加一个图层，在图层时间线的第一个空白关键帧位置添加初始化脚本代码，主要是定义一个统计当前字数的变量，本任务中定义的统计变量是“x”，然后把待输出的大段文本赋值给一个文本型变量，本任务中定义的文本型变量是“wenben”。

（3）在第 2 帧位置插入空白关键帧，添加脚本代码。控制思路很简单：判断当前统计变量的数值是否超过文本的总字数，如果是的话，那就使用字符串截取函数“mbsubstring( )”进行截取，在动态文本框中显示出来，同时让统计变量向后移动一个字的位置，也就是让统计变量自增 1；否则结束输出，直接跳转到结束输出的关键帧上。

（4）为了使输出文字速度不要过快，可以缓冲一下，因此在第 3 帧位置插入普通帧。

（5）在第 4 帧位置插入关键帧，添加脚本代码“gotoAndPlay（2）;”，作用是回到第 2 帧继续判断是否输出文字。

（6）在第 5 帧位置插入关键帧，添加脚本代码“stop( );”，作用是结束文本的输出。

注意：开始帧的位置不一定是在第 1 帧，可以根据具体设计要求作出调整。

2. 要实现按钮的跳跃跑动效果，其实设计思路很简单：根据按钮跳跃的位置的数量，插入同样数量的连续空白关键帧，一个关键帧对应一个按钮，只是每个按钮在舞台上的位置是不同的。假定有 6 个跳跃位置，因为按钮是放置在连续的关键帧上的，如果要看到按钮的跳跃跑动效果，只要在前 5 个按钮上添加脚本代码“on（rollOver）{nextFrame（）;}”就可以了。要注意的是，为了可以让按钮循环跳跃，最后一个关键帧的脚本代码就不是“on（rollOver）{nextFrame（）;}”，而是“on（rollOver）{gotoAndPlay（5）;}”。

项目11

Flash 网络广告制作

11.1 项目情境

小张由于工作的关系，经常要浏览互联网。他经常看到网站上镶嵌了各类的网络广告，比如化妆品广告、手机广告、汽车广告、IT 产品广告、电影广告等，琳琅满目，种类繁多，既装点了网页的动态效果，又很好地起到了商品广而告之的作用，真可谓是一举多得。小张想到自己的职业和岗位，就突发奇想，能不能自己亲手设计和制作网络广告呢？这既可以节省设计和制作费用，同时也可以让自己多学会一项技术，从而大大提高自己的就业能力。

11.2 项目分析

1. 设计和制作网络广告的软件很多，小张经过多方比较，最终确定使用 Flash 来进行网络广告的设计和制作。

2. 小张经过前期的 Flash 设计和制作学习，已经具备了设计和制作 Flash 网络广告的各方面条件，具有切实的可行性。

11.3 任务1 化妆品广告的制作

11.3.1 任务描述

化妆品广告的制作要依据主题确定表现手法，在制作时，注意广告画面的色彩要统一、柔和，符合产品的特点，另外还要注意舞台中各个元件的排版与层次问题。

11.3.2 任务目标

1. 设置舞台属性，导入需要的素材作背景。

2. 以彩妆人物作为主体，运用传统补间动画制作出人物逐渐显现的动画效果。

3. 搭配闪亮的化妆品突出广告宣传的内容，并制作出产品出现的动画效果。

4. 运用分离命令将文字打散，制作出文字逐一显现并消失的动画效果。

11.3.3 任务实施

1. 新建一个 Flash 文档，设置其宽高大小为 750 像素 ×450 像素，背景颜色为白色，其余选项默认（见图 11.1）。

2. 此时的素材库（见图 11.2）。

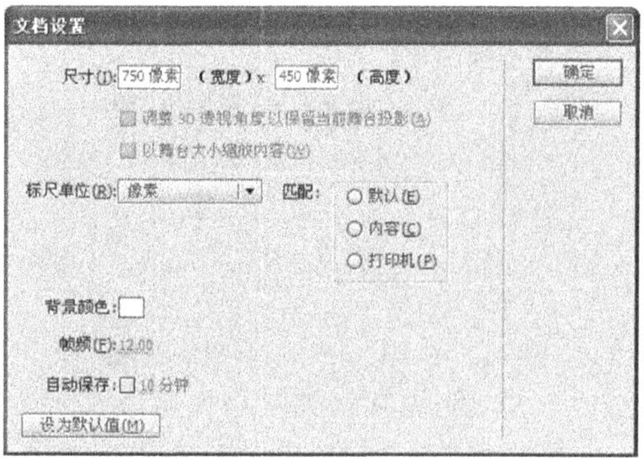

图 11.1

图 11.2

3. 相关元件的设计和制作。

（1）图形元件“礼品包”的设计和制作。

①创建新元件，命名为“礼品包”，类型为图形（见图 11.3）。

②用鼠标单击图 11.3 中的“确定”按钮，进入图形元件“礼品包”的编辑场景。

③把“图层 1”命名为“礼品包”，选中［礼品包］图层的第 1 空白关键帧，用鼠标把库中的图形素材“化妆品礼包”拖放到场景中（见图 11.4）。

图 11.3

图 11.4

④此时的图层和时间线设置（见图 11.5）。

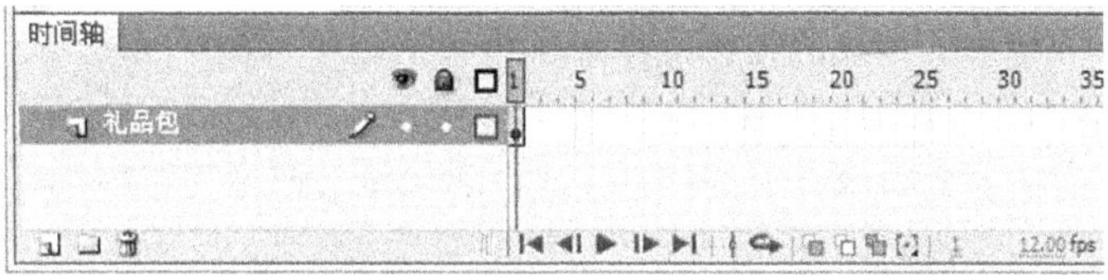

图 11.5

（2）图形元件“蓝色圆”的设计和制作。

①创建新元件，命名为“蓝色圆”，类型为图形（见图 11.6）。

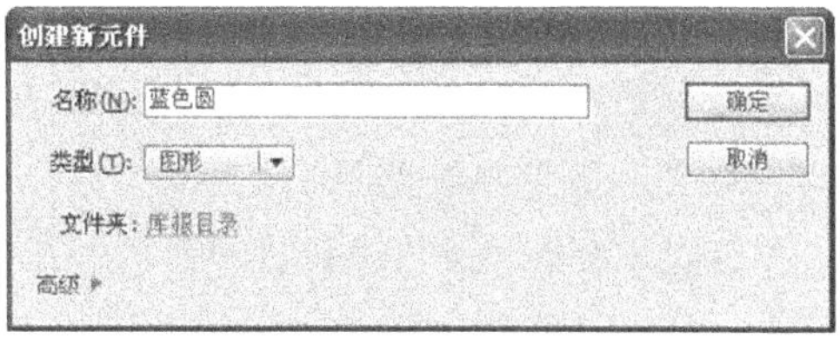

图 11.6

②用鼠标单击图 11.6 中的“确定”按钮，进入图形元件“蓝色圆”的编辑场景。

③把“图层 1”命名为“蓝色圆”，选中［蓝色圆］图层的第 1 空白关键帧，使用工具箱中的“椭圆工具”绘制好一个无边框的圆，采用“径向渐变”进行填充，具体设置见图 11.7 和图 11.8。

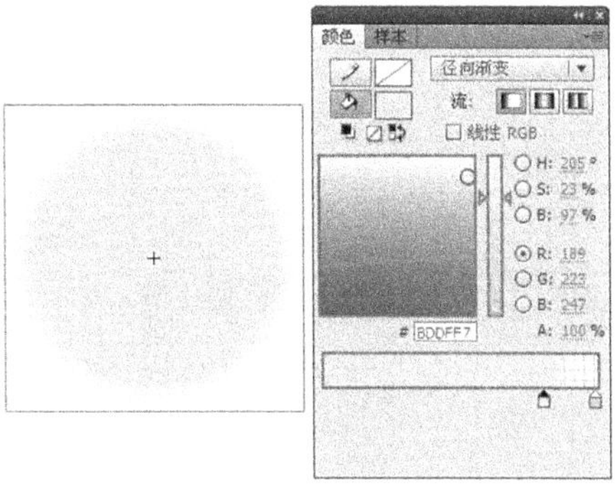

图 11.7

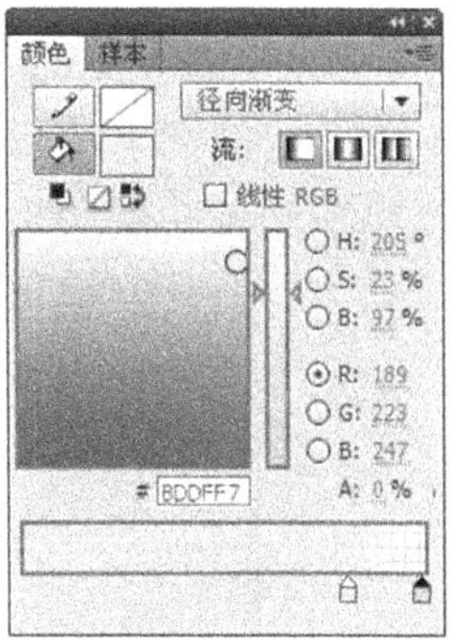

图 11.8

④此时的图层和时间线设置（见图 11.9）。

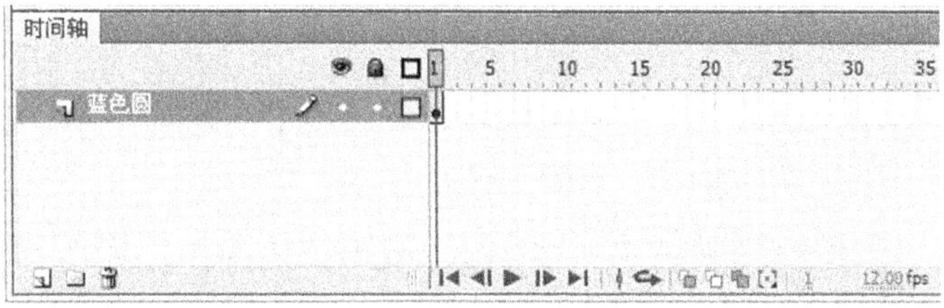

图 11.9

（3）图形元件“fresh Picnic”的设计和制作。

①创建新元件，命名为“fresh Picnic”，类型为图形（见图 11.10）。

②用鼠标单击图 11.10 中的“确定”按钮，进入图形元件“fresh Picnic”的编辑场景。

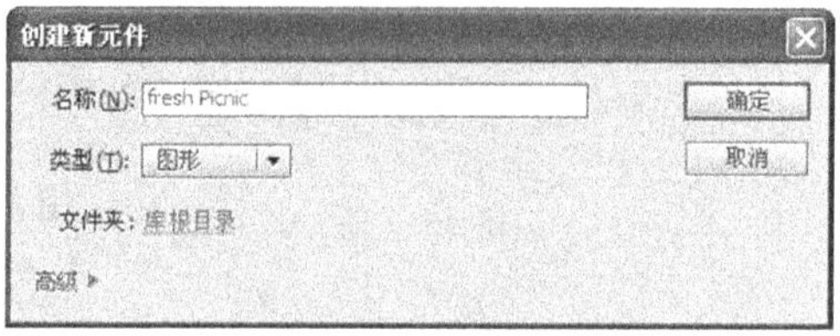

图 11.10

③把“图层 1”命名为“fresh Picnic”，选中［fresh Picnic］图层的第 1 空白关键帧，使用工具箱中的“文本工具”在场景中输入静态文本“Fresh Picnic”，设置好格式，进行“分离”1 次，最终效果见图 11.11。

④此时的图层和时间线设置（见图 11.12）。

图 11.11

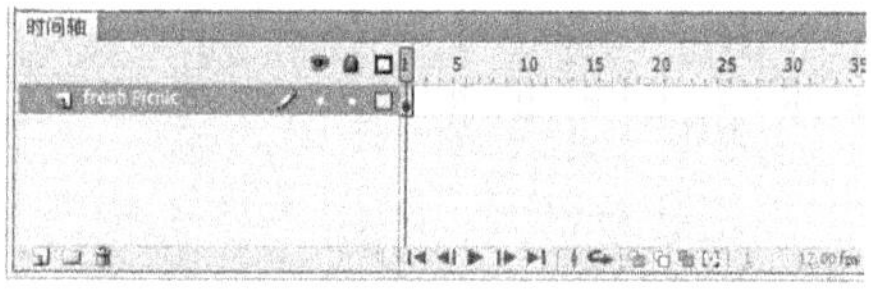

图 11.12

（4）图形元件“广告词”的设计和制作。

①创建新元件，命名为“广告词”，类型为图形（见图 11.13）。

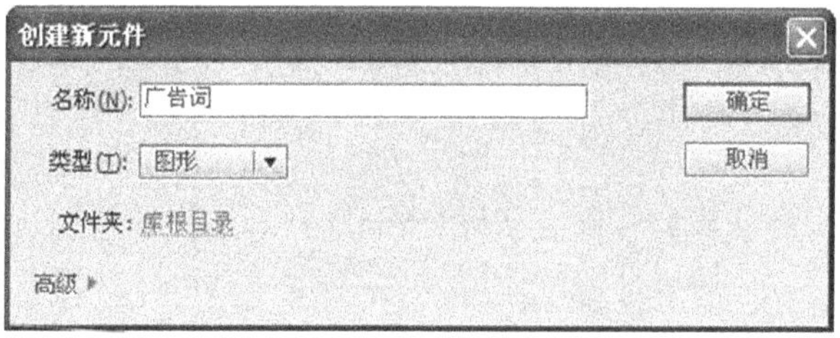

图 11.13

②用鼠标单击图 11.13 中的“确定”按钮，进入图形元件“广告词”的编辑场景。

③新建（插入）两个图层，这样就有 3 个图层了，对图层进行命名，从上到下分别是［图层 3］、［图层 1］、［图层 2］。

④选中［图层 2］图层的第 1 空白关键帧，在场景中绘制好图形（见图 11.14）。

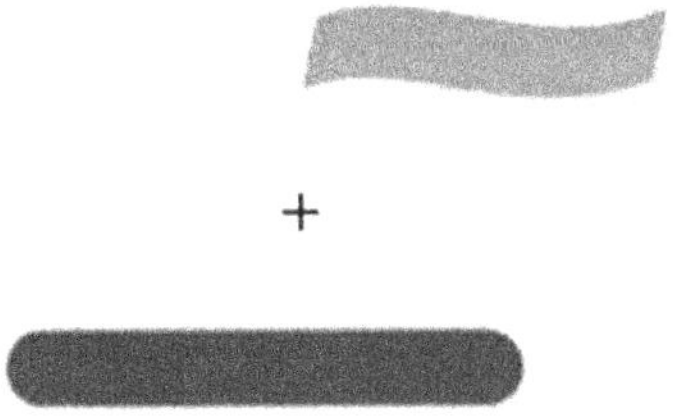

图 11.14

⑤选中［图层 1］图层的第 1 空白关键帧，在场景中绘制好图形（见图 11.15），注意要将输入的静态文本进行“分离”1 次。

⑥选中［图层 3］图层的第 1 空白关键帧，在场景中绘制好图形（见图 11.16）。

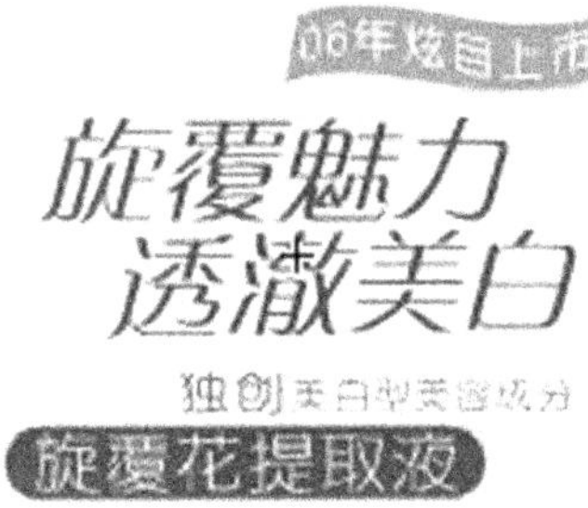

图 11.15

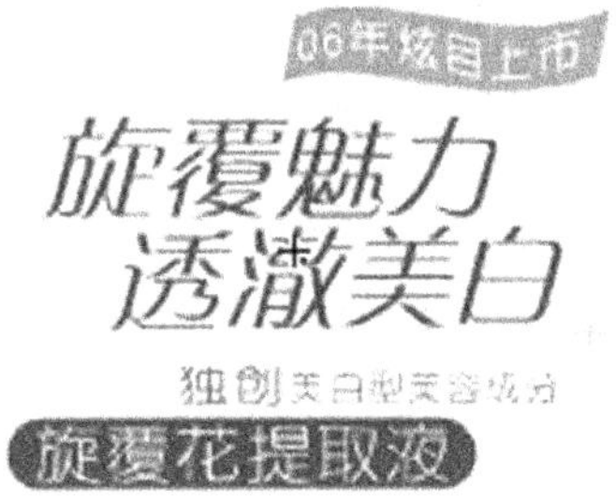

图 11.16

⑦此时的图层和时间线设置（见图 11.17）。

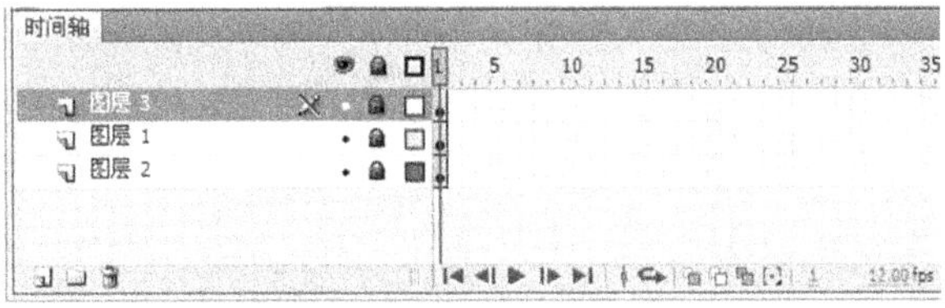

图 11.17

（5）图形元件“遮罩圆”的设计和制作。

①创建新元件，命名为“遮罩圆”，类型为图形（见图 11.18）。

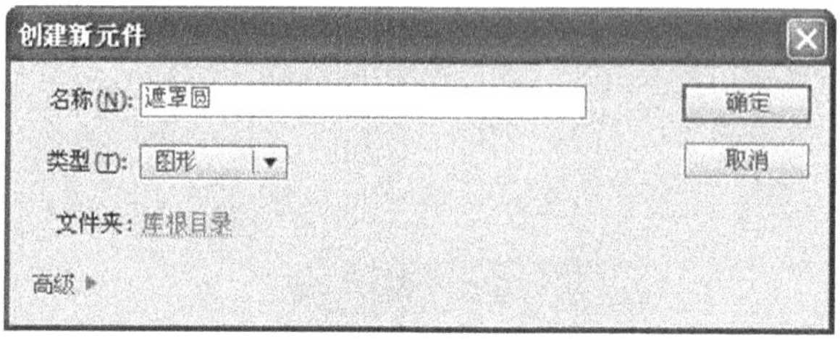

图 11.18

②用鼠标单击图 11.18 中的“确定”按钮，进入图形元件“遮罩圆”的编辑场景。

③把“图层 1”命名为“遮罩圆”，选中［遮罩圆］图层的第 1 空白关键帧，使用工具箱中的“椭圆工具”在场景中绘制好一个无边框的黑色圆（见图 11.19）。

④此时的图层和时间线设置（见图 11.20）。

图 11.19

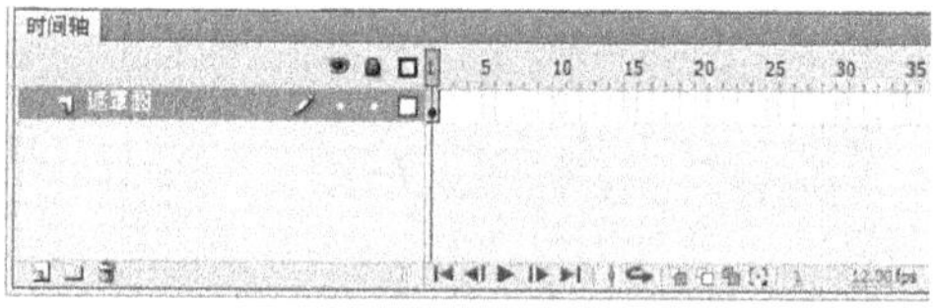

图 11.20

（6）影片剪辑元件“鲜花遮罩图形”的设计和制作。

①创建新元件，命名为“鲜花遮罩图形”，类型为“影片剪辑” （见图 11.21）。

②用鼠标单击图 11.21 中的“确定”按钮，进入影片剪辑元件“鲜花遮罩图形”的编辑场景。

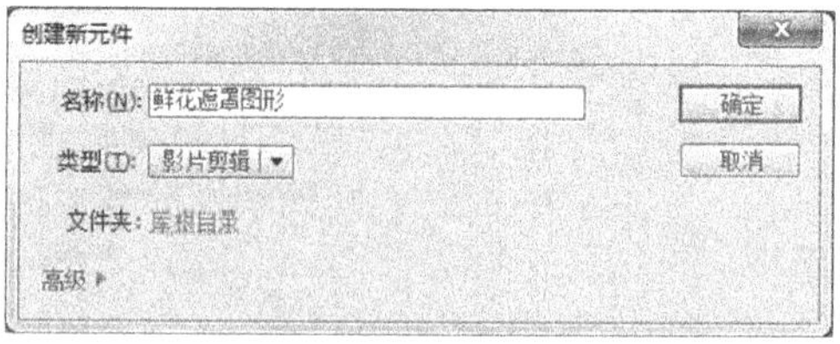

图 11.21

③把图层命名为“鲜花”，选中［鲜花］图层的第 1 空白关键帧，用鼠标把库中的图形素材“鲜花”拖放到场景中（见图 11.22）。在第 70 帧插入帧。

图 11.22

④在［鲜花］图层上面插入图层，命名为“圆 1”，选中［圆 1］图层的第 1 空白关键帧，用鼠标把库中的图形元件“遮罩圆”拖放到场景中的适当位置，调整其大小（见图 11.23），在第 14 帧位置插入关键帧，调整该关键帧位置上的图形元件“遮罩圆”的大小和位置（见图 11.24），选中第 1 关键帧至第 14 关键帧，创建补间动画。在第 70 帧插入帧。

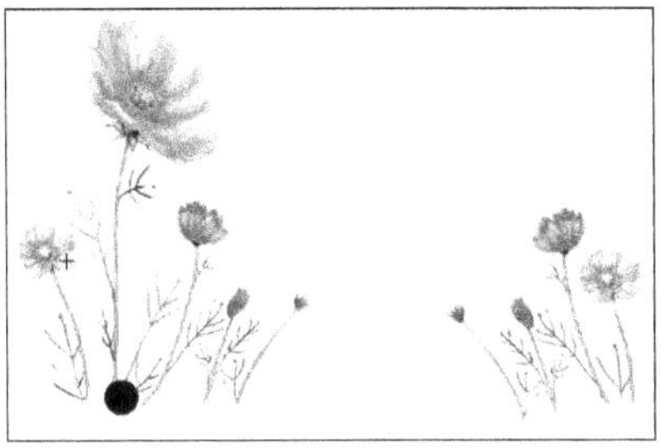

图 11.23

图 11.24

⑤在［圆 1］图层上面插入图层，命名为“圆 2”，选中［圆 2］图层的第 14 帧位置，插入空白关键帧，用鼠标把库中的图形元件“遮罩圆”拖放到场景中的适当位置，调整其大小（见图 11.25），在第 22 帧位置插入关键帧，调整该关键帧位置上的图形元件“遮罩圆”的大小和位置（见图 11.26），选中第 14 关键帧至第 22 关键帧，创建补间动画。在第 70 帧插入帧。

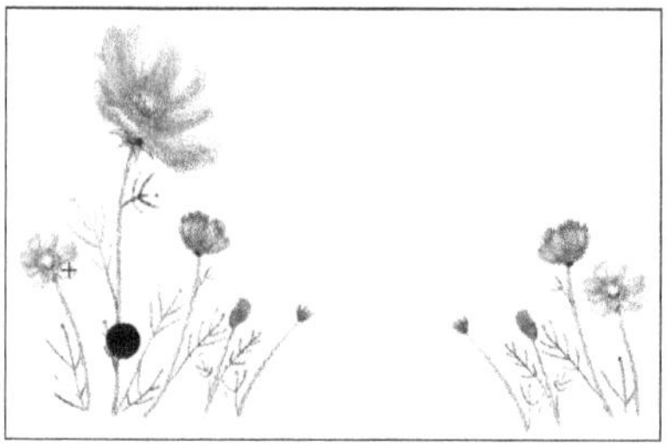

图 11.25

图 11.26

⑥在［圆 2］图层上面插入图层，命名为“圆 3”，选中图层［圆 3］的第 22 帧位置，插入空白关键帧，用鼠标把库中的图形元件“遮罩圆”拖放到场景中的适当位置，调整其大小（见图 11.27），在第 29 帧位置插入关键帧，调整该关键帧位置上的图形元件“遮罩圆”的大小和位置（见图 11.28），选中第 22 关键帧至第 29 关键帧，创建补间动画。在第 70 帧插入帧。

图 11.27

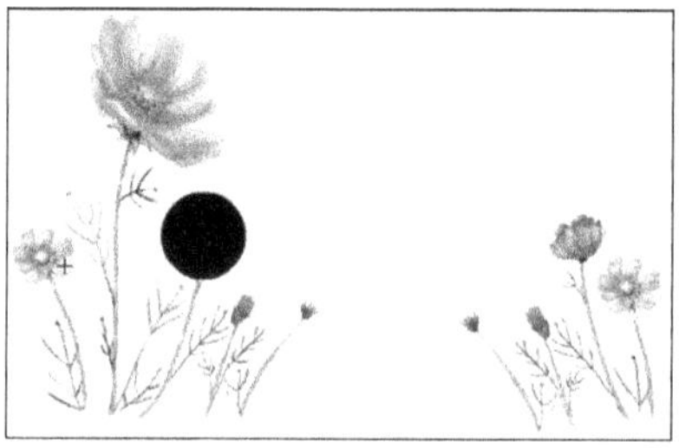

图 11.28

⑦在［圆 3］图层上面插入图层，命名为“圆 4”，选中［圆 4］图层的第 7 帧位置，插入空白关键帧，用鼠标把库中的图形元件“遮罩圆”拖放到场景中的适当位置，调整其大小（见图 11.29），在第 14 帧位置插入关键帧，调整该关键帧位置上的图形元件“遮罩圆”的大小和位置（见图 11.30），选中第 7 关键帧至第 14 关键帧，创建补间动画。在第 70 帧插入帧。

图 11.29

图 11.30

⑧在［圆 4］图层上面插入图层，命名为“圆 5”，选中［圆 5］图层的第 20 帧位置，插入空白关键帧，用鼠标把库中的图形元件“遮罩圆”拖放到场景中的适当位置，调整其大小（见图 11. 31），在第 29 帧位置插入关键帧，调整该关键帧位置上的图形元件“遮罩圆”的大小和位置（见图 11. 32），选中第 20 关键帧至第 29 关键帧，创建补间动画。在第 70 帧插入帧。

图 11. 31

图 11. 32

⑨在［圆 5］图层上面插入图层，命名为“圆 6”，选中［圆 6］图层的第 23 帧位置，插入空白关键帧，用鼠标把库中的图形元件“遮罩圆”拖放到场景中的适当位置，调整其大小（见图 11. 33），在第 32 帧位置插入关键帧，调整该关键帧位置上的图形元件“遮罩圆”的大小和位置（见图 11. 34），选中第 23 关键帧至第 32 关键帧，创建补间动画。在第 70 帧插入帧。

图 11. 33

图 11. 34

⑩在［圆 6］图层上面插入图层，命名为“圆 7”，选中［圆 7］图层的第 45 帧位置，插入空白关键帧，用鼠标把库中的图形元件“遮罩圆”拖放到场景中的适当位置，调整其大小（见图 11. 35），在第 53 帧位置插入关键帧，调整该关键帧位置上的图形元件“遮罩圆”的大小和位置（见图 11. 36），选中第 45 关键帧至第 53 关键帧，创建补间动画。在第 70 帧插入帧。

图 11.35

图 11.36

⑪在［圆 7］图层上面插入图层，命名为“圆 8”，选中［圆 8］图层的第 53 帧位置，插入空白关键帧，用鼠标把库中的图形元件“遮罩圆”拖放到场景中的适当位置，调整其大小（见图 11.37），在第 60 帧位置插入关键帧，调整该关键帧位置上的图形元件“遮罩圆”的大小和位置（见图 11.38），选中第 53 关键帧至第 60 关键帧，创建补间动画。在第 70 帧插入帧。

图 11.37

图 11.38

⑫在［圆 8］图层上面插入图层，命名为“圆 9”，选中［圆 9］图层的第 32 帧位置，插入空白关键帧，用鼠标把库中的图形元件“遮罩圆”拖放到场景中的适当位置，调整其大小（见图 11.39），在第 45 帧位置插入关键帧，调整该关键帧位置上的图形元件“遮罩圆”的大小和位置（见图 11.40），选中第 32 关键帧至第 45 关键帧，创建补间动画。在第 70 帧插入帧。

图 11.39

图 11.40

⑬在［圆 9］图层上面插入图层，命名为“圆 10”，选中［圆 10］图层的第 40 帧位置，插入空白关键帧，用鼠标把库中的图形元件“遮罩圆”拖放到场景中的适当位置，调整其大小（见图 11.41），在第 53 帧位置插入关键帧，调整该关键帧位置上的图形元件“遮罩圆”的大小和位置（见图 11.42），选中第 40 关键帧至第 53 关键帧，创建补间动画。在第 70 帧插入帧。

图 11.41

图 11.42

⑭在［圆 10］图层上面插入图层，命名为“圆 11”，选中［圆 11］图层的第 50 帧位置，插入空白关键帧，用鼠标把库中的图形元件“遮罩圆”拖放到场景中的适当位置，调整其大小（见图 11.43），在第 63 帧位置插入关键帧，调整该关键帧位置上的图形元件“遮罩圆”的大小和位置（见图 11.44），选中第 50 关键帧至第 63 关键帧，创建补间动画。在第 70 帧插入帧。

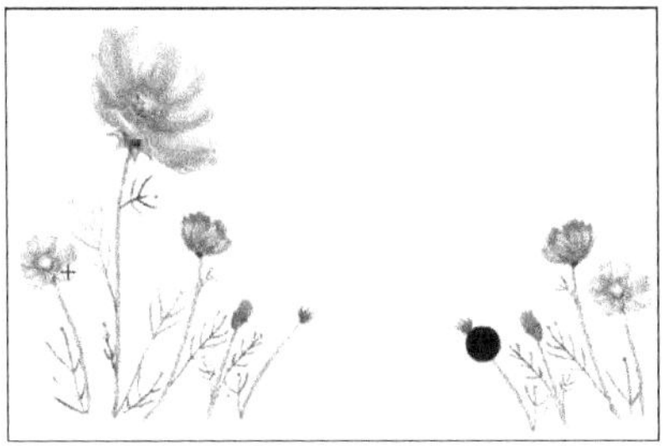

图 11.43

图 11.44

⑮在［圆 11］图层上面插入图层，命名为“AS”，在第 70 帧插入空白关键帧并添加脚本代码“stop ( ) ;”。

⑯不同图层相同关键帧上的图形元件“遮罩圆”的大小和位置如下：

● 第 1 关键帧上的图形元件“遮罩圆”的大小和位置（见图 11.45）。

● 第 7 关键帧上的图形元件“遮罩圆”的大小和位置（见图 11.46）。

图 11.45

图 11.46

●第 14 关键帧上的图形元件“遮罩圆”的大小和位置（见图 11.47）。
●第 20 关键帧上的图形元件“遮罩圆”的大小和位置（见图 11.48）。

图 11.47

图 11.48

●第 22 关键帧上的图形元件“遮罩圆”的大小和位置（见图 11.49）。
●第 23 关键帧上的图形元件“遮罩圆”的大小和位置（见图 11.50）。
●第 29 关键帧上的图形元件“遮罩圆”的大小和位置（见图 11.51）。
●第 32 关键帧上的图形元件“遮罩圆”的大小和位置（见图 11.52）。

图 11.49

图 11.50

图 11.51

图 11.52

●第 40 关键帧上的图形元件“遮罩圆”的大小和位置（见图 11.53）。
●第 45 关键帧上的图形元件“遮罩圆”的大小和位置（见图 11.54）。
●第 50 关键帧上的图形元件“遮罩圆”的大小和位置（见图 11.55）。
●第 53 关键帧上的图形元件“遮罩圆”的大小和位置（见图 11.56）。

图 11.53

图 11.54

图 11.55

图 11.56

●第 60 关键帧上的图形元件“遮罩圆”的大小和位置（见图 11.57）。
●第 63 关键帧上的图形元件“遮罩圆”的大小和位置（见图 11.58）。

图 11.57

图 11.58

⑰此时的图层和时间线设置（见图 11.59）。
⑱把［鲜花］图层删除，此时的图层和时间线设置（见图 11.60）。

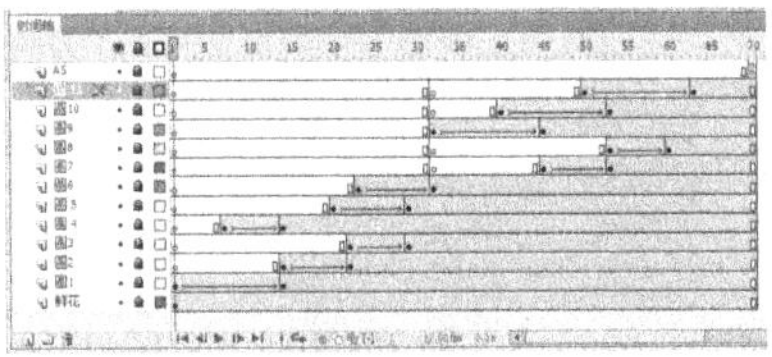
图 11.59

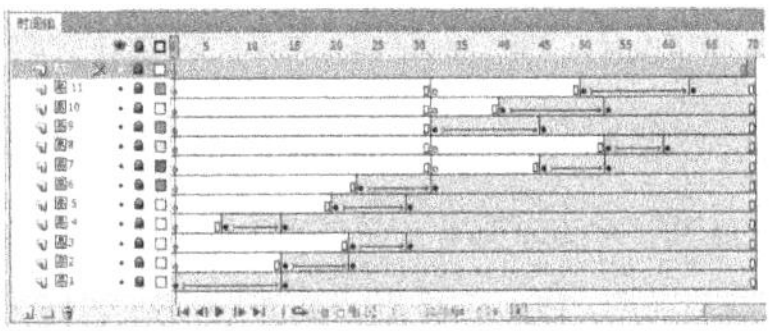
图 11.60

（7）图形元件“qxshyhd”的设计和制作。
①创建新元件，命名为“qxshyhd”，类型为图形（见图 11.61）。

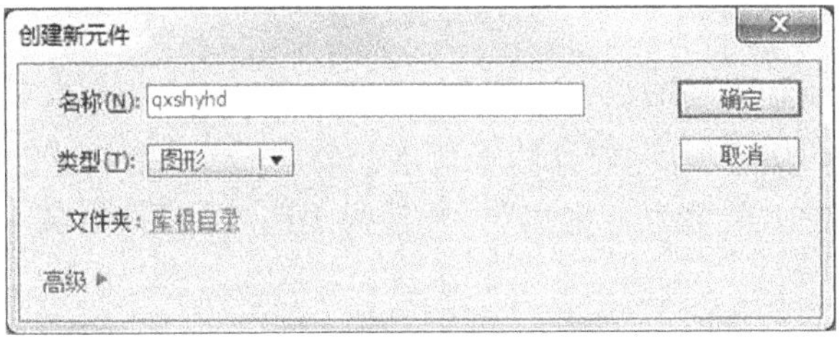

图 11.61

②用鼠标单击图 11.61 中的“确定”按钮，进入图形元件“qxshyhd”的编辑场景。

③把“图层 1”命名为“qxshyhd”，选中［qxshyhd］图层的第 1 空白关键帧，使用工具箱中的“文本工具”在场景中输入文本“抢先试用活动”，进行格式化，“分离”两次（见图 11.62）。

④此时的图层和时间线设置（见图 11.63）。

图 11.62

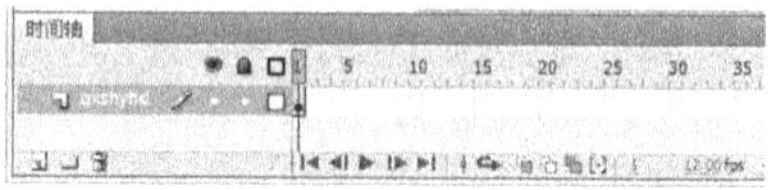

图 11.63

（8）影片剪辑元件“抢先试用活动”的设计和制作。

①创建新元件，命名为“抢先试用活动”，类型为影片剪辑（见图 11.64）。

②用鼠标单击图 11.64 中的“确定”按钮，进入影片剪辑元件“抢先试用活动”的编辑场景。

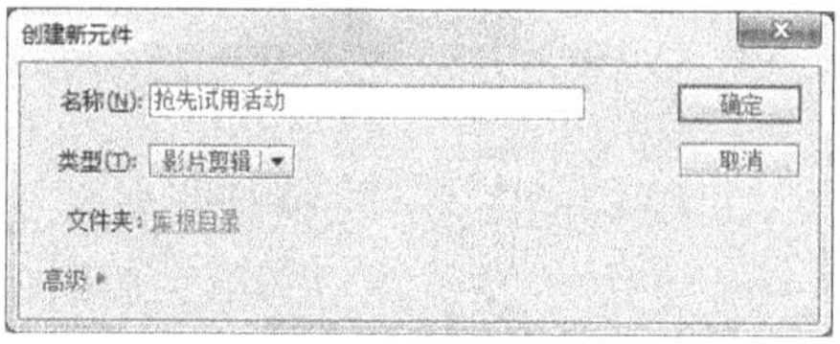

图 11.64

③选中［图层 1］图层的第 1 空白关键帧，用鼠标把库中的图形元件“qxshyhd”拖放到场景中（见图 11.65），在第 6 帧位置和第 11 帧位置插入关键帧，把第 6 关键帧位置对应的图形元件“qxshyhd”等比例放大（见图 11.66）。第 11 关键帧位置上的图形元件“qxshyhd”大小跟第 1 关键帧位置上的图形元件“qxshyhd”的大小一样，保持不变。选中第 1 关键帧至第 11 关键帧，创建补间动画。形成图形元件“qxshyhd”由小到大又由大到小的动态变化效果。

图 11.65

图 11.66

④此时的图层和时间线设置（见图 11.67）。

（9）按钮元件“退出”的设计和制作。

①创建新元件，命名为“退出”，类型为按钮（见图 11.68）。

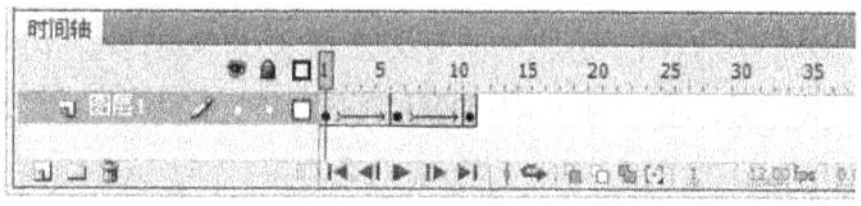

图 11.67

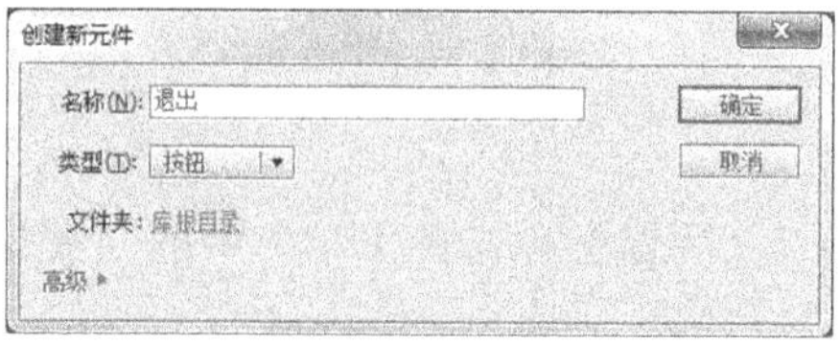

图 11.68

②用鼠标单击图 11.68 中的“确定”按钮，进入按钮元件“退出”的编辑场景。

③选中［图层 1］图层的“弹起”状态所对应的帧位置（第 1 帧），绘制图

形（见图 11.69）。在“指针经过”状态所对应的帧位置（第 2 帧）插入关键帧，编辑图形（见图 11.70）。在“按下”状态所对应的帧位置（第 3 帧）插入关键帧，编辑图形（见图 11.71）。注意要保证此处 3 个关键帧位置上的图形的大小和位置坐标相同。

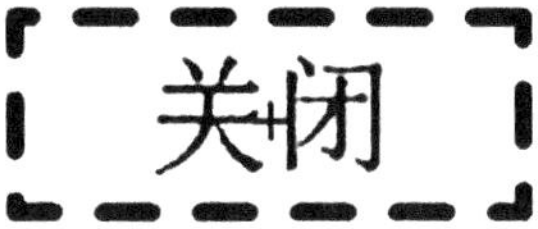

图 11.69

图 11.70

图 11.71

④此时的图层和时间线设置（见图 11.72）。

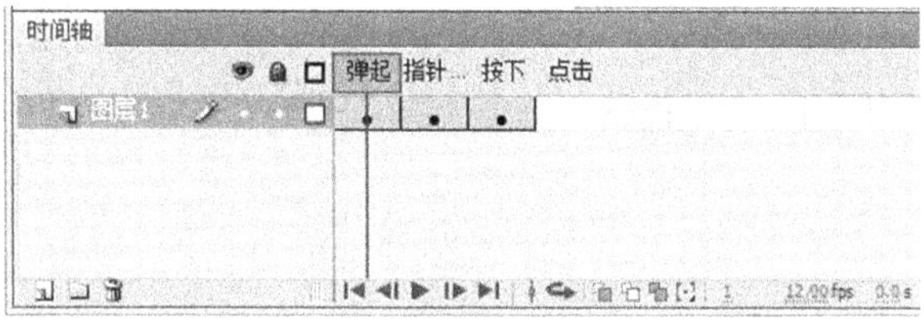

图 11.72

4. 元件设计和制作完毕，回到主场景，进行合成。

（1）把图层 1 命名为“蓝色底纹”，选中［蓝色底纹］图层的第 50 帧，插入空白关键帧并选中该帧，用鼠标把库中的图形元件“蓝色圆”拖放到场景中，位置和大小以及色彩效果的设置见图 11.73。在第 65 帧位置插入关键帧，此时的图形元件“蓝色圆”的位置和大小的设置见图 11.74。选中第 50 关键帧至第 65 关键帧，创建补间动画。在第 195 帧插入帧。

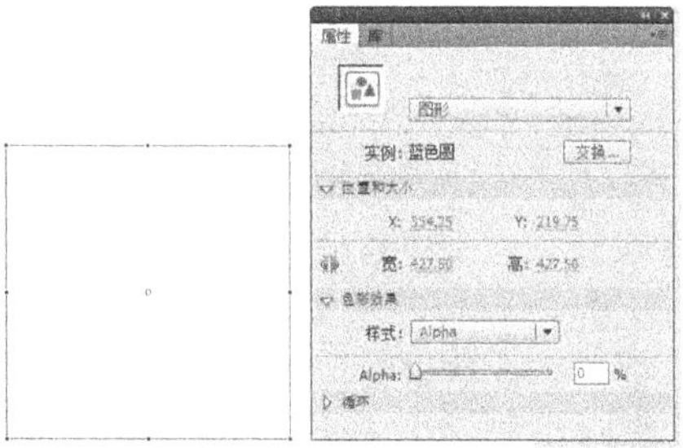

图 11.73

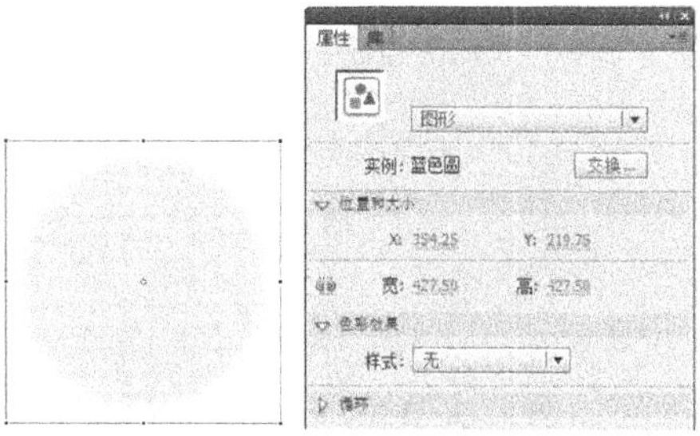

图 11.74

（2）在［蓝色底纹］图层的上面插入图层，命名为“礼品包”，选中［礼品包］图层的第 60 帧，插入空白关键帧并选中该帧，用鼠标把库中的图形元件“礼品包”拖放到场景中，位置和大小以及色彩效果的设置见图 11. 75。在第 78 帧位置插入关键帧，此时的图形元件“礼品包”的位置和大小以及色彩效果的设置见图 11. 76。选中第 60 关键帧至第 78 关键帧，创建补间动画。在第 114 帧位置插入关键帧，此时的图形元件“礼品包”的位置和大小以及色彩效果同第 78 关键帧，删除第 79 帧至第 113 帧之间的补间动画。在第 120 帧位置插入关键帧，此时的图形元件“礼品包”的位置和大小以及色彩效果同第 60 关键帧。选中第 114 关键帧至第 120 关键帧，创建补间动画。

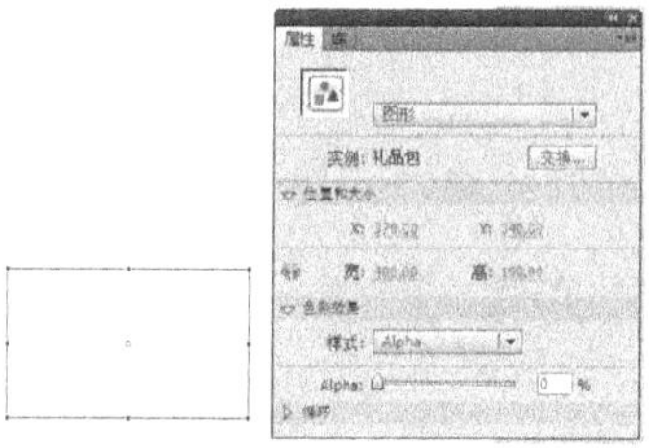

图 11. 75

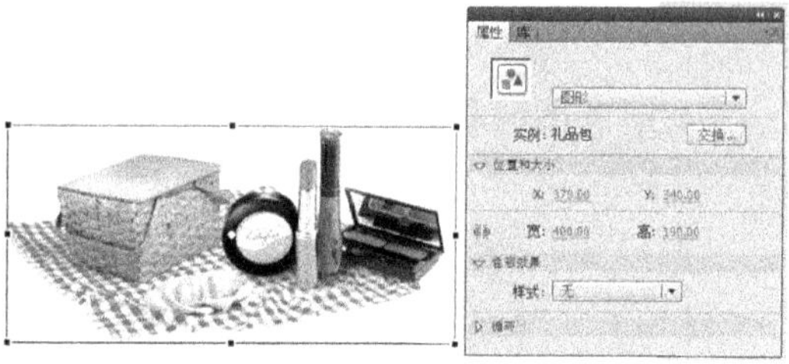

图 11. 76

（3）在［礼品包］图层的上面插入图层，命名为“人像”，选中［人像］图层的第 121 帧，插入空白关键帧并选中该帧，用鼠标把库中的图形元件“人像”拖放到场景中，位置和大小以及色彩效果的设置见图 11. 77。在第 129 帧位置插入关键帧，此时的图形元件“礼品包”的位置和大小以及色彩效果的设置见图 11. 78。选中第 121 关键帧至第 129 关键帧，创建补间动画。在第 195 帧插入帧。

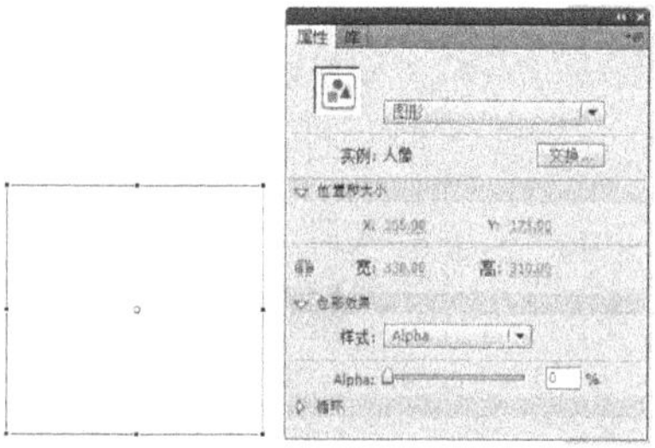

图 11. 77

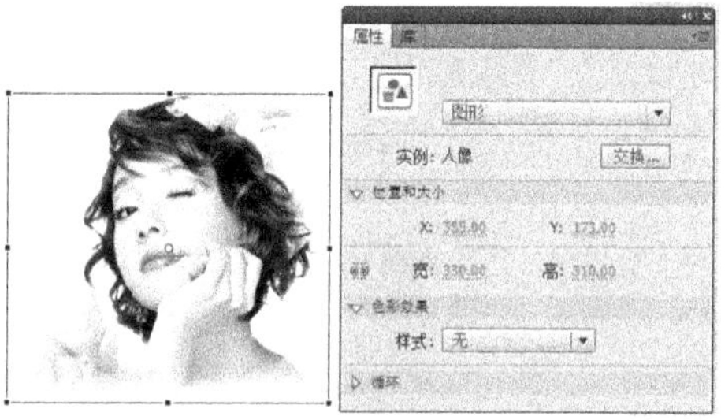

图 11. 78

（4）在［人像］图层的上面插入图层，命名为“鲜花”，选中［鲜花］图层的第 1 空白关键帧，用鼠标把库中的位图素材“鲜花”拖放到场景中，位置和大小的设置见图 11. 79。在第 195 帧插入帧。

（5）在［鲜花］图层的上面插入图层，命名为“显示鲜花”，选中［显示鲜花］图层的第 1 空白关键帧，用鼠标把库中的影片剪辑元件“鲜花遮罩图形”

拖放到场景中，位置和大小的设置见图 11.80。在第 65 帧位置插入帧。选中［显示鲜花］图层，把其设置为“遮罩层”。

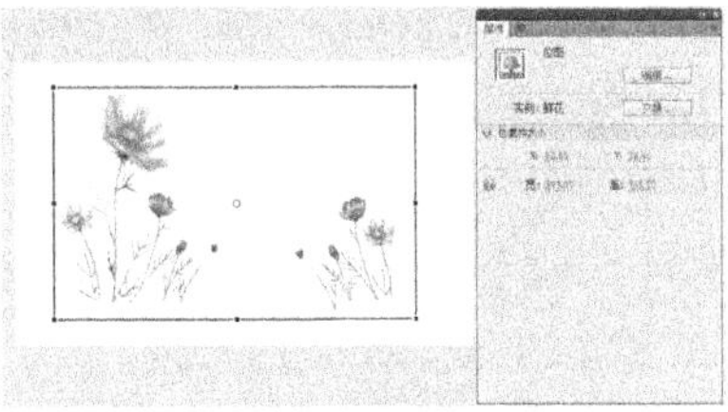

图 11.79

（6）在［显示鲜花］图层的上面插入图层，命名为“广告词”，选中［广告词］图层的第 78 帧，插入空白关键帧并选中该帧，用鼠标把库中的图形元件“广告词”拖放到场景中，位置和大小以及色彩效果的设置见图 11.81。在第 85 帧位置插入关键帧，此时的图形元件“广告词”的位置和大小以及色彩效果的设置见图 11.82。选中第 78 关键帧至第 85 关键帧，创建补间动画。在第 105 帧位置插入关键帧，此时的图形元件“广告词”的位置和大小以及色彩效果同第 85 关键帧，删除第 86 帧至第 104 帧之间的补间动画。在第 113 帧位置插入关键帧，此时的图形元件“广告词”的位置和大小以及色彩效果同第 78 关键帧。选中第 105 关键帧至第 113 关键帧，创建补间动画。

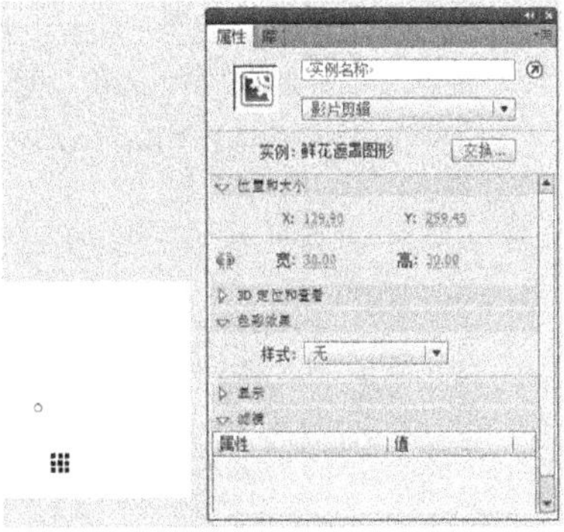

图 11.80

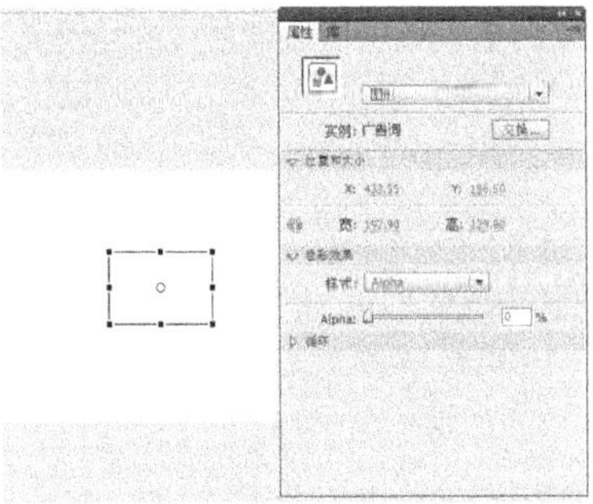

图 11.81

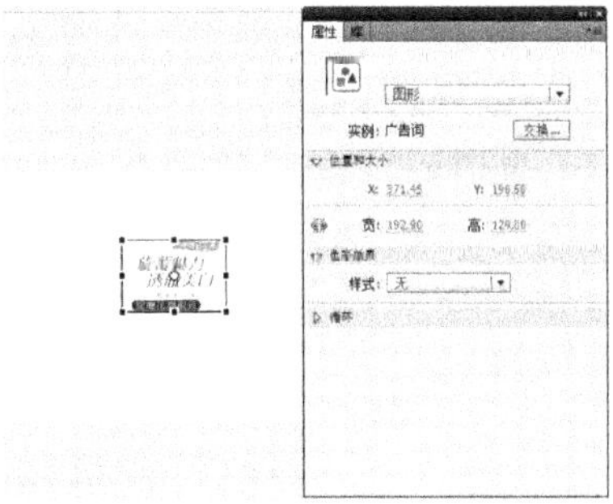

图 11.82

（7）在［广告词］图层的上面插入图层，命名为“fresh Picnic”，选中［fresh Picnic］图层的第 130 帧，插入空白关键帧并选中该帧，用鼠标把库中的图形元件“fresh Picnic”拖放到场景中，位置和大小以及色彩效果的设置见图 11.83。在第 195 帧插入帧。

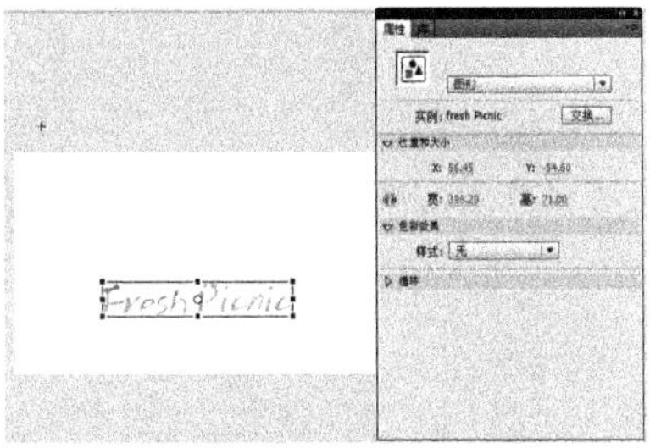

图 11.83

（8）在［广告词］图层的上面插入图层，

命名为“qxshyhd”，选中［qxshyhd］图层的第 130 帧，插入空白关键帧并选中该帧，用鼠标把库中的影片剪辑元件“抢先试用活动”拖放到场景中，位置和大小以及色彩效果的设置见图 11.84。在第 195 帧插入帧。

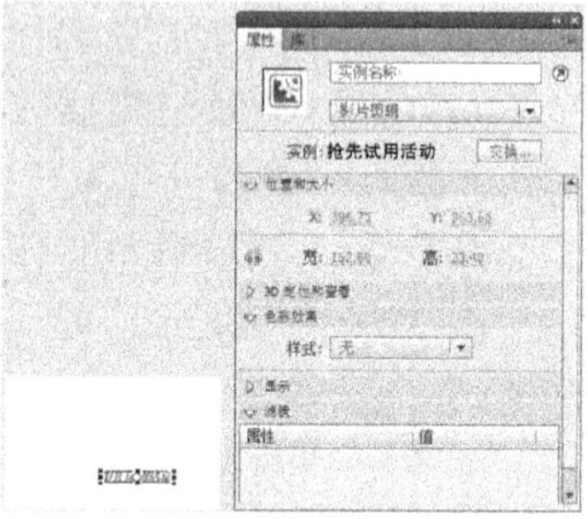

图 11.84

（9）在［qxshyhd］图层的上面插入图层，命名为“关闭按钮”，选中［关闭按钮］图层的第 1 空白关键帧，用鼠标把库中的按钮元件“退出”拖放到场景的右上角。选中按钮元件“退出”，添加脚本代码“on（release）｛fscommand（"quit"）;｝”。在第 195 帧插入帧。

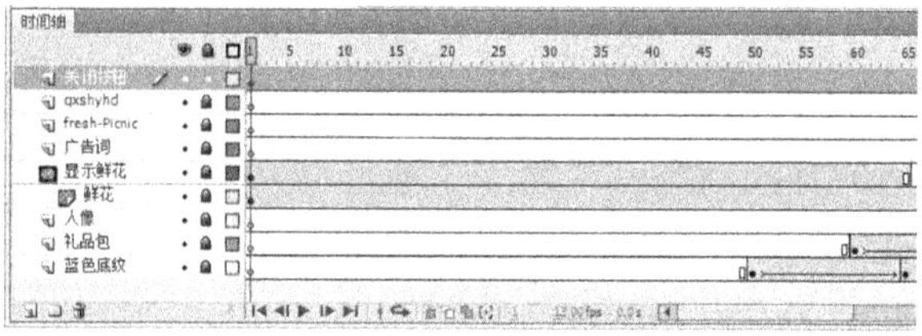

图 11.85

（10）此时的部分图层和时间线设置见图 11.85。因为时间线比较长，所以在此只展示部分截图。

（11）此时的库（见图 11.86）。

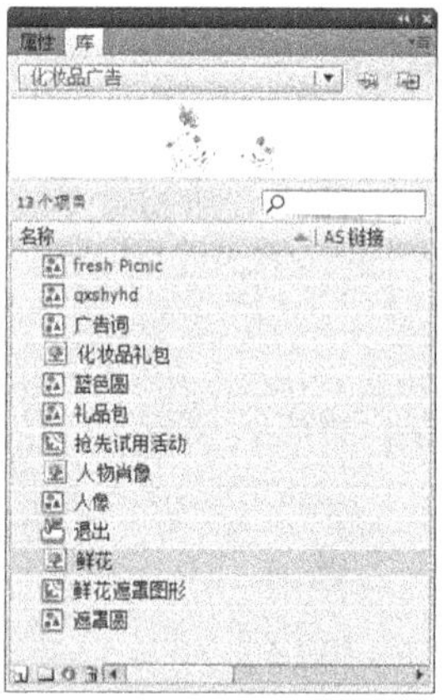

图 11.86

5. 进行整体测试，保存文件，导出影片。

6. 导出影片播放画面（见图 11.87、图 11.88、图 11.89、图 11.90、图 11.91）。

图 11.87

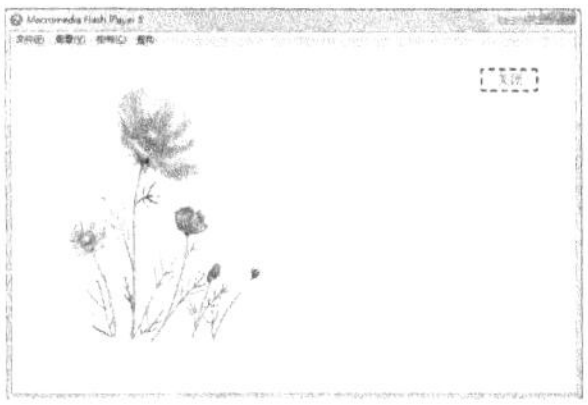

图 11.88

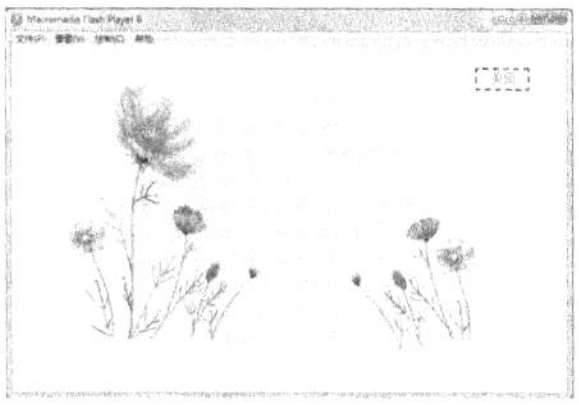

图 11.89

图 11.90

图 11.91

11.3.4　任务评价

1. 在本任务动画的制作中，主要应用到了传统补间动画效果的制作，通过更改元件的坐标位置和 Alpha 值达到制作动画效果的目的。

2. 在制作文字逐一显现并消失的动画效果时，先将文字打散，然后应用传统补间动画效果来设计和制作。

3. 文字对象具有其固有的属性，如果要对一行文字中的单个文字进行编辑，就需要将文字图形化。这个操作要经过两个阶段：①将文本打散，分离为单独的文本块，每个文本块中包含一个文字；②继续进行打散操作，将文本转换为矢量图形。

4. 需要注意的是，一旦将文字转换成矢量图形，就无法再像编辑文字一样对它们进行编辑。

11.3.5　任务拓展

参考本任务的设计和制作方法，使用 Flash 设计和制作化妆品广告制作案例（见图 11.92）。

图 11.92

11.4　任务2　旅游广告之桂林山水甲天下

11.4.1　任务描述

使用 Flash 设计和制作宣传桂林山水甲天下的旅游广告。广告播放时，从画面上可以看到桂林的漓江，晴空万里，绿绿的水缓缓流动，水天一色，紧接着出现太阳光线扫过漓江水面，最后交错出现炫目的不同颜色的文字“桂林山水甲天下”。

11.4.2　任务目标

1. 设置舞台属性，导入需要的素材。
2. 添加文字，制作文字交错出现的动画效果。
3. 制作太阳光线扫过江面的动画效果。
4. 制作江面水波缓慢流动的动画效果。

11.4.3　任务实施

1. 新建一个 Flash 文档，设置其宽高大小为 800 像素 ×400 像素，背景颜色为黑色，其余选项默认（见图 11.93）。

2. 此时的库（见图 11.94）。

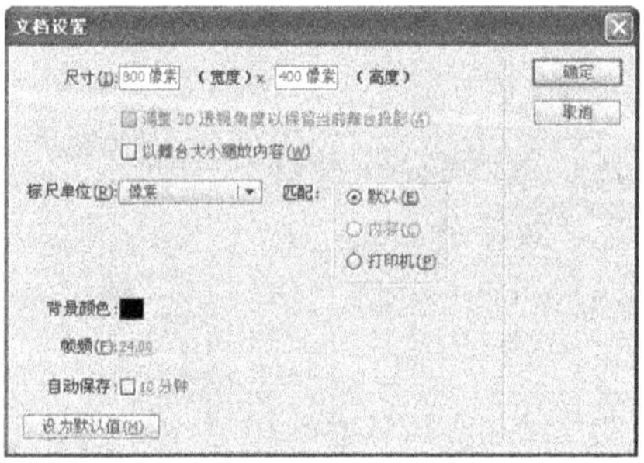

图 11.93

图 11.94

3. 相关元件的设计和制作。

（1）图形元件“文字”的设计和制作。

①创建新元件，命名为“文字”，类型为图形（见图 11.95）。

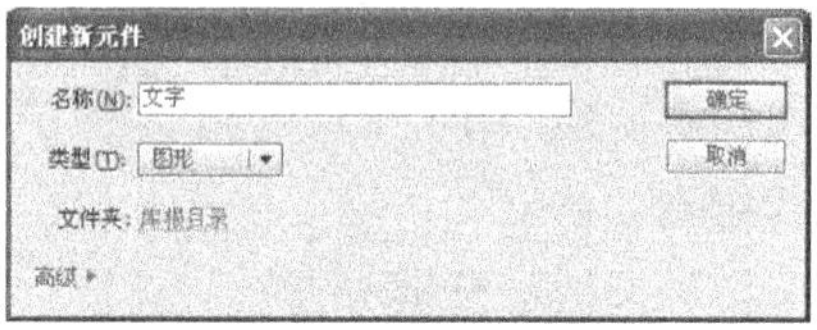

图 11.95

②用鼠标单击图 11.95 中的“确定”按钮，进入图形元件“文字”的编辑场景。

③选中［图层 1］图层的第 1 空白关键帧，使用工具箱中的“文本工具”在场景中输入静态文本“中国携程旅行网”，设置好文本的格式（见图 11.96）。

④此时的图层和时间线设置（见图 11.97）。

图 11.96

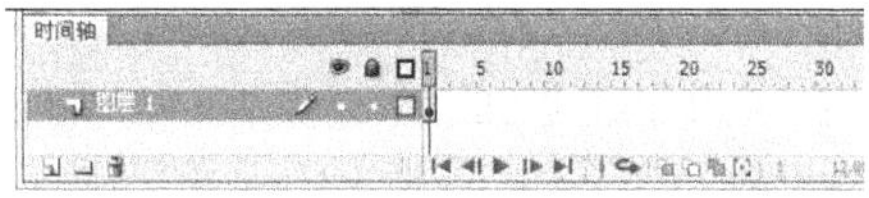

图 11.97

（2）图形元件“光线”的设计和制作。

①创建新元件，命名为“光线”，类型为图形（见图 11.98）。

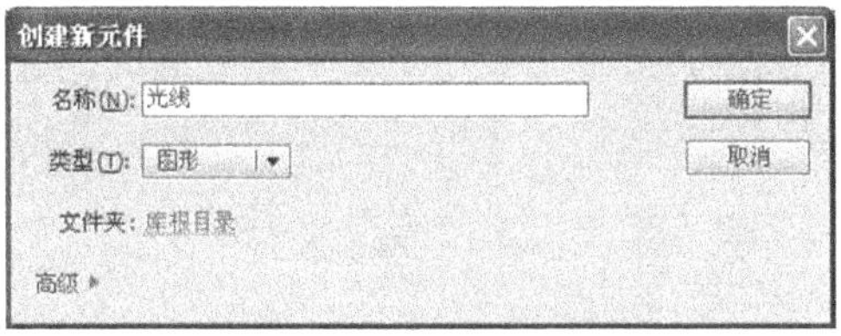

图 11.98

②用鼠标单击图 11.98 中的“确定”按钮，进入图形元件“光线”的编辑场景。

③选中［图层 1］图层中的第 1 空白关键帧，使用工具箱中的“椭圆工具”绘制一个无边框的扁平椭圆，进行“径向渐变”颜色填充，左边颜色块的颜色设置为“FFFFFF”，Alpha 值设置为 50%；右边颜色块的颜色设置为“029897”，Alpha 值设置为 0%，具体设置见图 11.99 和图 11.100。

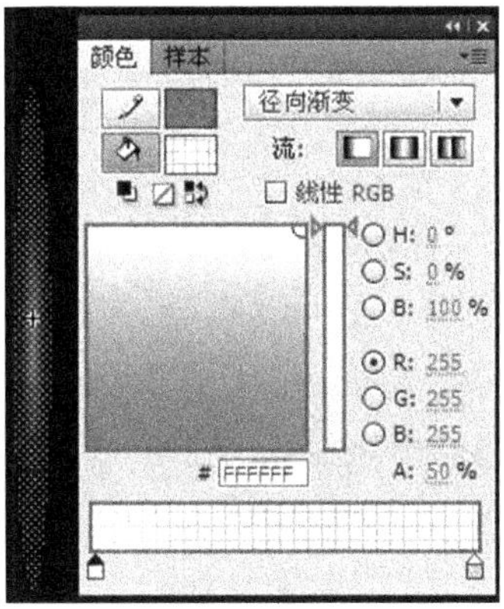

图 11.99

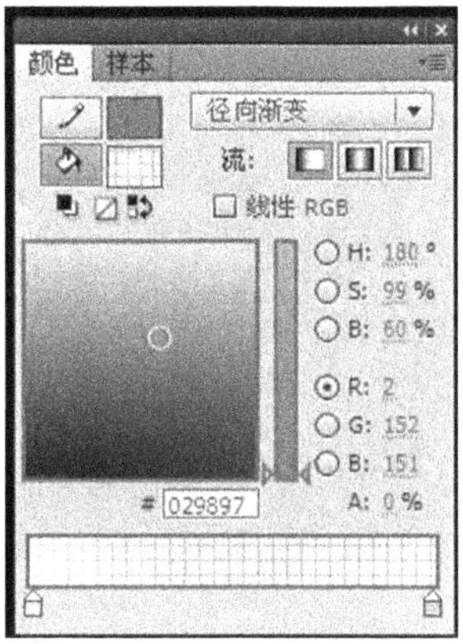

图 11.100

④此时的图层和时间线设置（见图 11.101）。

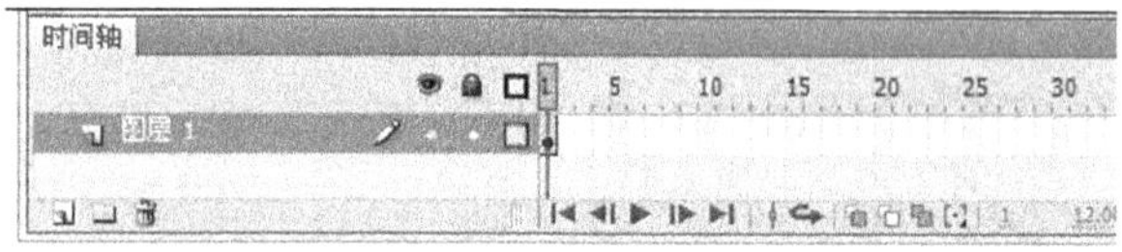

图 11. 101

（3）图形元件“光线束”的设计和制作。

①创建新元件，命名为“光线束”，类型为图形（见图 11. 102）。

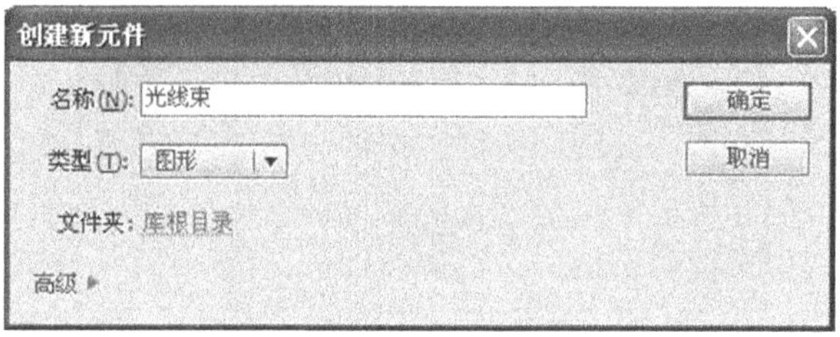

图 11. 102

②用鼠标单击图 11. 102 中的“确定”按钮，进入图形元件“光线束”的编辑场景。

③选中［图层 1］图层中的第 1 空白关键帧，用鼠标把库中的图形元件“光线”拖放到场景中，对其进行复制粘贴 5 次（或者用鼠标从库中拖放 6 次图形元件“光线”到场景中），得到 6 个图形元件“光线”，调整它们的大小和角度，得到图形（见图 11. 103）。

④此时的图层和时间线设置（见图 11. 104）。

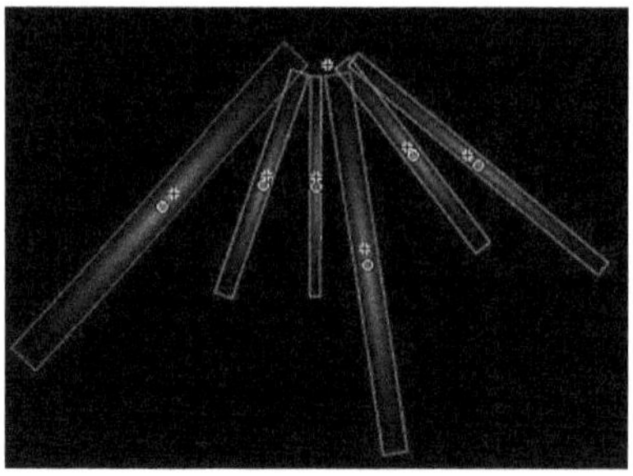

图 11. 103

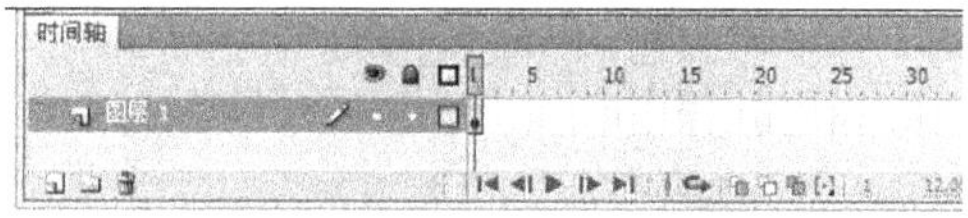

图 11. 104

（4）图形元件“桂”的设计和制作。

①创建新元件，命名为“桂”，类型为图形（见图 11. 105）。

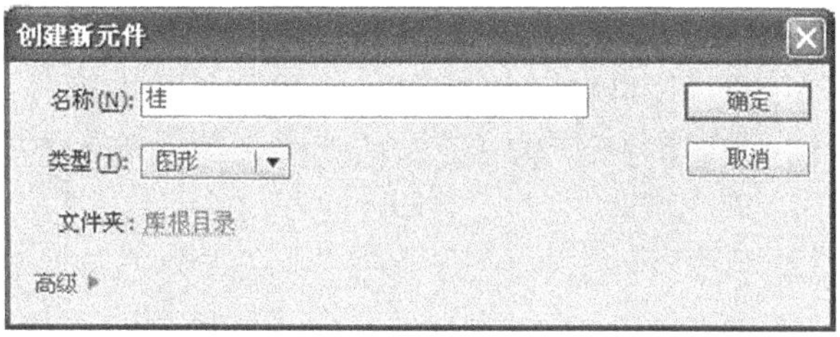

图 11.105

②用鼠标单击图 11.105 中的“确定”按钮，进入图形元件“桂”的编辑场景。

③选中［图层 1］图层的第 1 空白关键帧，使用工具箱中的“矩形工具”绘制好一个无边框的正方形（见图 11.106）。

④新建（插入）一个图层，默认名称为“图层 2”。选中［图层 2］图层的第 1 空白关键帧，使用工具箱中的“文本工具”输入静态文本“桂”，设置好其格式和位置（见图 11.107）。

图 11.106

图 11.107

⑤此时的图层和时间线设置（见图 11.108）。

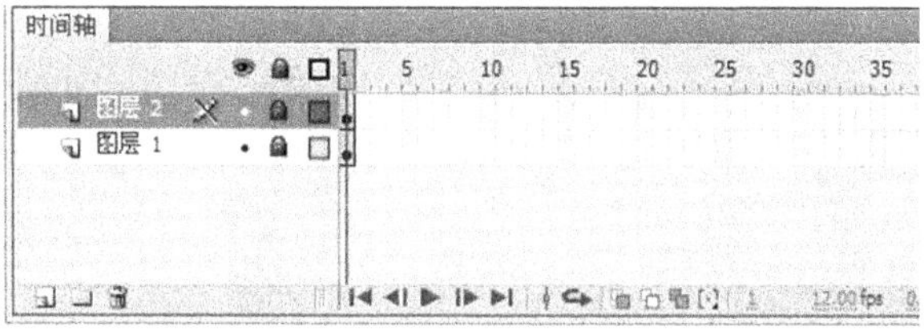

图 11.108

（5）图形元件“林”的设计和制作。

依照图形元件“桂”的设计和制作方法，得到图形元件“林”（见图 11.109）。

（6）参照图形元件“桂”的设计和制作方法，得到图形元件“山”、“水”、“甲”、“天”、“下”（见图 11. 110、图 11. 111、图 11. 112、图 11. 113、图 11. 114）。只是在此不用绘制正方形，只要在默认［图层 1］图层的第 1 空白关键帧上输入静态文本然后格式化即可。

图 11. 109

图 11. 110

图 11. 111

图11. 112

图 11. 113

图 11. 114

（7）影片剪辑元件“动态文字”的设计和制作。

①创建新元件，命名为“动态文字”，类型为影片剪辑（见图 11. 115）。

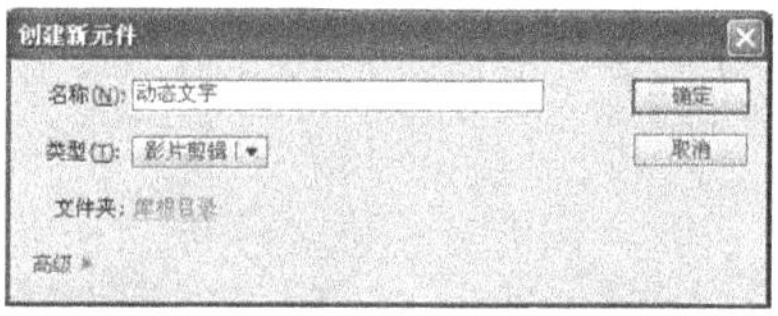

图 11. 115

②用鼠标单击图 11. 115 中的“确定”按钮，进入影片剪辑元件“动态文字”的编辑场景。

③把［图层 1］图层命名为“桂”，选中［桂］图层的第 1 空白关键帧，用鼠标把库中的图形元件“桂”拖放到场景中，其位置和大小以及色彩效果见图 11. 116。在第 7 帧位置插入关键帧，此时图形元件“桂”的位置和大小见图 11. 117。选中第 1 关键帧至第 7 关键帧，创建补间动画。在第 60 帧位置插入帧。

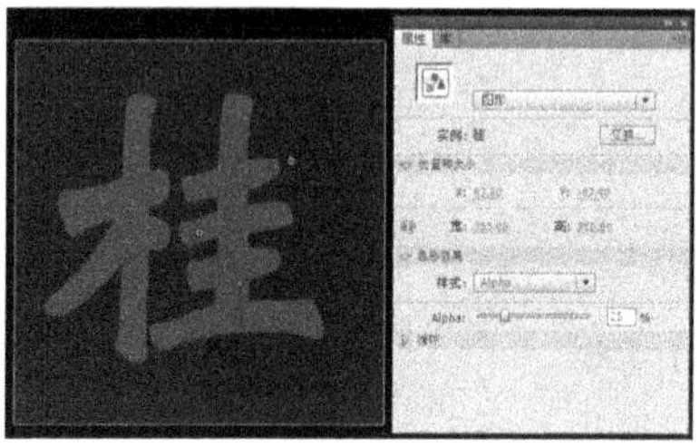

图 11. 116

图 11. 117

④在［桂］图层的上面插入一个图层，命名为“林”，选中［林］图层的

第 5 帧位置，插入空白关键帧并选中该帧，用鼠标把库中的图形元件“林”拖放到场景中，其位置和大小以及色彩效果见图 11.118。在第 11 帧位置插入关键帧，此时图形元件“林”的位置和大小见图 11.119。选中第 5 关键帧至第 11 关键帧，创建补间动画。在第 60 帧位置插入帧。

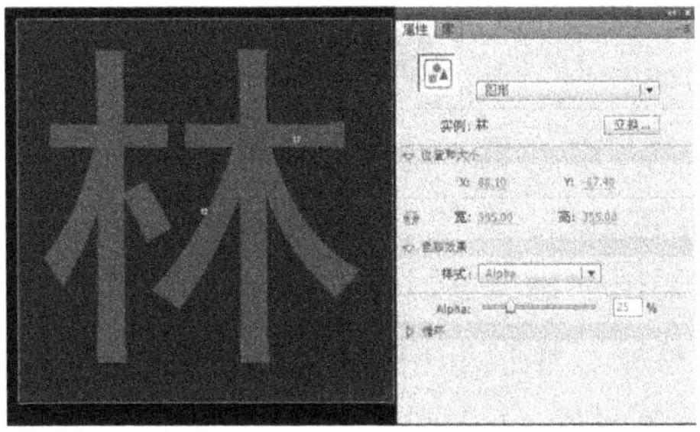

图 11.118

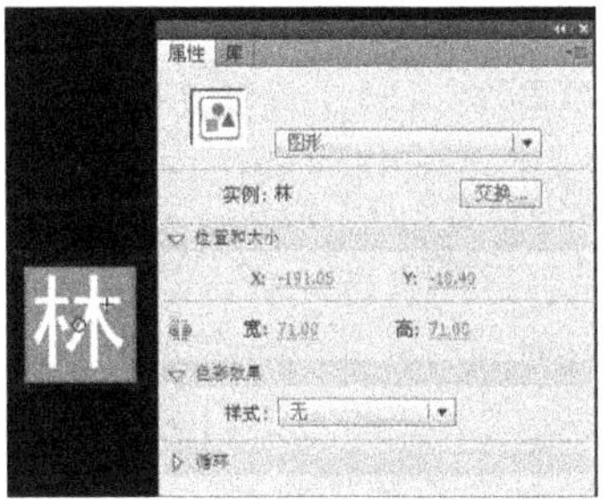

图 11.119

⑤在［林］图层的上面插入一个图层，命名为“山”，选中［山］图层的第 9 帧位置，插入空白关键帧并选中该帧，用鼠标把库中的图形元件“山”拖放到场景中，其位置和大小以及色彩效果见图 11.120。在第 16 帧位置插入关键帧，此时图形元件“林”的位置和大小见图 11.121。选中第 9 关键帧至第 16 关键帧，创建补间动画。在第 60 帧位置插入帧。

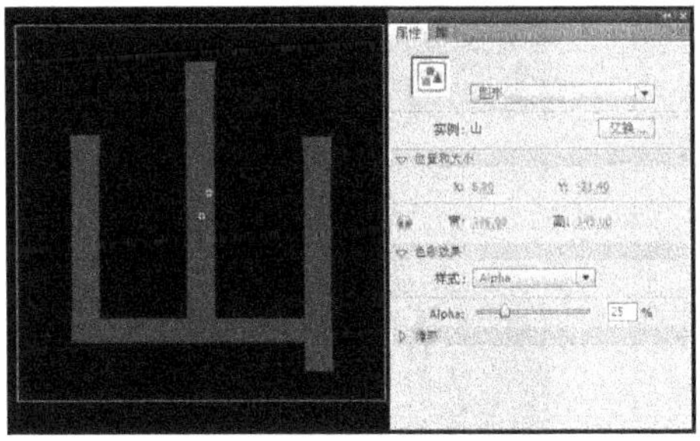

图 11.120

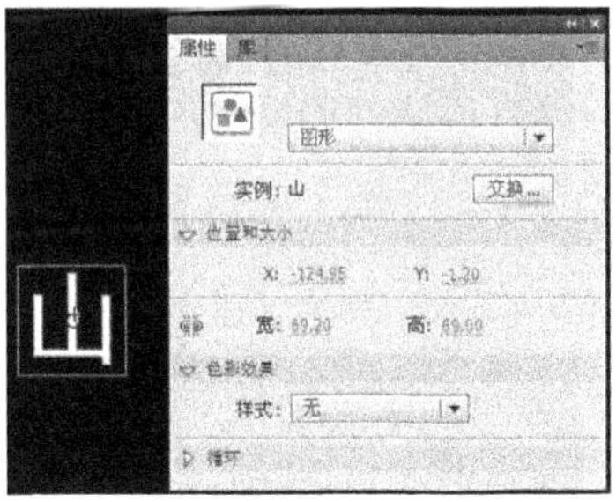

图 11.121

⑥在［山］图层的上面插入一个图层，命名为“水”，选中［水］图层的第 13 帧位置，插入空白关键帧并选中该帧，用鼠标把库中的图形元件“山”拖放到场景中，其位置和大小以及色彩效果见图 11.122。在第 19 帧位置插入关键帧，此时图形元件“山”的位置和大小见图 11.123。选中第 13 关键帧至

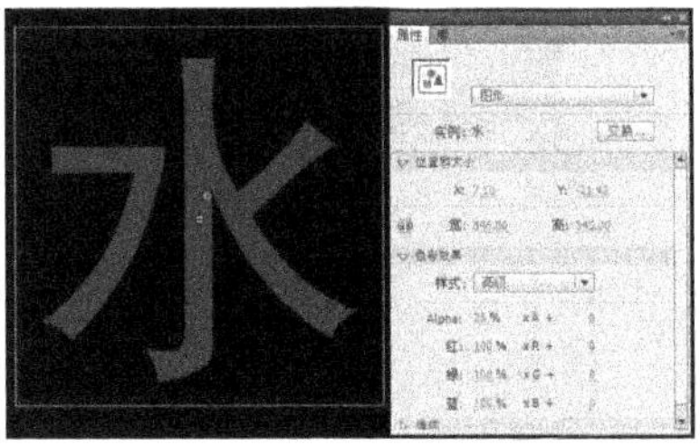

图 11.122

第 19 关键帧，创建补间动画。在第 60 帧位置插入帧。

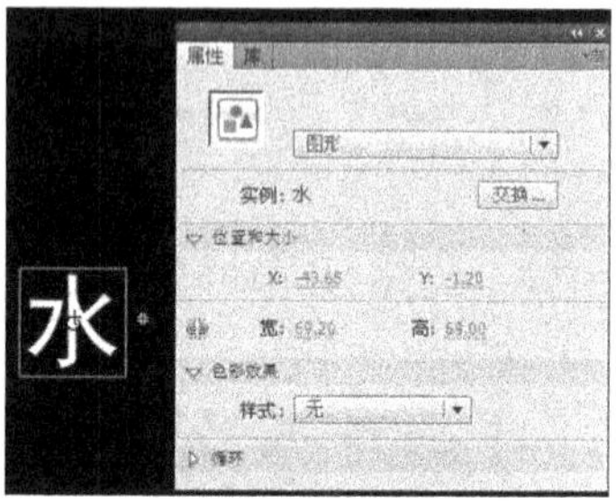

图 11. 123

⑦在［水］图层的上面插入一个图层，命名为“甲”，选中［甲］图层的第 17 帧位置，插入空白关键帧并选中该帧，用鼠标把库中的图形元件“甲”拖放到场景中，其位置和大小以及色彩效果见图 11. 124。在第 23 帧位置插入关键帧，此时图形元件“甲”的位置和大小见图 11. 125。选中第 17 关键帧至第 23 关键帧，创建补间动画。在第 60 帧位置插入帧。

⑧在［甲］图层的上面插入一个图层，命名为“天”，选中［天］图层的第 21 帧位置，插入空白关键帧并选中该帧，用鼠标把库中的图形元件“天”拖放到场景中，其位置和大小以及色彩效果见图 11. 126。在第 27 帧位置插入关键帧，此时图形元件“天”的位置和大小见图 11. 127。选中第 21 关键帧至第 27 关键帧，创建补间动画。在第 60 帧位置插入帧。

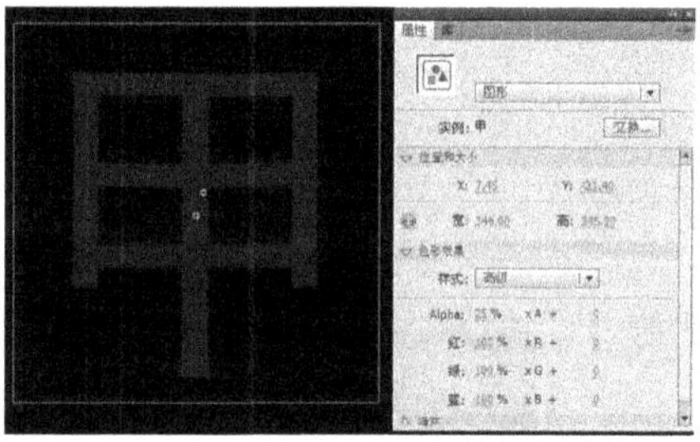

图 11. 124

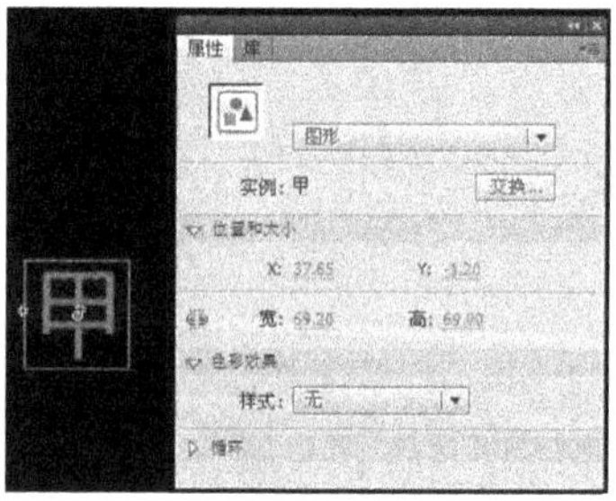

图 11. 125

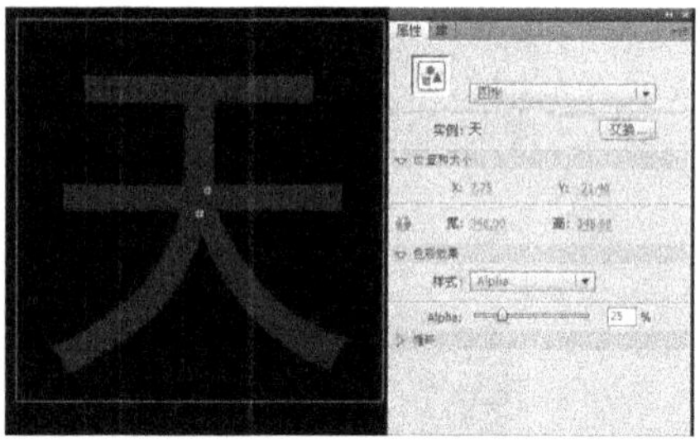

图 11. 126

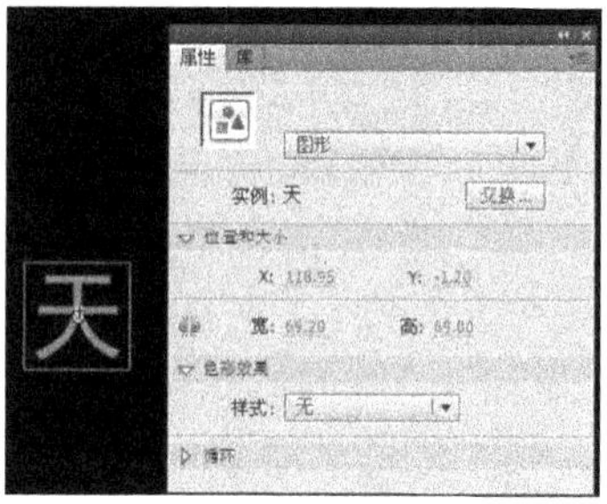

图 11. 127

⑨在［天］图层的上面插入一个图层，命名为“下”，选中［下］图层的第 25 帧位置，插入空白关键帧并选中该帧，用鼠标把库中的图形元件“下”拖放到场景中，其位置和大小以及色彩效果见图 11. 128。在第 31 帧位置插入关键

帧，此时图形元件“下”的位置和大小见图 11.129。选中第 25 关键帧至第 31 关键帧，创建补间动画。在第 60 帧位置插入帧。

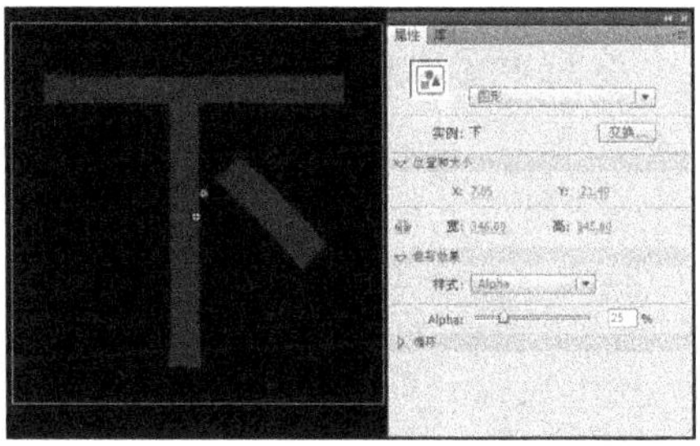

图 11.128

图 11.129

⑩此时的图层和时间线设置（见图 11.130）。

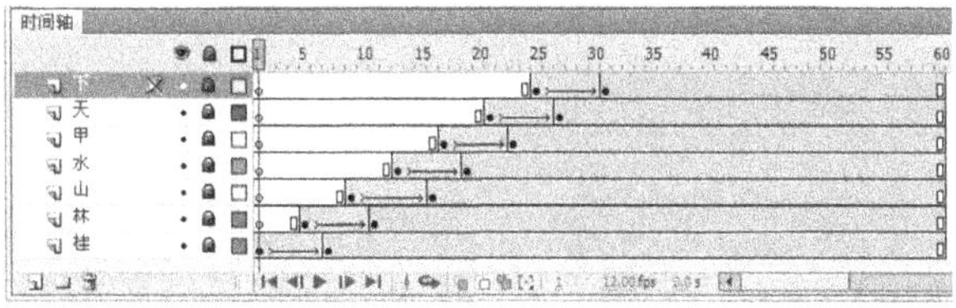

图 11.130

（8）不同图层相同关键帧上的不同图形元件的大小和位置：

①第 1 关键帧上的不同图形元件的大小和位置（见图 11.131）。

②第 5 关键帧上的不同图形元件的大小和位置（见图 11.132）。

图 11.131

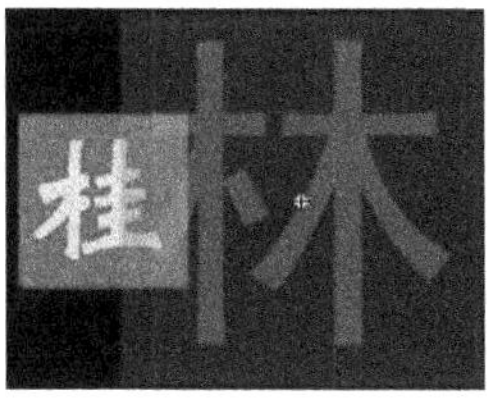

图 11.132

③第 9 关键帧上的不同图形元件的大小和位置（见图 11.133）。

④第 11 关键帧上的不同图形元件的大小和位置（见图 11.134）。

⑤第 13 关键帧上的不同图形元件的大小和位置（见图 11.135）。

⑥第 16 关键帧上的不同图形元件的大小和位置（见图 11.136）。

图 11. 133

图 11. 134

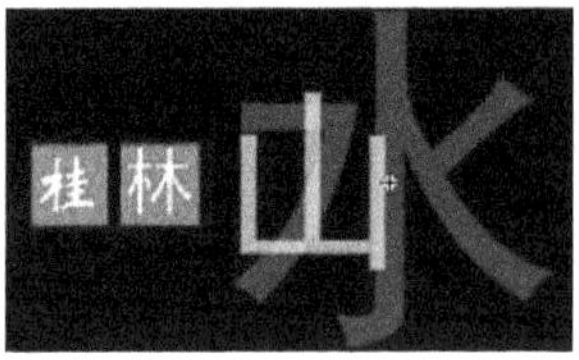

图 11. 135

图 11. 136

⑦第 17 关键帧上的不同图形元件的大小和位置（见图 11. 137）。
⑧第 19 关键帧上的不同图形元件的大小和位置（见图 11. 138）。

图 11. 137

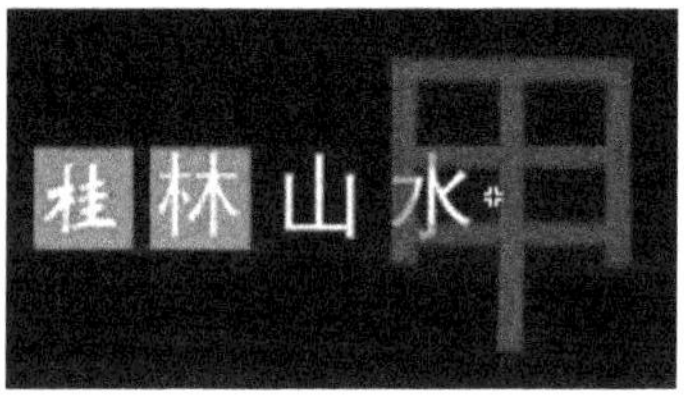

图 11. 138

⑨第 21 关键帧上的不同图形元件的大小和位置（见图 11. 139）。
⑩第 23 关键帧上的不同图形元件的大小和位置（见图 11. 140）。

图 11. 139

图 11. 140

⑪第 25 关键帧上的不同图形元件的大小和位置（见图 11. 141）。
⑫第 27 关键帧上的不同图形元件的大小和位置（见图 11. 142）。

图 11. 141

图 11. 142

⑬第 31 关键帧上的不同图形元件的大小和位置（见图 11. 143）。

图 11. 143

4. 相关元件设计和制作完毕，回到主场景，进行合成。

（1）新建（插入）4 个图层，这样就有 5 个图层了，对图层进行命名，从上到下分别是［动态文字］、［文字标题］、［光线扫描］、［水的流动］、［背景图形］。

（2）选中［背景图形］图层的第 1 空白关键帧，用鼠标把库中的图形素材“背景图形”拖放到场景中，设置其宽高大小为 800 像素 ×340 像素，位置坐标为（0，60）（见图 11. 144）。在第 65 帧位置插入帧。

图 11. 144

（3）选中［水的流动］图层的第 1 空白关键帧，用鼠标把库中的图形素材“遮罩图像”拖放到场景中，使得其左边界和下边界跟场景的左边界和下边界重合、对齐，其位置和大小以及色彩效果见图 11. 145 和图 11. 146。在第 65 帧位置插入关键帧，使图形素材“遮罩图像”的右边界和下边界跟场景的右边界和下边界重合、对齐，其位置和大小以及色彩效果见图 11. 147 和图 11. 148。选中第 1 关键帧至第 65 关键帧，创建补间动画。

图 11.145

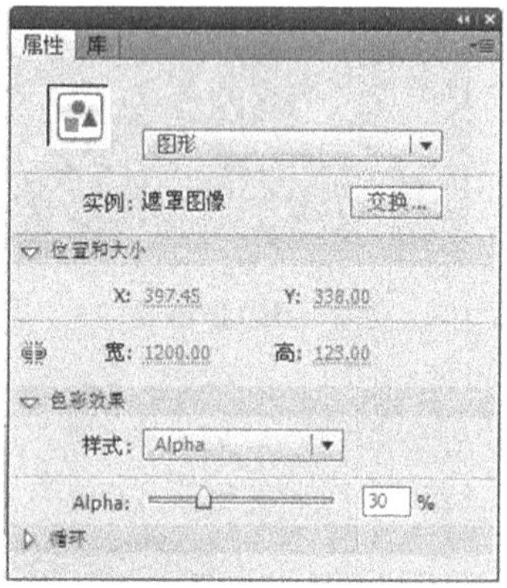

图 11.146

图 11.147

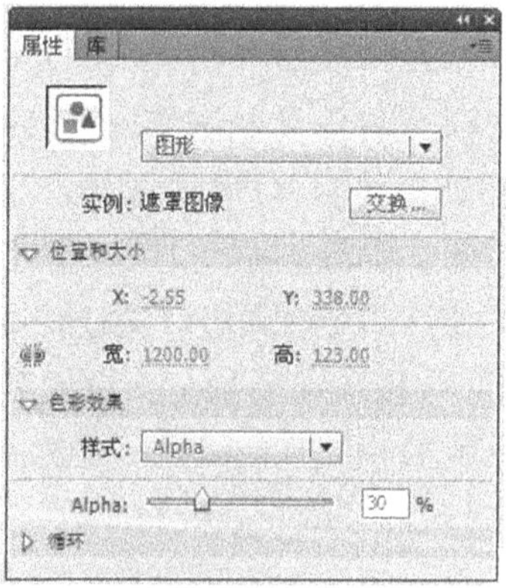

图 11.148

（4）选中［光线扫描］图层的第 1 空白关键帧，用鼠标把库中的图形元件“光线束”拖放到场景中靠右上角的位置，其位置坐标和大小以及色彩效果见图 11.149 和图 11.150。在第 45 帧位置插入关键帧并选中该帧，把图形元件“光线束”用工具箱中的“任意变形工具”顺时针旋转一定角度，此时图形元件“光线束”的位置和大小以及色彩效果见图 11.151 和图 11.152。在第 55 帧位置插入关键帧并选中该帧，把图形元件“光线束”用工具箱中的“任意变形工具”顺时针继续旋转一定角度，此时图形元件“光线束”的位置和大小以及色彩效果见图 11.153 和图 11.154。在第 65 帧位置插入帧。

图 11.149

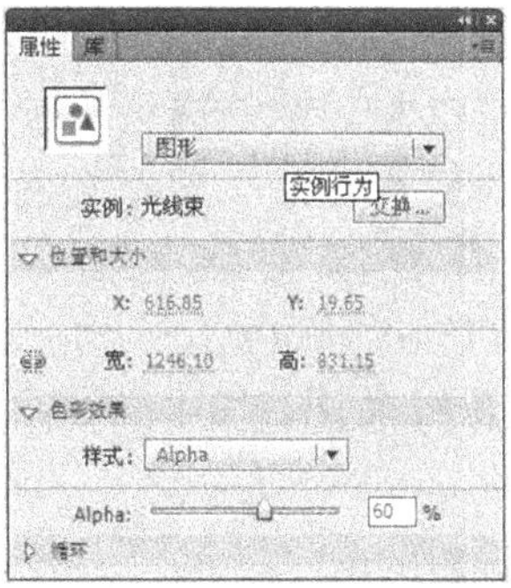

图 11.150

图 11.151

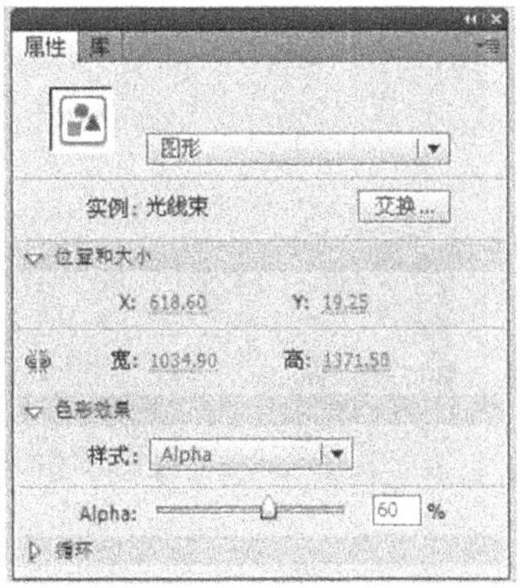

图 11.152

图 11.153

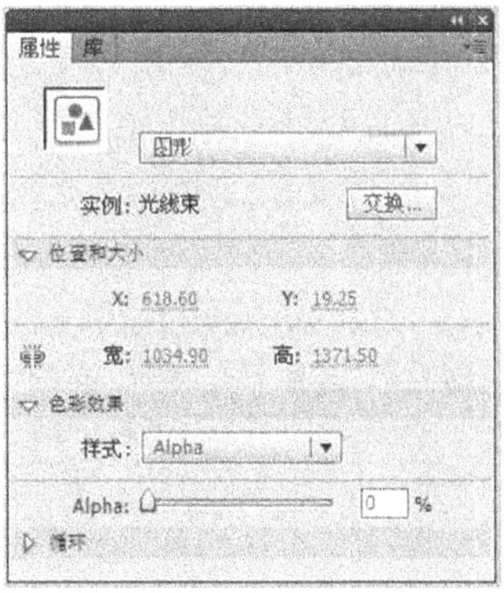

图 11.154

（5）选中［文字标题］图层的第 1 空白关键帧，使用工具箱中的“矩形工具”绘制图形，使用“文本工具”输入静态文本“水天一色”，对文本进行格式化，同时用鼠标把库中的图形元件“文字”拖进来，调整好位置（见图 11.155）。在第 65 帧位置插入帧。

（6）选中［动态文字］图层的第 25 帧位置，插入空白关键帧并选中该帧，用鼠标把库中的影片剪辑元件“动态文字”拖放到场景中，其位置和大小见图 11.156 和图 11.157。在第 65 帧位置插入帧。

（7）此时的图层和时间线设置（见图 11.158）。

（8）此时的库（见图 11.159）。

图 11.155

图 11.156

图 11.157

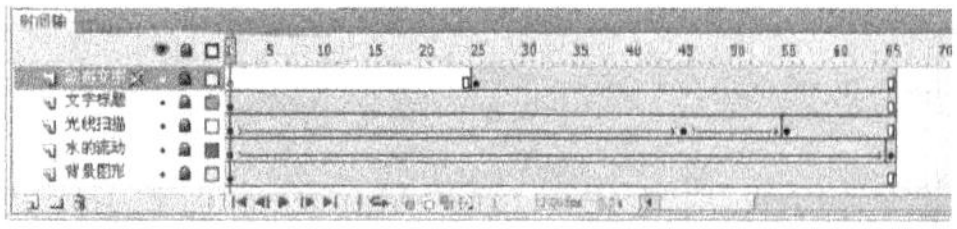

图 11.158

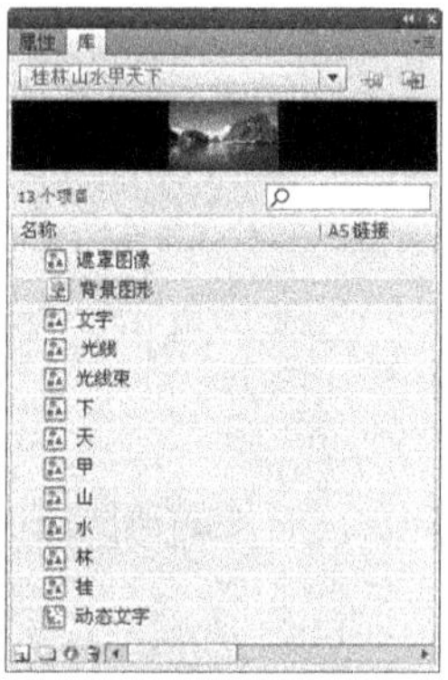

图 11.159

5. 进行整体测试，保存文件，导出影片。

6. 导出影片的播放画面（见图 11.160、图 11.161、图 11.162、图 11.163）。

图 11.160

图 11.161

图 11.162

图 11.163

11.4.4　任务评价

本任务设计和制作的重点与难点在于图形元件“光线束”和影片剪辑元件“动态文字”的制作。本任务的设计和制作很好地诠释了 Flash 动画从一定意义上来说也是元件动画的道理，由此告诉我们：要熟练使用 Flash 来设计和制作动画，就要对其中的 3 种元件的设计和制作做到灵活应用、举一反三。

11.4.5　任务拓展

本任务中漓江水面的水波流动范围是近处的长方形区域，而远处的水面没有流动，美中不足。这是由遮罩图形是规则的长条矩形决定的，但是水面可不是规则的形状。该如何避免此不足之处，让眼前的整个漓江水面流动起来呢？

11.5　任务 3　汽车广告

11.5.1　任务描述

使用 Flash 设计和制作汽车广告动画。动画播放时，画面上出现帕萨特汽车的影像图，用鼠标移动到画面下方的汽车名称上时伴随着音效，同时文字的背景颜色发生变化，此时相应的汽车影像会动态地从右边出现，填满动画画面，动感十足。用鼠标左键单击画面下方的汽车名称，可以链接到相应的汽车网页，从而可以进一步详细地了解该汽车的相关信息。

11.5.2　任务目标

1. 熟练掌握 Flash 中按钮元件和影片剪辑元件的设计和制作方法，达到灵活应用、举一反三。

2. 熟练掌握 Flash 中脚本代码在控制按钮元件和影片剪辑元件方面的应用。

3. 熟练掌握 Flash 按钮元件中声音的添加。

11.5.3　任务实施

1. 新建一个 Flash 文档，设置其宽高大小为 560 像素 × 160 像素，背景颜色为白色，其余选项默认（见图 11.164）。

2. 将相关素材导入库中（见图 11.165）。

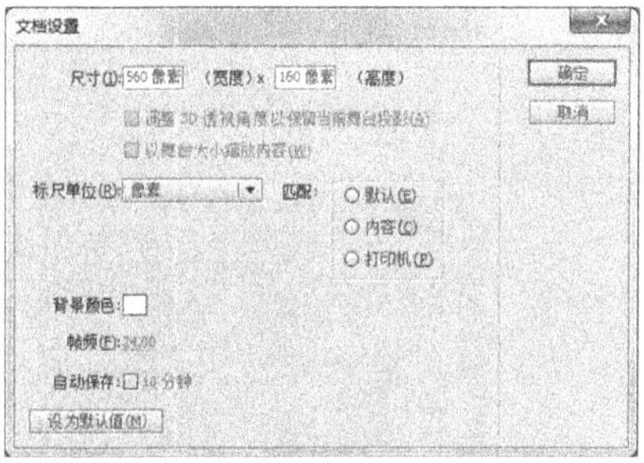

图 11.164

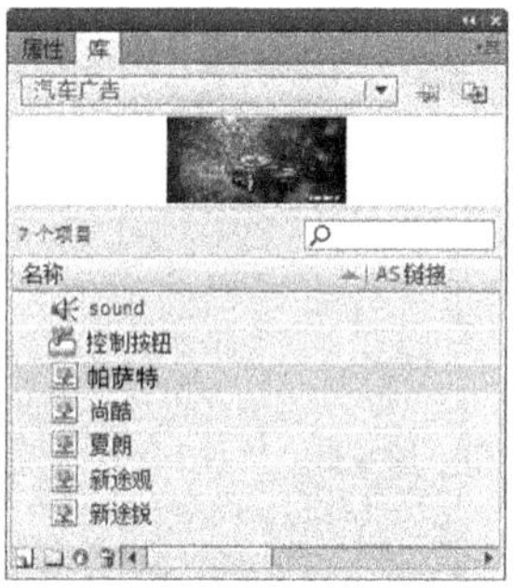

图 11.165

3. 相关元件的设计和制作。

(1) 影片剪辑元件“按钮底色”的设计和制作。

①创建新元件，命名为“按钮底色”，类型为影片剪辑（见图 11.166）。

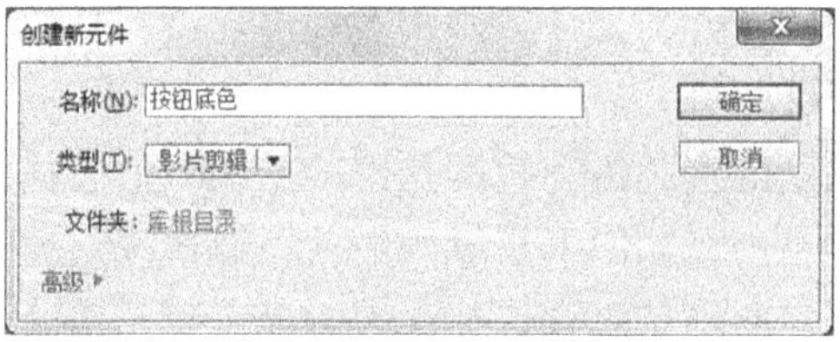

图 11.166

②用鼠标单击图 11.166 中的“确定”按钮，进入影片剪辑元件“按钮底色”的编辑场景。

③选中［图层 1］图层的第 1 空白关键帧，使用工具箱中的“矩形工具”绘制好一个无边框的矩形，其位置和大小以及颜色填充方式见图 11.167。在第 5 帧位置插入关键帧，使用工具箱中的“矩形工具”和“选择工具”绘制好图形，其位置和大小以及颜色填充方式见图 11.168。在第 9 帧位置插入关键帧，使用工具箱中的“矩形工具”绘制好一个矩形，其位置和大小以及颜色填充方式见图 11.169。选中第 1 关键帧至第 9 关键帧，建立补间动画。

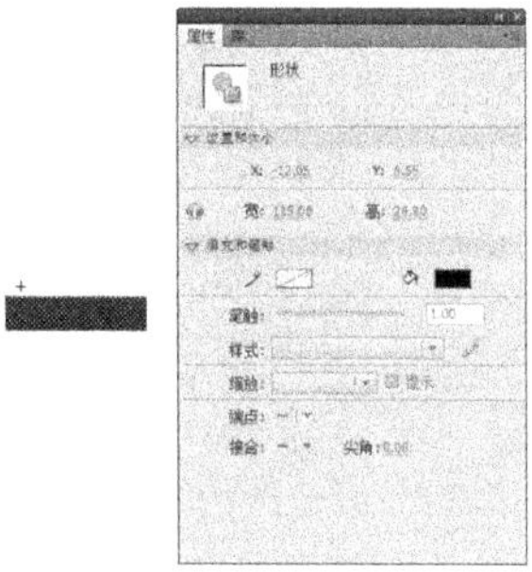

图 11. 167

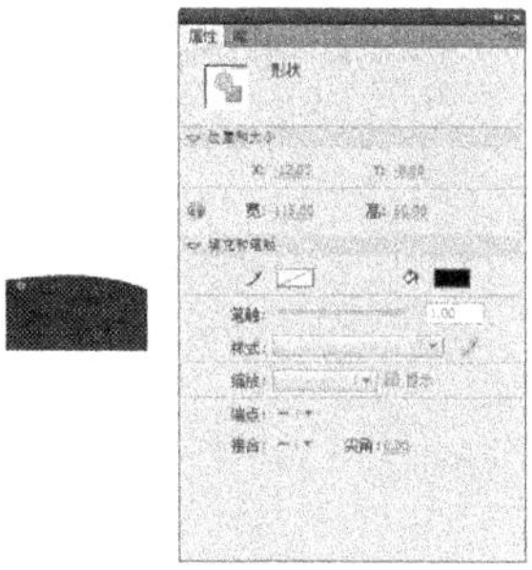

图 11. 168

图 11. 169

④此时的图层和时间线设置（见图 11. 170）。

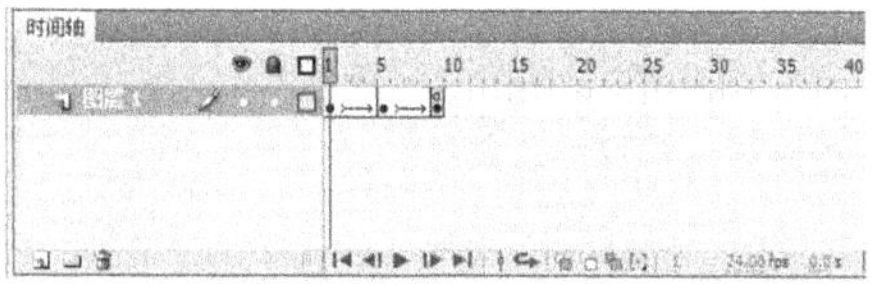

图 11. 170

（2）按钮元件“控制按钮”的设计和制作。

①创建新元件，命名为“控制按钮”，类型为按钮（见图 11. 171）。

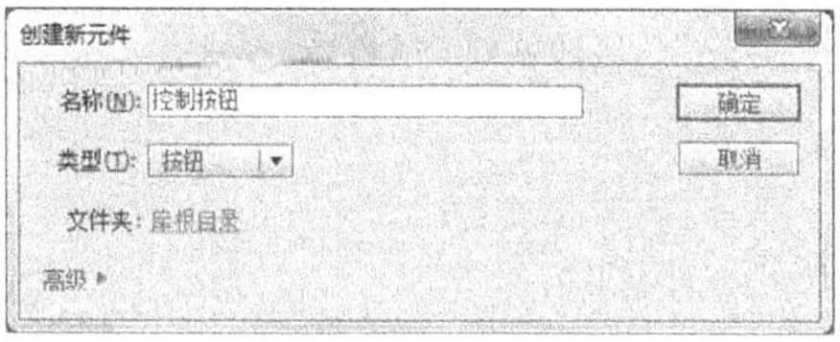

图 11. 171

②用鼠标单击图 11. 171 中的“确定”按钮，进入按钮元件“控制按钮”的编辑场景。

③选中［图层 1］图层中“指针经过”状态所对应帧位置（第 1 帧）插入空白关键帧，用鼠标把库中的影片剪辑元件“按钮底色”拖放到场景中，其位置和大小见图 11. 172。选中“指针经过”状态所对应的关键帧（第 2 帧），在“属性”面板中选择声音文件“sound”，加载声音（见图 11. 173），使得鼠标移动到按钮上时发出声音。选中“点击”状态所对应帧位置（第 4 帧）插入空白关键帧，使用工具箱中的“矩形工具”绘制好一个无边框的白色矩形，其位置和大小以及颜色填充见图 11. 174。

图 11.172

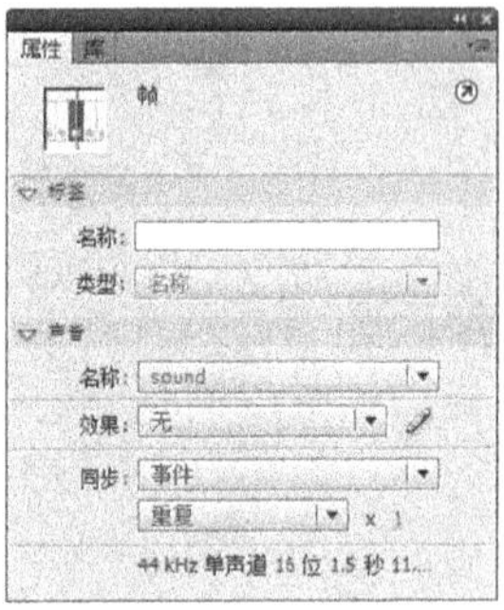

图 11.173

图 11.174

④此时的图层和时间线设置（见图 11.175）。

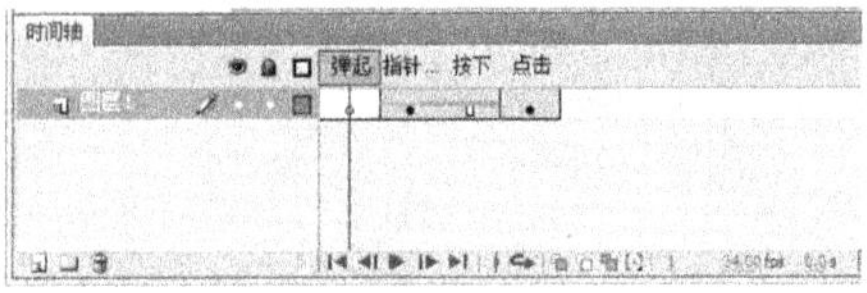

图 11.175

（3）影片剪辑元件“汽车组图”的设计和制作。

①创建新元件，命名为“汽车组图”，类型为影片剪辑（见图 11.176）。

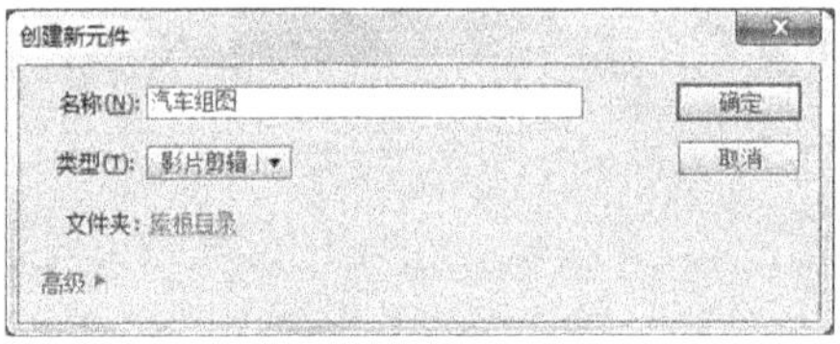

图 11.176

②用鼠标单击图 11.176 中的“确定”按钮，进入影片剪辑元件“汽车组图”的编辑场景。

③选中［图层 1］图层的第 1 空白关键帧，用鼠标把库中的图形元件“帕萨特”、“尚酷”、“夏朗”、“新途观”、“新途锐”依次拖放到场景中，宽高大小均设置为 2 800 像素 ×160 像素，且依次在水平方向上进行无缝拼接组合（见图 11.177），其位置和大小见图 11.178。

图 11.177

图 11.178

④此时的图层和时间线设置（见图 11.179）。

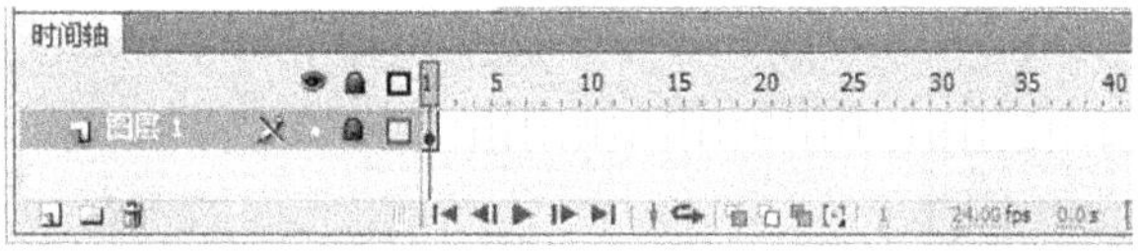

图 11.179

4. 元件设计和制作完毕，回到主场景，进行合成。

（1）新建（插入）3 个图层，这样就有 4 个图层了，进行命名，从上到下分别是［文字横条］、［说明文字］、［控制按钮］、［汽车组图］。

（2）选中［汽车组图］图层的第 1 空白关键帧，用鼠标把库中的影片剪辑元件“汽车组图”拖放到场景中，使得其左边界跟场景的左边界重合，把其命名为“menu”，其位置和大小见图 11.180。使用工具箱中的工具绘制好一个图形（见图 11.181），其位置和大小见图 11.182。选中影片剪辑元件“汽车组图”，添加脚本代码（见图 11.183）。

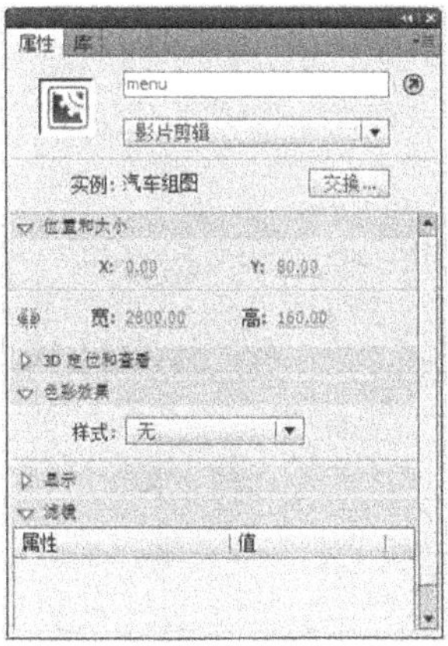

图 11.180

图 11.181

图 11.182

```
onClipEvent (enterFrame) {
    Xsquare = _root.menu._x;
    Xdiff = Xpos-Xsquare;
    Xmove = Xdiff/10;
    _root.menu._x = Xsquare+Xmove;
}
```

图 11.183

（3）选中［控制按钮］图层的第 1 空白关键帧，用鼠标把库中的按钮元件“控制按钮”拖放到场景中，连续拖放 5 次，把场景中的 5 个按钮元件“控制按钮”进行排列对齐（见图 11.184）。从左到右依次选中每个按钮元件，添加脚本代码（见图 11.185、图 11.186、图 11.187、图 11.188、图 11.189）

图 11.184

```
on (rollOver) {
_root.menu.Xpos=0
}
on (press) {
getURL("http://www.Passat.com", "_blank");
}
```

图 11.185

```
on (rollOver) {
_root.menu.Xpos= -560
}
on (press) {
getURL("http://www.Scirocco.com", "_blank");
}
```

图 11.186

```
on (rollOver) {
_root.menu.Xpos= -1120
}
on (press) {
getURL("http://www.Sharan.com", "_blank");
}
```

图 11.187

```
on (rollOver) {
_root.menu.Xpos= -1680
}
on (press) {
getURL("http://www.NewTiguan.com", "_blank");
}
```

图 11.188

```
on (rollOver) {
_root.menu.Xpos= -2240
}
on (press) {
getURL("http://www.NewTouareg.com", "_blank");
}
```

图 11.189

（4）选中［说明文字］图层的第 1 空白关键帧，使用工具箱中的“文本工具”输入静态文本，文本的格式设置效果见图 11.190。

（5）选中［文字横条］图层的第 1 空白关键帧，使用工具箱中的“矩形工具”绘制图形（见图 11.191）。

图 11.190

图 11.191

（6）此时的图层和时间线设置（见图 11.192）。

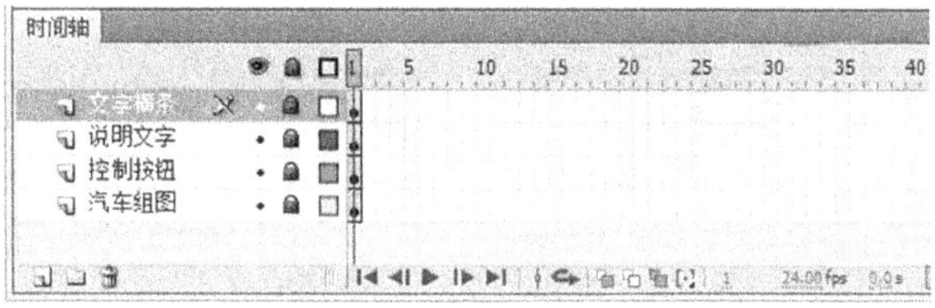

图 11. 192

（7）此时的库（见图 11. 193）。

图 11. 193

5. 进行整体测试，保存文件，导出影片。

6. 导出影片的播放画面（见图 11. 194、图 11. 195、图 11. 196、图 11. 197、图 11. 198）。

图 11. 194

图 11. 195

图 11. 196

图 11.197

图 11.198

11.5.4 任务评价

在制作此类广告动画时，首先要有一个好的创意或想法，再灵活运用已有的素材资料，就可以制作出炫目的广告效果。本任务通过使用 Flash 中的脚本代码控制按钮元件和影片剪辑元件的方式实现了汽车广告的效果。

11.5.5 任务拓展

能否让每种汽车在出现时不要一下子全部呈现出整辆汽车，而是让汽车的各个部分依次动态呈现？要实现此种特效，就要大量地使用到 Flash 中的遮罩效果和补间动画。

项目12

Flash 课件开发

12.1　项目情境

小张的爱人是一所普通高级中学的语文教师，平时授课按照学校要求使用课件，加之要参加各种类型和各种级别的优质课比赛、公开课比赛、说课比赛以及优秀课例比赛等，这些比赛均要求使用课件进行，课件的评比是其中的一个重要环节，而且占了较大的分值。由于他爱人不善于设计和制作课件，为了制作自己所需的课件，只能麻烦别人帮她，欠了不少人情债。为此，他爱人感到苦不堪言，甚至由此产生一种沉重的负担。看到此情此景，小张深深地为爱人担心，可惜自己又不能替爱人分担这种烦忧。有一天，小张突发奇想：要是自己能够为爱人设计和制作课件，那所有的问题不就解决了吗？对啊，自己学习和研究使用 Flash 也有一段时间了，对 Flash 的使用也比较熟练了，现在能够使用 Flash 独立设计和制作较为简单的动画作品了，那自己能使用 Flash 开发课件吗？答案当然是肯定的。他稍一了解，发现当下使用 Flash 制作课件成了主流，许多很有特色的高质量精彩课件都是使用 Flash 制作出来的。

12.2　项目分析

1. 课件的类型多样，有演示型课件、交互型课件等。不同类型的课件有不同的制作方法和思路。

2. 要开发课件，需要具备较高的技术要求：①对图形图像处理软件 Photoshop 等要有较熟练的操作能力；②对 Flash 的基本概念及基本操作要相当熟练；③要具备在 Flash 中熟练绘制矢量图形的能力；④要熟练掌握在 Flash 中使用图形图像、声音以及视频的能力；⑤要求熟练掌握 Flash 中的脚本在控制关键帧、按钮元件以及影片剪辑元件等对象方面的应用。

12.3　任务1　动画课件（动态交互演示型课件）的开发

12.3.1　任务描述

课件启动之后，在画面左侧有一列按钮链接导航条，把本课件的主要内容都呈现了出来。画面上部有文本显示了本课件的主题和类型。剩下的主要区域是画面的课件内容显示区，此时显示的是本课件的“制作要点”部分。用鼠标点击“制作要点”和“技能目标”按钮，相应的内容在本画面（场景）显示，点击其他的按钮链接，则跳转到新的画面（场景）进行交互显示，可以通过点击按钮进行前后翻页浏览显示，也可以通过点击“返回”按钮随时返回主画面（场景）。

12.3.2 任务目标

1. 熟练掌握 Flash 中按钮元件的设计和制作。
2. 熟练掌握 Flash 中多场景的基本操作：场景的插入、场景的命名等。
3. 熟练掌握 Flash 中通过按钮跳转场景的脚本代码的应用。
4. 熟练掌握 Flash 中通过按钮跳转到新场景时停止当前场景运作的脚本代码的应用。
5. 熟练掌握 Flash 中通过按钮前后翻页浏览图片的脚本代码的应用。

12.3.3 任务实施

1. 新建一个 Flash 文档，设置其宽高大小为 800 像素 ×650 像素，背景颜色为黑色，其余选项默认（见图 12.1）。
2. 把相关素材导入库中（见图 12.2）。

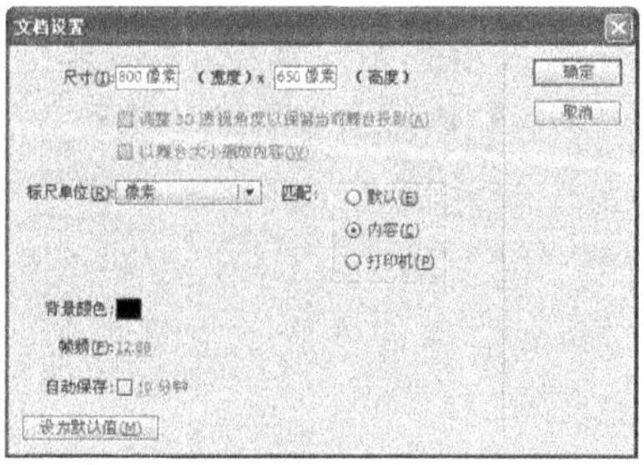

图 12.1

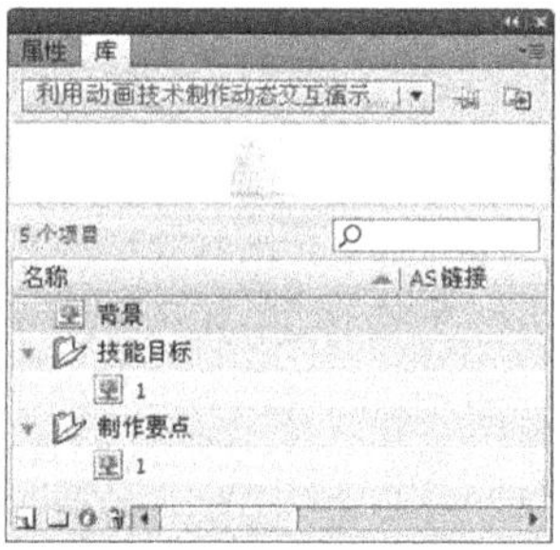

图 12.2

3. 相关元件的设计和制作。

（1）按钮元件“制作要点按钮”的设计和制作。

①创建新元件，命名为“制作要点按钮”，类型为按钮（见图 12.3）。

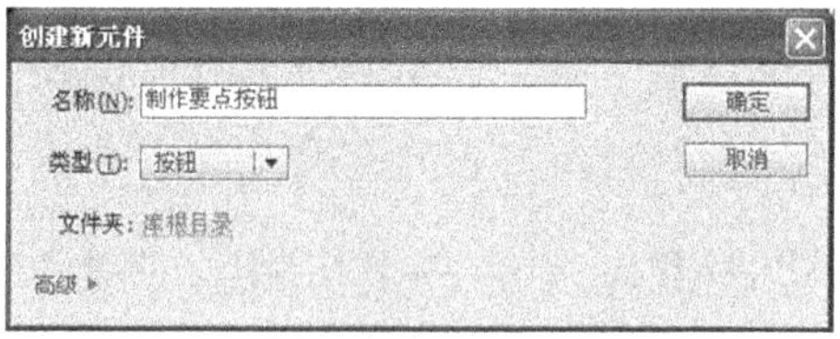

图 12.3

②用鼠标点击图 12.3 中的“确定”按钮，进入按钮元件“制作要点按钮”的编辑场景。

③选中［图层 1］图层中的“弹起”状态所对应的帧位置（第 1 帧），使用工具箱中的“矩形工具”和“文本工具”绘制图形（见图 12.4）。在“指针经过”状态所对应的帧位置（第 2 帧）插入关键帧，改变矩形的填充颜色，得到图形（见图 12.5）。在“按下”状态所对应的帧位置（第 3 帧）插入关键帧，改变矩形的填充颜色，得到图形（见图 12.6）。

图 12.4

图 12.5

图 12.6

④此时的图层和时间线设置（见图 12.7）。

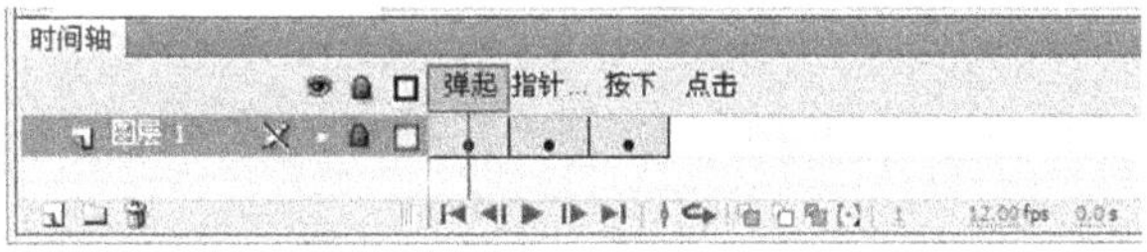

图 12.7

（2）仿照按钮元件“制作要点按钮”的设计和制作方法，生成按钮元件“技能目标按钮”、“场景导入按钮”、“逐帧动画按钮”、“补间动画按钮”、“形状动画按钮”、“路径动画按钮”、“遮罩动画按钮”、“回到场景按钮”、“工作实训按钮”。

（3）按钮元件“返回”的设计和制作。

①创建新元件，命名为“返回”，类型为按钮（见图 12.8）。

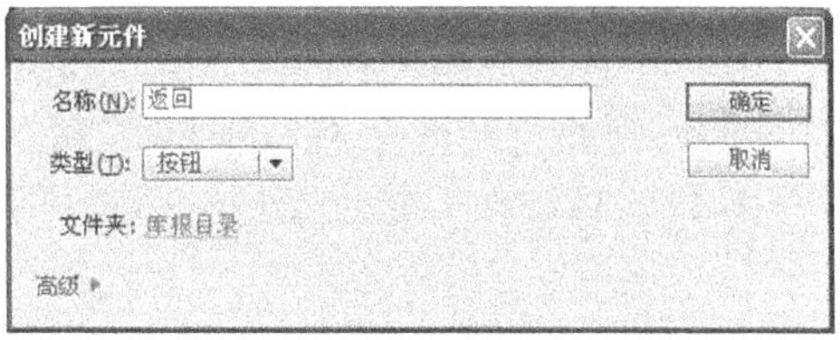

图 12.8

②用鼠标点击图 12.8 中的“确定”按钮，进入按钮元件“返回”的编辑场景。

③选中［图层 1］图层中的“弹起”状态所对应的帧位置（第 1 帧），使用工具箱中的“椭圆工具”和“文本工具”绘制图形（见图 12.9）。在“指针经过”状态所对应的帧位置（第 2 帧）插入关键帧，改变矩形的填充颜色，得到图形（见图 12.10）。在“按下”状态所对应的帧位置（第 3 帧）插入关键帧，改变矩形的填充颜色，得到图形（见图 12.11）。

图 12.9

图 12.10

图 12.11

④此时的图层和时间线设置（见图 12.12）。

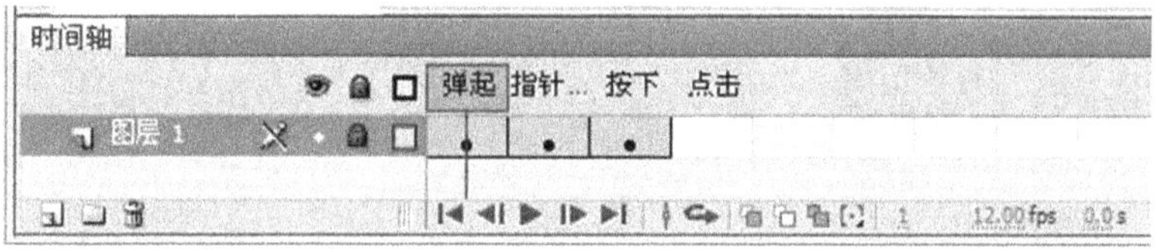

图 12.12

（4）按钮元件“后退”的设计和制作。

①创建新元件，命名为“后退”，类型为按钮（见图 12.13）。

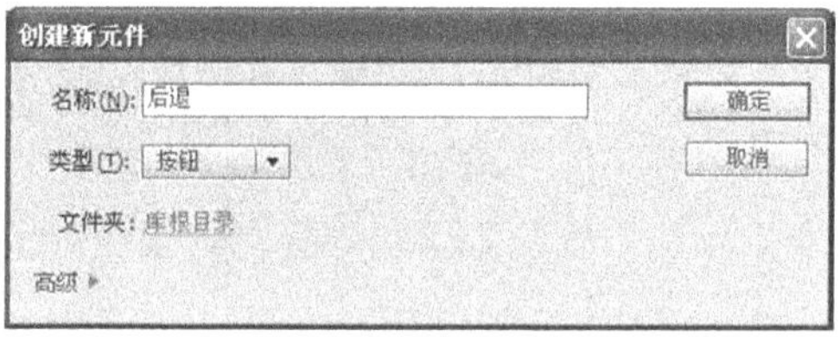

图 12.13

②用鼠标点击图 12.13 中的“确定”按钮，进入按钮元件“后退”的编辑场景。

③选中［图层 1］图层中的“弹起”状态所对应的帧位置（第 1 帧），使用工具箱中的“椭圆工具”绘制图形（见图 12.14）。在“指针经过”状态所对应的帧位置（第 2 帧）插入帧。

④选中［图层 1］图层，新建（插入）［图层 2］图层。选中［图层 2］图层中的“弹起”状态所对应的帧位置（第 1 帧）绘制一个灰色填充的三角形（见图 12.15）。在“指针经过”状态所对应的帧位置（第 2 帧）插入关键帧。

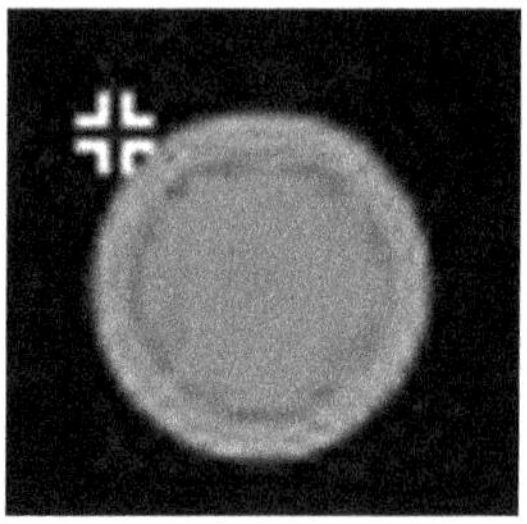

图 12.14

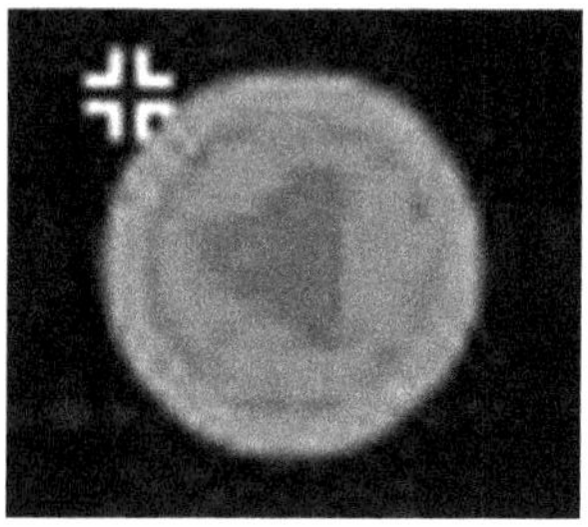

图 12.15

⑤此时的图层和时间线设置（见图 12.16）。

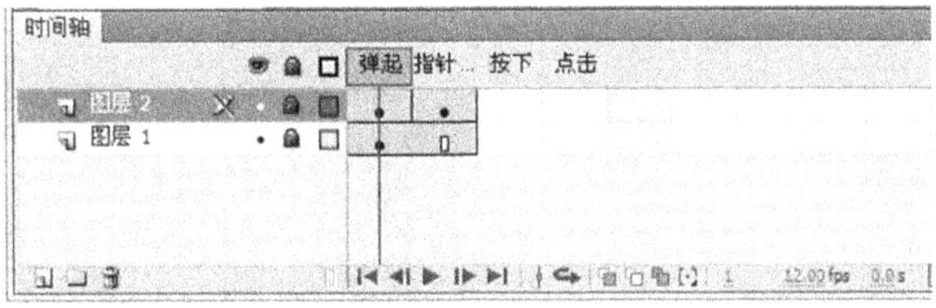

图 12.16

4. 元件设计和制作完毕，回到场景，进行合成。

（1）新建（插入）两个图层，这样就有 3 个图层了，进行命名，从上到下分别是［图片］、［主按钮］、［背景］。

（2）选中［背景］图层的第 1 空白关键帧，用鼠标把库中的图形素材“背景”图拖放到场景中，宽高大小设置为 800 像素 ×650 像素，位置坐标为（0，0）（见图 12.17）。

（3）选中［主按钮］图层的第 1 空白关键帧，用鼠标把库中的按钮元件“制作要点按钮”等拖放到场景中，调整好大小和位置（见图 12.18）。

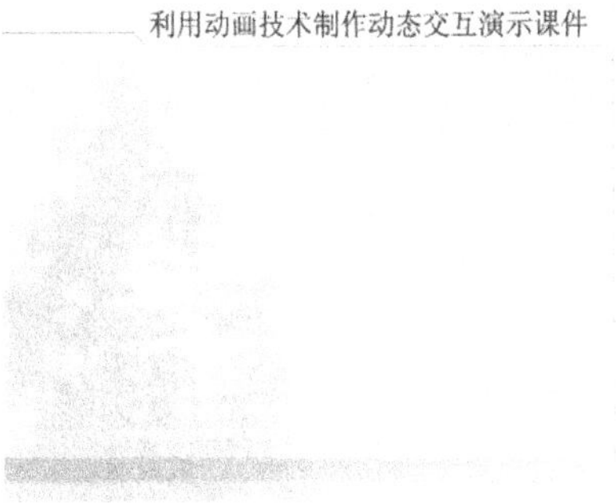

图 12.17

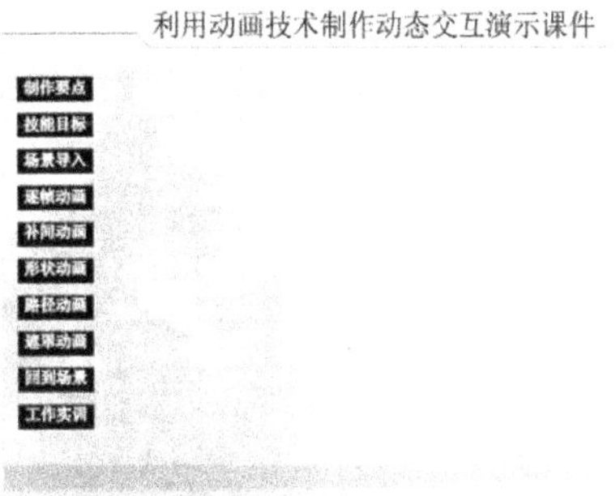

图 12.18

（4）选中［图片］图层的第 1 空白关键帧，用鼠标把库中目录“制作要点”下的图形素材“1”拖放到场景中，设置其宽高大小为 647 像素 ×543 像素，位置坐标为（134，73），效果见图 12.19。选中第 2 帧位置，插入空白关键帧，用鼠标把库中目录“技能目标”下的图形素材“1”拖放到场景中，设置其宽高大小为 647 像素 ×543 像素，位置坐标为（134，73），效果见图 12.20。

（5）按组合键“Shift + F2”，弹出场景管理窗口，在窗口中用鼠标选中“场景 1”，双击鼠标左键，把“场景 1”命名为“scene 1”（见图 12.21）。

（6）点击菜单“插入”→“场景”，新建新场景“场景 2”。按组合键“Shift +

F2”，弹出场景管理窗口，在窗口中用鼠标选中“场景 2”，双击鼠标左键，把“场景 2”命名为“scene 2”（见图 12. 22）。

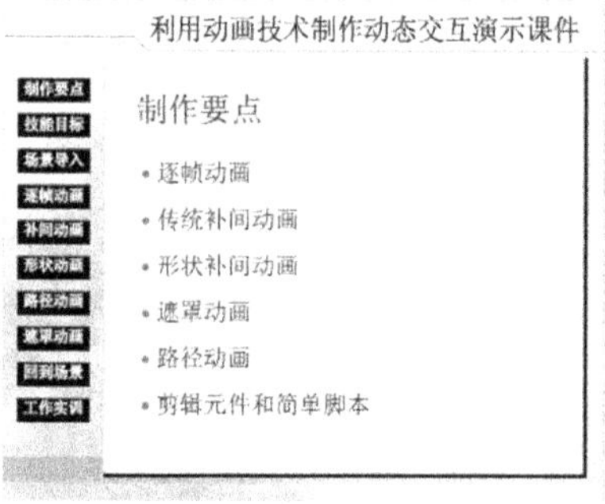

图 12. 19

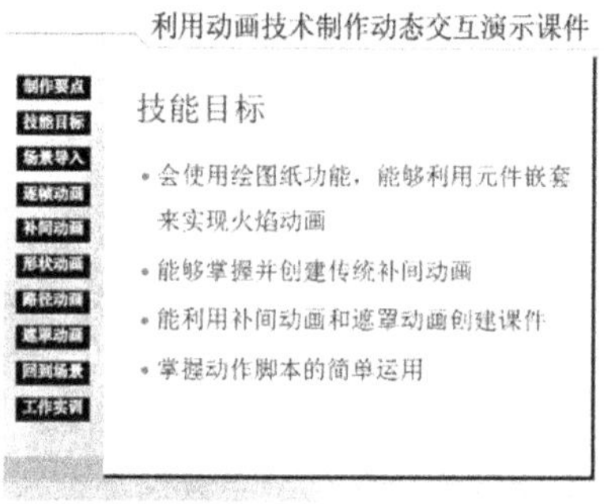

图 12. 20

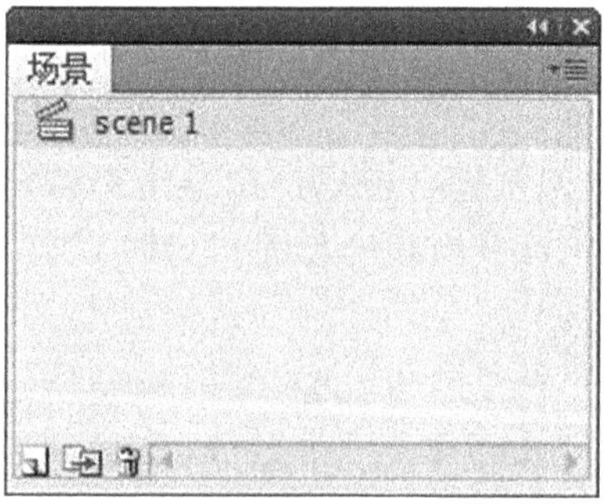

图 12. 21

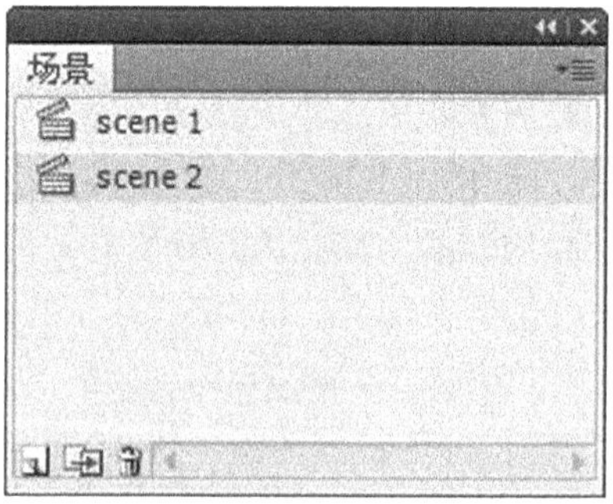

图 12. 22

（7）切换到场景“scene 2”。生成 3 个图层，分别是［action］、［按钮］、［图形框］。选中［图形框］图层的第 1 空白关键帧，使用工具箱中的“矩形工具”绘制好一个无填充色的矩形，宽高大小设置为 655 像素 ×555 像素，位置坐标为（82，25）（见图 12. 23）。选中［按钮］图层的第 1 空白关键帧，用鼠标把库中的按钮元件“后退”拖放到场景中两次，对其中一个按钮元件执行“修改”→“变形”→“水平翻转”操作，同时用鼠标把库中的按钮元件“返回”也拖放到场景中，最后排列好这 3 个按钮元件的位置（见图 12. 24）。选中左起第 1 个按钮元件，添加脚本代码（见图 12. 25）。选中左起第 2 个（中间位置）按钮元件，添加脚本代码（见图 12. 26）。选中左起第 3 个（右起第 1 个）按钮元件，添加脚本代码（见图 12. 27）。选中［action］图层的第 1 空白关键帧，添加脚本代码（见图 12. 28）。此时的图层和时间线设置见图 12. 29。

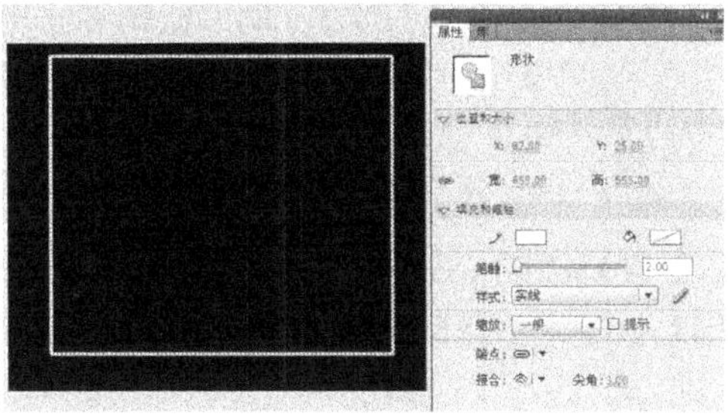

图 12. 23

图 12. 24

```
on (release) {
    i++;
    num--;
    if (num<=0) {
        num = 4;
    }
    _root.slide.createEmptyMovieClip("new_mc"+i, i);
    _root.slide["new_mc"+i].loadMovie("素材/1工作场景导入/pic"+num+".jpg");
}
```

图 12. 25

```
on (release) {
    i++;
    num++;
    if (num>=5) {
        num = 1;
    }
    _root.slide.createEmptyMovieClip("new_mc"+i, i);
    _root.slide["new_mc"+i].loadMovie("素材/1工作场景导入/pic"+num+".jpg");
}
```

图 12. 26

```
on (release) {
    i++;
    num++;
    if (num>=5) {
        num = 1;
    }
    _root.slide.unloadMovie("new_mc"+i, i);
}
on (release) {
    gotoAndPlay("scene 1",1);
}
```

图 12. 27

```
stop();
_root.createEmptyMovieClip("slide",1);//创建空影片剪辑
setProperty("slide", _x, "88");//设置mc的x坐标
setProperty("slide", _y, "28");//设置mc的y坐标
```

图 12. 28

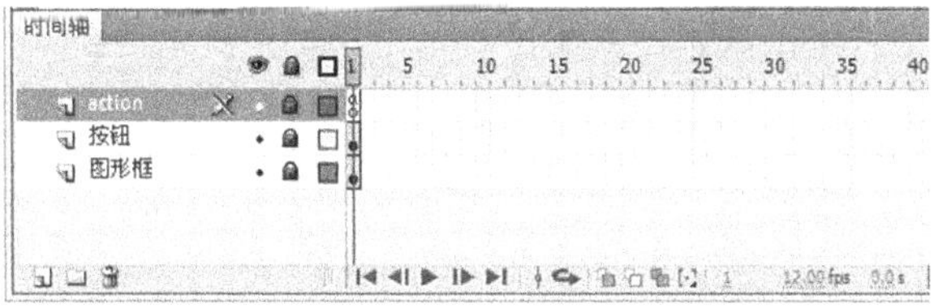

图 12. 29

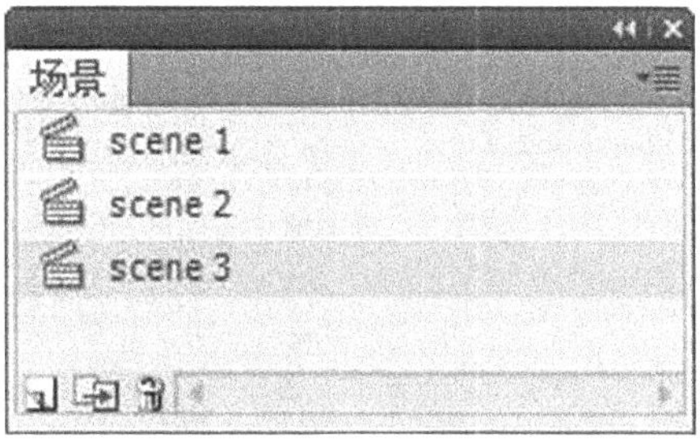

图 12. 30

（8）点击菜单“插入”→“场景”，新建新场景“场景 3”。按组合键“Shift + F2”，弹出场景管理窗口，在窗口中用鼠标选中“场景 3”，双击鼠标左键，把“场景 3”命名为“scene 3”（见图 12. 30）。

（9）切换到场景“scene 2”，选中 3 个图层的第 1 关键帧（见图 12. 31），单击鼠标右键，弹出快捷菜单，执行其中的“复制帧”操作（见图 12. 32）。切换到场景“scene 3”，选中［图层 1］图层的

第 1 空白关键帧，单击鼠标右键，弹出快捷菜单，执行其中的“粘贴帧”操作（见图 12.33）。这样就把场景“scene 2”的图层和时间线设置全部完整地克隆到场景“scene 3”中了。只要修改 3 个按钮元件的脚本就行了，其余保持不变。选中左起第 1 个按钮元件，修改脚本代码（见图 12.34）。选中左起第 2 个（中间位置）按钮元件，修改脚本代码（见图 12.35）。选中左起第 3 个（右起第 1 个）按钮元件，修改脚本代码（见图 12.36）。此时的图层和时间线设置当然是与场景“scene 2”雷同的。

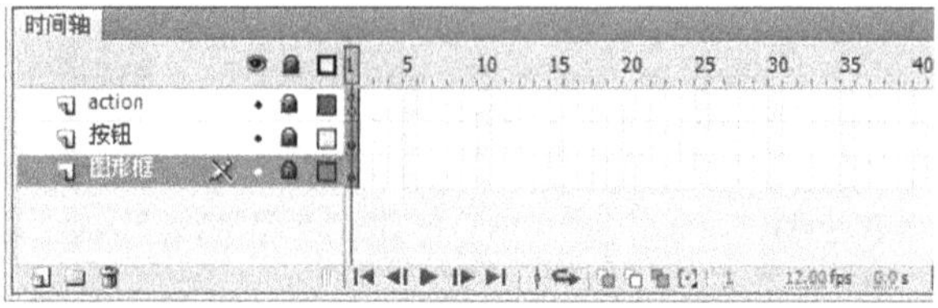

图 12.31

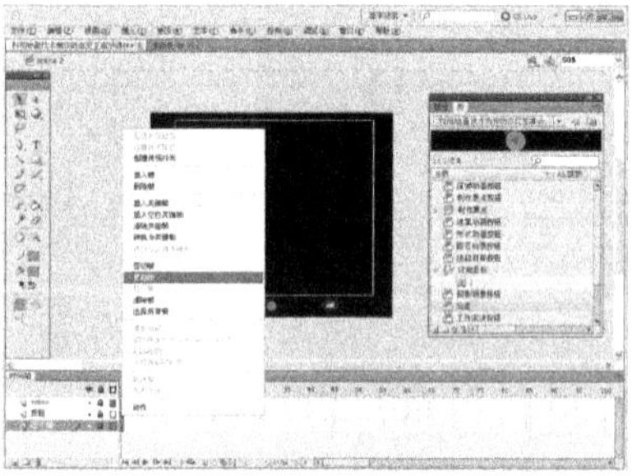

图 12.32

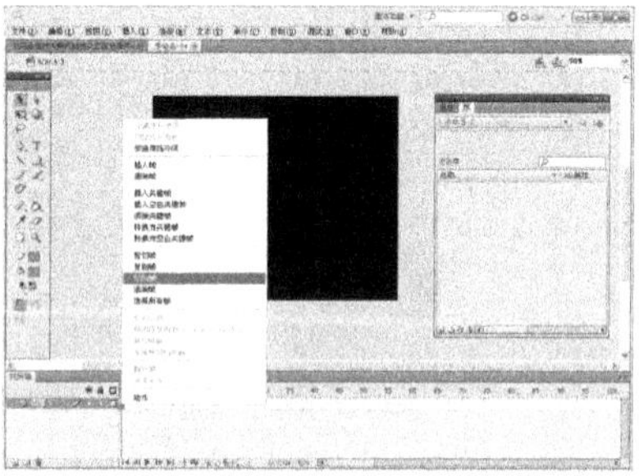

图 12.33

```
on (release) {
    i++;
    num--;
    if (num<=0) {
        num = 8;
    }
    _root.slide.createEmptyMovieClip("new_mc"+i, i);
    _root.slide["new_mc"+i].loadMovie("素材/2利用逐帧动画制作课件/pic"+num+".jpg");
}
```

图 12.34

```
on (release) {
    i++;
    num++;
    if (num>=9) {
        num = 1;
    }
    _root.slide.createEmptyMovieClip("new_mc"+i, i);
    _root.slide["new_mc"+i].loadMovie("素材/2利用逐帧动画制作课件/pic"+num+".jpg");
}
```

图 12.35

```
on (release) {
    i++;
    num++;
    if (num>=9) {
        num = 1;
    }
    _root.slide.unloadMovie("new_mc"+i, i);
}
on (release) {
    gotoAndPlay("scene 1",1);
}
```

图 12.36

（10）点击菜单“插入”→“场景”，新建新场景“场景 4”。按组合键

“Shift + F2”，弹出场景管理窗口，在窗口中用鼠标选中“场景 4”，双击鼠标左键，把“场景 4”命名为“scene 4”（见图 12.37）。

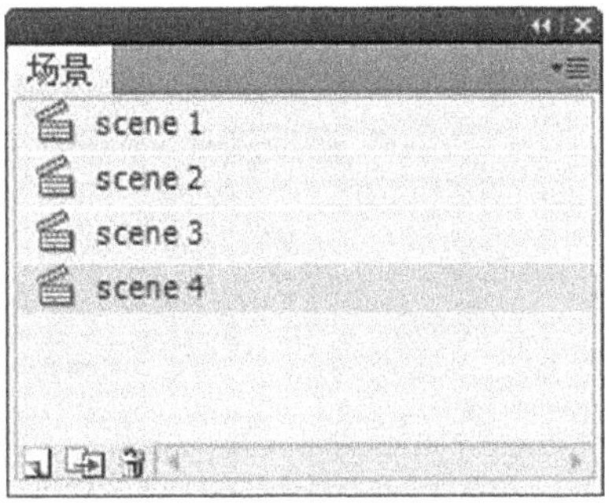

图 12.37

（11）参照第（9）步操作，把场景“scene 2”中的图层和时间线粘贴到场景“scene 4”中，然后修改其中的 3 个按钮元件的脚本代码即可。选中左起第 1 个按钮元件，修改脚本代码（见图 12.38）。选中左起第 2 个（中间位置）按钮元件，修改脚本代码（见图 12.39）。选中左起第 3 个（右起第 1 个）按钮元件，修改脚本代码（见图 12.40）。此时的图层和时间线设置当然是与场景“scene 2”雷同的。

```
on (release) {
    i++;
    num--;
    if (num<=0) {
        num = 5;
    }
    _root.slide.createEmptyMovieClip("new_mc"+i, i);
    _root.slide["new_mc"+i].loadMovie("素材/3利用动作补间动画制作课件/pic"+num+".jpg");
}
```

图 12.38

```
on (release) {
    i++;
    num++;
    if (num>=6) {
        num = 1;
    }
    _root.slide.createEmptyMovieClip("new_mc"+i, i);
    _root.slide["new_mc"+i].loadMovie("素材/3利用动作补间动画制作课件/pic"+num+".jpg");
}
```

图 12.39

```
on (release) {
    i++;
    num++;
    if (num>=6) {
        num = 1;
    }
    _root.slide.unloadMovie("new_mc"+i, i);
}
on (release) {
    gotoAndPlay("scene 1",1);
}
```

图 12.40

（12）点击菜单“插入”→“场景”，新建新场景“场景 5”。按组合键“Shift + F2”，弹出场景管理窗口，在窗口中用鼠标选中“场景 5”，双击鼠标左键，把“场景 5”命名为“scene 5”（见图 12.41）。

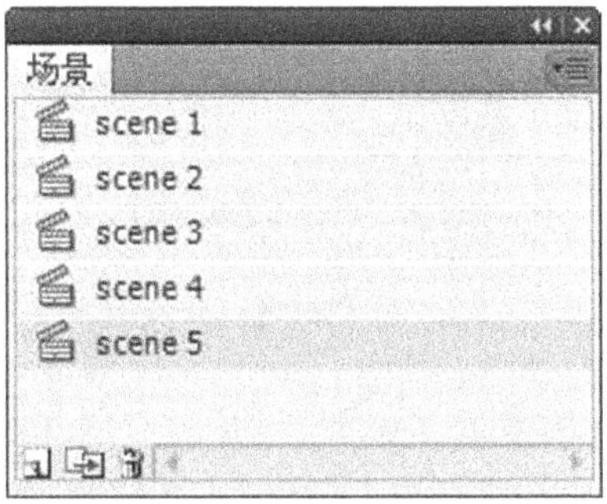

图 12.41

（13）参照第（9）步操作，把场景“scene 2”中的图层和时间线粘贴到场景“scene 5”中，然后修改其中的 3 个按钮元件的脚本代码即可。选中左起第 1 个按钮元件，修改脚本代码（见图 12.42）。选中左起第 2 个（中间位置）按钮元件，修改脚本代码（见图 12.43）。选中左起第 3 个（右起第 1 个）按钮元件，修改脚本代码（见图 12.44）。此时的图层和时间线设置当然是与场景“scene 2”雷同的。

```
on (release) {
    i++;
    num--;
    if (num<=0) {
        num = 4;
    }
    _root.slide.createEmptyMovieClip("new_mc"+i, i);
    _root.slide["new_mc"+i].loadMovie("素材/4利用形状补间动画制作课件/pic"+num+".jpg");
}
```

图 12.42

```
on (release) {
    i++;
    num++;
    if (num>=5) {
        num = 1;
    }
    _root.slide.createEmptyMovieClip("new_mc"+i, i);
    _root.slide["new_mc"+i].loadMovie("素材/4利用形状补间动画制作课件/pic"+num+".jpg");
}
```

图 12.43

```
on (release) {
    i++;
    num++;
    if (num>=5) {
        num = 1;
    }
    _root.slide.unloadMovie("new_mc"+i, i);
}
on (release) {
    gotoAndPlay("scene 1",1);
}
```

图 12.44

（14）点击菜单“插入”→“场景”，新建新场景“场景 6”。按组合键“Shift + F2”，弹出场景管理窗口，在窗口中用鼠标选中“场景 6”，双击鼠标左键，把“场景 6”命名为“scene 6”（见图 12.45）。

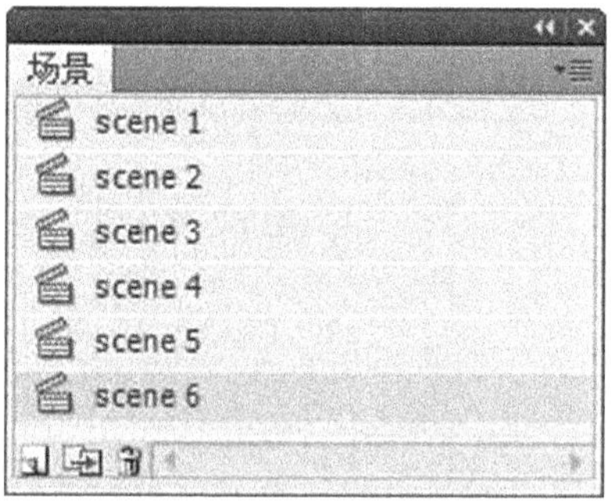

图 12.45

（15）参照第（9）步操作，把场景“scene 2”中的图层和时间线粘贴到场景“scene 6”中，然后修改其中的 3 个按钮元件的脚本代码即可。选中左起第 1 个按钮元件，修改脚本代码（见图 12.46）。选中左起第 2 个（中间位置）按钮元件，修改脚本代码（见图 12.47）。选中左起第 3 个（右起第 1 个）按钮元件，修改脚本代码（见图 12.48）。此时的图层和时间线设置当然是与场景“scene 2”雷同的。

```
on (release) {
    i++;
    num--;
    if (num<=0) {
        num = 3;
    }
    _root.slide.createEmptyMovieClip("new_mc"+i, i);
    _root.slide["new_mc"+i].loadMovie("素材/5利用路径动画制作课件/pic"+num+".jpg");
}
```

图 12.46

```
on (release) {
    i++;
    num++;
    if (num>=4) {
        num = 1;
    }
    _root.slide.createEmptyMovieClip("new_mc"+i, i);
    _root.slide["new_mc"+i].loadMovie("素材/5利用路径动画制作课件/pic"+num+".jpg");
}
```

图 12.47

```
on (release) {
    i++;
    num++;
    if (num>=4) {
        num = 1;
    }
    _root.slide.unloadMovie("new_mc"+i, i);
}
on (release) {
    gotoAndPlay("scene 1",1);
}
```

图 12.48

（16）点击菜单“插入”→“场景”，新建新场景为“场景 7”。按组合键“Shift + F2”，弹出场景管理窗口，在窗口中用鼠标选中“场景 7”，双击鼠标左键，把“场景 7”命名为“scene 7”（见图 12.49）。

图 12.49

（17）参照第（9）步操作，把场景“scene 2”中的图层和时间线粘贴到场景“scene 7”中，只要修改其中的 3 个按钮元件的脚本代码即可。选中左起第 1 个按钮元件，修改脚本代码（见图 12.50）。选中左起第 2 个（中间位置）按钮元件，修改脚本代码（见图 12.51）。选中左起第 3 个（右起第 1 个）按钮元件，修改脚本代码（见图 12.52）。此时的图层和时间线设置当然是与场景“scene 2”雷同的。

```
on (release) {
    i++;
    num--;
    if (num<=0) {
        num = 11;
    }
    _root.slide.createEmptyMovieClip("new_mc"+i, i);
    _root.slide["new_mc"+i].loadMovie("素材/6利用遮罩动画制作课件/pic"+num+".jpg");
}
```

图 12.50

```
on (release) {
    i++;
    num++;
    if (num>=12) {
        num = 1;
    }
    _root.slide.createEmptyMovieClip("new_mc"+i, i);
    _root.slide["new_mc"+i].loadMovie("素材/6利用遮罩动画制作课件/pic"+num+".jpg");
}
```

图 12.51

```
on (release) {
    i++;
    num++;
    if (num>=12) {
        num = 1;
    }
    _root.slide.unloadMovie("new_mc"+i, i);
}
on (release) {
    gotoAndPlay("scene 1",1);
}
```

图 12.52

（18）点击菜单“插入”→“场景”，新建新场景“场景 8”。按组合键“Shift + F2”，弹出场景管理窗口，在窗口中用鼠标选中“场景 8”，双击鼠标左键，把“场景 8”命名为“scene 8”（见图 12.53）。

图 12.53

（19）参照第（9）步操作，把场景“scene 2”中的图层和时间线粘贴到场景“scene 8”中，然后修改其中的 3 个按钮元件的脚本代码即可。选中左起第 1 个按钮元件，修改脚本代码（见图 12.54）。选中左起第 2 个（中间位置）按钮元件，修改脚本代码（见图 12.55）。选中左起第 3 个（右起第 1 个）按钮元件，修改脚本代码（见图 12.56）。此时的图层和时间线设置当然是与场景“scene 2”雷同的。

```
on (release) {
    i++;
    num--;
    if (num<=0) {
        num = 3;
    }
    _root.slide.createEmptyMovieClip("new_mc"+i, i);
    _root.slide["new_mc"+i].loadMovie("素材/7回到工作场景/pic"+num+".jpg");
}
```

图 12.54

```
on (release) {
    i++;
    num++;
    if (num>=4) {
        num = 1;
    }
    _root.slide.createEmptyMovieClip("new_mc"+i, i);
    _root.slide["new_mc"+i].loadMovie("素材/7回到工作场景/pic"+num+".jpg");
}
```

图 12.55

```
on (release) {
    i++;
    num++;
    if (num>=4) {
        num = 1;
    }
    _root.slide.unloadMovie("new_mc"+i, i);
}
on (release) {
    gotoAndPlay("scene 1",1);
}
```

图 12.56

（20）点击菜单“插入”→“场景”，新建新场景“场景 9”。按组合键“Shift + F2”，弹出场景管理窗口，在窗口中用鼠标选中“场景 9”，双击鼠标左键，把“场景 9”命名为“scene 9”（见图 12.57）。

（21）参照第（9）步操作，把场景“scene 2”中的图层和时间线粘贴到场景“scene 9”中，然后修改其中的 3 个按钮元件的脚本代码即可。选中左起第 1 个按钮元件，修改脚本代码（见图 12.58）。选中左起第 2 个（中间位置）按钮元件，修改脚本代码（见图 12.59）。选中左起第 3 个（右起第 1 个）按钮元件，修改脚本代码（见图 12.60）。此时的图层和时间线设置当然是与场景“scene 2”雷同的。

图 12.57

```
on (release) {
    i++;
    num--;
    if (num<=0) {
        num = 8;
    }
    _root.slide.createEmptyMovieClip("new_mc"+i, i);
    _root.slide["new_mc"+i].loadMovie("素材/8工作实训营/pic"+num+".jpg");
}
```

图 12.58

```
on (release) {
    i++;
    num++;
    if (num>=9) {
        num = 1;
    }
    _root.slide.createEmptyMovieClip("new_mc"+i, i);
    _root.slide["new_mc"+i].loadMovie("素材/8工作实训营/pic"+num+".jpg");
}
```

图 12.59

```
on (release) {
    i++;
    num++;
    if (num>=9) {
        num = 1;
    }
    _root.slide.unloadMovie("new_mc"+i, i);
}
on (release) {
    gotoAndPlay("scene 1",1);
}
```

图 12.60

（22）切换到场景“scene 1”。选中［主按钮］图层的按钮元件“场景导入按钮”，添加脚本代码（见图 12.61）。选中［主按钮］图层的按钮元件“逐帧动画按钮”，添加脚本代码（见图 12.62）。选中［主按钮］图层的按钮元件“补间动画按钮”，添加脚本代码（见图 12.63）。选中［主按钮］图层的按钮元件“形状动画按钮”，添加脚本代码（见图 12.64）。选中［主按钮］图层的按钮元件“路径动画按钮”，添加脚本代码（见图 12.65）。选中［主按钮］图层的按钮元件“遮罩动画按钮”，添加脚本代码（见图 12.66）。选中［主按钮］图层的按钮元件“回到场景按钮”，添加脚本代码（见图 12.67）。选中［主按钮］图层的按钮元件“工作实训按钮”，添加脚本代码（见图 12.68）。

```
on (release) {
    gotoAndPlay("scene 2",1);
}
```

图 12.61

```
on (release) {
    gotoAndPlay("scene 3",1);
}
```

图 12.62

```
on (release) {
    gotoAndPlay("scene 4",1);
}
```

图 12.63

```
on (release) {
    gotoAndPlay("scene 5",1);
}
```

图 12.64

```
on (release) {
    gotoAndPlay("scene 6",1);
}
```

图 12.65

```
on (release) {
    gotoAndPlay("scene 7",1);
}
```

图 12.66

```
on (release) {
    gotoAndPlay("scene 8",1);
}
```

图 12.67

```
on (release) {
    gotoAndPlay("scene 9",1);
}
```

图 12.68

(23) 此时的库（见图 12.69）。

5. 进行整体测试，保存文件，导出影片。

6. 导出影片的启动画面（见图 12.70）。

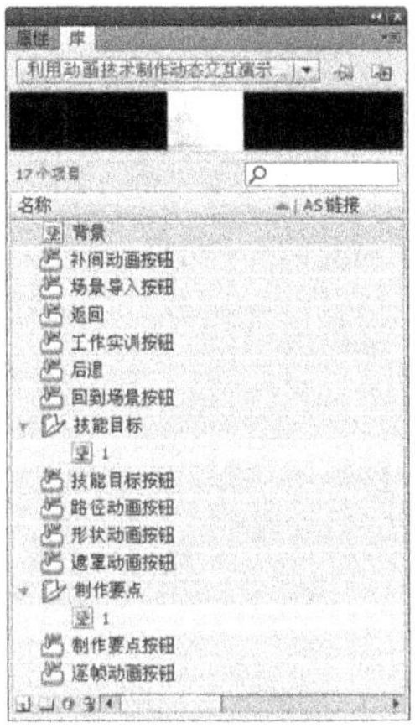

图 12.69

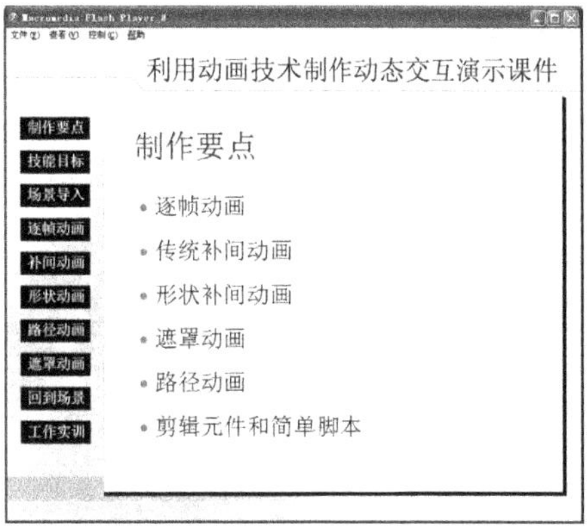

图 12.70

12.3.4　任务评价

本任务对图形素材做了处理：每张图片的格式均为 JPG 图形格式；把不同类别的图形素材放置在不同的目录下，命名是有一定规律的：pic（1 ~ n），n 是该目录下图片的张数，假如该目录下有 5 张图片，那么此时的 n 等于 5。这样做的目的是在脚本代码控制中能够把某一目录下的系列图片装载入影片剪辑元件中进行显示。大多数图片素材不需要导入 Flash 库中。本课件的设计和制作在元件的设计和制作方面比较简单，主要使用了较多的脚本代码来进行交互控制，主要使用脚本代码来控制场景的跳转和图片的前后翻页显示等，这也是本任务设计和制作中的重点和难点。本任务中的设计和制作方法为多图片的分类交互演示课件的制作提供了一种比较通用的解法，具有较强的适用性和可移植性。

12.3.5　任务拓展

本任务中的图片的出现和消失是没有动态特效的，如果要每张图片的出现和消失均伴随着一定的动态效果的话，又该如何改进呢？

12.4　任务 2　语文课件之《滁州西涧》

12.4.1　任务描述

课件启动时，画轴伴随着背景音乐，从左向右徐徐展开，呈现出一幅充满意境的画面：阵阵小雨打在溪流的水面上，水波一圈圈荡漾开去，此时水面上有一只在风雨中飘摇的小船，船上有两个人，表情是那么从容淡定和惬意。画轴完全展开之后，紧接着在画面右部位置出现诗歌《滁州西涧》的诗句并响起其朗读声，诗句文字的显示与朗读声音的播放达到了完美的协调和同步。

12.4.2 任务目标

1. 熟练掌握 Flash 中“下雨”影片剪辑元件的设计和制作。
2. 熟练掌握 Flash 中“水波荡漾”影片剪辑元件的设计和制作。
3. 熟练掌握 Flash 中“小船摇摆”影片剪辑元件的设计和制作。
4. 熟练掌握 Flash 中诗句图形元件的设计和制作。
5. 熟练掌握 Flash 中画轴慢慢展开的动画（难点）的制作。
6. 熟练掌握 Flash 中朗诵声音和朗诵诗句文字同步播放的动画效果（难点）的制作。

12.4.3 任务实施

1. 新建 1 个 Flash 文档，设置其宽高大小为 650 像素 ×400 像素，背景颜色为白色，其余选项默认（见图 12.71）。

2. 把相关素材导入库中（见图 12.72）。

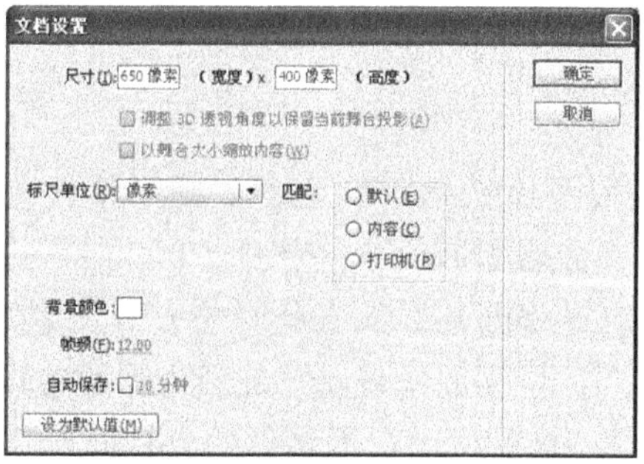

图 12.71

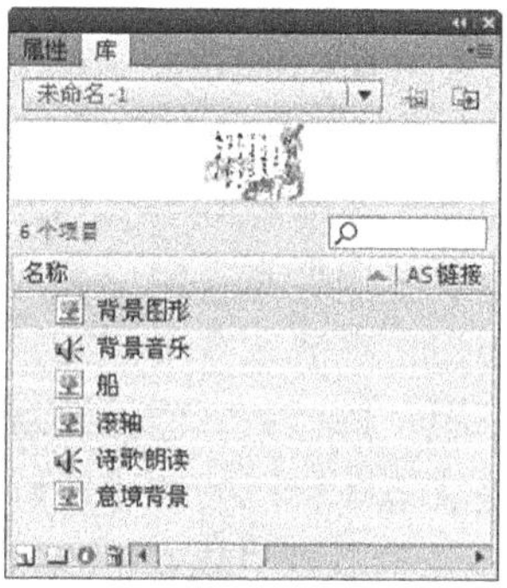

图 12.72

3. 相关元件的设计和制作。

（1）图形元件“小船”的设计和制作。

用鼠标把库中的图形素材“船”拖放到场景中，使用工具箱中的“套索工具”中的“魔术棒”和“橡皮擦工具”把图形素材“船”的背景删除，选中删除背景之后的图形“船”，把其转换为图形元件“小船”（见图 12.73）。

图 12.73

（2）影片剪辑元件“小船摇摆”的设计和制作。

①创建新元件，命名为“小船摇摆”，类型为影片剪辑（见图 12.74）。

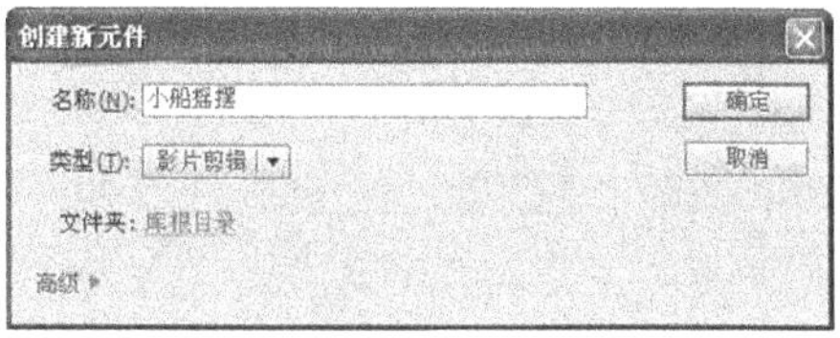

图 12.74

②用鼠标单击图 12.74 中的“确定”按钮，进入影片剪辑元件“小船摇摆”的编辑场景。

③选中［图层 1］图层的第 1 空白关键帧，用鼠标把库中的图形元件“小船”拖放到编辑场景中，使用工具箱中的“任意变形工具”对图形元件“小船”进行角度的调整（见图 12.75）。选中第 20 帧位置插入关键帧，使用工具箱中的“任意变形工具”对图形元件“小船”进行角度的调整（见图 12.76）。选中第 40 帧位置插入关键帧，使用工具箱中的“任意变形工具”对图形元件“小船”进行角度的调整（见图 12.77）。选中第 60 帧位置插入关键帧，使用工具箱中的“任意变形工具”对图形元件“小船”进行角度的调整（见图 12.78）。创建第 1 关键帧至第 60 关键帧之间的补间动画。

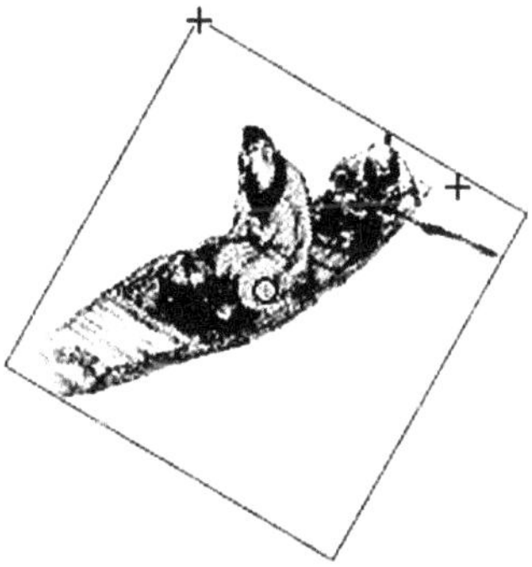

图 12.75

图 12.76

图 12.77

图 12.78

④此时的图层和时间线设置（见图 12.79）。

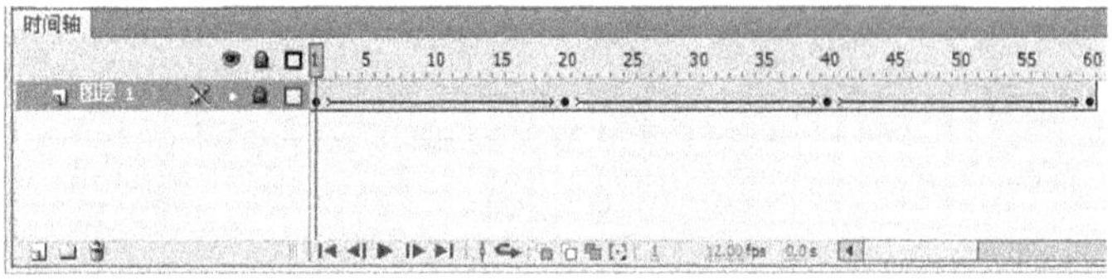

图 12.79

(3) 图形元件“雨滴”的设计和制作。

①创建新元件，命名为“雨滴”，类型为图形（见图 12.80）。

②用鼠标单击图 12.80 中的“确定”按钮，进入图形元件“雨滴”的编辑场景。

③选中［图层 1］图层的第 1 空白关键帧，在编辑场景中使用工具箱中的“线条工具”绘制好图形（见图 12.81）。

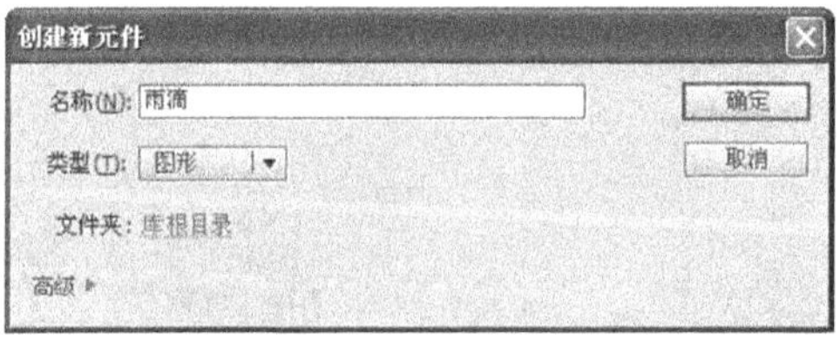

图 12.80

图 12.81

④此时的图层和时间线设置（见图 12.82）。

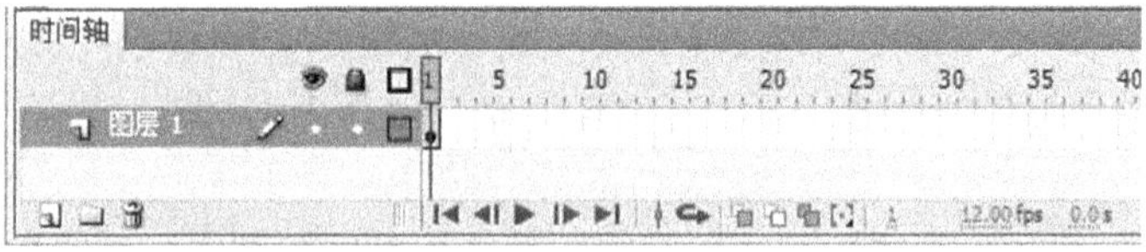

图 12.82

(4) 影片剪辑元件“下雨”的设计和制作。

①创建新元件，命名为“下雨”，类型为影片剪辑（见图 12.83）。

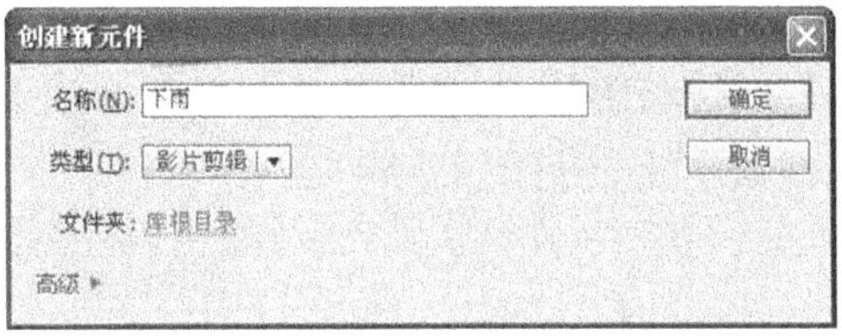

图 12.83

②用鼠标单击图 12.83 中的“确定”按钮，进入影片剪辑元件“水波荡漾”的编辑场景。

③把［图层 1］图层命名为“雨滴 1”，选中［雨滴 1］图层的第 1 空白关键帧，用鼠标把库中的图形元件“雨滴”拖放到编辑场景中，在第 30 帧位置插入关键帧，创建第 1 关键帧至第 30 关键帧之间的补间动画。

④选中［雨滴 1］图层，新建一个引导图层［引导线 1］，选中第 1 空白关键帧，使用工具箱中的“线条工具”绘制图形“线条”（见图 12.84），此时图形元件“雨滴”应该会自动贴附到图形“线条”上。选中［雨滴 1］图层的第 1 关键帧上的图形元件“雨滴”，把其移动到图形“线条”的上端点，使得其中心点在图形“线条”上（见图 12.85）。选中［雨滴 1］图层的第 30 关键帧上的图形元件“雨滴”，把其移动到图形“线条”的下端点，使得其中心点也在图形“线条”上（见图 12.86）。

图 12.84

图 12.85

图 12.86

⑤选中［引导线 1］图层，新建一个普通图层［雨滴 2］。选中［雨滴 2］图层的第 5 帧位置，插入空白关键帧，用鼠标把库中的图形元件“雨滴”拖放到编辑场景中，在第 35 帧位置插入关键帧，创建第 5 关键帧至第 35 关键帧之间的补间动画。

⑥选中［雨滴 2］图层，新建一个引导图层［引导线 2］，选中第 5 帧位置，插入空白关键帧，使用工具箱中的“线条工具”绘制图形“线条”（见图 12.87），此时图形元件“雨滴”应该会自动贴附到图形“线条”上。选中［雨滴 2］图层的第 5 关键帧上的图形元件“雨滴”，把其移动到图形“线条”的上

端点，使得其中心点在图形“线条”上（见图 12.88）。选中图层［雨滴 2］的第 35 关键帧上的图形元件“雨滴”，把其移动到图形“线条”的下端点，使得其中心点也在图形“线条”上（见图 12.89）。

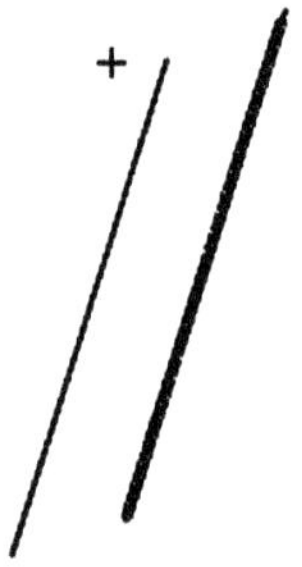

图 12.87

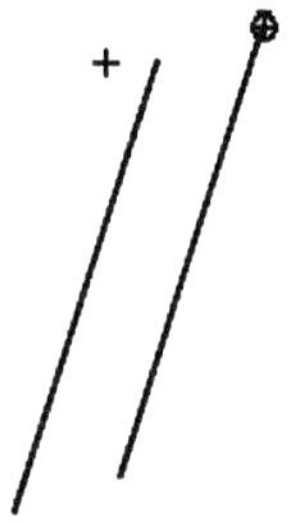

图 12.88

图 12.89

⑦此时的图层和时间线设置（见图 12.90）。

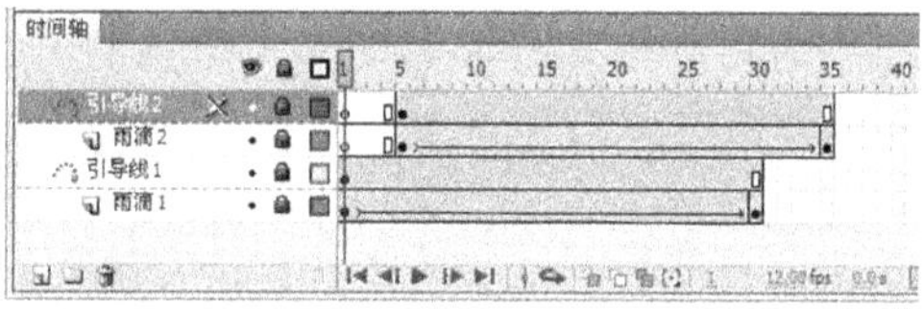

图 12.90

（5）图形元件“水波纹”的设计和制作。

①创建新元件，命名为“水波纹”，类型为图形（见图 12.91）。

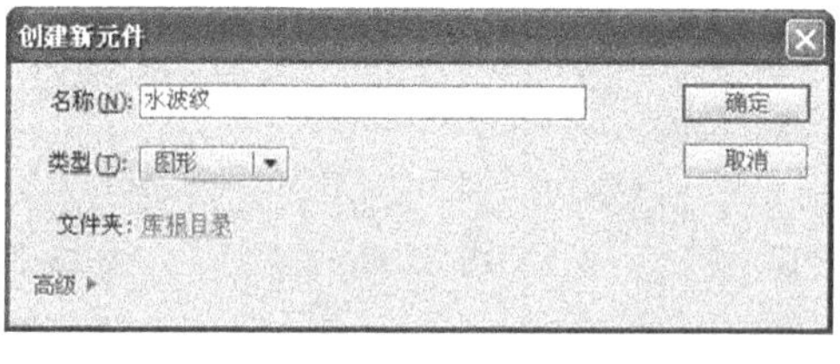

图 12.91

②用鼠标单击图 12.91 中的“确定”按钮，进入图形元件“水波纹”的编辑场景。

③选中［图层 1］图层的第 1 空白关键帧，在编辑场景中使用工具箱中的“椭圆工具”绘制好图形“圆”（见图 12.92）。

④此时的图层和时间线设置（见图 12.93）。

图 12.92

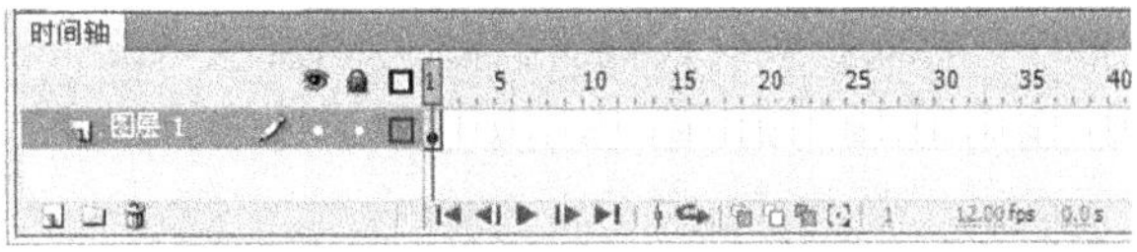

图 12.93

（6）影片剪辑元件“水波荡漾”的设计和制作。

①创建新元件，命名为“水波荡漾”，类型为影片剪辑（见图 12.94）。

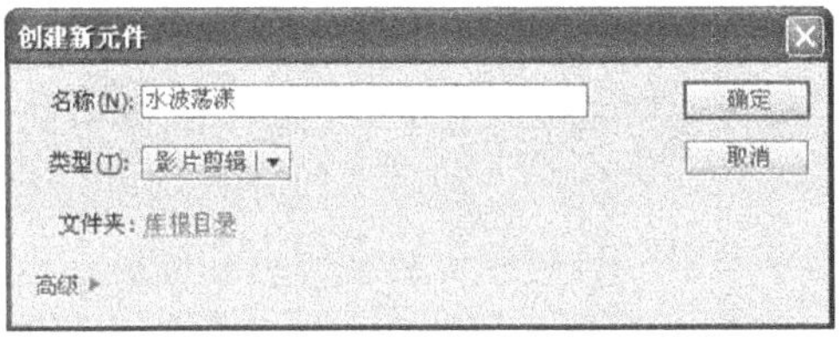

图 12.94

②用鼠标单击图 12.94 中的“确定”按钮，进入影片剪辑元件“水波荡漾”的编辑场景。

③把［图层 1］图层命名为“水波纹 1”，选中［水波纹 1］图层的第 1 空白关键帧，用鼠标把库中的图形元件“水波纹”拖放到编辑场景中，设置其宽高大小为 8 像素 ×8 像素，位置坐标为（0，0）（见图 12.95）。在第 20 帧位置插入关键帧，把图形元件“水波纹”的宽高大小设置为 40 像素 ×40 像素，位置坐标为（0，0），色彩效果中的 Alpha 值设置为 10%（见图 12.96）。创建第 1 关键帧至第 20 关键帧之间的补间动画。

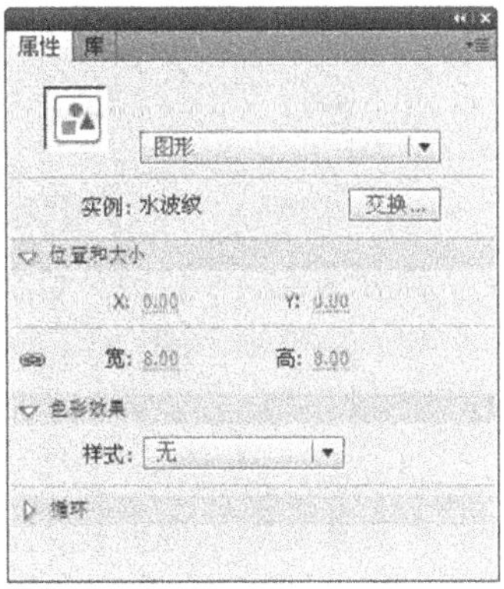

图 12.95

④选中［水波纹 1］图层，在［水波纹 1］图层上新建（插入）5 个图层，这样就有 6 个图层了，将新图层从下到上分别命名为“水波纹 2”、“水波纹 3”、“水波纹 4”、“水波纹 5”、“水波纹 6”。

⑤选中［水波纹 1］图层的第 1 关键帧至第 20 关键帧，进行“复制帧”操作，然后选中［水波纹 2］图层的第 5 帧位置，插入空白关键帧并选中该帧，进行“粘贴帧”操作。

⑥选中［水波纹 1］图层的第 1 关键帧至第 20 关键帧，进行“复制帧”操作，然后选中［水波纹 3］图层的第 10 帧位置，插入空白关键帧并选中该帧，

进行“粘贴帧”操作。

⑦选中［水波纹1］图层的第1关键帧至第20关键帧，进行“复制帧”操作，然后选中［水波纹4］图层的第15帧位置，插入空白关键帧并选中该帧，进行“粘贴帧”操作。

⑧选中［水波纹1］图层的第1关键帧至第20关键帧，进行“复制帧”操作，然后选中［水波纹5］图层的第20帧位置，插入空白关键帧并选中该帧，进行“粘贴帧”操作。

图 12.96

⑨选中［水波纹1］图层的第1关键帧至第20关键帧，进行“复制帧”操作，然后选中［水波纹6］图层的第25帧位置，插入空白关键帧并选中该帧，进行“粘贴帧”操作。

⑩此时的图层和时间线设置（见图12.97）。

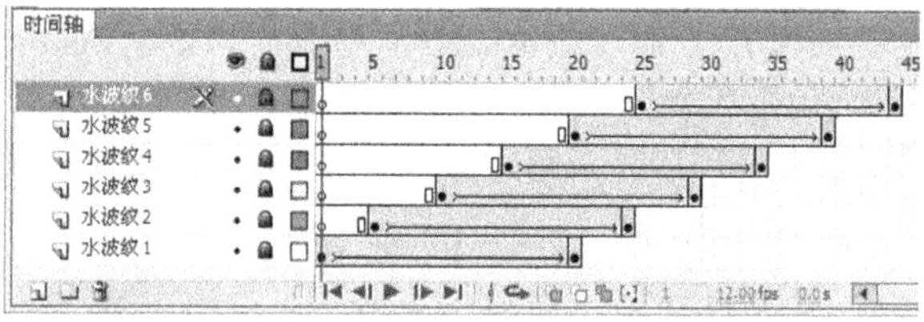

图 12.97

（7）图形元件“诗歌题目”的设计和制作。

①创建新元件，命名为“诗歌题目”，类型为图形（见图12.98）。

②用鼠标单击图12.98中的“确定”按钮，进入图形元件“诗歌题目”的编辑场景。

③选中［图层1］图层的第1空白关键帧，在编辑场景中使用工具箱中的“文本工具”输入纵向排列的静态文本并进行格式化设置（见图12.99）。

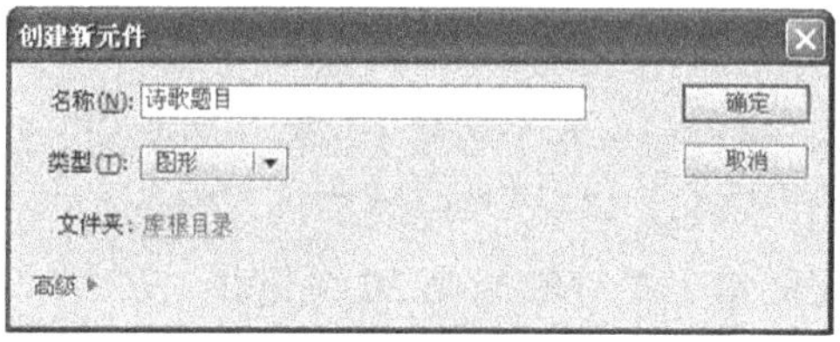

图 12.98

图 12.99

④此时的图层和时间线设置（见图12.100）。

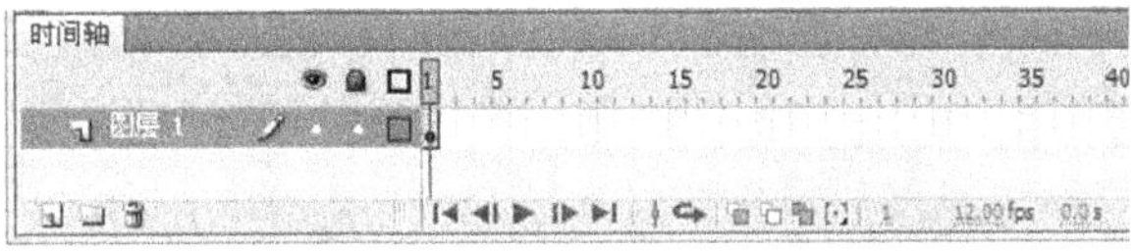

图 12.100

（8）仿照第（7）步的操作步骤，创建图形元件“诗句 1”（见图 12.101）、“诗句 2”（见图 12.102）、“诗句 3”（见图 12.103）、“诗句 4”（见图 12.104）。另外，创建图形元件“遮罩图形”和“画轴”。

图 12.101

图 12.102

图 12.103

图 12.104

4. 元件设计和制作完毕，回到主场景，进行合成。

（1）新建（插入）12 个图层，这样就有 13 个图层了，进行命名，从上到下分别是［AS］、［背景音乐］、［朗诵诗句］、［朗诵声音］、［诗歌显示框］、［静止画轴］、［滚动画轴］、［遮罩图形］、［雨一直下］、［水波荡漾］、［小船颠簸］、［意境背景］、［背景图形］。

（2）选中［背景图形］图层的第 1 空白关键帧，用鼠标把库中的图形素材“背景图形”拖放到场景中，设置其宽高大小为 600 像素 ×400 像素，位置坐标为（0，0）（见图 12.105）。在第 544 帧位置插入帧。

（3）选中［意境背景］图层的第 1 空白关键帧，用鼠标把库中的图形素材“意境背景”拖放到场景中，设置其宽高大小为 550 像素 ×400 像素，位置坐标为（0，0）（见图 12.106）。在第 544 帧位置插入帧。

图 12.105

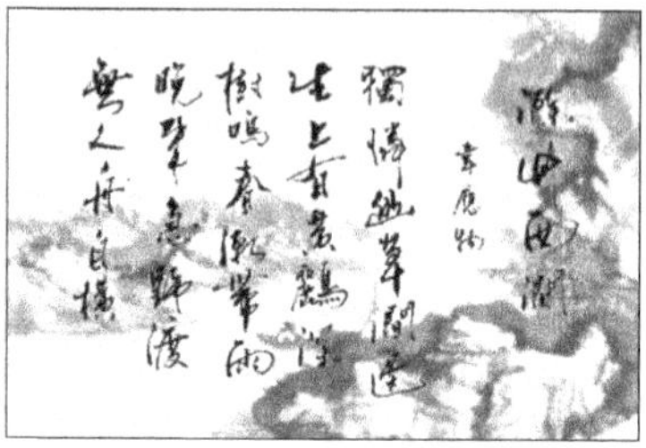

图 12.106

（4）选中［小船颠簸］图层的第 1 空白关键帧，用鼠标把库中的影片剪辑元件“小船摇摆”拖放到场景中，设置其宽高大小为 185 像素 ×187 像素，位置坐标为（306，253）（见图 12.107）。在第 544 帧位置插入帧。

（5）选中［水波荡漾］图层的第 1 空白关键帧，用鼠标把库中的影片剪辑元件“水波荡漾”拖放到场景中多次，调整好每个影片剪辑元件“水波荡漾”的大小和位置（见图 12.108）。在第 544 帧位置插入帧。

图 12.107

图 12.108

（6）选中［雨一直下］图层的第 1 空白关键帧，用鼠标把库中的影片剪辑元件“下雨”拖放到场景上边界之外的地方多次，调整好每个影片剪辑元件“下雨”的位置（见图 12.109）。在第 544 帧位置插入帧。

图 12.109

（7）选中［遮罩图形］图层的第 1 空白关键帧，用鼠标把库中的图形元件“遮罩图形”拖放到场景中，设置其宽高大小为 550.05 像素 ×410 像素，位置坐标为（－276.3，199）（见图 12.110）。在第 89 帧位置插入关键帧，把图形元件“遮罩图形”的位置调整到（273.75，199），大小不变（见图 12.111）。创建第 1 关键帧至第 89 关键帧之间的补间动画。在第 544 帧位置插入帧。

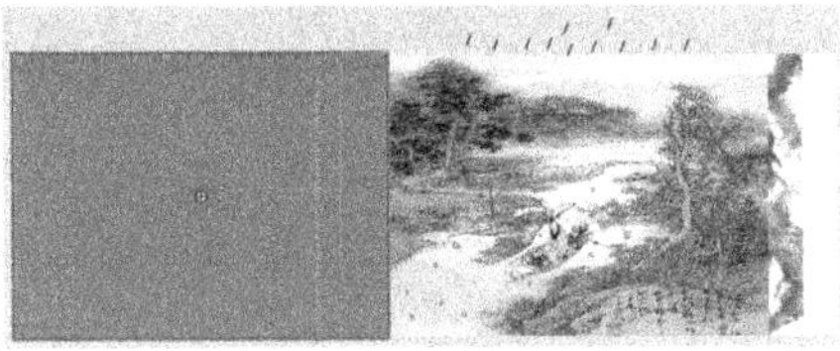

图 12. 110

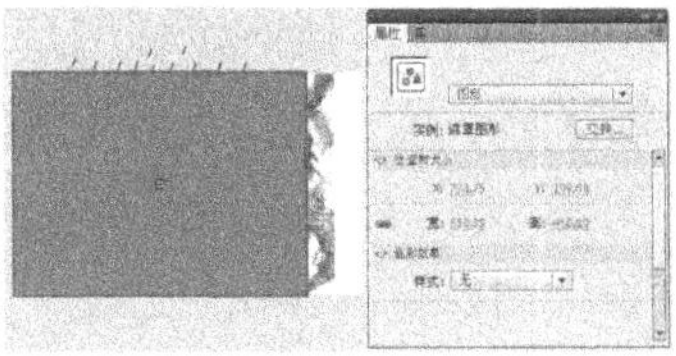

图 12. 111

（8）选中［滚动画轴］图层的第 1 空白关键帧，用鼠标把库中的图形元件“画轴”拖放到场景中，设置其宽高大小为 23 像素 ×410 像素，位置坐标为（－1. 7，199. 9）（见图 12. 112）。在第 89 帧位置插入关键帧，把图形元件“画轴”的位置调整到（546. 3，199. 9），大小不变（见图 12. 113）。创建第 1 关键帧至第 89 关键帧之间的补间动画。在第 544 帧位置插入帧。

图 12. 112

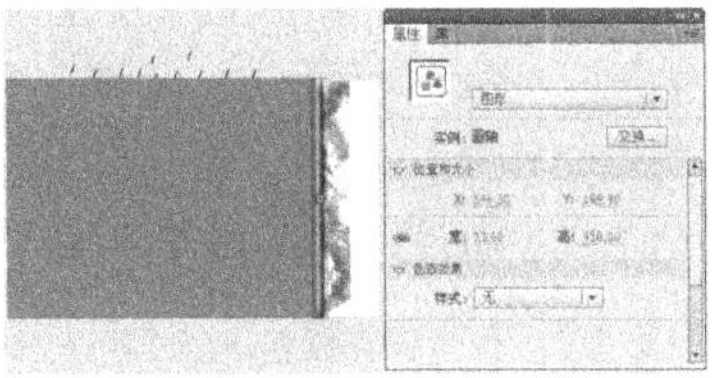

图 12. 113

（9）选中［静止画轴］图层的第 1 空白关键帧，用鼠标把库中的图形元件“画轴”拖放到场景中，设置其宽高大小为 23 像素 ×410 像素，位置坐标为（6. 5，201）（见图 12. 114）。在第 544 帧位置插入帧。

（10）选中［诗歌显示框］图层的第 1 空白关键帧，使用工具箱中的“矩形工具”绘制好一个无边框的黑色矩形，设置其宽高大小为 100 像素 ×400. 05 像素，位置坐标为（550，0）（见图 12. 115）。在第 544 帧位置插入帧。

图 12. 114

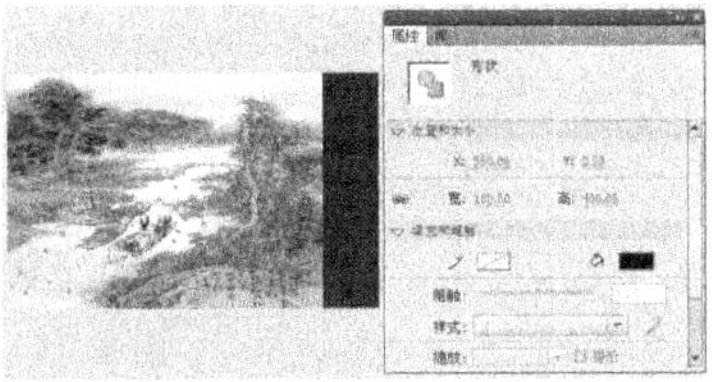

图 12. 115

（11）选中［朗诵声音］图层的第 90 帧位置，插入空白关键帧并选中该帧，在“属性”面板中选择声音文件“诗歌朗读”（见图 12. 116）。在第 544 帧位置插入帧。

（12）选中［朗诵诗句］图层的第 110 帧位置，插入空白关键帧并选中该帧，用鼠标把库中的图形元件“诗歌题目”拖放到［诗歌显示框］图层的“诗歌显示框”中，设置其宽高大小为 54.05 像素 ×117 像素，位置坐标为（594.1，198.5），色彩效果样式当中的 Alpha 值设置为 22%（见图 12.117），在第 162 帧位置插入关键帧，此时图形元件“诗歌题目”的位置和大小同第 110 帧，色彩效果样式为“无”（见图 12.118）。在第 187 帧位置插入空白关键帧并选中该帧，用鼠标把库中的图形元件“诗句 1”拖放到［诗歌显示框］图层的“诗歌显示框”中，设置其宽高大小为 27.5 像素 ×222.85 像素，位置坐标为（596.75，201.35），色彩效果样式当中的 Alpha值设置为 22%（见图 12.119），在第 246 帧位置插入关键帧，此时图形元件“诗句 1”的位置和大小同第 187 帧，色彩效果样式为“无”（见图 12.120）。在第 276 帧位置插入空白关键帧并选中该帧，用鼠标把库中的图形元件“诗句 2”拖放到［诗歌显示框］图层的“诗歌显示框”中，其宽高大小和位置以及色彩效果样式当中的 Alpha 值设置同“诗句 1”，在第 346 帧位置插入关键帧，此时图形元件“诗句 2”的位置和大小同第 276 帧，色彩效果样式为“无”。在第 375 帧位置插入空白关键帧并选中该帧，用鼠标把库中的图形元件“诗句 3”拖放到［诗歌显示框］图层的“诗歌显示框”中，其宽高大小和位置以及色彩效果样式当中的 Alpha 值设置同“诗句 1”，在第 414 帧位置插入关键帧，此时图形元件“诗句 3”的位置和大小同第 375 帧，色彩效果样式为“无”。在第 435 帧位置插入空白关键帧并选中该帧，用鼠标把库中的图形元件“诗句 4”拖放到图层［诗歌显示框］图层的“诗歌显示框”中，其宽高大小和位置以及色彩效果样式当中的 Alpha 值设置同“诗句 1”，在第 506 帧位置插入关键帧，此时图形元件“诗句 4”的位置和大小同第 435 帧，色彩效果样式为“无”。在第 544 帧位置插入帧。

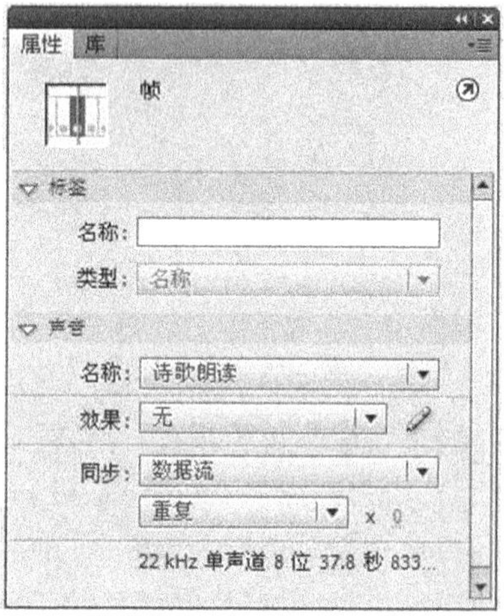

图 12.116

图 12.117

图 12.118

图 12. 119

图 12. 120

（13）选中［背景音乐］图层的第 1 空白关键帧，在“属性”面板中选择声音文件“背景音乐”（见图 12. 121）。在第 544 帧位置插入帧。

（14）选中［AS］图层的第 544 帧位置插入空白关键帧并选中该帧，添加脚本代码“stop ( ) ;”。

（15）选中［遮罩图形］图层，把其设置为“遮罩层”。

（16）把［意境背景］、［小船颠簸］、［水波荡漾］、［雨一直下］图层设置为“被遮罩”图层。

图 12. 121

（17）此时的部分图层和时间线设置（见图 12. 122）。

（18）此时的库（见图 12. 123）。

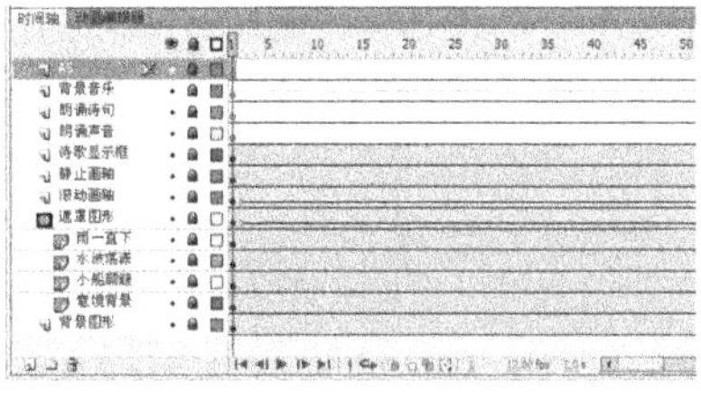

图 12. 122

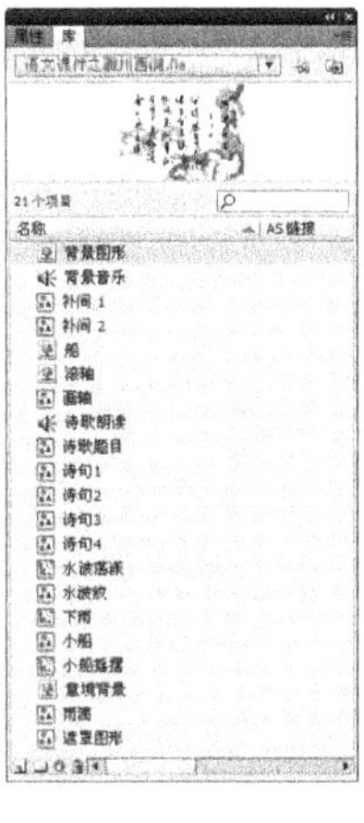

图 12. 123

5. 进行整体测试，保存文件，导出影片。

12.4.4 任务评价

本任务通过设计和制作较为复杂的影片剪辑元件（“小船摇摆”、“下雨”、“水波荡漾”等）以及多图层、多时间线的操作，实现了诗歌《滁州西涧》的配乐诗歌朗诵。如何实现诗句和朗诵声音的同步协调播放以及画轴的展开是本任务的重点和难点所在。本任务的设计和制作方法也为同类型课件的设计和制作提供了较高的参考价值。

12.4.5 任务拓展

本任务中的题目和诗句是以整句由朦胧到清晰的方式显示的，如果要实现逐字从朦胧到清晰地显示又该如何改进本任务呢？另外，如果要清晰地看到摇摆小船上每个人的动作和表情，又该如何改进本任务呢？

项目13

Flash 游戏开发

13.1 项目情境

小张在上幼儿园的女儿很喜欢互联网上的各类小型的益智类游戏，可惜它们大多不适合她。能不能根据女儿自身的实际情况，给她量身制作一些 Flash 益智类小游戏，放到电脑、手机甚至电视上给她学习，从而拓宽她的认知能力和开发她的脑力呢？答案显然是可行的。心动不如行动，小张马上就使用 Flash 来设计和制作一些益智类游戏。

13.2 项目分析

要使用 Flash 设计和制作动画游戏，除了要熟练掌握 Flash 基本操作之外，关键是要熟练使用 Flash 中的脚本代码。道理很简单，绝大多数 Flash 动画游戏的开发均要使用到脚本代码。从这个意义上来说，Flash 动画游戏就是 Flash 脚本动画。

13.3 任务1 看动物写单词

13.3.1 任务描述

游戏启动之后，可以看到动画画面上已经出现了5种可爱的小动物，此时可以在每种动物后面对应的横线上输入动物的英文单词，点击“提交”按钮，游戏会根据输入的答案正确与否，在英文单词右边给出改卷标记（正确的打“√”，错误的打“×”），同时在画面的左下区域给出相应的红色五角星的数量，数量的多少表示答对的题数。点击“重来”按钮，游戏会回到初始启动画面。鼠标移动到画面的右下角图形上时，图形左上角位置会出现“参考答案”的字样，用鼠标左键点击图形，则会把答案自动填写到每种动物后面的横线上。

13.3.2 任务目标

1. 熟练掌握 Flash 中图形背景色的删除以及图形元件的转换。
2. 熟练掌握 Flash 中有声按钮元件的设计和制作。

3. 熟练掌握影片剪辑元件“对错判断”和“答题积分”的设计和制作，这是重点，也是难点。

4. 熟练掌握 Flash 中脚本代码的应用，特别是条件判断语句的灵活应用。

13.3.3 任务实施

1. 新建一个 Flash 文档，设置其宽高大小为 550 像素 ×400 像素，背景颜色为白色，其余选项默认（见图 13.1）。

2. 把相关素材导入库中（见图 13.2）。

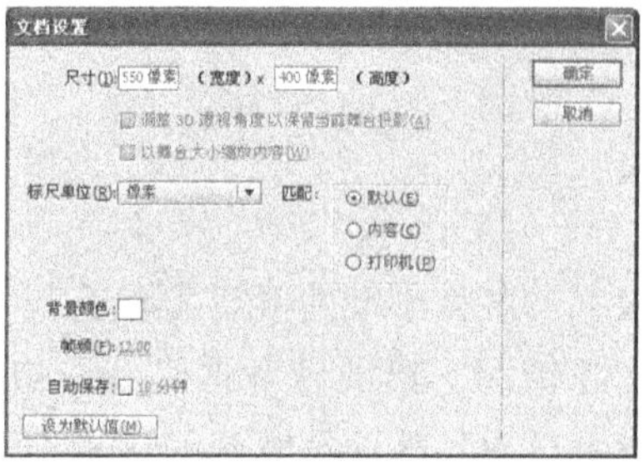

图 13.1

图 13.2

3. 相关元件的设计和制作。

（1）5 种动物图形元件的设计和制作。

①用鼠标把库中的图形素材“乌龟”拖放到场景中，使用工具箱中的“套索工具”中的“魔术棒”和“橡皮擦工具”把“乌龟”的背景色删除，选中删除背景色之后的“乌龟”，把它转化为图形元件“turtle”（见图 13.3）。

②用鼠标把库中的图形素材“小羊”拖放到场景中，使用工具箱中的“套索工具”中的“魔术棒”和“橡皮擦工具”把“小羊”的背景色删除，选中删除背景色之后的“小羊”，把它转化为图形元件“sheep”（见图 13.4）。

图 13.3

图 13.4

③用鼠标把库中的图形素材“其他动物”拖放到场景中，使用工具箱中的“套索工具”中的“魔术棒”和“橡皮擦工具”把“其他动物”的背景色删除。选中删除背景色之后的“老虎”，把它转化为图形元件“tiger”（见图13.5）。选中删除背景色之后的“猴子”，把它转化为图形元件“monkey”（见图13.6）。选中删除背景色之后的“狮子”，把它转化为图形元件“lion”（见图13.7）。

图13.5

图13.6

图13.7

（2）图形元件“参考答案图形”的设计和制作。

用鼠标把库中的图形素材“参考答案”拖放到场景中，使用工具箱中的“套索工具”中的“魔术棒”和“橡皮擦工具”把“参考答案”的背景色删除。选中删除背景色之后的“参考答案”，把它转化为图形元件“参考答案图形”（见图13.8）。

图13.8

（3）图形元件“五角星”的设计和制作。

①创建新元件，命名为“五角星”，类型为图形（见图13.9）。

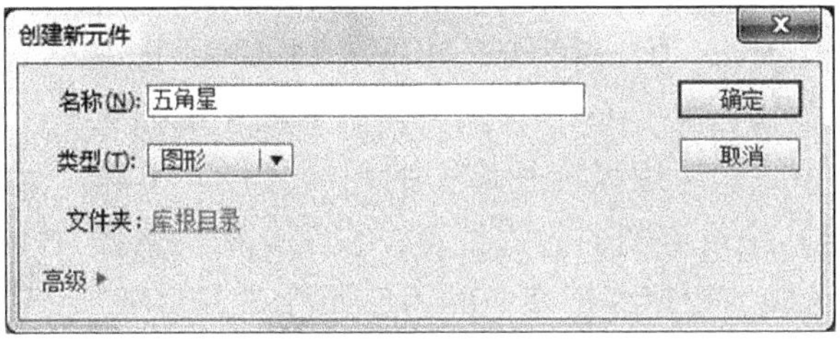

图13.9

②用鼠标单击图13.9中的“确定”按钮，进入图形元件“五角星”的编辑场景中。

③选中［图层1］图层的第1空白关键帧，使用工具箱中的“多角星形工

具”在场景中绘制好五角星图形（见图 13.10）。

④此时的图层和时间线设置（见图 13.11）。

图 13.10

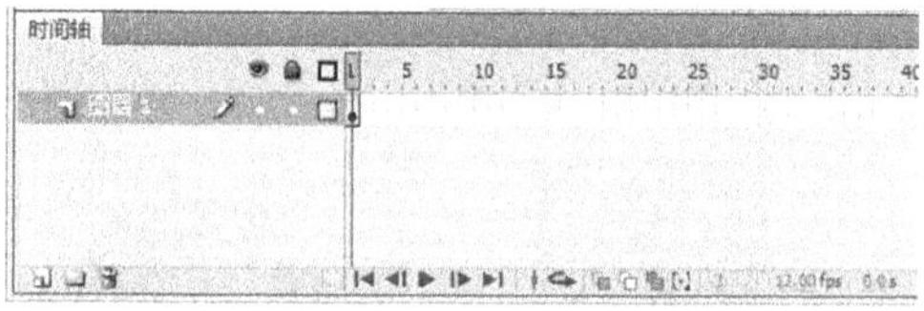

图 13.11

（4）影片剪辑元件“答题积分”的设计和制作。

①创建新元件，命名为“答题积分”，类型为影片剪辑（见图 13.12）。

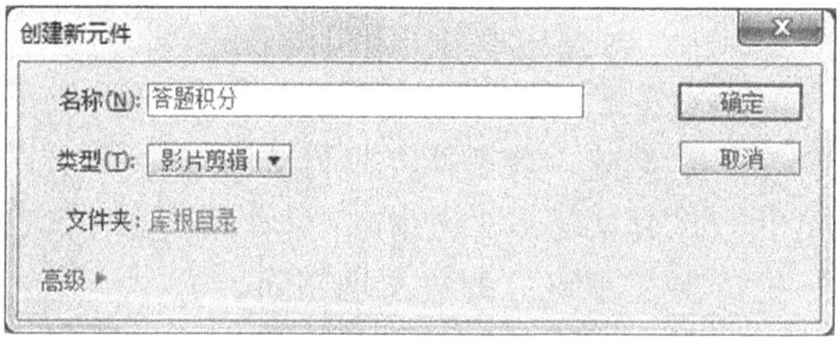

图 13.12

②用鼠标单击图 13.12 中的“确定”按钮，进入影片剪辑元件“答题积分”的编辑场景中。

③选中［图层 1］图层的第 1 空白关键帧，使用工具箱中的“椭圆工具”绘制一个无边框、填充颜色任意的圆，宽高大小设置为 30 像素 ×30 像素，坐标位置不限，把该圆的 Alpha 值设置为 0%（见图 13.13），选中该关键帧，添加脚本代码“stop（）;”。在第 2 帧位置插入空白关键帧并选中该帧，用鼠标把库中的图形元件“五角星”（见图 13.14）拖放到圆的右边位置；在第 3 帧位置插入关键帧并选中该帧，用鼠标把库中的图形元件“五角星”拖放到前一“五角星”的右边位置对齐（见图 13.15）；在第 4 帧位置插入关键帧并选中该帧，用鼠标把库中的图形元件“五角星”拖放到前一“五角星”的右边位置对齐（见图 13.16）；在第 5 帧位置插入关键帧并选中该帧，用鼠标把库中的图形元件“五角星”拖放到前一“五角星”的右边位置对齐（见图 13.17）；在第 6 帧位

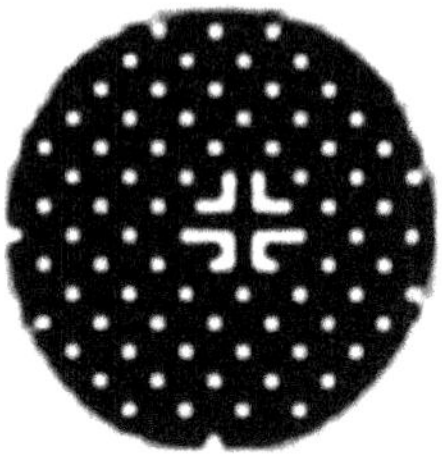

图 13.13

置插入关键帧并选中该帧，用鼠标把库中的图形元件“五角星”拖放到前一“五角星”的右边位置对齐（见图 13.18）。这里需要注意的是：每插入一个关键帧，就只需要把库中的图形元件“五角星”拖放到前一“五角星”的右边位置对齐，不能改变前一“五角星”的位置和大小。

图 13.14

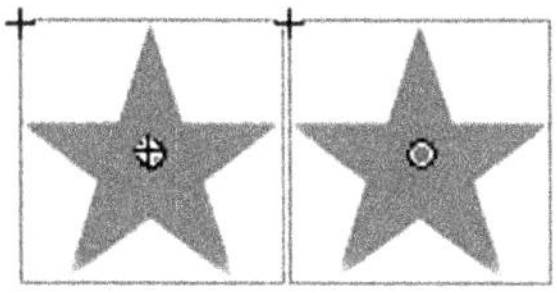
图 13.15

图 13.16

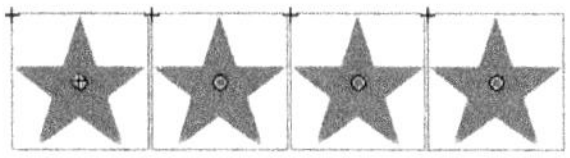
图 13.17

图 13.18

④此时的图层和时间线设置（见图 13.19）。

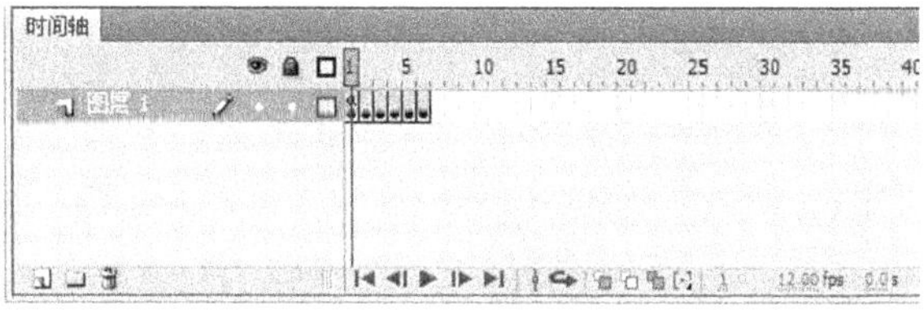

图 13.19

（5）影片剪辑元件“对错判断”的设计和制作。

①创建新元件，命名为“对错判断”，类型为影片剪辑（见图 13.20）。

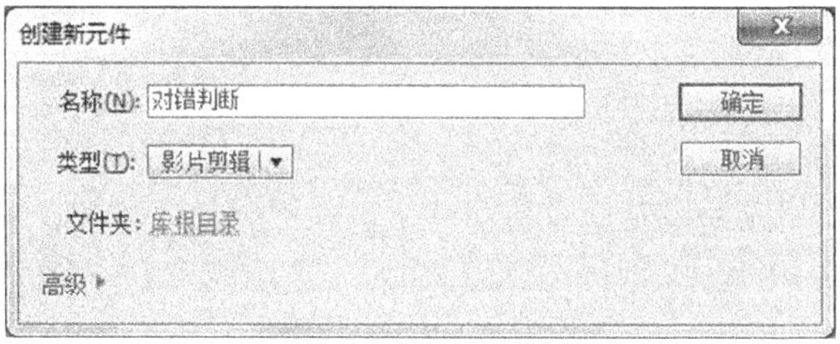

图 13.20

②用鼠标单击图 13.20 中的“确定”按钮，进入影片剪辑元件“对错判断”的编辑场景中。

③选中［图层 1］图层的第 1 空白关键帧，使用工具箱中的“椭圆工具”绘制一个无边框、填充颜色任意的圆，宽高大小设置为 55 像素 ×55 像素，坐标位置不限，把该圆的 Alpha 值设置为 0%（见图 13.21），选中该关键帧，添加脚本代码“stop（）;”。在第 2 帧位置插入空白关键帧并选中该帧，使用工具箱中的“刷子工具”在场景中绘制图形（见图 13.22），选中该关键帧，添加脚本代码“stop（）;”。在第 3 帧位置插入空白关键帧并选中该帧，使用工具箱中的“刷子工具”在场景中绘制图形（见图 13.23），选中该关键帧，添加脚本代码“stop（）;”。

图 13.21

图 13.22

图 13.23

④此时的图层和时间线设置（见图 13.24）。

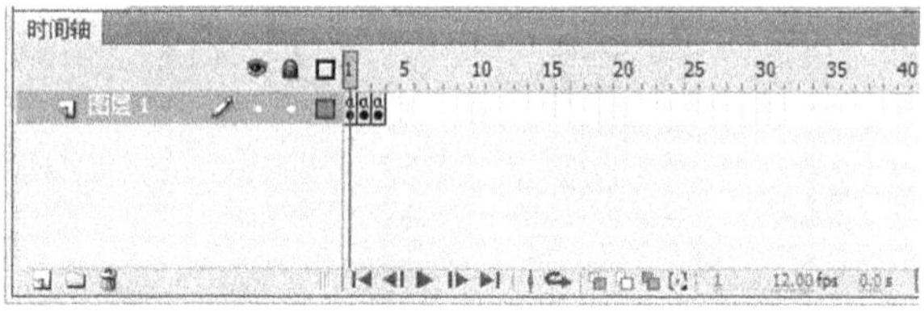

图 13.24

（6）按钮元件“提交按钮”的设计和制作。

①创建新元件，命名为“提交按钮”，类型为按钮（见图 13.25）。

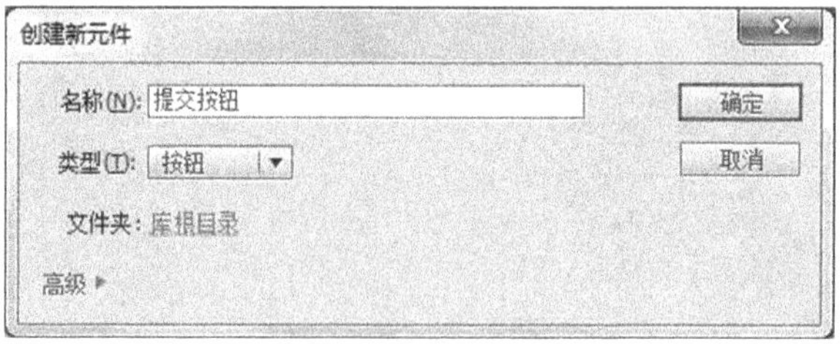

图 13.25

②用鼠标单击图 13.25 中的“确定”按钮，进入按钮元件“提交按钮”的编辑场景中。

③选中［图层 1］图层中“弹起”状态所对应的帧位置（第 1 帧），使用工具箱中的相关工具绘制图形，使得图形的中心点与编辑场景的中心点重合（见图 13.26）。选中“指针经过”状态所对应的帧位置（第 2 帧），插入关键帧，对图形进行编辑，注意不能移动图形的位置和改变图形的大小，但可以改变颜色，最终效果见图 13.27；在“属性”面板中选择声音文件“按钮声音”，给按钮元件加载声音，使得当鼠标移动到按钮上时发出声音。在“点击”状态所对应的帧位置（第 4 帧）插入帧。

图 13.26

图 13.27

④此时的图层和时间线设置（见图 13.28）。

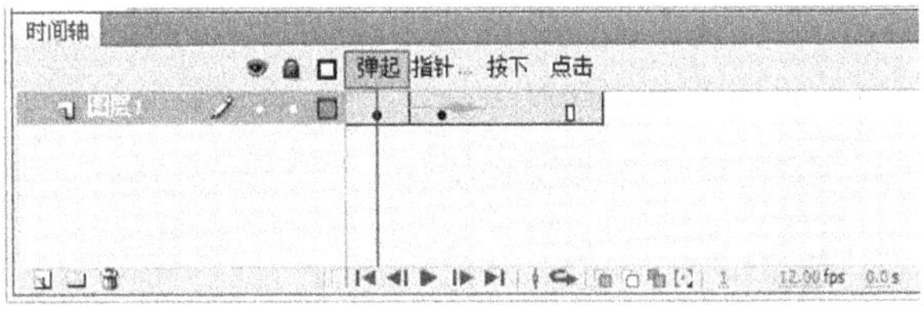

图 13.28

（7）按钮元件“重来按钮”的设计和制作。

①创建新元件，命名为“重来按钮”，类型为按钮（见图 13.29）。

图 13.29

②用鼠标单击图 13.29 中的“确定”按钮，进入按钮元件“重来按钮”的编辑场景中。

③选中［图层 1］图层中“弹起”状态所对应的帧位置（第 1 帧），使用工具箱中的相关工具绘制图形，使得图形的中心点与编辑场景的中心点重合（见图 13.30）。选中“指针经过”状态所对应的帧位置（第 2 帧）插入关键帧，对图形进行编辑，注意不能移动图形的位置和改变图形的大小，但可以改变颜色，最终效果见图 13.31；在“属性”面板中选择声音文件“按钮声音”，给按钮元件加载声音，使得当鼠标移动到按钮上时发出声音。在“点击”状态所对应的帧位置（第 4 帧）插入帧。

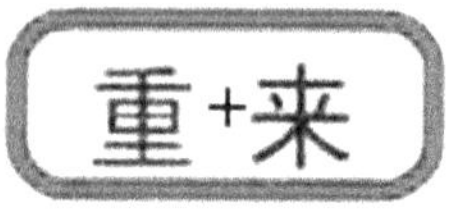

图 13.30

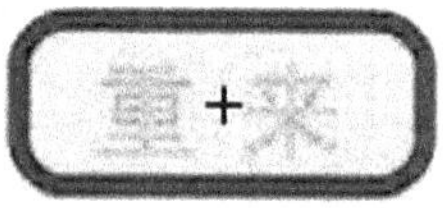

图 13.31

④此时的图层和时间线设置（见图 13.32）。

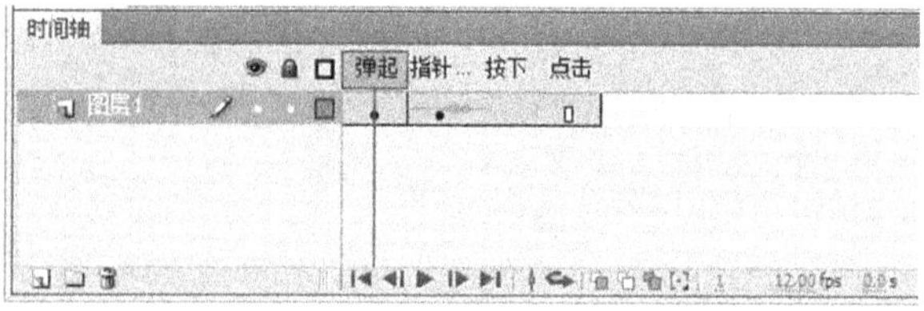

图 13.32

（8）按钮元件“参考答案按钮”的设计和制作。

①创建新元件，命名为“参考答案按钮”，类型为按钮（见图 13.33）。

②鼠标单击图 13.33 中的“确定”按钮，进入按钮元件“参考答案按钮”的编辑场景中。

③选中［图层 1］图层中“弹起”状态所对应的帧位置（第 1 帧），使用工具箱中的“椭圆工具”绘制一个无边框的黑色椭圆（见图 13.34）。选中“按下”状态所对应的帧位置（第 3 帧）插入帧。选中“点击”状态所对应的帧位置（第 4 帧）插入空白关键帧。

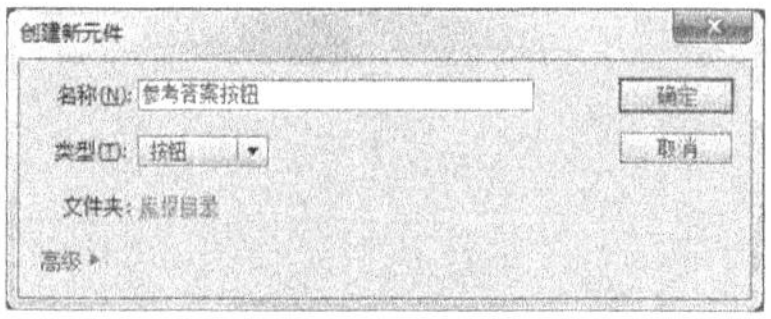

图 13.33

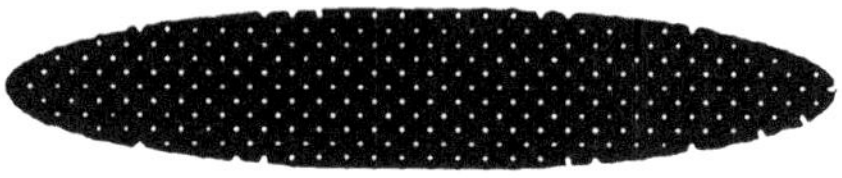

图 13.34

④在［图层 1］图层的上面新建（插入）1 个［图层 2］图层，选中［图层 2］图层中“弹起”状态所对应的帧位置（第 1 帧），用鼠标把库中的图形元件“参考答案图形”拖放到场景中，移动到黑色椭圆的正上方（见图 13.35）。选中“指针

经过”状态所对应的帧位置（第 2 帧）插入关键帧，在图形元件“参考答案图形”的左上方使用工具箱中的“文本工具”输入静态文本，进行文本的格式化设置，调整黑色椭圆的填充色，最终效果见图 13. 36。选中“按下”状态所对应的帧位置（第 3 帧）插入帧。选中“点击”状态所对应的帧位置（第 4 帧）插入空白关键帧，编辑图形，把文本和阴影椭圆删除，最终效果见图 13. 37。

图 13. 35

图 13. 36

图 13. 37

⑤此时的图层和时间线设置（见图 13. 38）。

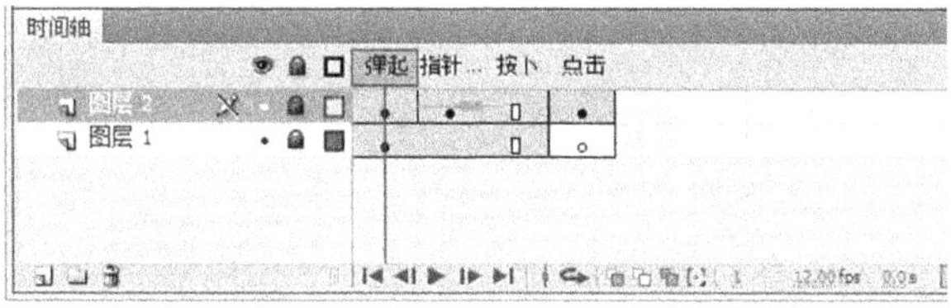

图 13. 38

（9）影片剪辑元件“题目方框”的设计和制作。

①创建新元件，命名为“题目方框”，类型为影片剪辑（见图 13. 39）。

②用鼠标单击图 13. 39 中的“确定”按钮，进入影片剪辑元件“题目方框”的编辑场景中。

③选中［图层 1］图层的第 1 空白关键帧，绘制图形（见图 13. 40）。

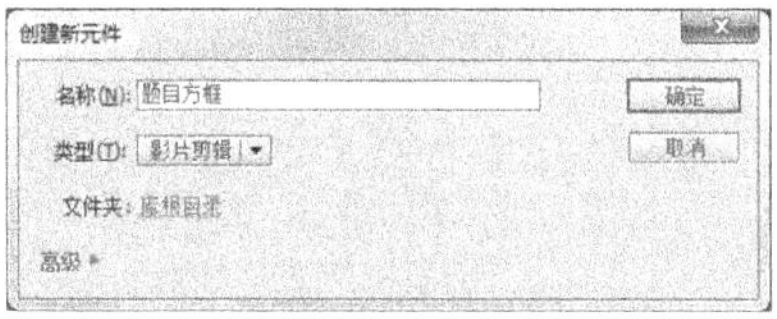

图 13. 39

图 13. 40

④此时的图层和时间线设置（见图 13. 41）。

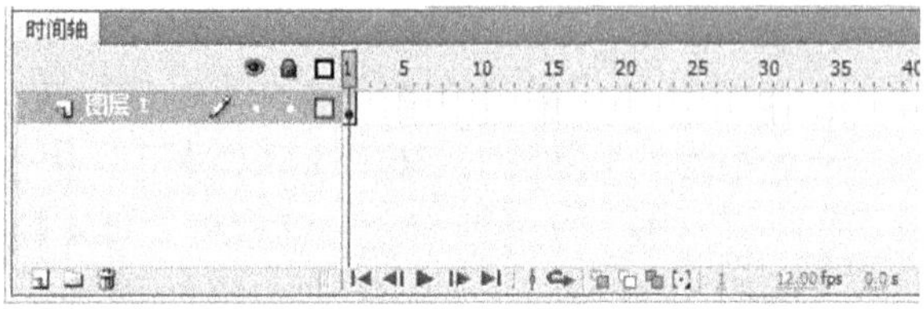

图 13.41

4. 元件设计和制作完毕，回到主场景，进行合成。

（1）新建（插入）4 个图层，这样就有 5 个图层了，进行命名，从上到下分别是［对错判断］、［控制按钮］、［答案积分］、［题目放置］、［背景图形］。

（2）选中［背景图形］图层的第 1 空白关键帧，用鼠标把库中的影片剪辑元件“题目方框”拖放到场景中，调整其大小和位置（见图 13.42）。

图 13.42

（3）选中［题目放置］图层的第 1 空白关键帧，用鼠标把库中的 5 种动物图形元件拖放到“题目方框”里，在每种动物的后面绘制一条下划粗线条，调整好各自的大小和位置，最终效果见图 13.43。

图 13.43

（4）选中［答案积分］图层的第 1 空白关键帧，在每种动物后面的下划粗线条上面设置好一个“输入文本”类型的文本框，调整好各自的大小和位置，最终效果见图 13.44。

（5）选中［控制按钮］图层的第 1 空白关键帧，用鼠标把库中的按钮元件“提交按钮”、“重来按钮”、“参考答案按钮”用鼠标拖放到场景中，调整好它们的大小和位置，最终效果见图 13.45。

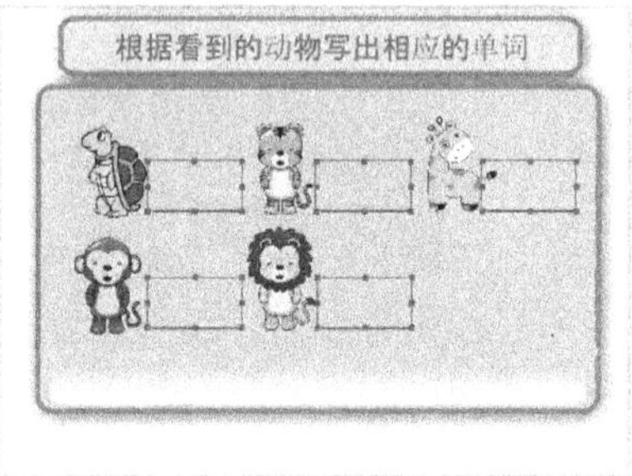

图 13.44

（6）选中［对错判断］图层的第 1 空白关键帧，用鼠标把库中的影片剪辑元件“对错判断”拖放到场景中，连续拖放 5 次，同时用鼠标把库中的影片剪辑元件“答题积分”也拖放到场景中的左下角位置，最终效果见图 13.46。选中第 1 关键帧，添加脚本代码

“fenshu = 0;”。把动物“乌龟”后面的影片剪辑元件“对错判断”在“属性”面板中命名为“pd1”；把动物“老虎”后面的影片剪辑元件“对错判断”在“属性”面板中命名为“pd2”；把动物“小羊”后面的影片剪辑元件“对错判断”在“属性”面板中命名为“pd3”；把动物“猴子”后面的影片剪辑元件“对错判断”在“属性”面板中命名为“pd4”；把动物“狮子”后面的影片剪辑元件“对错判断”在“属性”面板中命名为“pd5”；同时把影片剪辑元件“答题积分”在“属性”面板中命名为“xx”。

图 13.45

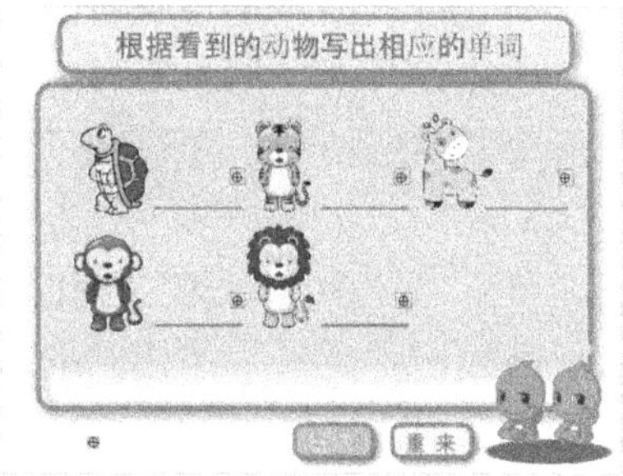

图 13.46

（7）选中［控制按钮］图层中的按钮元件“提交按钮”，添加脚本代码（见图 13.47）。

（8）选中［控制按钮］图层中的按钮元件“重来按钮”，添加脚本代码（见图 13.48）。

（9）选中［控制按钮］图层中的按钮元件“参考答案按钮”，添加脚本代码（见图 13.49）。

```
on (release, keyPress "<Enter>") {
if(text01=="turtle")
    {_root.pd1.gotoAndStop(2);fenshu+=1;}
else
    {_root.pd21.gotoAndStop(3);}
if(text02=="tiger")
    {_root.pd2.gotoAndStop(2);fenshu+=1;}
else
    {_root.pd2.gotoAndStop(3);}
if(text03=="sheep")
    {_root.pd3.gotoAndStop(2);fenshu+=1;}
else
    {_root.pd3.gotoAndStop(3);}
if(text04=="monkey")
    {_root.pd4.gotoAndStop(2);fenshu+=1;}
else
    {_root.pd4.gotoAndStop(3);}
if(text05=="lion")
    {_root.pd5.gotoAndStop(2);fenshu+=1;}
else
    {_root.pd5.gotoAndStop(3);}
if(fenshu==1)
  {_root.xx.gotoAndStop(2);}
else if(fenshu==2)
  {_root.xx.gotoAndStop(3);}
else if(fenshu==3)
  {_root.xx.gotoAndStop(4);}
else if(fenshu==4)
  {_root.xx.gotoAndStop(5);}
else if(fenshu==5)
  {_root.xx.gotoAndStop(6);}
}
```

图 13.47

```
on (release) {
text01="";
text02="";
text03="";
text04="";
text05="";
_root.pd1.gotoAndStop(1);
_root.pd2.gotoAndStop(1);
_root.pd3.gotoAndStop(1);
_root.pd4.gotoAndStop(1);
_root.pd5.gotoAndStop(1);
_root.xx.gotoAndStop(1);
fenshu=0;
}
```

图 13.48

```
on (release) {
text01="turtle"
text02="tiger"
text03="sheep"
text04="monkey"
text05="lion"
}
```

图 13.49

（10）此时的图层和时间线设置（见图 13.50）。

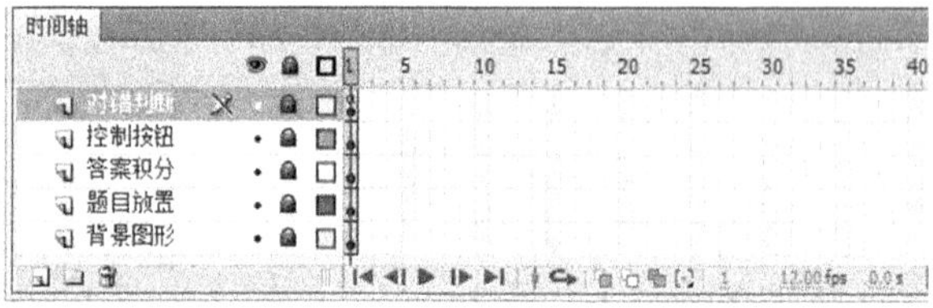

图 13.50

图 13.51

(11) 此时的库（见图 13.51）。

5. 进行整体测试，保存文件，导出影片。

6. 导出影片的播放画面。

①启动画面（见图 13.52）。

②答完题点击“提交”按钮时的播放画面（见图 13.53）。

③点击“参考答案”按钮时的播放画面（见图 13.54）。

④点击“重来”按钮时的播放画面（见图 13.55），同启动画面。

图 13.52

图 13.53

图 13.54

图 13.55

13.3.4 任务评价

本任务通过设计和制作 Flash 中的 3 种元件，并使用脚本代码来控制元件，从而比较顺利地实现了“看动物写单词”的游戏制作，为同类型的 Flash 游戏的设计和制作提供了简单有效的解决方案。

13.3.5 任务拓展

本游戏还有一些地方是可以改进的，比如在写完单词之后点击“提交”按钮时，每写对一个单词，就有 1 颗红五角星（见图 13.56），此时用鼠标每点击“提交”按钮 1 次，红五角星的数量就相应增加 1 颗，一直到 5 颗为止（见图 13.57）。而改进版本的情况是写完单词点击“提交”按钮给出对错判断和红五角星数量之后，就不能点击“提交”按钮了，此时的“提交”按钮是灰色的，处于不可点击状态。如何实现此改进效果呢？另外，还有一些地方也是可以加以完善的，在此就不再赘述了。

图 13.56

图 13.57

13.4 任务 2 乌龟赛跑

13.4.1 任务描述

使用 Flash 设计和制作一个乌龟赛跑的游戏。动画播放时，在画面的赛道起跑线上并排站着 4 只跃跃欲试的乌龟，游戏此时提示你选择一只乌龟作为你的竞猜筹码，看看你选择的那只乌龟是否是跑得最快的。一旦选择了某只乌龟，4 只乌龟即刻向前爬动。如果你选择的那只乌龟是跑得最快的，此时游戏在你选择的那只乌龟前面输出“我赢了！”的提示语，同时在画面上方出现“恭喜，你猜对了！”的提示语。如果你选择的那只乌龟不是跑得最快的，此时游戏也在跑得最快的乌龟前面输出“我赢了！”的提示语，同时在画面上方也出现“不好意思，你猜错了！”的提示语。画面上还设有“重来”按钮，用鼠标单击它可以重新开始乌龟赛跑的游戏。

13.4.2 任务目标

1. 熟练掌握乌龟爬行的动作设计。

2. 熟练掌握 Flash 中的脚本代码在控制按钮元件和影片剪辑元件方面的灵活应用。

3. 熟练掌握 Flash 中声音的加载。

4. 熟练掌握 Flash 中多图层及其时间线上各类帧的基本操作。

13.4.3 任务实施

1. 新建一个 Flash 文档，设置其宽高大小为 500 像素 ×300 像素，背景颜色为白色，其余选项默认（见图 13.58）。

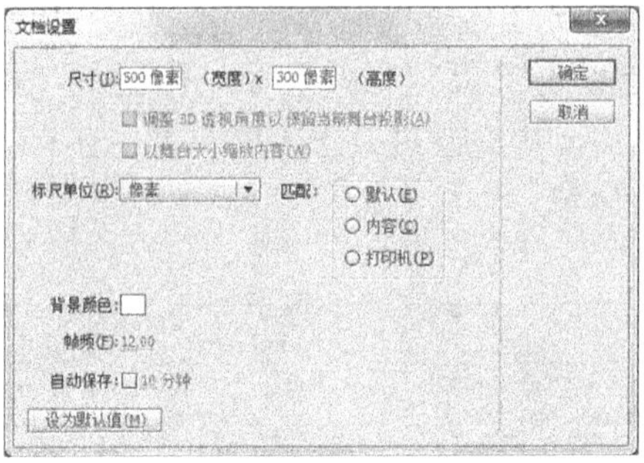

图 13.58

2. 把声音文件导入库中。

3. 相关元件的设计和制作。

（1）影片剪辑元件“乌龟的头”的设计和制作。

①创建新元件，命名为“乌龟的头”，类型为影片剪辑（见图 13.59）。

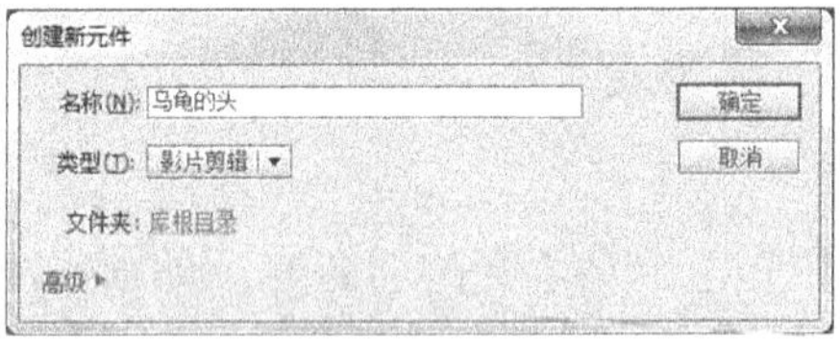

图 13.59

②用鼠标单击图 13.59 中的“确定”按钮，进入影片剪辑元件“乌龟的头”的编辑场景中。

③选中［图层 1］图层的第 1 空白关键帧，绘制图形（见图 13.60），在第 3 帧位置插入关键帧，编辑乌龟头部，最终效果见图 13.61。在第 4 帧位置插入帧。注意在编辑时不能改变头部的位置和大小。

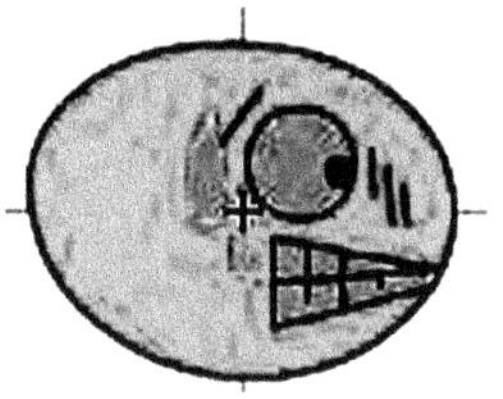

图 13.60

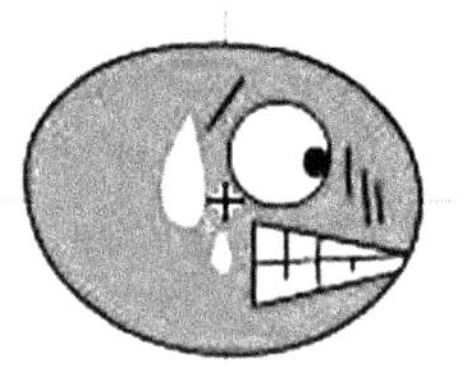

图 13.61

④此时的图层和时间线设置（见图 13.62）。

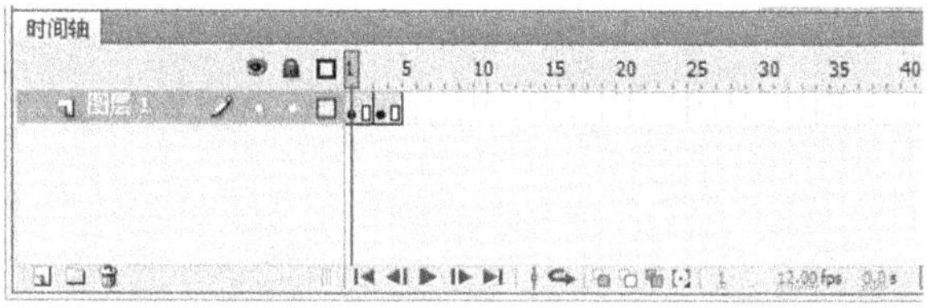

图 13.62

（2）影片剪辑元件“乌龟的尾巴”的设计和制作。

①创建新元件，命名为“乌龟的尾巴”，类型为影片剪辑（见图 13.63）。

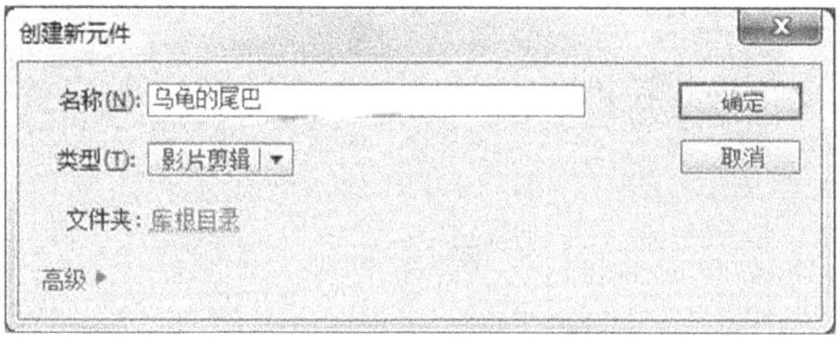

图 13.63

②用鼠标单击图 13.63 中的“确定”按钮，进入影片剪辑元件“乌龟的尾巴”的编辑场景中。

③选中［图层 1］图层的第 1 空白关键帧，绘制图形（见图 13.64），在第 5 帧位置插入关键帧，删除第 1 关键帧至第 5 关键帧之间的补间动画，使用工具箱中的“任意变形工具”把图形的中心点移动到右边界的中点位置，把图形逆时针旋转一定角度（见图 13.65）。在第 12 帧位置插入关键帧，把图形顺时针旋转一定角度（见图 13.66）。创建第 5 关键帧至第 12 关键帧之间的补间动画。这样设计的目的是使得乌龟的尾巴能够上下摆动。

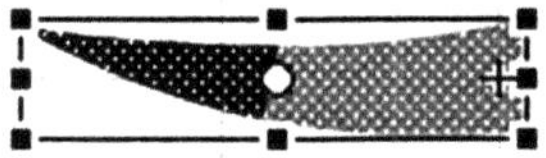

图 13.64

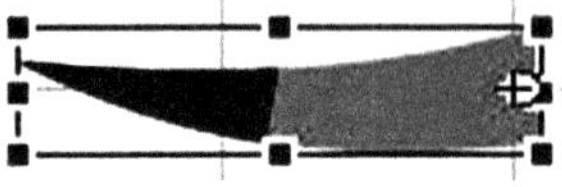

图 13.65

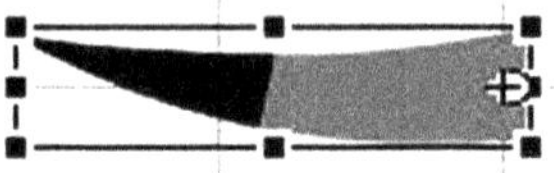

图 13.66

④此时的图层和时间线设置（见图 13.67）。

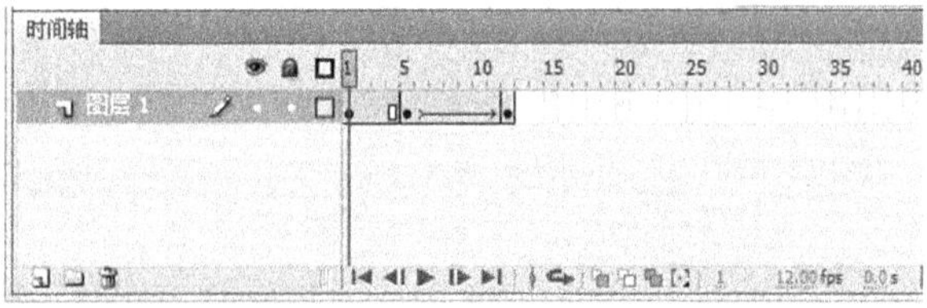

图 13.67

（3）影片剪辑元件“乌龟的脚”的设计和制作。

①创建新元件，命名为“乌龟的脚”，类型为影片剪辑（见图 13.68）。

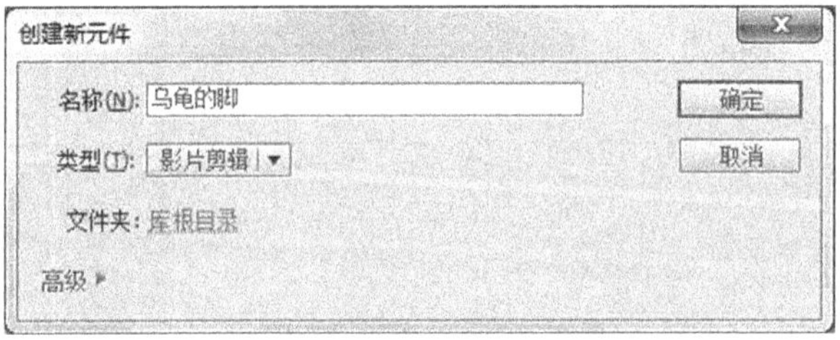

图 13.68

②用鼠标单击图 13.68 中的“确定”按钮，进入影片剪辑元件“乌龟的脚”的编辑场景中。

③新建（插入）4 个图层，这样就有 5 个图层了，进行命名，从上到下分别是［乌龟的脚 3］、［乌龟的脚 1］、［乌龟的肚子］、［乌龟的脚 2］、［乌龟的脚 4］。

④选中［乌龟的脚 4］图层的第 1 空白关键帧，绘制图形（见图 13.69）；选中［乌龟的脚 2］图层的第 1 空白关键帧，绘制图形（见图 13.70）；选中［乌龟的肚子］图层的第 1 空白关键帧，绘制图形（见图 13.71）；选中［乌龟的脚 1］图层的第 1 空白关键帧，绘制图形（见图 13.72）；选中［乌龟的脚 3］图层的第 1 空白关键帧，绘制图形（见图 13.73）。

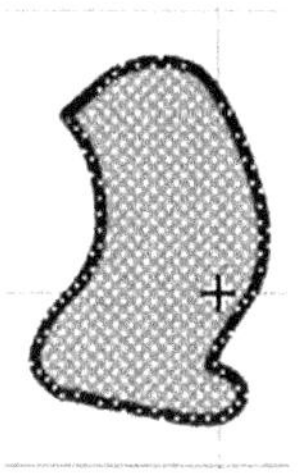

图 13.69

图 13.70

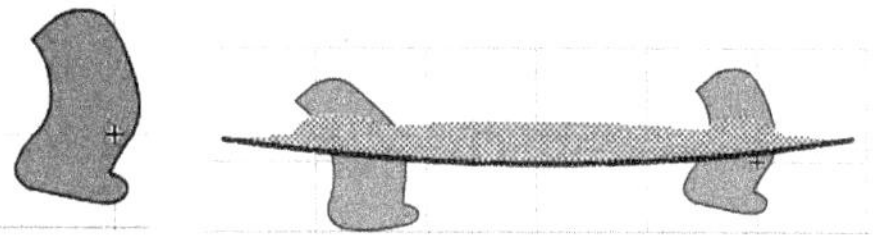

图 13.71

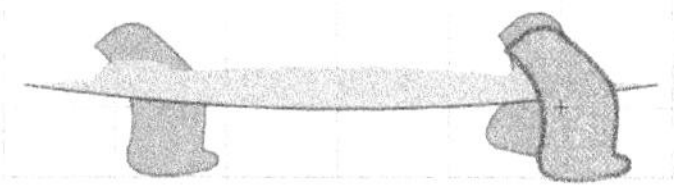

图 13.72

图 13.73

⑤在［乌龟的脚 4］、［乌龟的脚 2］、［乌龟的脚 1］、［乌龟的脚 3］图层的第 3 帧位置均插入关键帧，分别编辑前一关键帧的图形，最终得到图形（见图 13.74）。

⑥在［乌龟的脚 4］、［乌龟的脚 2］、［乌龟的脚 1］、［乌龟的脚 3］图层的第 5 帧位置均插入关键帧，分别编辑前一关键帧的图形，最终得到图形（见图 13.75）。

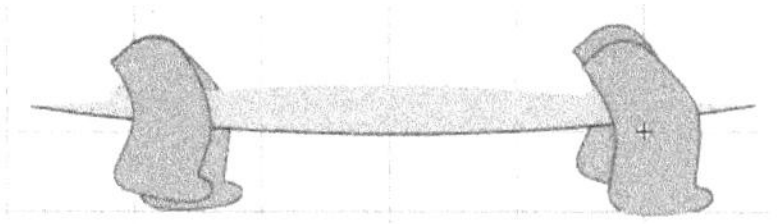

图 13.74

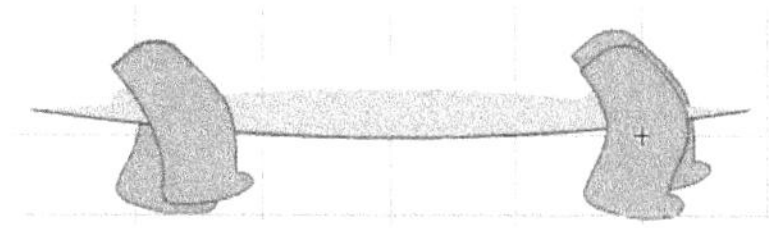

图 13.75

⑦在［乌龟的脚 4］、［乌龟的脚 2］、［乌龟的脚 1］、［乌龟的脚 3］图层的第 7 帧位置均插入关键帧，分别编辑前一关键帧的图形，最终得到图形（见图 13.76）。

⑧在［乌龟的脚 4］、［乌龟的脚 2］、［乌龟的脚 1］、［乌龟的脚 3］图层的第 9 帧位置均插入关键帧，分别编辑前一关键帧的图形，最终得到图形（见图 13.77）。

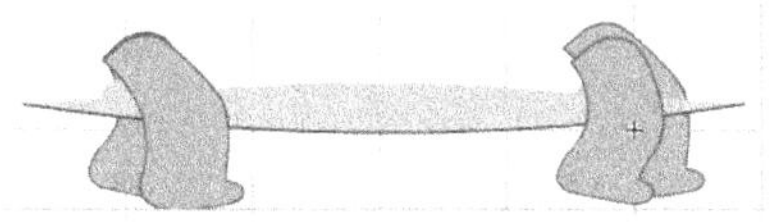

图 13.76

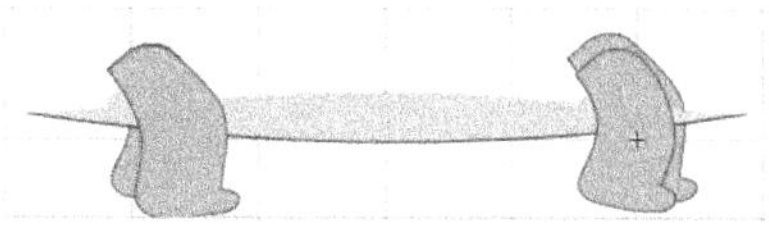

图 13.77

⑨在［乌龟的脚4］、［乌龟的脚2］、［乌龟的脚1］、［乌龟的脚3］图层的第11帧位置均插入关键帧，分别编辑前一关键帧的图形，最终得到图形（见图13.78）。

⑩在［乌龟的脚4］、［乌龟的脚2］、［乌龟的肚子］、［乌龟的脚1］、［乌龟的脚3］图层的第12帧位置均插入帧。此时的图层和时间线设置见图13.79。

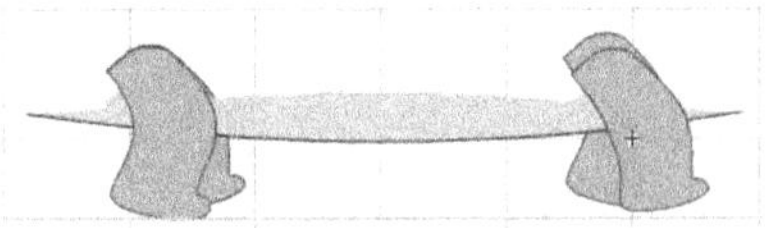

图13.78

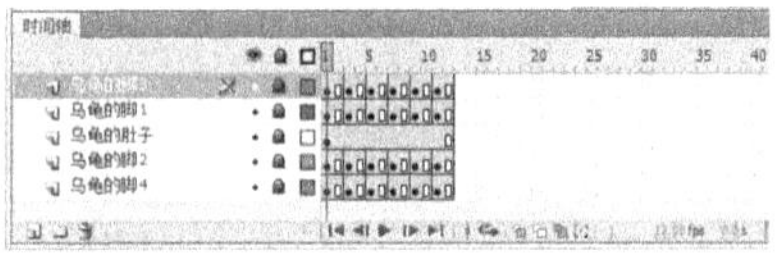

图13.79

（4）影片剪辑元件“乌龟爬行1”的设计和制作。

①创建新元件，命名为“乌龟爬行1”，类型为影片剪辑（见图13.80）。

②用鼠标单击图13.80中的“确定”按钮，进入影片剪辑元件“乌龟爬行1”的编辑场景中。

③新建（插入）两个图层，这样就有3个图层了，进行命名，从上到下分别是［乌龟的身体］、［乌龟的脚］、［乌龟的头和尾巴］图层。

④选中［乌龟的头和尾巴］图层的第1空白关键帧，用鼠标把库中的影片剪辑元件“乌龟的头”和“乌龟的尾巴”拖放到场景中，调整好大小和位置（见图13.81）。在第5帧位置插入帧。

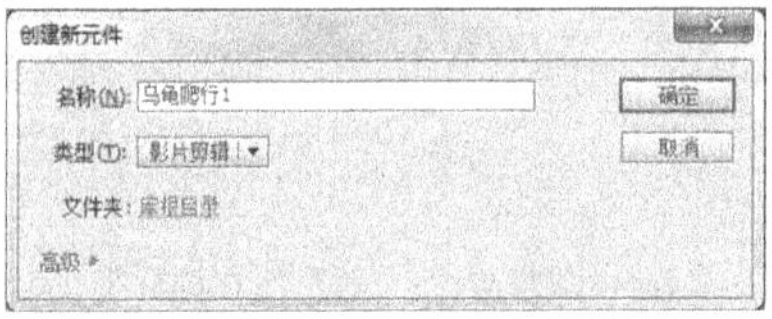

图13.80

图13.81

⑤选中［乌龟的脚］图层的第1空白关键帧，用鼠标把库中的影片剪辑元件“乌龟的脚”拖放到场景中，调整好大小和位置（见图13.82）。在第5帧位置插入帧。

⑥选中［乌龟的身体］图层的第1空白关键帧，使用工具箱中的工具绘制好图形，调整好大小和位置以及填充颜色（见图13.83）。在第5帧位置插入帧。

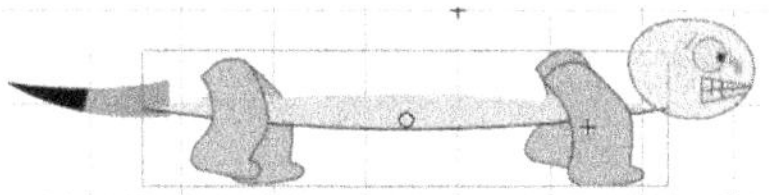

图 13.82

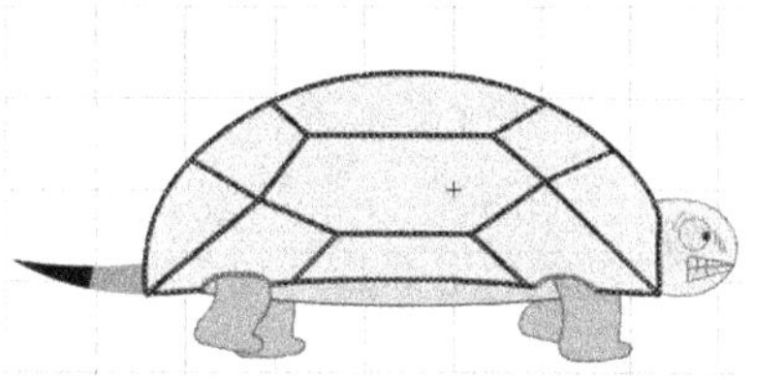

图 13.83

⑦此时的图层和时间线设置（见图 13.84）。

⑧依照以上步骤，仅仅改变乌龟身体的颜色填充，得到影片剪辑元件“乌龟爬行 2”（见图 13.85）。

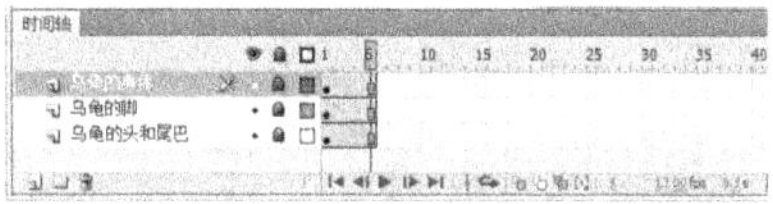

图 13.84

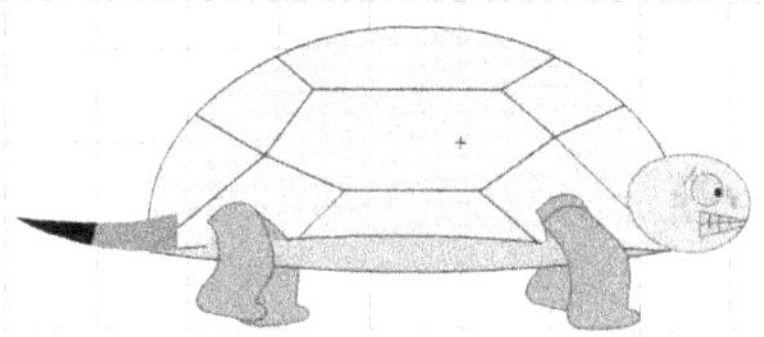

图 13.85

⑨依照以上步骤，仅仅改变乌龟身体的颜色填充，得到影片剪辑元件“乌龟爬行 3”（见图 13.86）。

⑩依照以上步骤，仅仅改变乌龟身体的颜色填充，得到影片剪辑元件“乌龟爬行 4”（见图 13.87）。

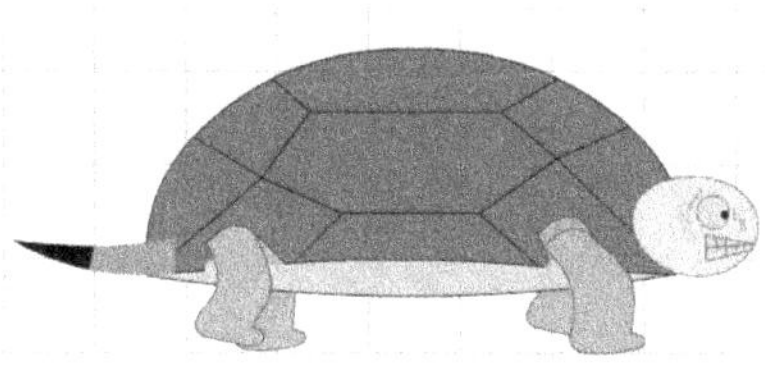

图 13.86

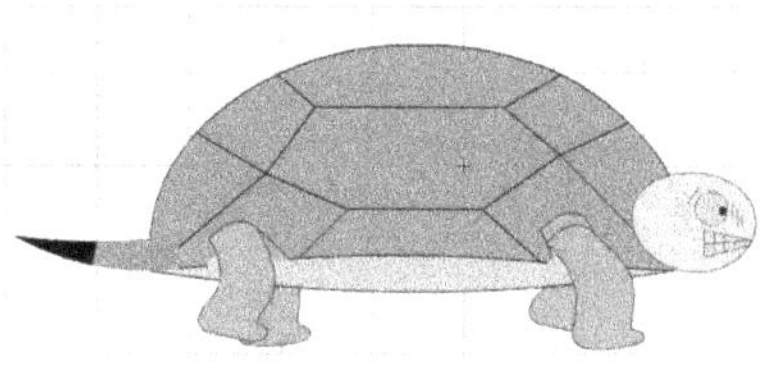

图 13.87

（5）影片剪辑元件“请你选择”的设计和制作。

①创建新元件，命名为“请你选择”，类型为影片剪辑（见图 13.88）。

②用鼠标单击图 13.88 中的“确定”按钮，进入影片剪辑元件“请你选择”的编辑场景中。

③新建（插入）1 个图层，这样就有两个图层了，进行命名，从上到下分别是［爬行乌龟］、［你的选择］。

④选择［你的选择］图层的第 1 空白关键帧，添加脚本代码“stop（）;”，

在第 2 帧位置插入空白关键帧，使用工具箱中的“文本工具”输入静态文本“你选择了”，进行文本的格式化，最终效果见图 13.89。在第 5 帧位置插入帧。

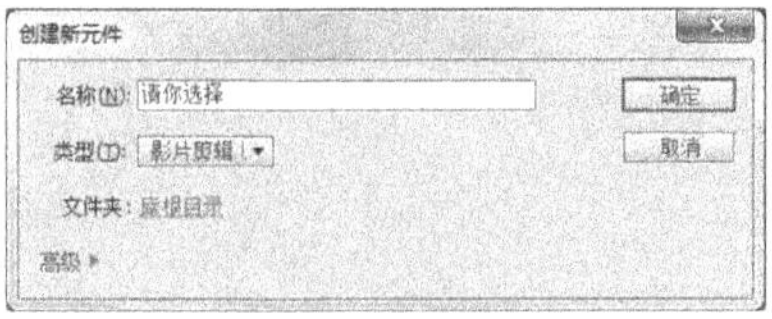

图 13.88

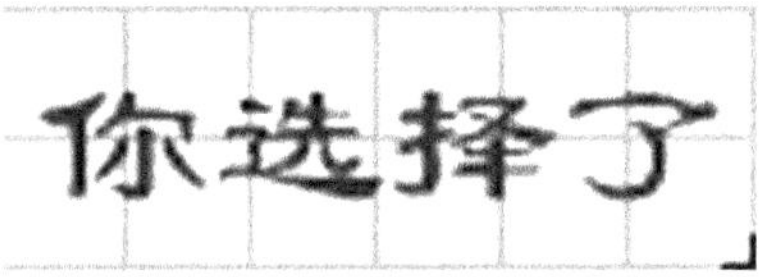

图 13.89

⑤选择［爬行乌龟］图层的第 2 帧位置插入空白关键帧，用鼠标把库中的影片剪辑元件“乌龟爬行 1”拖放到场景中“你选择了”的后面（见图 13.90）；选择第 3 帧位置插入空白关键帧，用鼠标把库中的影片剪辑元件“乌龟爬行 2”拖放到场景中“你选择了”的后面（见图 13.91）；选择第 4 帧位置插入空白关键帧，用鼠标把库中的影片剪辑元件“乌龟爬行 3”拖放到场景中“你选择了”的后面（见图 13.92）；选择第 5 帧位置插入空白关键帧，用鼠标把库中的影片剪辑元件“乌龟爬行 4”拖放到场景中“你选择了”的后面（见图 13.93）。

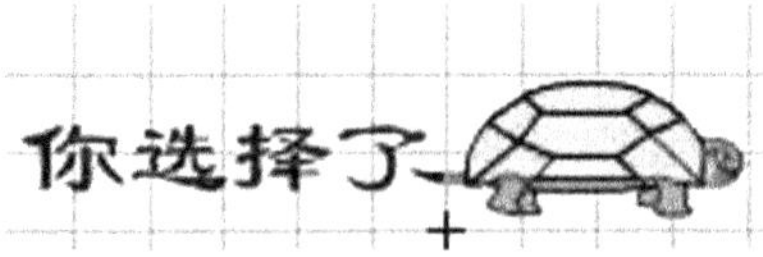

图 13.90

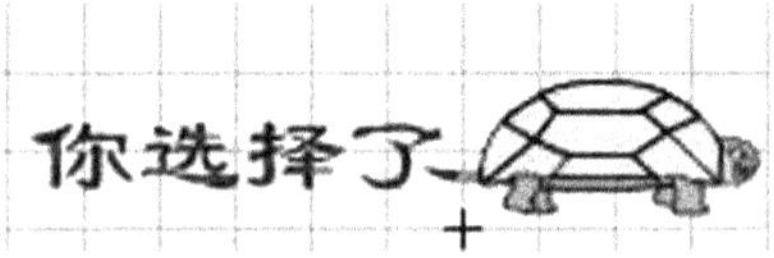

图 13.91

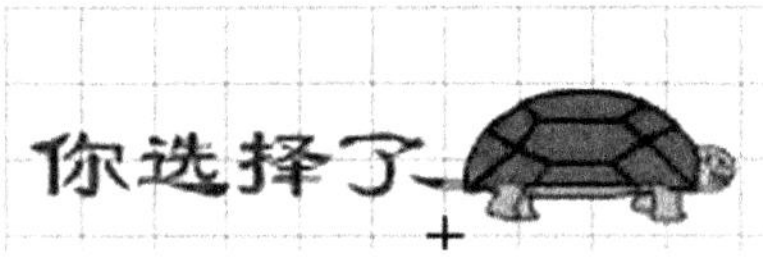

图 13.92

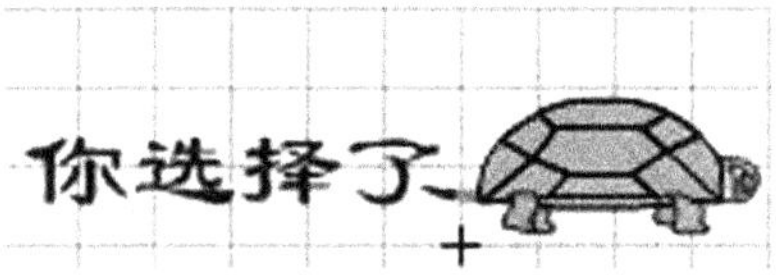

图 13.93

⑥此时的图层和时间线设置（见图 13.94）。

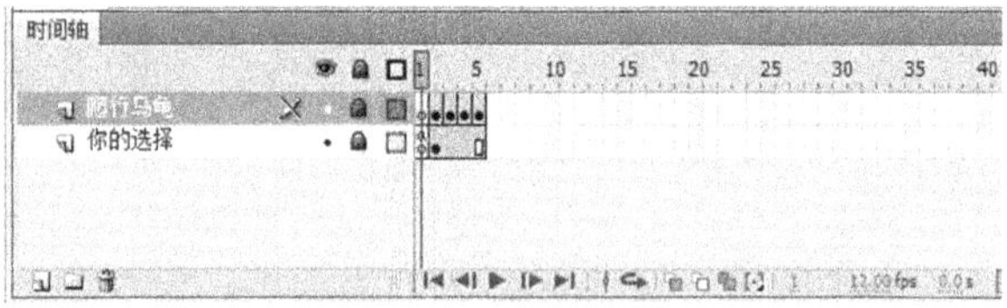

图 13.94

（6）按钮元件“乌龟1”的设计和制作。

①创建新元件，命名为“乌龟1”，类型为按钮（见图13.95）。

②用鼠标单击图13.95中的“确定”按钮，进入按钮元件“乌龟1”的编辑场景中。

③选中［图层1］图层的第1空白关键帧，用鼠标把库中的影片剪辑元件“乌龟爬行1”拖放到编辑场景中。

④此时的图层和时间线设置（见图13.96）。

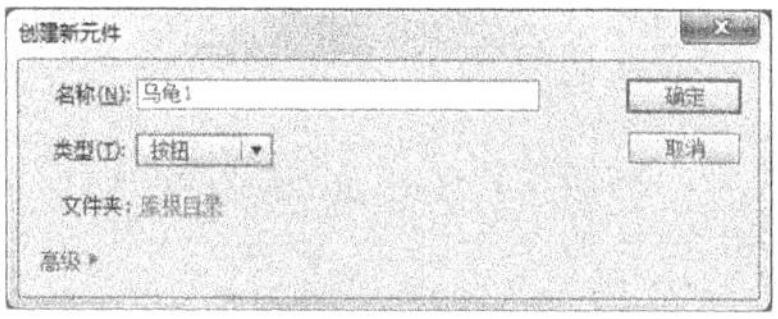

图13.95

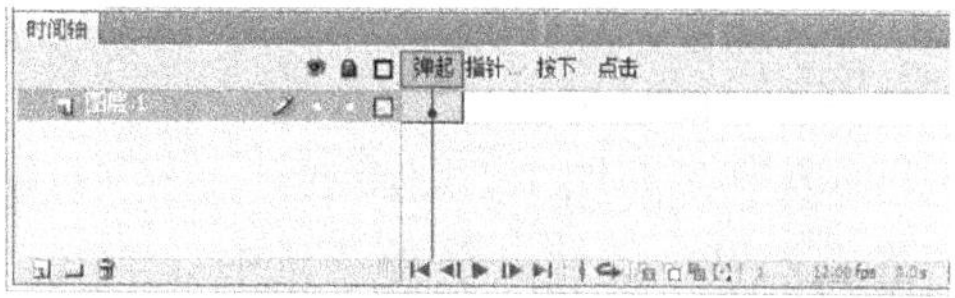

图13.96

（7）按钮元件“乌龟2”的设计和制作。

①创建新元件，命名为“乌龟2”，类型为按钮（见图13.97）。

②用鼠标单击图13.97中的“确定”按钮，进入按钮元件“乌龟2”的编辑场景中。

③选中［图层1］图层的第1空白关键帧，用鼠标把库中的影片剪辑元件“乌龟爬行2”拖放到编辑场景中。

④此时的图层和时间线设置（见图13.98）。

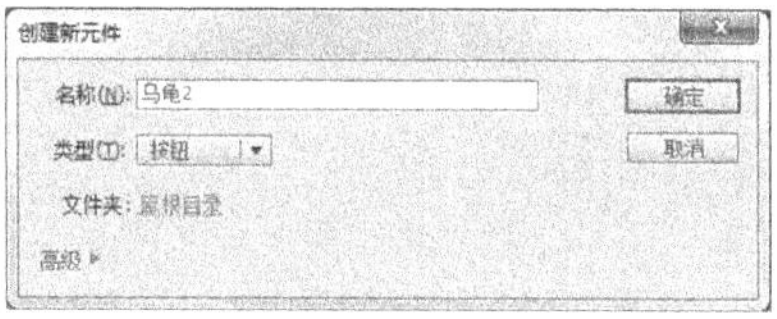

图13.97

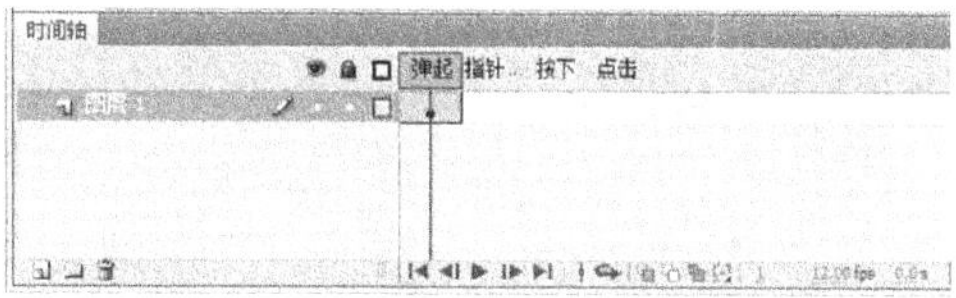

图13.98

（8）按钮元件“乌龟3”的设计和制作。

①创建新元件，命名为“乌龟3”，类型为按钮（见图13.99）。

②用鼠标单击图13.99中的“确定”按钮，进入按钮元件“乌龟3”的编辑场景中。

③选中［图层1］图层的第1空白关键帧，用鼠标把库中的影片剪辑元件“乌龟爬行3”拖放到编辑场景中。

④此时的图层和时间线设置（见图13.100）。

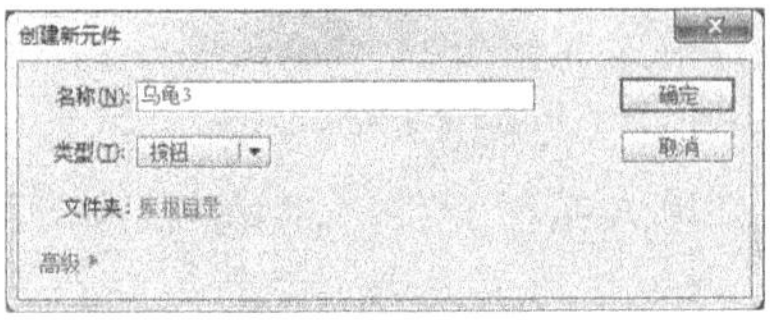

图 13.99

图 13.100

（9）按钮元件“乌龟 4”的设计和制作。

①创建新元件，命名为“乌龟 4”，类型为按钮（见图 13.101）。

②用鼠标单击图 13.101 中的“确定”按钮，进入按钮元件“乌龟 4”的编辑场景中。

③选中［图层 1］图层的第 1 空白关键帧，用鼠标把库中的影片剪辑元件“乌龟爬行 4”拖放到编辑场景中。

④此时的图层和时间线设置（见图 13.102）。

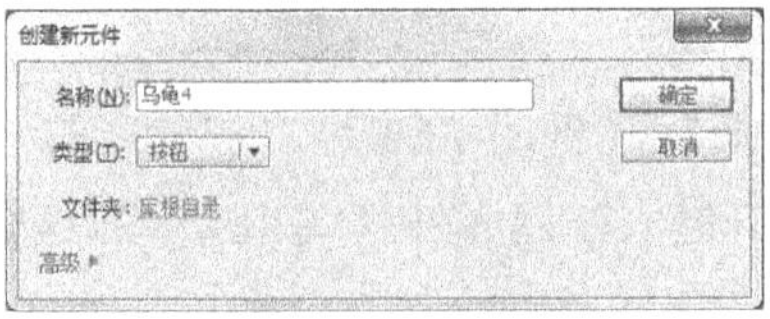

图 13.101

图 13.102

（10）按钮元件“重来”的设计和制作。

①创建新元件，命名为“重来”，类型为按钮（见图 13.103）。

②用鼠标单击图 13.103 中的“确定”按钮，进入按钮元件“重来”的编辑场景中。

③新建（插入）1 个图层，这样就有两个图层了，进行命名，从上到下分别是［文字］、［背景］。

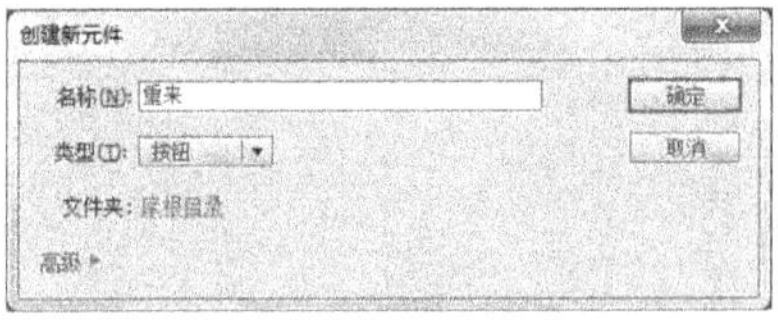

图 13.103

④选中［背景］图层的第 1 空白关键帧，绘制图形（见图 13.104），选中［文字］图层的第 1 空白关键帧，输入文本“重来”，进行格式化，最终效果见图 13.105。

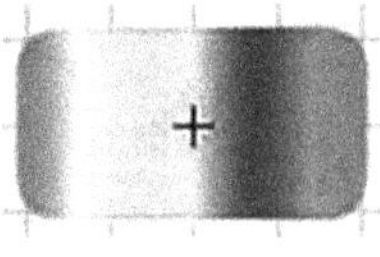

图 13.104

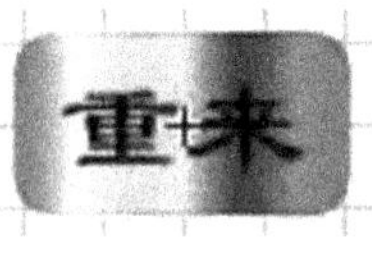

图 13.105

⑤此时的图层和时间线设置（见图 13.106）。

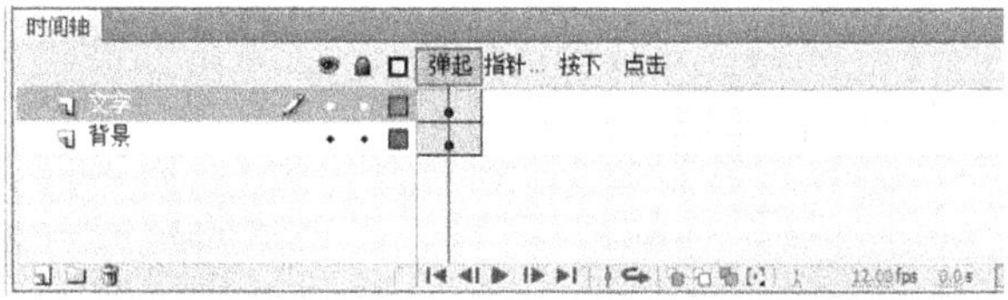

图 13.106

（11）影片剪辑元件“比赛的乌龟 1”的设计和制作。

①创建新元件，命名为“比赛的乌龟 1”，类型为影片剪辑（见图 13.107）。

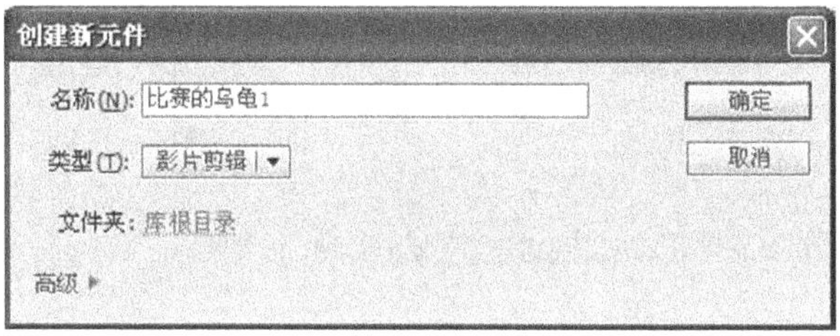

图 13.107

②用鼠标单击图 13.107 中的“确定”按钮，进入影片剪辑元件“比赛的乌龟 1”的编辑场景。

③新建 3 个图层，这样就有 4 个图层了，进行命名，从上到下分别是［AS］、［乌龟爬行 1］、［我赢了］、［声音］。

图 13.108

④选中［声音］图层的第 1 空白关键帧，在“属性”面板中选择声音文件“声音”，在图层上加载声音，在第 150 帧位置插入帧。

⑤选中［我赢了］图层的第 1 空白关键帧，在第 150 帧位置插入空白关键帧，使用工具箱中的“文本工具”输入静态文本“我赢了!”，格式化之后的效果见图 13.108，其位置和大小见图 13.109。

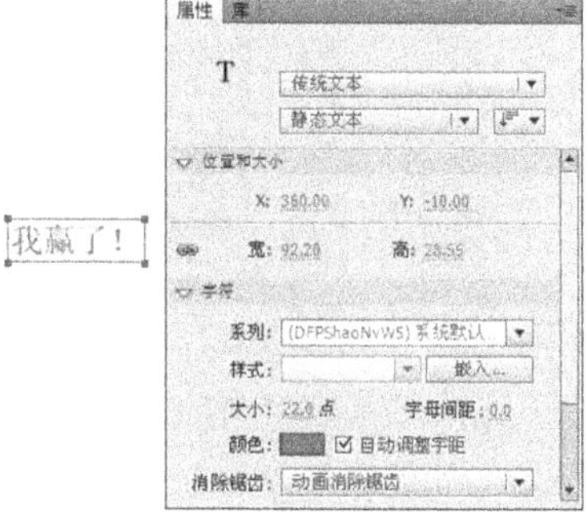

图 13.109

⑥选中［乌龟爬行 1］图层的第 1 空白关键帧，用鼠标把库中的影片剪辑元件“乌龟爬行 1”拖放到场景中，其位置和大小见图 13.110。在第 150 帧位置插入关键帧，此时的

影片剪辑元件“乌龟爬行 1”的位置和大小见图 13.111。创建第 1 关键帧至第 150 关键帧之间的补间动画。

⑦选中［AS］图层的第 1 空白关键帧，添加脚本代码“stop（）;”，在第 150 帧位置插入帧。

图 13.110

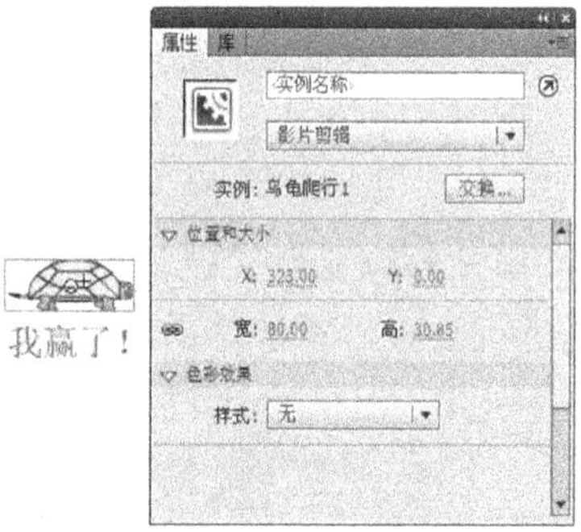

图 13.111

⑧此时的部分图层和时间线设置（见图 13.112）。

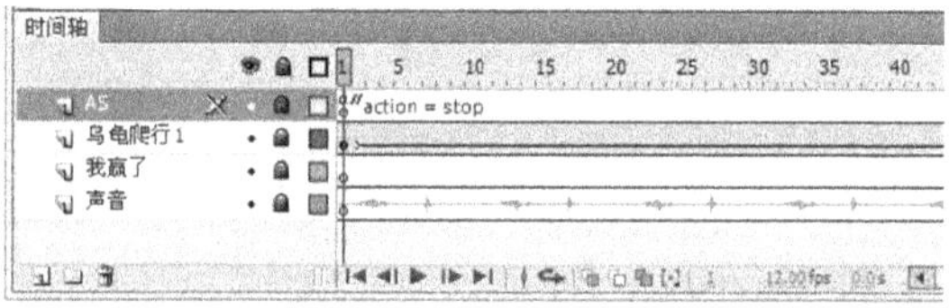

图 13.112

（12）影片剪辑元件“比赛的乌龟 2”的设计和制作。

①创建新元件，命名为“比赛的乌龟 2”，类型为影片剪辑（见图 13.113）。

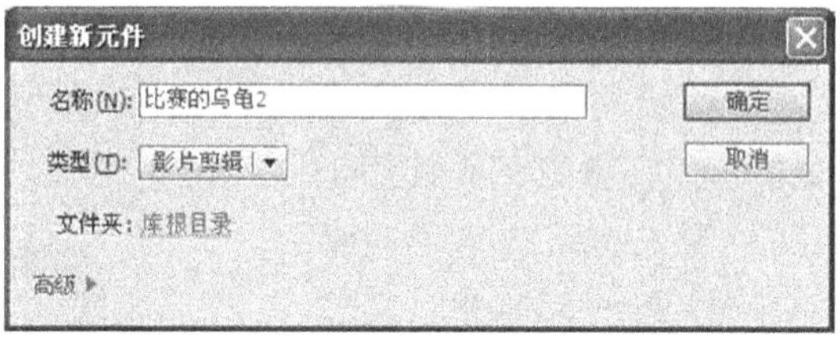

图 13.113

②用鼠标单击图 13.113 中的“确定”按钮，进入影片剪辑元件“比赛的乌龟 2”的编辑场景。

③新建两个图层，这样就有 3 个图层了，进行命名，从上到下分别是

［AS］、［乌龟爬行 2］、［我赢了］。

④选中［我赢了］图层的第 1 空白关键帧，在第 150 帧位置插入空白关键帧，使用工具箱中的“文本工具”输入静态文本“我赢了！”，格式化之后的效果见图 13. 114，其位置和大小见图 13. 115。

图 13. 114

⑤选中［乌龟爬行 2］图层的第 1 空白关键帧，用鼠标把库中的影片剪辑元件“乌龟爬行 2”拖放到场景中，其位置和大小见图 13. 116。在第 150 帧位置插入关键帧，此时的影片剪辑元件“乌龟爬行 2”的位置和大小见图 13. 117。创建第 1 关键帧至第 150 关键帧之间的补间动画。

图 13. 115

图 13. 116

图 13. 117

⑥选中［AS］图层的第 1 空白关键帧，添加脚本代码“stop（）;”，在第 150 帧位置插入帧。

⑦此时的部分图层和时间线设置（见图 13. 118）。

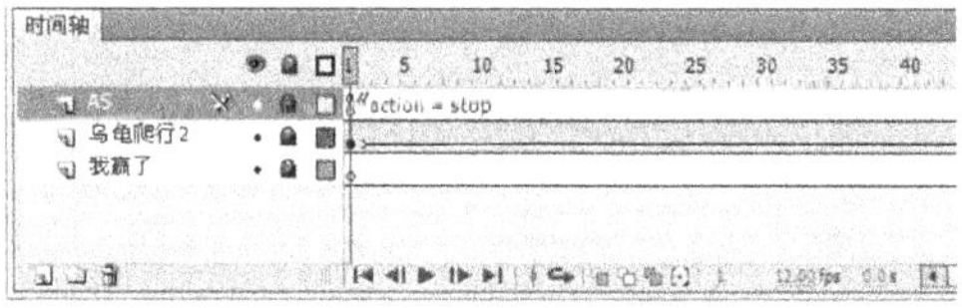

图 13. 118

（13）影片剪辑元件“比赛的乌龟 3”的设计和制作。

①创建新元件，命名为“比赛的乌龟 3”，类型为影片剪辑（见图 13. 119）。

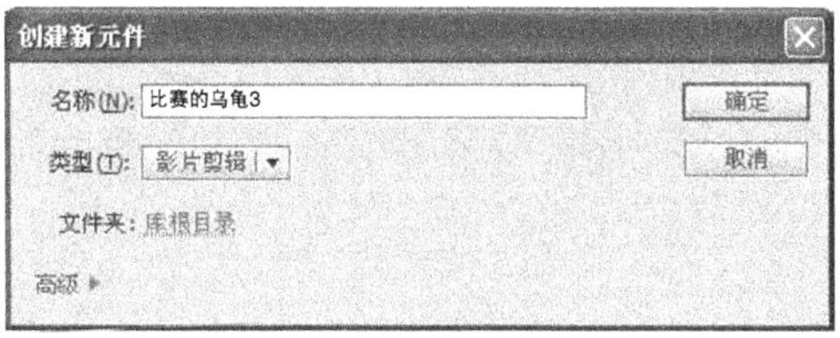

图 13. 119

②用鼠标单击图 13.119 中的“确定”按钮，进入影片剪辑元件“比赛的乌龟 3”的编辑场景。

③新建两个图层，这样就有 3 个图层了，进行命名，从上到下分别是［AS］、［乌龟爬行 3］、［我赢了］。

④选中［我赢了］图层的第 1 空白关键帧，在第 150 帧位置插入空白关键帧，使用工具箱中的“文本工具”输入静态文本“我赢了!”，格式化之后的效果见图 13.120，其位置和大小见图 13.121。

图 13.120

⑤选中［乌龟爬行 3］图层的第 1 空白关键帧，用鼠标把库中的影片剪辑元件“乌龟爬行 3”拖放到场景中，其位置和大小见图 13.122。在第 150 帧位置插入关键帧，此时的影片剪辑元件“乌龟爬行 3”的位置和大小见图 13.123。创建第 1 关键帧至第 150 关键帧之间的补间动画。

⑥选中［AS］图层的第 1 空白关键帧，添加脚本代码“stop ( );”，在第 150 帧位置插入帧。

⑦此时的部分图层和时间线设置（见图 13.124）。

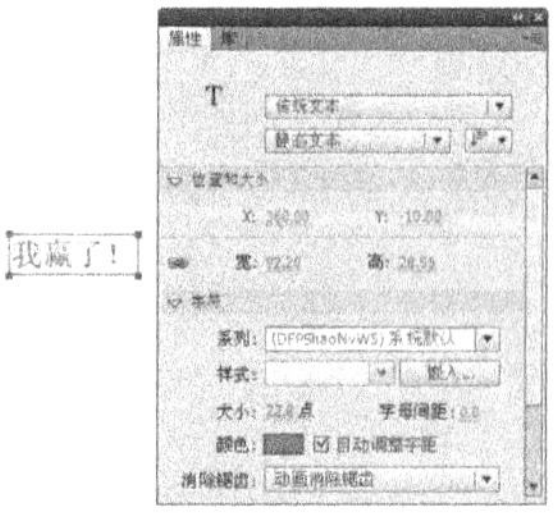

图 13.121

图 13.122

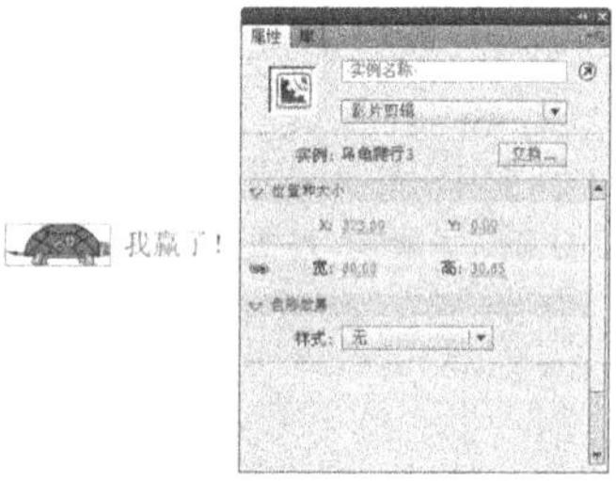

图 13.123

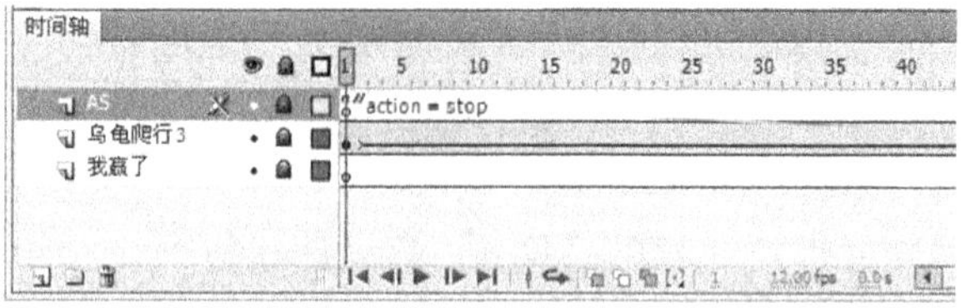

图 13.124

（14）影片剪辑元件“比赛的乌龟 4”的设计和制作。

①创建新元件，命名为“比赛的乌龟 4”，类型为影片剪辑（见图 13.125）。

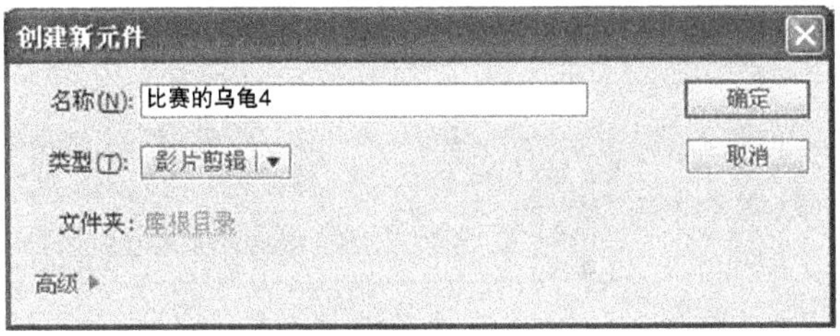

图 13.125

②用鼠标单击图 13.125 中的“确定”按钮，进入影片剪辑元件“比赛的乌龟 4”的编辑场景。

③新建两个图层，这样就有 3 个图层了，进行命名，从上到下分别是［AS］、［乌龟爬行 4］、［我赢了］。

图 13.126

④选中［我赢了］图层的第 1 空白关键帧，在第 150 帧位置插入空白关键帧，使用工具箱中的“文本工具”输入静态文本“我赢了!”，格式化之后的效果见图 13.126。其位置和大小见图 13.127。

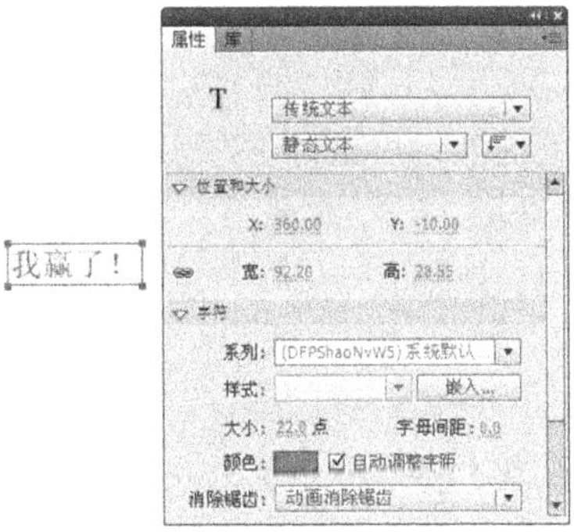

图 13.127

⑤选中［乌龟爬行 4］图层的第 1 空白关键帧，用鼠标把库中的影片剪辑元件“乌龟爬行 4”拖放到场景中，其位置和大小见图 13.128。在第 150 帧位置插入关键帧，此时的影片剪辑元件“乌龟爬行 4”的位置和大小见图 13.129。创建第 1 关键帧至第 150 关键帧之间的补间动画。

⑥选中［AS］图层的第 1 空白关键帧，添加脚本代码“stop ( );”，在第 150 帧位置插入帧。

图 13.128

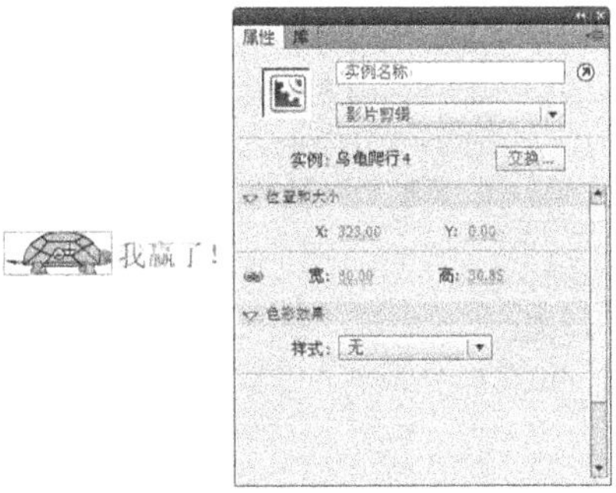

图 13.129

⑦此时的部分图层和时间线设置（见图 13.130）。

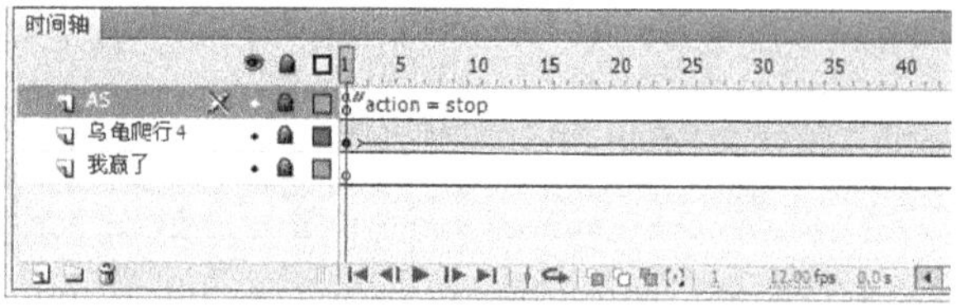

图 13.130

4. 元件设计和制作完毕，回到主场景，进行合成。

（1）新建 4 个图层，这样就有 5 个图层了，进行命名，从上到下分别是［脚本动作］、［请你选择］、［说明文字］、［乌龟比赛］、［背景图形］。

（2）选中［背景图形］图层的第 1 空白关键帧，绘制图形（见图 13.131）。在第 7 帧位置插入帧。

图 13.131

（3）选中［乌龟比赛］图层的第 1 空白关键帧，用鼠标把库中的按钮元件“乌龟 1”、“乌龟 2”、“乌龟 3”、“乌龟 4”拖放到场景中，调整其大小和位置，使其纵向排列，从上到下分别是“乌龟 1”、“乌龟 2”、“乌龟 3”、“乌龟 4”，调整效果（见图 13.132）。选择第 2 帧位置插入空白关键帧，用鼠标把库中的影片剪辑元件“比赛的乌龟 1”、“比赛的乌龟 2”、“比赛的乌龟 3”、“比赛的乌龟 4”拖放到场景中，调整其大小和位置，使其纵向排列，从上到下分别是“比赛的乌龟 1”、“比赛的乌龟 2”、“比赛的乌龟 3”、“比赛的乌龟 4”，调整效果（见图 13.133）。在“属性”面板中把“比赛的乌龟 1”命名为“crab1”，把“比赛的乌龟 2”命名为“crab2”，把“比赛的乌龟 3”命名为“crab3”，把“比赛的乌龟 4”命名为“crab4”。在第 7 帧位置插入帧。

图 13.132

图 13.133

（4）选中［乌龟比赛］图层的第 1 关键帧上对应的按钮元件“乌龟 1”，添加脚本代码（见图 13. 134）。

（5）选中［乌龟比赛］图层的第 1 关键帧上对应的按钮元件“乌龟 2”，添加脚本代码（见图 13. 135）。

（6）选中［乌龟比赛］图层的第 1 关键帧上对应的按钮元件“乌龟 3”，添加脚本代码（见图 13. 136）。

（7）选中［乌龟比赛］图层的第 1 关键帧上对应的按钮元件“乌龟 4”，添加脚本代码（见图 13. 137）。

```
on (press) {
    play();
    tellTarget ("/youguess") {
        gotoAndStop(2);
    }
}
```

图 13. 134

```
on (press) {
    play();
    tellTarget ("/youguess") {
        gotoAndStop(3);
    }
}
```

图 13. 135

```
on (press) {
    play();
    tellTarget ("/youguess") {
        gotoAndStop(4);
    }
}
```

图 13. 136

```
on (press) {
    play();
    tellTarget ("/youguess") {
        gotoAndStop(5);
    }
}
```

图 13. 137

（8）选中［说明文字］图层的第 1 空白关键帧，在场景中绘制图形和输入文本，效果见图 13. 138。选择第 2 帧位置插入空白关键帧并选择该关键帧，在场景中输入文本，设置其大小和位置以及颜色（见图 13. 139）。选择第 6 帧位置插入空白关键帧并选择该关键帧，在场景中输入文本“恭喜，你猜对了！”，设置其大小和位置以及颜色，同时用鼠标把库中的按钮元件“重来”拖放到场景中，设置其大小和位置，效果见图 13. 140。选择第 7 帧位置插入关键帧并选择该关键帧，把文本换成“不好意思，你猜错了！”即可。

（9）选中［请你选择］图层的第 1 空白关键帧，用鼠标把库中的影片剪辑元件“请你选择”拖放到场景中靠下边界的位置（见图 13. 141），在“属性”面板中将其命名为“youguess”。

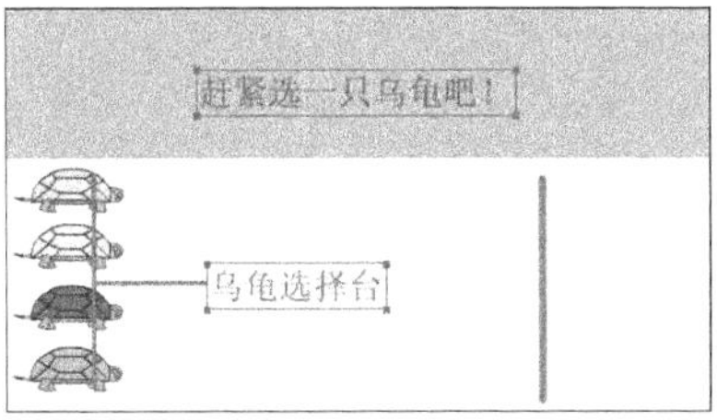

图 13. 138

图 13. 139

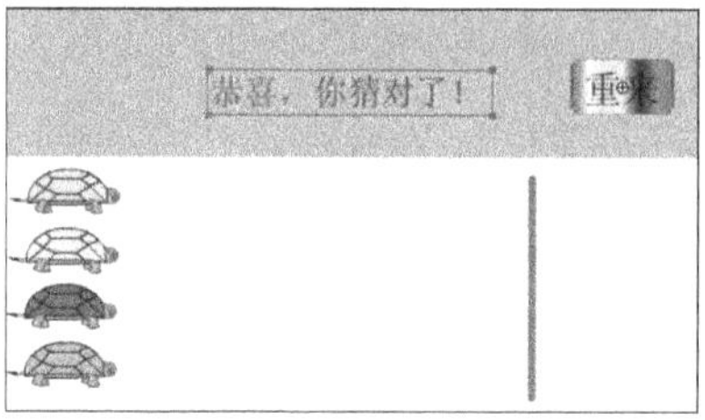

图 13. 140

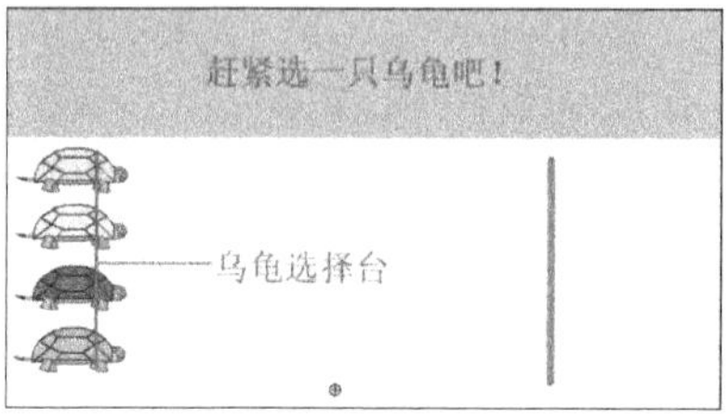

图 13. 141

（10）选中［脚本动作］图层的第 1 空白关键帧，添加脚本代码“stop（）;”。选择第 2 帧位置插入空白关键帧，添加脚本代码（见图 13. 142）。选择第 3 帧位置插入空白关键帧。选择第 4 帧位置插入空白关键帧，添加脚本代码“gotoAndPlay（2）;”。选择第 5 帧位置插入空白关键帧，添加脚本代码（见图 13. 143）。选择第 6 帧位置插入空白关键帧，添加脚本代码“stop（）;”。选择第 7 帧位置插入空白关键帧，添加脚本代码“stop（）;”。

```
if (Number(getProperty("/crab1", _currentframe))>=150) {
    winisred = "10";
    winisyellow = "0";
    winisblue = "0";
    winisgreen = "0";
    gotoAndStop(5);
}
if (Number(getProperty("/crab2", _currentframe))>=150) {
    winisred = "0";
    winisyellow = "10";
    winisblue = "0";
    winisgreen = "0";
    gotoAndStop(5);
}
if (Number(getProperty("/crab3", _currentframe))>=150) {
    winisred = "0";
    winisyellow = "0";
    winisblue = "10";
    winisgreen = "0";
    gotoAndStop(5);
}
if (Number(getProperty("/crab4", _currentframe))>=150) {
    winisred = "0";
    winisyellow = "0";
    winisblue = "0";
    winisgreen = "10";
    gotoAndStop(5);
}
tellTarget ("/crab1") {
    gotoAndStop(Number(getProperty("/crab1", _currentframe))+Number(random(5)));
}
tellTarget ("/crab2") {
    gotoAndStop(Number(getProperty("/crab2", _currentframe))+Number(random(5)));
}
tellTarget ("/crab3") {
    gotoAndStop(Number(getProperty("/crab3", _currentframe))+Number(random(5)));
}
tellTarget ("/crab4") {
    gotoAndStop(Number(getProperty("/crab4", _currentframe))+Number(random(5)));
}
```

图 13. 142

```
if (Number(Number(red)+Number(winisred)) == Number("20") or
    Number(Number(yellow)+Number(winisyellow)) == Number("20") or
    Number(Number(blue)+Number(winisblue)) == Number("20") or
    Number(Number(green)+Number(winisgreen)) == Number("20")) {
    nextFrame();
} else {
    gotoAndStop(7);
}
```

图 13.143

注意：图 13.143 中的 if 条件判断中的条件“or”语句要放在同一行。

（11）此时的图层和时间线设置（见图 13.144）。

（12）此时的库（见图 13.145）。

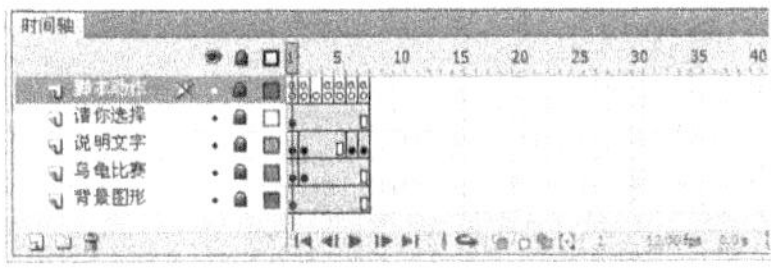

图 13.144

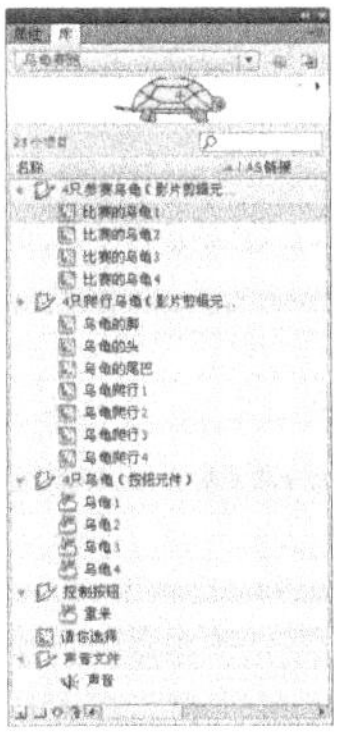

图 13.145

5. 进行整体测试，保存文件，导出影片。

6. 导出影片的播放画面。

（1）启动画面（见图 13.146）。

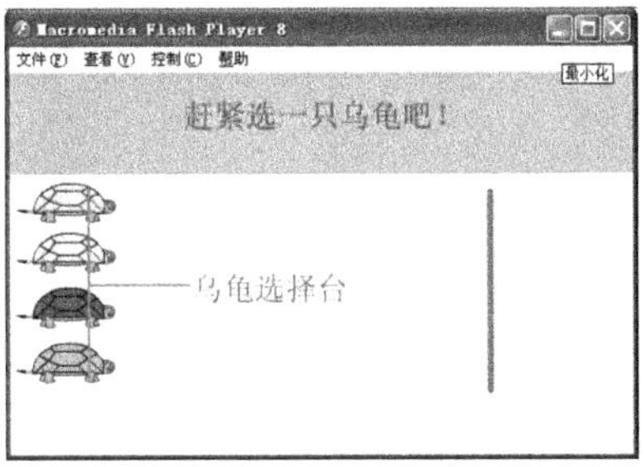

图 13.146

（2）选择一只乌龟之后的画面（见图 13.147 和图 13.148）。

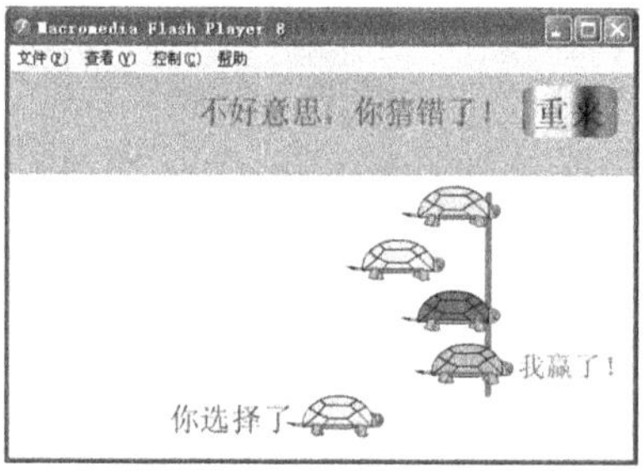

图 13.147

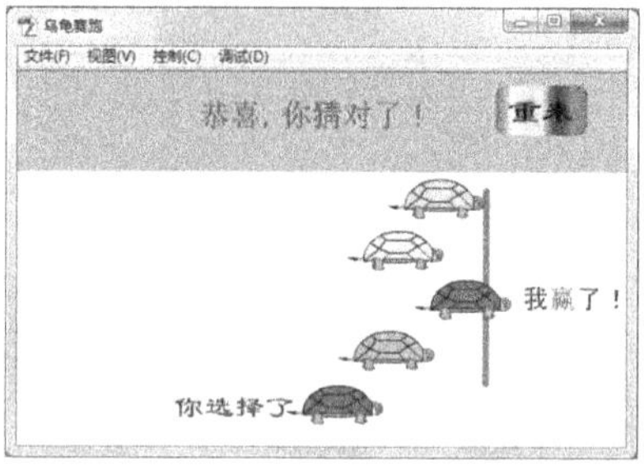

图 13.148

13.4.4　任务评价

本任务首先设计和制作动态乌龟影片剪辑元件和按钮元件，然后使用脚本代码对关键帧和按钮元件进行控制，有一定的难度和灵活度。只有在充分熟练地掌握 Flash 元件的制作以及对脚本灵活应用的基础上才能比较顺利地完成本任务的制作。

13.4.5　任务拓展

本任务还可以加以完善和改进。比如图 13.149 中的情况，有 1 只以上的乌龟都赢了，此种情况尽量避免。如何避免呢？

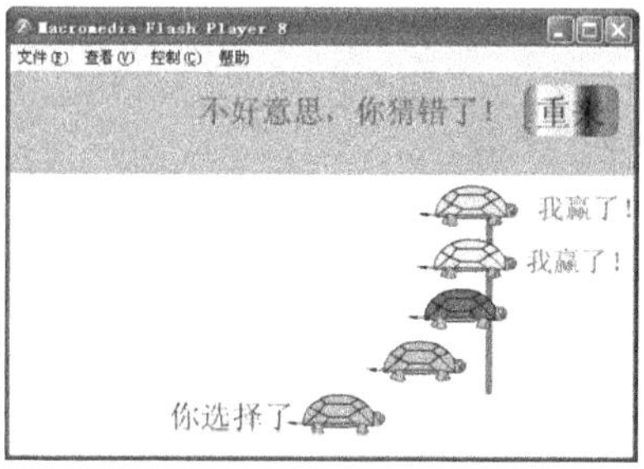

图 13.149

项目 14

Flash 短片制作

14.1 项目情境

有一段时间，小张上小学的女儿经常问小张有关动漫制作的问题，特别是有关带有剧情的卡通动画短剧的。小张一想，女儿问的东西不就是 Flash 动画短剧吗？这可有点难为小张了。虽然经过前期的 Flash 动画制作，他已经具备了一定的动画制作基础，但要自己独立设计和制作一部完整的 Flash 动画短片还是有不小的挑战性的。然而，小张面对女儿对自己崇拜和殷切的目光，加之自己一向喜欢挑战和不服输的性子，还就不信不能制作出让女儿满意的 Flash 短片。心动不如行动，小张马上就投入到 Flash 短片的学习和制作当中。

14.2 项目分析

要比较顺利地设计和制作 Flash 动画短片，需要掌握比较多的技能，至少需要具备如下的能力：

1. 编写动画脚本即剧本的能力。
2. 能够熟练使用相关的图形图像处理软件。
3. 一定的图形绘制能力。
4. 能够熟练使用 Flash 进行动画设计和制作，特别是使用逐帧动画制作人物的表情和动作，这是设计和制作 Flash 短片的重点和难点所在。

14.3 任务 Flash 短片之《客人》（环保篇）的设计和制作

14.3.1 任务描述

使用 Flash 设计和制作动画短片：《客人》（环保篇）。

动画脚本如下：

《客人》（环保篇）

1. 城市小区，室外，白天。

一栋楼房前面的双人座位上，坐着一对年轻人，他们互相依偎着。两人的脚边有很多瓜子皮，还有很多吃完的食品包装袋……

女（温柔地）：我爸爸今天要来我们家，你打算怎么招待？

女人说完将口香糖吐个大泡泡，且出现声响。

男人嘴里一边嚼着口香糖，一边很认真地看着女友。

男（严肃地）：国家一级接待。

女（装作严肃）：那可就看你的了，这可是我爸爸第一次来咱家，招待不周，哼！你知道我的招数。

男（看着女友严肃地回答）：一掐二拧三跪遥控器，还不带换台的，记忆犹新。

女（一笑）：知道就好。

男人也一笑，然后在女友脸上亲了一下。

女人有些害羞，嘴里说出“烦人”两个字。

这时，男人一看表。

男：哎哟，得准备了。

说完，两人立刻站起身来。随着站起来的动作，从两个人的嘴里吐出两块口香糖，分别落在地上。其中一块口香糖粘了个假牙下来。

两人没走多远，男人突然站住，捂着嘴巴。

女人一惊，奇怪地看着男友。

男：我的假门牙好像随着口香糖去了，这糖的黏力有些反常。

女人看了看男人的牙，门牙确实没了。

男人好像想起啥，要回头去找。

女人很着急的样子。

女：算了，算了，时间来不及了，明天再镶一个吧。

男：那可是烤瓷的啊，钱啊。

女（有些生气）：不听话是不？

男人站住。

男：那我的门牙？

女：哎呀，我喜欢我爸爸就喜欢，没事的，走吧。

男人还要说啥，但被女人拽起来就走了。

2. 超市，室内，白天。

女人在超市货架上挑选着商品，男人一手推着车子，一手捂着嘴巴。遇见熟人，男人捂着嘴打招呼，熟人很奇怪地看着他的表情。

3. 年轻人楼下，室外，白天。

一个农民工模样的人从楼道出来，他拿着很多装潢材料的废料，有些抱不过来，一边走着一边往地上掉着垃圾。这时从他手上的废料里流出了液体，液体是从一个瓶子里流出的，瓶子上写着“世界第一强力胶”。强力胶洒了一地，留下了印记。满地都是垃圾。

农民工渐渐消失在小区门口。

4. 年轻人楼下，室外，白天。

小区的门口出现两个人，是那对年轻情侣，他俩大包小包地拿着采购回来的食品、蔬菜等，明显看出他俩奔着强力胶的印记走去。

走着走着，女人突然站住，龇牙咧嘴地努力拔脚，一下，两下……女人还是没有拔起脚。男人看到一惊。

男：怎么了？

女：我的鞋好像被啥粘住了。

男人立刻过来帮助她，低头看她的鞋，然后将东西放到旁边，拽住女人的脚使劲拔。女人的脚被拔了出来，鞋却留在原地，两人很无奈，最后，只好放弃鞋，女人光着一只脚和男人进了门。

女人（一边走，一边骂）：真缺德，随地扔垃圾。

男人（附和着）：是缺德。

在上楼梯的时候，女人看见男人的两只鞋都没了鞋底。

5. 年轻人楼下，室外，白天。

一个老年人向上看着楼房，然后点头微笑，向门口走去。但是，他停下了，因为他的一只脚也踩上了“世界第一强力胶”。

微笑从他脸上消失，他也作龇牙咧嘴状往外拔，一次，两次……最后他有些愤怒，也有些泄气。他抬头看楼房，就在他抬头的一瞬间，一盘水“哗”地一下浇在他身上，他身上挂满海带等残渣物。

6. 年轻人家，室内，白天。

两人正在洗很多蔬菜，男人正在向楼下泼水，敲门声响起，两人一惊，停止一切动作。女人微笑着向门跑去，男人在后面跟着。女人开门。

在开门的瞬间，两人都吃惊地看着门外的人。

门外是一个愤怒的老头，光着脚，两手拎着两只鞋——一只没鞋底，一只粘满瓜子皮和口香糖，口香糖上还粘了个假牙，满身水果、蔬菜的残渣，头发还在滴水……

14.3.2　任务分析

这是一部典型的剧情短片，整部动画分为 6 幕，既相互独立又环环相扣，高潮迭起。动画中除了男女主角之外还涉及其他几个角色。随着镜头的拉伸移动，不同的场景、不同的角色、不同的剧情（故事）随之出现。要达到预期的动画效果，就需要设计和制作出不同角色的造型、表情和动作以及与剧情相符的不同场景等，这些元素的创作是有一定的难度和挑战性的。

14.3.3　**任务实施**

1. 新建一个 Flash 文档，设置其宽高大小为 550 像素 ×470 像素，背景颜色为白色，其余选项默认（见图 14.1）。

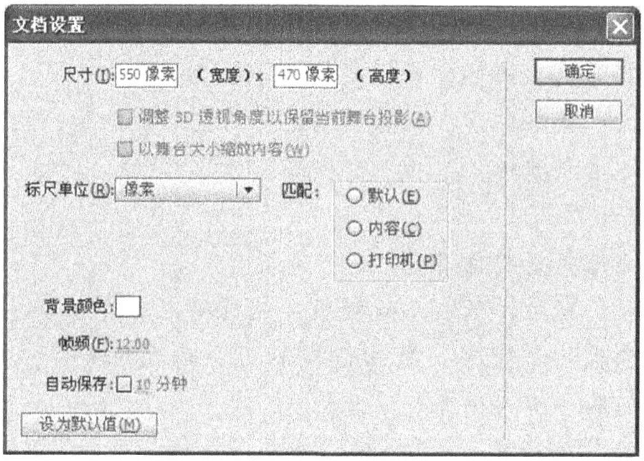

图 14.1

2. 相关元件的设计和制作。

（1）图形元件“水滴”的设计和制作。

①创建新元件，命名为“水滴”，类型为图形（见图 14.2）。

图 14.2

②用鼠标单击图 14.2 中的“确定”按钮，进入图形元件“水滴”的编辑场景。

③选中［图层 1］图层的第 1 空白关键帧，在编辑场景中绘制图形（见图 14.3）。

④此时的图层和时间线设置（见图 14.4）。

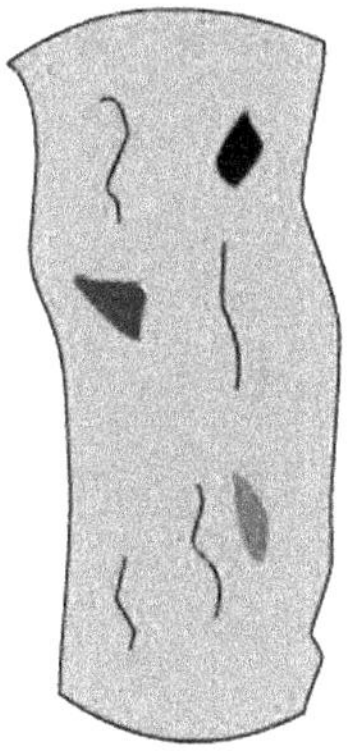

图 14.3

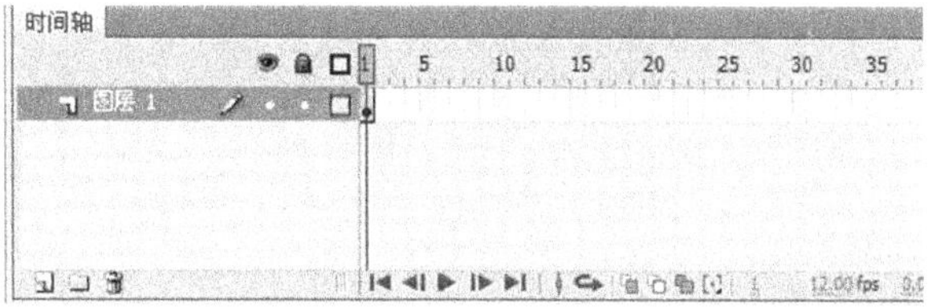

图 14.4

（2）图形元件“老者正面”的设计和制作。

①创建新元件，命名为“老者正面”，类型为图形（见图 14.5）。

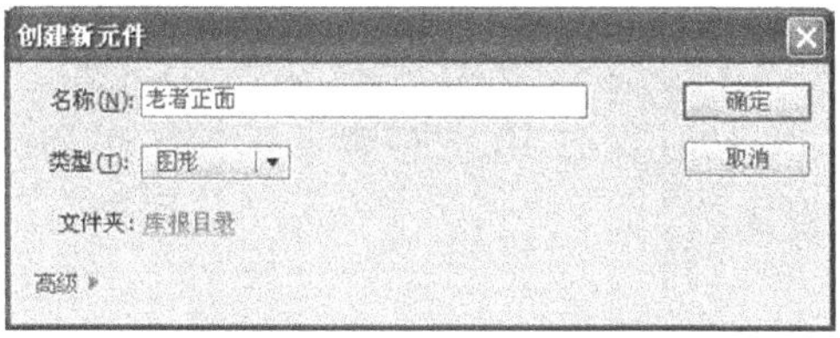

图 14.5

②用鼠标单击图 14.5 中的“确定”按钮，进入图形元件“老者正面”的编辑场景。

③选中［图层 1］图层的第 1 空白关键帧，在编辑场景中绘制图形（见图 14.6）。

④此时的图层和时间线设置（见图 14.7）。

图 14.6

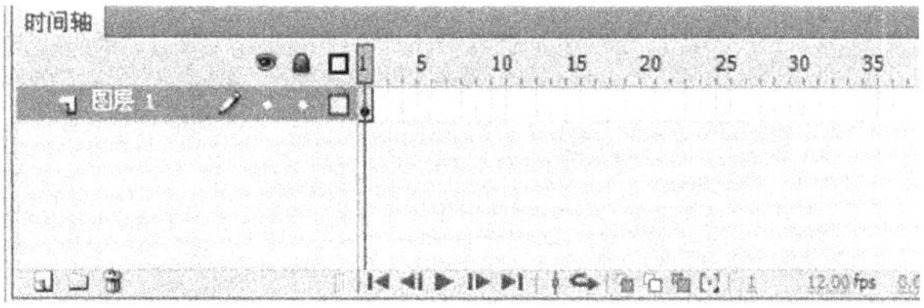

图 14.7

（3）图形元件“老者侧面”的设计和制作。

①创建新元件，命名为“老者侧面”，类型为图形（见图 14.8）。

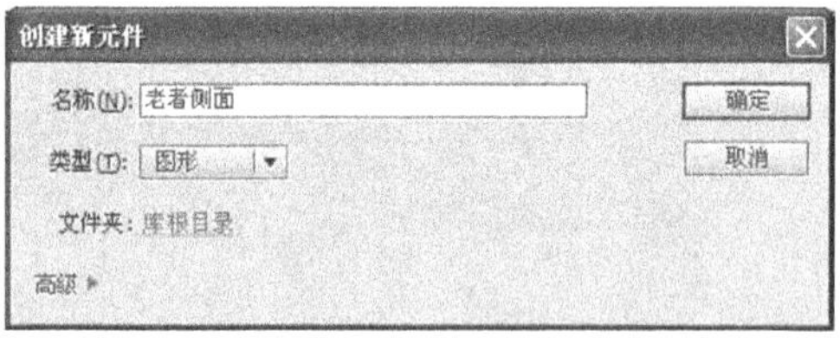

图 14.8

②用鼠标单击图 14.8 中的“确定”按钮，进入图形元件“老者侧面”的编辑场景。

③选中［图层 1］图层的第 1 空白关键帧，在编辑场景中绘制图形（见图 14.9），在第 6 帧位置插入关键帧，编辑图形，效果见图 14.10，在第 10 帧位置插入帧。在［图层 1］图层上面新建［图层 2］图层，选中［图层 2］图层的第 1 空白关键帧，绘制好人物的手，效果见图 14.11；在第 6 帧位置插入关键帧，编辑图形，效果见图 14.12，在第 10 帧位置插入帧。注意在编辑图形的过程当中不能改变人物的头身比例。

图 14.9

图 14.10

图 14.11

图 14.12

④此时的图层和时间线设置（见图 14.13）。

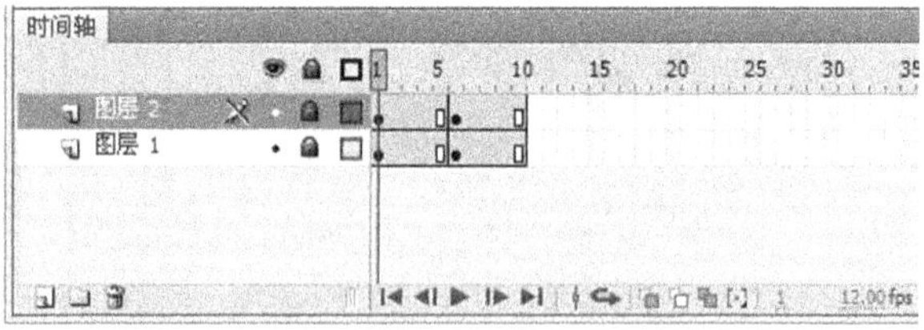

图 14.13

（4）图形元件“老者点头”的设计和制作。

①创建新元件，命名为“老者点头”，类型为图形（见图 14. 14）。

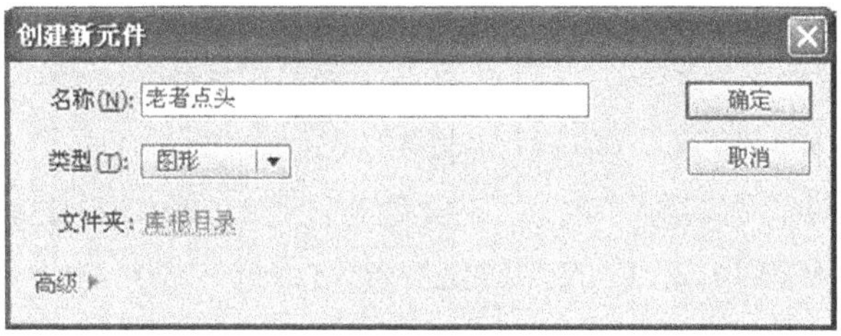

图 14. 14

②用鼠标单击图 14. 14 中的“确定”按钮，进入图形元件“老者点头”的编辑场景。

③选中［图层 1］图层的第 1 空白关键帧，在编辑场景中绘制图形（见图 14. 15），在第 5 帧位置插入关键帧，编辑图形，效果见图 14. 16；在第 10 帧位置插入关键帧，编辑图形，效果见图 14. 17；在第 12 帧位置插入关键帧，编辑图形，效果见图 14. 18，在第 14 帧位置插入关键帧，编辑图形，效果见图 14. 19；在第 16 帧位置插入关键帧，编辑图形，效果见图 14. 20，在第 50 帧位置插入帧。在［图层 1］图层上面新建［图层 2］图层，选中［图层 2］图层的第 1 空白关键帧，绘制好人物的手，效果见图 14. 21，在第 50 帧位置插入帧。注意在编辑图形的过程当中不能改变人物的头身比例。

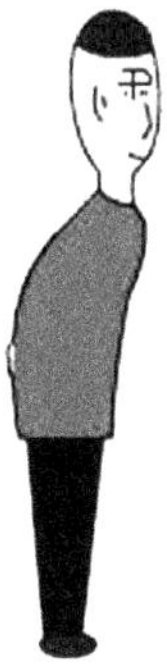
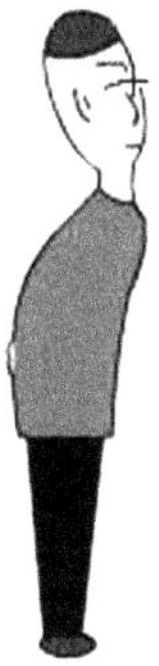
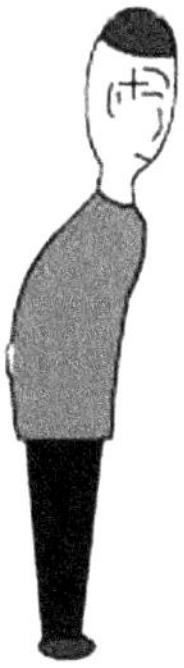
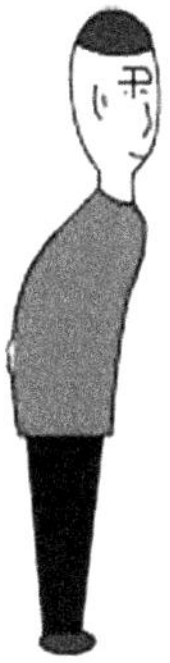
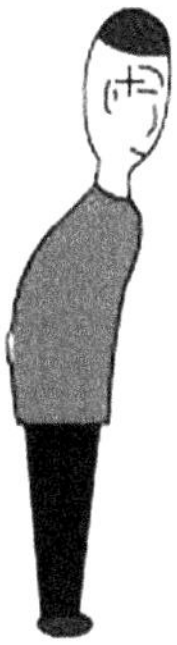
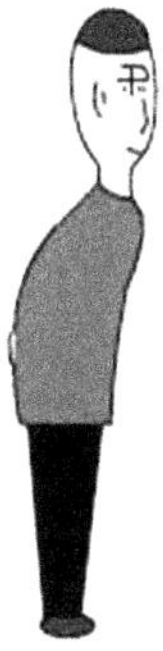
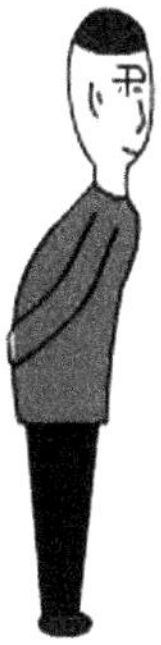

图 14. 15　图 14. 16　图 14. 17　图 14. 18　图 14. 19　图 14. 20　图 14. 21

④此时的图层和时间线设置（见图 14. 22）。

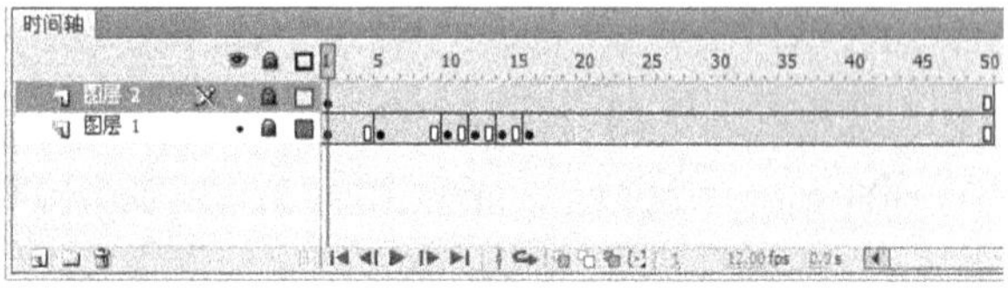

图 14.22

(5) 图形元件"泼水"的设计和制作。

①创建新元件，命名为"泼水"，类型为图形（见图 14.23）。

②用鼠标单击图 14.23 中的"确定"按钮，进入图形元件"泼水"的编辑场景。

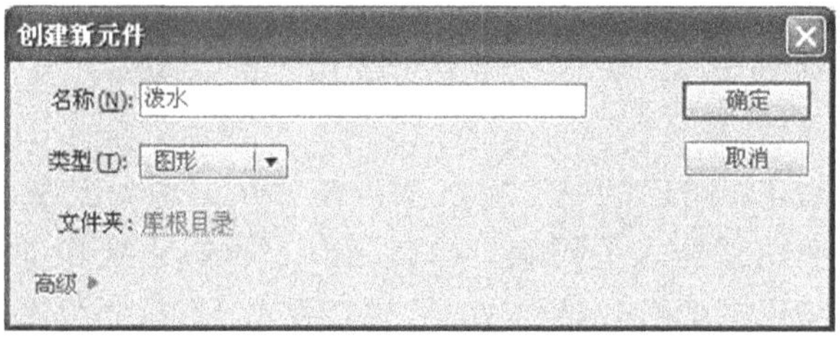

图 14.23

③新建 5 个图层，这样就有 6 个图层了，从下到上分别是［图层 1］至［图层 6］。选中［图层 1］图层的第 1 空白关键帧，在编辑场景中绘制图形（见图 14.24）；在第 11 帧位置插入关键帧，编辑图形，效果见图 14.25；在第 13 帧位置插入关键帧，编辑图形，效果见图 14.26，在第 100 帧位置插入帧。选中［图层 2］图层的第 1 空白关键帧，绘制好人物的手，效果见图 14.27，在第 10 帧位置插入帧。选中［图层 3］图层的第 1 空白关键帧，绘制好人物的眼睛，效果见图 14.28，在第 100 帧位置插入帧。选中［图层 4］图层的第 1 空白关键帧，绘制好图形（见图 14.29），在第 100 帧位置插入帧。选中［图层 5］图层的第 11 帧位置插入空白关键帧，绘制好人物的手，效果见图 14.30，在第 12 帧位置插入关键帧，在第 13 帧位置插入关键帧，编辑图形（嘴巴闭上），效果见图 14.31，在第 14 帧至第 37 帧位置连续插入关键帧，在第 100 帧位置插入帧。选中［图层 6］图层的第 13 帧位置插入空白关键帧，绘制好人物嘴巴张开的夸张效果，效果见图 14.32，在第 14 帧位置插入关键帧，编辑图形（嘴巴合上呈线条状），效果见图 14.33，接着连续插入关键帧，一直到第 32 帧，编辑图形，重复人物嘴巴夸张地打开和闭合的效果。

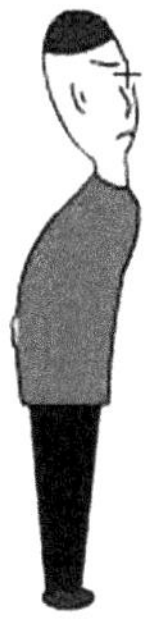
图14. 24

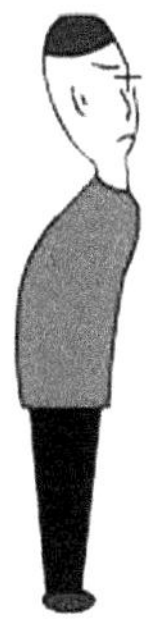
图14. 25

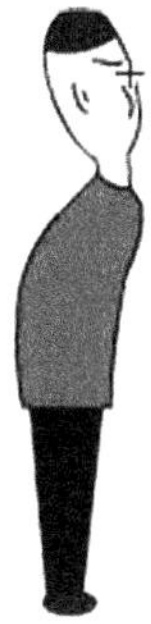
图14. 26

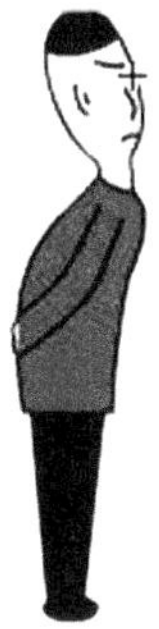
图14. 27

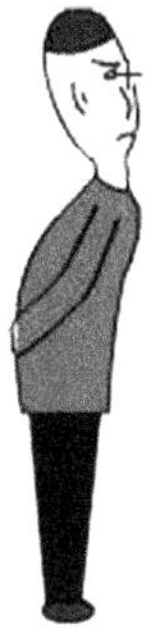
图14. 28

图 14. 29

图 14. 30

图 14. 31

图 14. 32

图 14. 33

④此时的部分图层和时间线设置（见图 14. 34）。

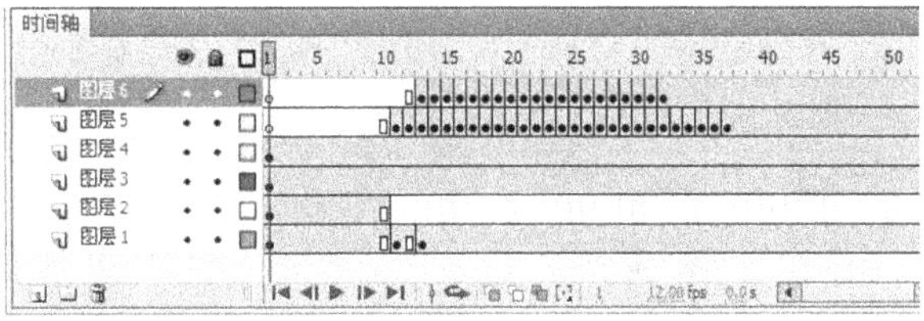

图 14. 34

（6）把动画脚本中的每句人物对白均制作成图形元件，用对白话语命名。本动画短片中涉及的人物对白话语如下：

◆我爸爸今天要来我们家，你打算怎么招待？

◆国家一级接待。

◆那可就看你的了，这可是我爸爸第一次来咱家，招待不周，哼！你知道我的招数。

◆一掐二拧三跪遥控器，还不带换台的，记忆犹新。

◆知道就好。

◆烦人。

◆哎哟，得准备了。

◆我的假门牙好像随着口香糖去了，这糖的黏力有些反常。

◆算了，算了，时间来不及了，明天再镶一个吧。

◆那可是烤瓷的啊，钱啊。

◆不听话是不？

◆那我的门牙？

◆哎呀，我喜欢我爸爸就喜欢，没事的，走吧。

◆怎么了？

◆我的鞋好像被啥粘住了。

◆真缺德，随地扔垃圾。

◆是缺德。

（7）图形元件“手 1”的设计和制作。

①创建新元件，命名为“手 1”，类型为图形（见图 14.35）。

②用鼠标单击图 14.35 中的“确定”按钮，进入图形元件“手 1”的编辑场景。

③选中［图层 1］图层的第 1 空白关键帧，在编辑场景中绘制图形（见图 14.36）。

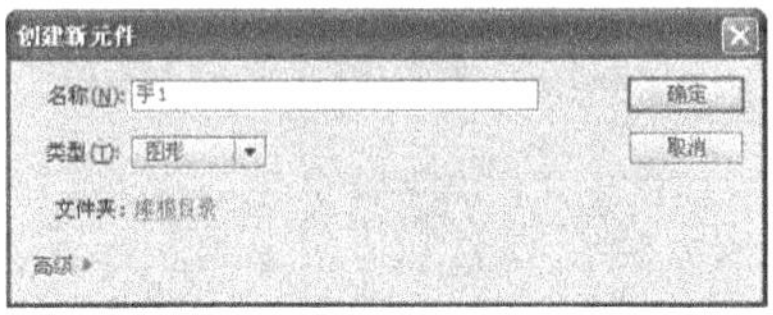

图 14.35

图 14.36

④此时的图层和时间线设置（见图 14.37）。

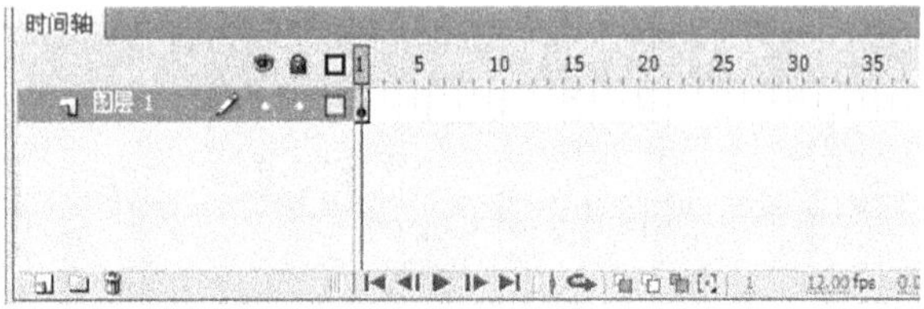

图 14.37

（8）图形元件“手 2”的设计和制作。

①创建新元件，命名为“手 2”，类型为图形（见图 14.38）。

②用鼠标单击图 14.38 中的“确定”按钮，进入图形元件“手 2”的编辑场景。

③选中［图层 1］图层的第 1 空白关键帧，在编辑场景中绘制图形（见图 14.39）。

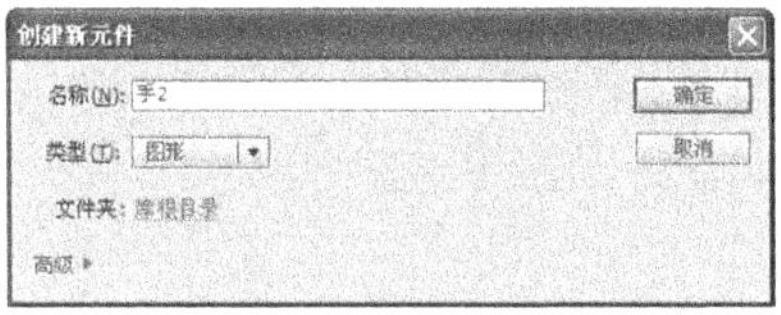

图 14.38

图 14.39

④此时的图层和时间线设置（见图 14.40）。

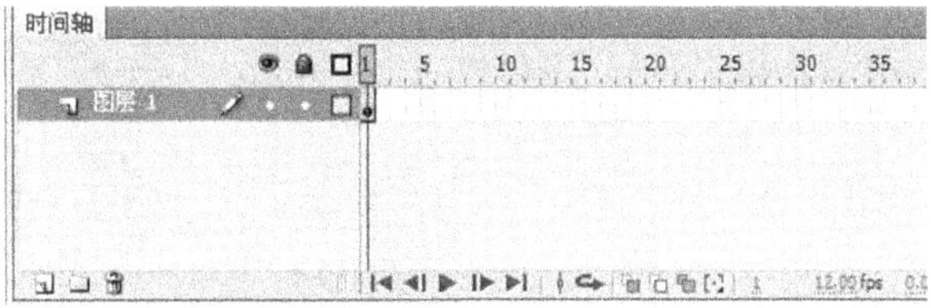

图 14.40

（9）图形元件“城市小区 1”的设计和制作。

①创建新元件，命名为“城市小区 1”，类型为图形（见图 14.41）。

②用鼠标单击图 14.41 中的“确定”按钮，进入图形元件“城市小区 1”的编辑场景。

③选中［图层 1］的第 1 空白关键帧，在编辑场景中绘制图形（见图 14.42）。

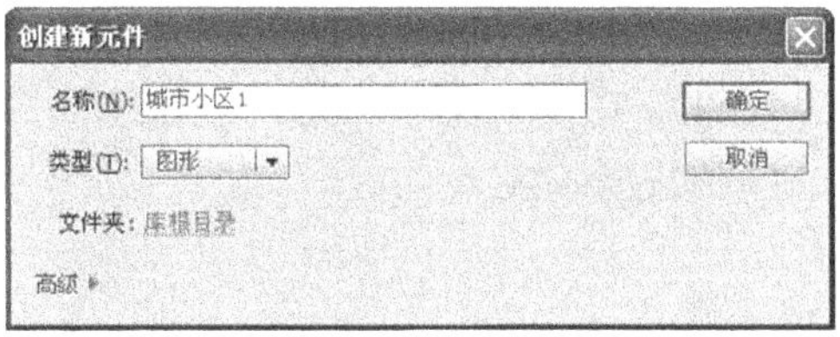

图 14.41

图 14.42

④此时的图层和时间线设置（见图 14. 43）。

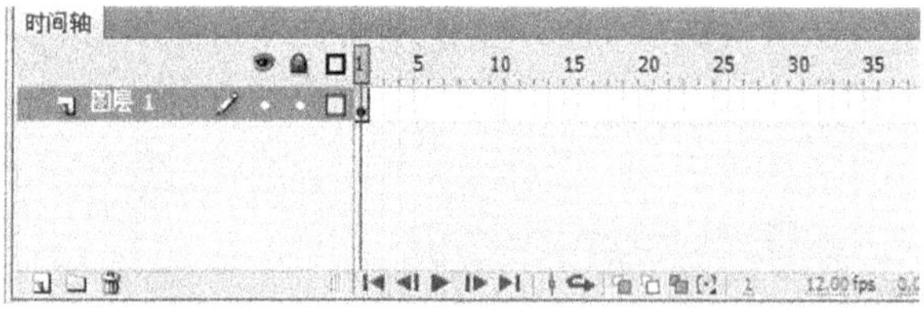

图 14. 43

（10）把图形元件“城市小区 1”复制粘贴 1 次，得到图形元件“城市小区 2”。

（11）图形元件“夫妻回家 1”的设计和制作。

①创建新元件，命名为“夫妻回家 1”，类型为图形（见图 14. 44）。

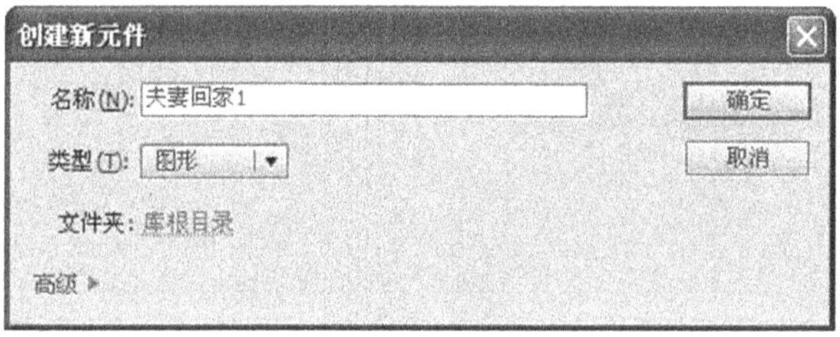

图 14. 44

②用鼠标单击图 14. 44 中的“确定”按钮，进入图形元件“夫妻回家 1”的编辑场景。

③新建 4 个图层，这样就有 5 个图层了，从下到上分别是［图层 1］至［图层 5］。选中［图层 1］图层的第 1 空白关键帧，在编辑场景中绘制图形（见图 14. 45），在第 4 帧位置插入帧。选中［图层 2］图层的第 1 空白关键帧，在编辑场景中绘制和编辑图形（见图 14. 46），在第 4 帧位置插入帧。选中［图层 3］图层的第 1 空白关键帧，在编辑场景中绘制和编辑图形（见图 14. 47），在第 3 帧位置插入关键帧，在编辑场景中绘制和编辑图形（见图 14. 48），在第 4 帧位置插入帧。选中［图层 4］图层的第 1 空白关键帧，在编辑场景中绘制人物的五官（见图 14. 49），在第 4 帧位置插入帧。选中［图层 5］图层的第 1 空白关键帧，在编辑场景中绘制男主角（见图 14. 50），在第 3 帧位置插入关键帧，编辑“男主角”图形（见图 14. 51），在第 4 帧位置插入帧。

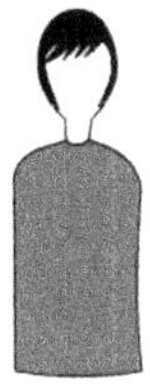
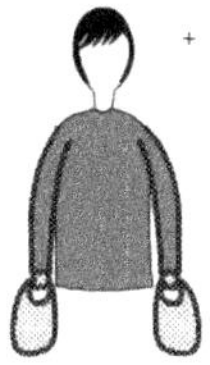

图 14.45　图 14.46　图14.47　图14.48　图14.49

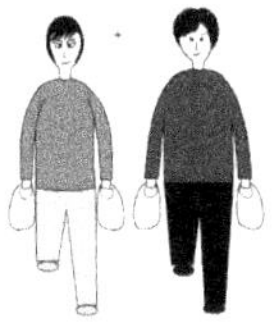
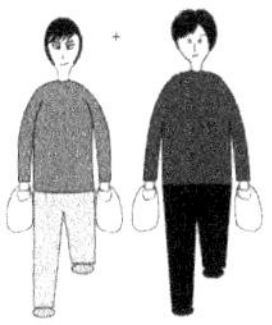

图 14.50　图 14.51

④此时的图层和时间线设置（见图 14.52）。

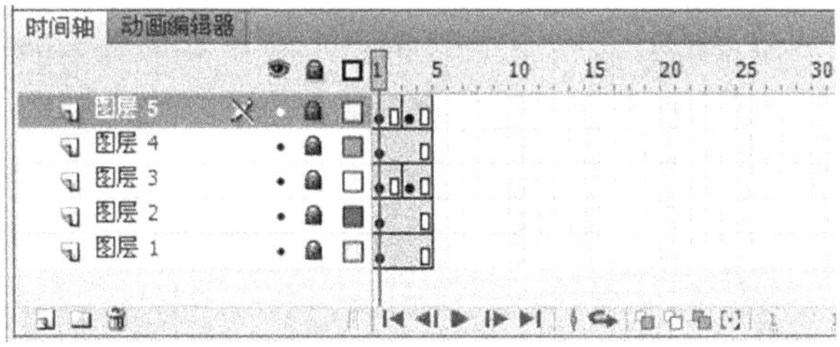

图 14.52

（12）图形元件“踩住胶水”的设计和制作。

①创建新元件，命名为“踩住胶水”，类型为图形（见图 14.53）。

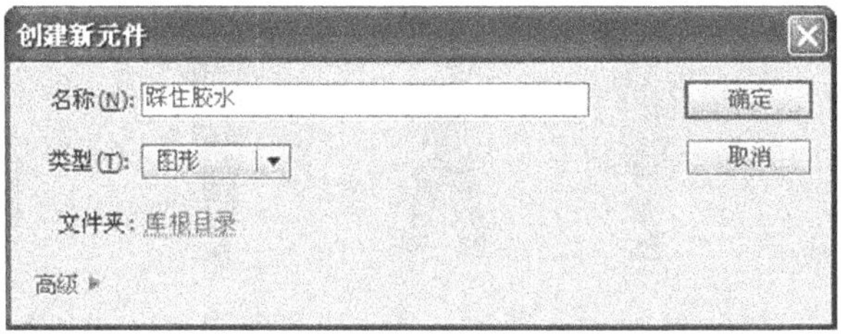

图 14.53

②用鼠标单击图 14.53 中的“确定”按钮，进入图形元件“踩住胶水”的编辑场景。

③新建 3 个图层，这样就有 4 个图层了，从下到上分别是［图层 1］至［图

层 4］图层。

④选中［图层 1］图层的第 1 空白关键帧，在编辑场景中绘制图形（见图 14.54）；在第 6 帧位置插入关键帧，编辑图形，效果见 14.55；在第 11 帧位置插入关键帧，编辑图形，效果见 14.56；在第 16 帧位置插入关键帧，编辑图形，效果见 14.57；在第 46 帧位置插入关键帧，编辑图形，把图形适当拉高一点，效果见 14.58；在第 49 帧位置插入关键帧，编辑图形，把图形适当拉低一点，效果见 14.59；在第 62 帧位置插入关键帧，编辑图形，把图形适当拉高一点，效果见 14.60；在第 65 帧位置插入关键帧，编辑图形，把图形适当拉低一点，效果见 14.61；在第 81 帧位置插入关键帧，编辑图形，效果见 14.62；在第 160 帧位置插入帧。

⑤选中［图层 2］图层的第 1 空白关键帧，在编辑场景中绘制好人物的手（见图 14.63），在第 6、46、49、62、65 帧位置插入关键帧，随着人物图形的纵向拉高拉低随之调整手的位置，让手与人物不要脱节。在第 160 帧位置插入帧。

⑥选中［图层 3］图层的第 16 帧位置，插入空白关键帧，在编辑场景中的人物图形的头部位置绘制好人物的眼睛（见图 14.64），在第 46、49、62、65、81 帧位置插入关键帧，随着人物图形的纵向拉高拉低调整眼睛的位置，让眼睛与人物不要脱节。在第 160 帧位置插入帧。

⑦选中［图层 4］图层的第 69 帧位置，插入空白关键帧，在编辑场景中的人物的头部上方绘制图形（见图 14.65）；在第 72 帧位置插入关键帧，编辑图形（见图 14.66）；在第 75 帧位置插入空白关键帧，把第 69 关键帧上的图形复制到相同的位置；在第 78 帧位置插入空白关键帧，把第 72 关键帧上的图形复制到相同的位置；在第 81 帧插入空白关键帧。

图 14.54

图 14.55

图 14.56

图 14.57

图 14.58

图14.59

图 14.60

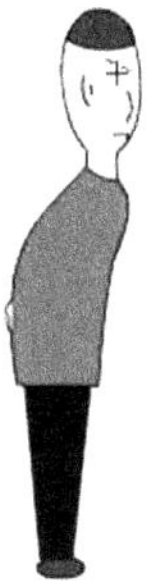

图14.61

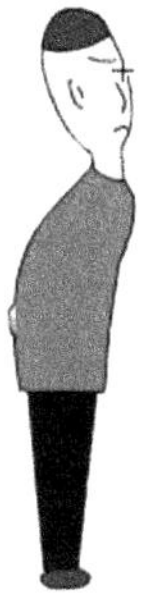

图 14.62

图 14.63

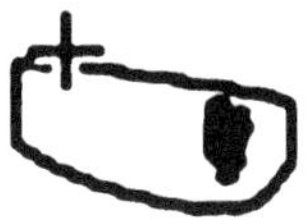

图 14.64

图 14.65

图 14.66

⑧此时的部分图层和时间线设置(见图 14.67)。

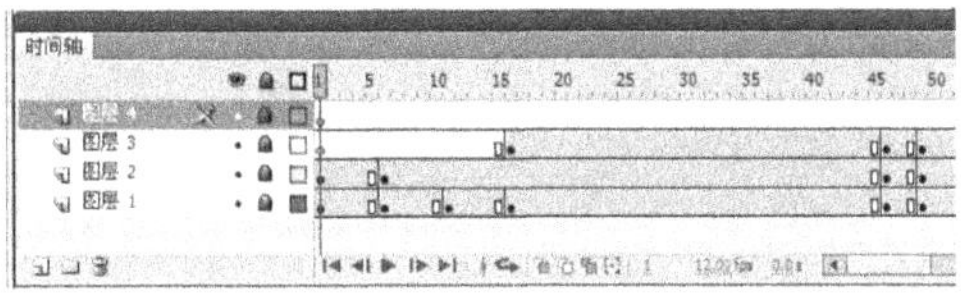

图 14.67

(13) 图形元件“倒霉的老者”的设计和制作。

①创建新元件，命名为“倒霉的老者”，类型为图形（见图 14.68)。

②用鼠标单击图 14.68 中的“确定”按钮，进入图形元件“倒霉的老者”的编辑场景。

③新建 4 个图层，这样就有 5 个图层了，从下到上分别是［图层 1］至［图层 5］。

④选中［图层 1］图层的第 1 空白关键帧，在编辑场景中绘制图形（见图 14.69)，在第 250 帧位置插入帧。

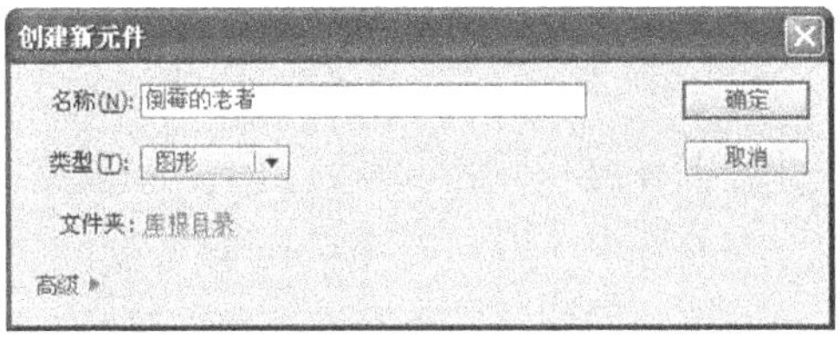

图 14.68

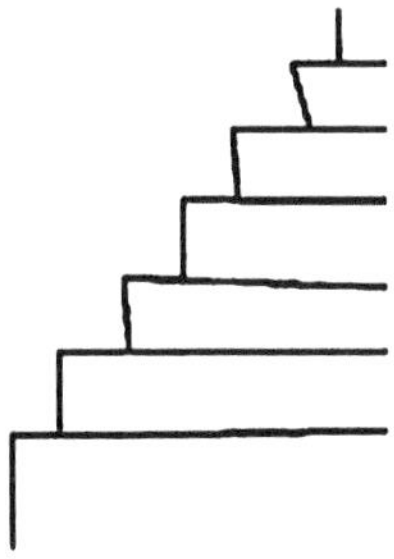

图 14.69

⑤选中［图层 2］图层的第 1 空白关键帧，在编辑场景中追加绘制图形（见图 14.70），在第 250 帧位置插入帧。

⑥选中［图层 3］图层的第 1 空白关键帧，用鼠标把库中的图形元件“老者侧面”拖放到场景中的适当位置（见图 14.71），在第 20 帧位置插入关键帧，创建第 1 关键帧至第 20 关键帧之间的补间动画。在第 21 帧位置插入空白关键帧，用鼠标把库中的图形元件“老者点头”拖放到场景中的适当位置（见图 14.72）。在第 38 帧位置插入空白关键帧，用鼠标把库中的图形元件“踩住胶水”拖放到场景中的适当位置（见图 14.73）。在第 53 帧位置插入关键帧（见图 14.74），创建第 38 关键帧至第 53 关键帧之间的补间动画，在第 119 帧位置插入关键帧（见图 14.75），在第 123 帧位置插入空白关键帧。

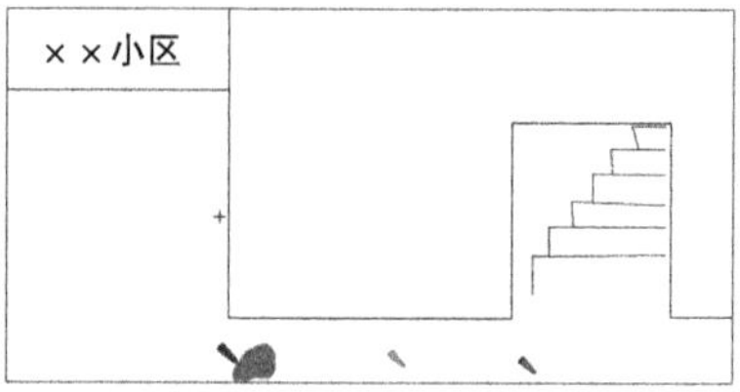

图 14.70

⑦选中［图层 4］图层的第 123 帧位置，插入空白关键帧，用鼠标把库中的图形元件“泼水”拖放到场景中的适当位置（见图 14.76），在第 250 帧位置插入帧。

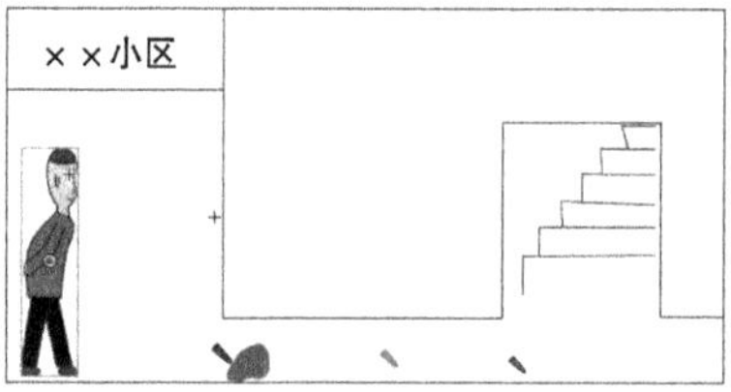

图 14.71

图 14.72

图 14.73

图 14.74

图14.75

图14.76

⑧选中［图层5］图层的第119帧位置，插入空白关键帧，用鼠标把库中的图形元件“水滴”拖放到场景中的适当位置（见图14.77）；在第126帧位置插入关键帧，把图形元件“水滴”纵向移动到场景的下边界（见图14.78），在第250帧位置插入帧。

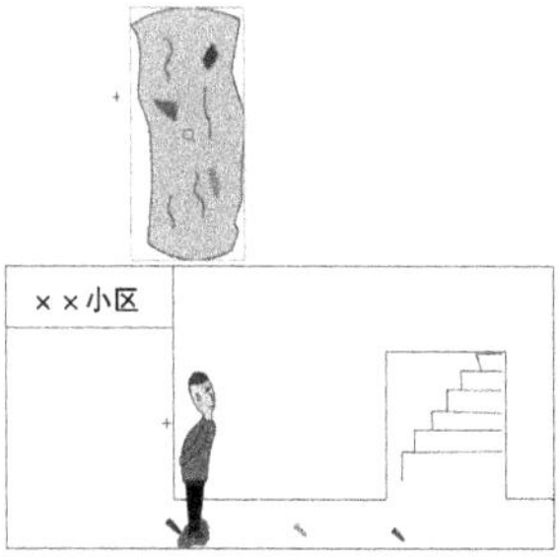

图14.77

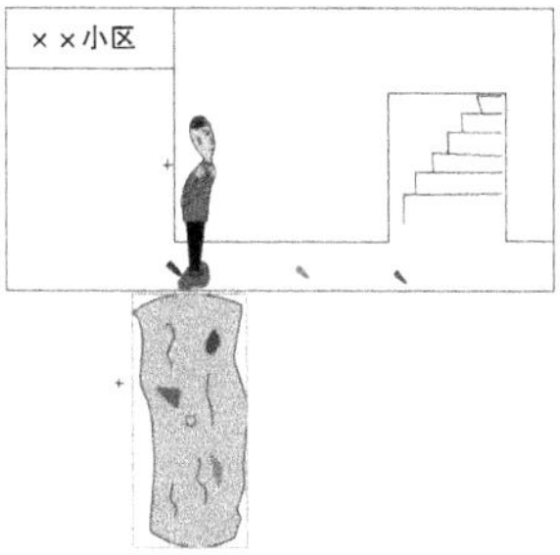

图14.78

⑨此时的部分图层和时间线设置（见图14.79）。

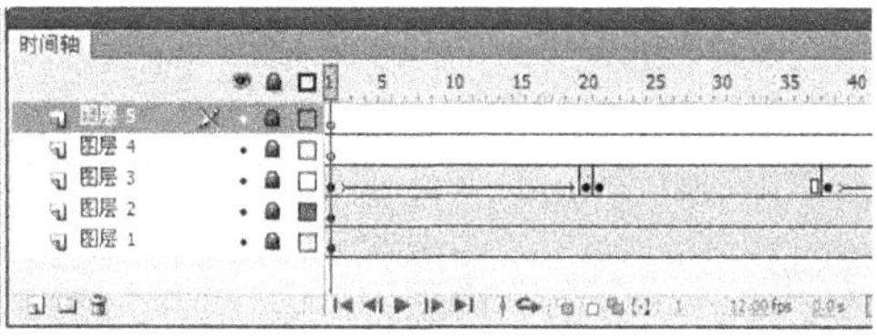

图14.79

（14）图形元件“推车”的设计和制作。创建新元件，命名为“推车”，类型为图形，进入图形元件“推车”的编辑场景，在［图形1］图层的第1空白关键帧绘制好图形（见图14.80）。

图 14.80

图 14.81

图 14.82

（15）图形元件“强力胶”的设计和制作。创建新元件，命名为“强力胶”，类型为图形，进入图形元件“强力胶”的编辑场景，在［图形 1］图层的第 1 空白关键帧绘制好图形（见图 14.81）。

（16）图形元件“泡泡糖”的设计和制作。创建新元件，命名为“泡泡糖”，类型为图形，进入图形元件“泡泡糖”的编辑场景，在［图形 1］图层的第 1 空白关键帧绘制好图形（见图 14.82）。

（17）图形元件“熟人”的设计和制作。

①创建新元件，命名为“熟人”，类型为图形（见图 14.83）。

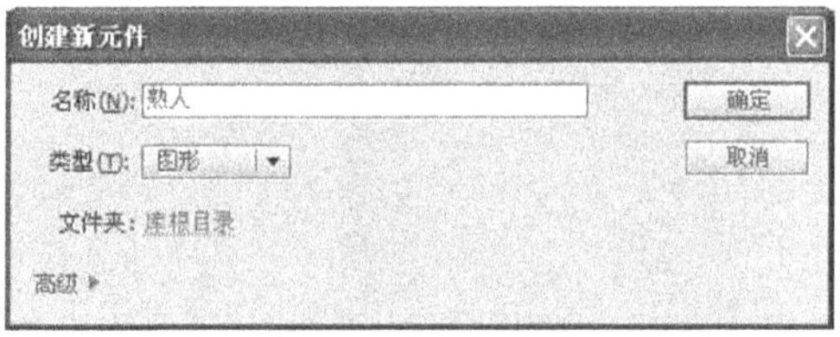

图 14.83

②用鼠标单击图 14.83 中的“确定”按钮，进入图形元件“熟人”的编辑场景。

③新建 1 个图层，这样就有两个图层了，从下到上分别是［图层 1］和［图层 2］。选中［图层 1］图层的第 1 空白关键帧，在编辑场景中绘制图形（见图 14.84）；在第 3 帧位置插入关键帧，编辑图形，最终效果见图 14.85；在第 4 帧位置插入帧。选中［图层 2］图层的第 1 空白关键帧，在编辑场景中绘制手部图形，最终效果见图 14.86，在第 4 帧位置插入帧。

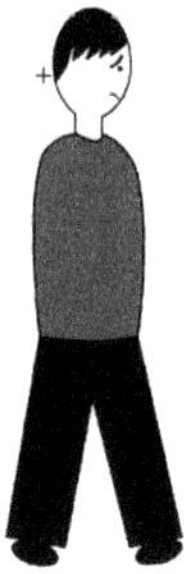

图 14.84

图 14.85

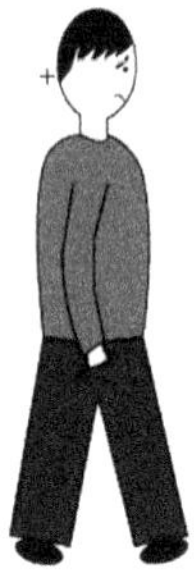

图 14.86

④此时的图层和时间线设置（见图 14.87）。

（18）图形元件“农民工 1”的设计和制作。

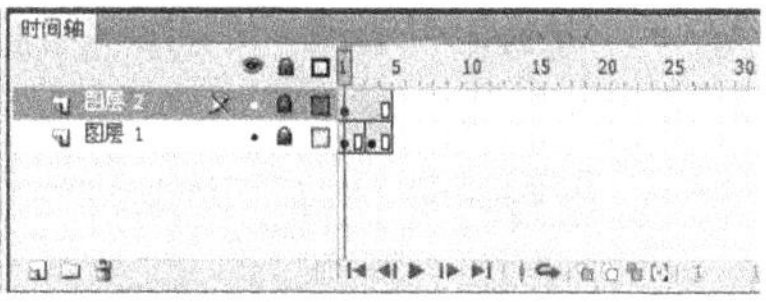

图 14.87

①创建新元件，命名为“农民工 1”，类型为图形（见图 14.88）。

②用鼠标单击图 14.88 中的“确定”按钮，进入图形元件“农民工 1”的编辑场景。

③选中［图层 1］图层的第 1 空白关键帧，在编辑场景中绘制图形（见图 14.89），在第 4 帧位置插入关键帧，编辑图形，最终效果见图 14.90，在第 6 帧位置插入帧。

图 14.88

图 14.89

图 14.90

④此时的图层和时间线设置（见图 14.91）。

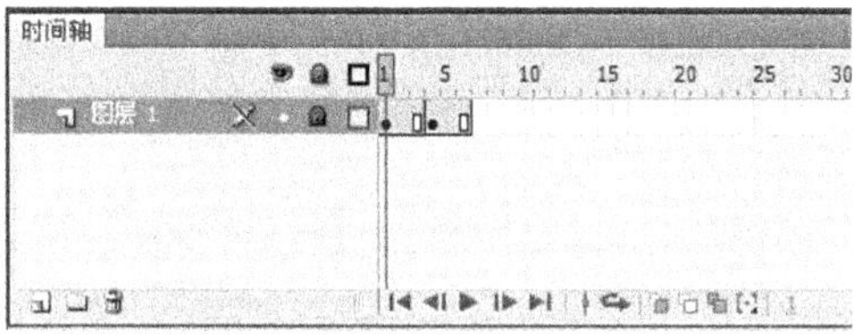

图 14.91

（19）图形元件“农民工 2”的设计和制作。

①创建新元件，命名为“农民工 2”，类型为图形（见图 14.92）。

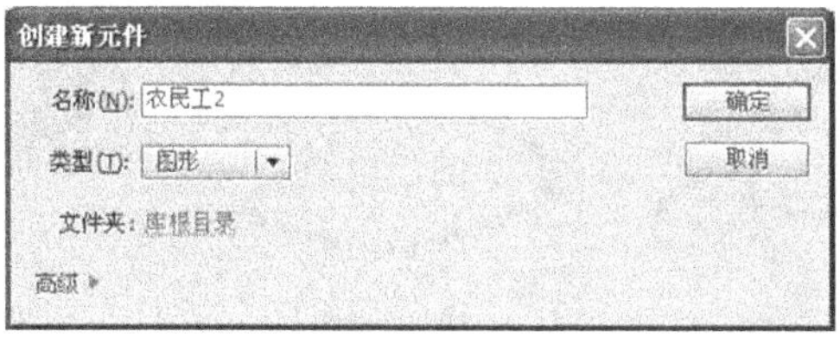

图 14.92

②用鼠标单击图 14.92 中的“确定”按钮，进入图形元件“农民工 2”的编辑场景。

③新建 1 个图层，这样就有两个图层了，从下到上分别是［图层 1］和［图层 2］。选中［图层 1］图层的第 1 空白关键帧，在编辑场景中绘制图形（见图 14.93），在第 3 帧位置插入关键帧，编辑图形，最终效果见图 14.94，在第 4 帧位置插入帧。选中［图层 2］图层的第 1 空白关键帧，在编辑场景中绘制好手端废料的图形，最终效果见图 14.95，在第 4 帧位置插入帧。

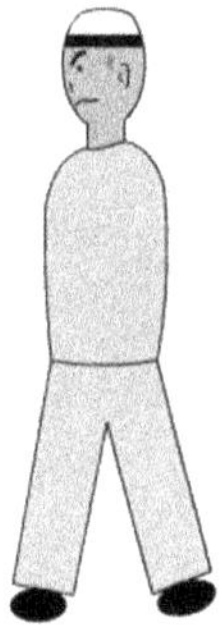
图 14.93

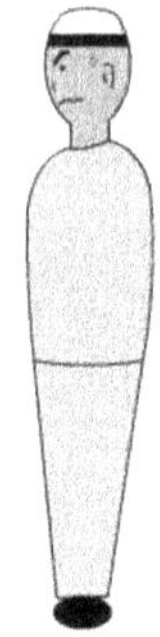
图 14.94

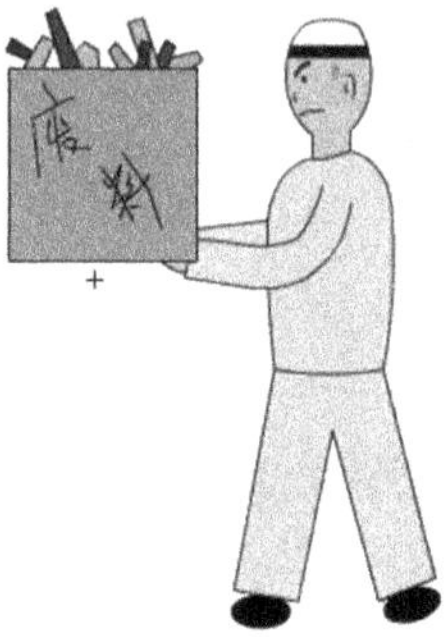

图 14.95

④此时的图层和时间线设置（见图 14.96）。

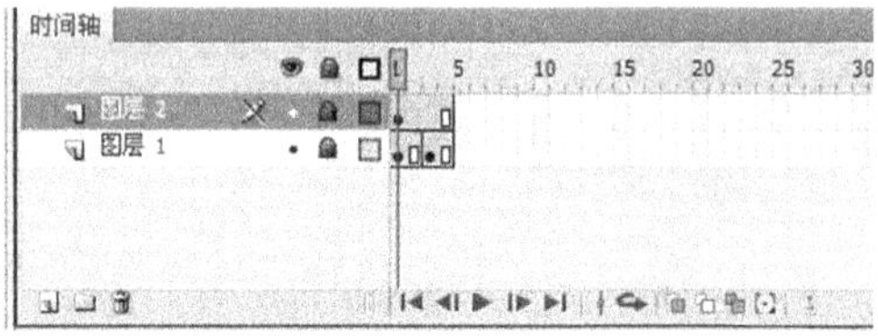

图 14.96

（20）设计和制作图形元件“口香糖 1”、“口香糖 2”、“废料”，制作效果见图 14.97、图 14.98 和图 14.99。进入编辑场景之后，选中［图层 1］图层的第 1 空白关键帧，使用工具箱中的相关工具在场景中进行绘制。

图 14.97

图 14.98

图 14.99

(21) 图形元件“男侧面 1”的设计和制作。

①创建新元件，命名为“男侧面 1”，类型为图形（见图 14.100）。

②用鼠标单击图 14.100 中的“确定”按钮，进入图形元件“男侧面 1”的编辑场景。

③新建 3 个图层，这样就有 4 个图层了，从下到上分别是［图层 1］至［图层 4］。

④选中［图层 1］图层的第 1 空白关键帧，在编辑场景中绘制“右手部”图形（见图 14.101）；在第 5 帧位置插入空白关键帧，在第 9 帧位置插入空白关键帧，把第 1 关键帧上的图形复制到第 9 空白关键帧的相同位置，以“右手部”图形的上端为中心点，调整图形的角度，最终效果见图 14.102；在第 13 帧位置插入空白关键帧，在第 16 帧位置插入帧。

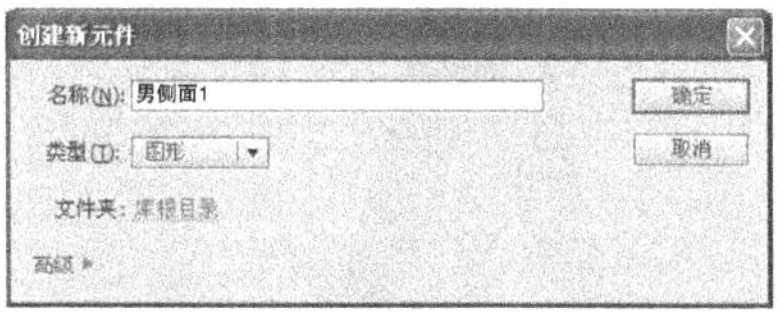

图 14.100

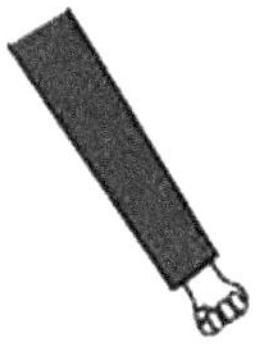

图 14.101

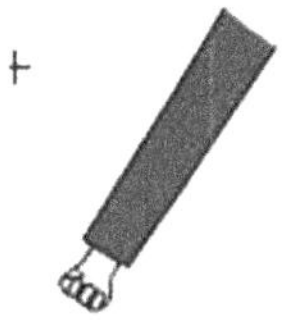

图 14.102

⑤选中［图层 2］图层的第 1 空白关键帧，在编辑场景中绘制好人物的“躯干部”图形（见图 14.103）；在第 5 帧位置插入关键帧，编辑图形，最终效果见图 14.104；在第 9 帧位置插入空白关键帧，把第 1 关键帧上的图形复制到第 9 空白关键帧的相同位置，最终效果见图 14.105；在第 13 帧位置插入空白关键帧，把第 5 关键帧上的图形复制到第 13 空白关键帧的相同位置，最终效果见图 14.106，在第 16 帧位置插入帧。

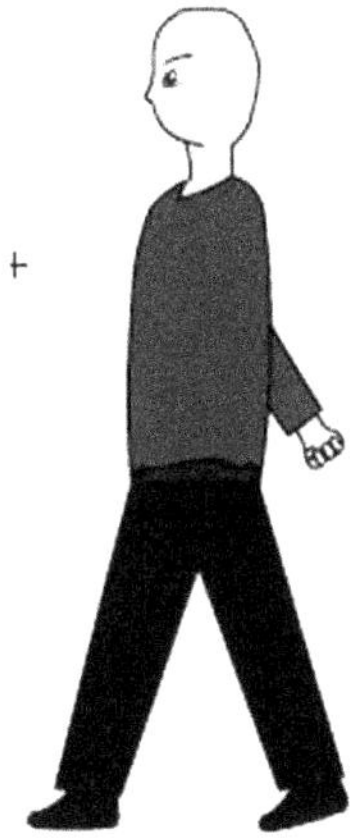

图 14.103

图14.104

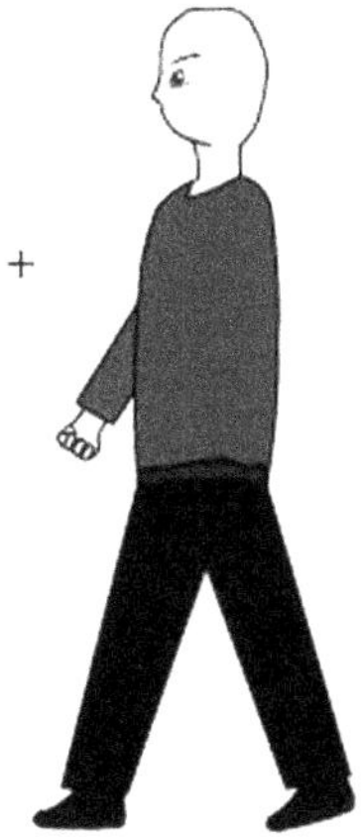

图 14.105

图 14.106

⑥选中［图层 3］图层的第 1 空白关键帧，在编辑场景中绘制好人物的“左手部”图形（见图 14.107），在第 5 帧位置插入关键帧，编辑“左手部”图形，最终效果见图 14.108；在第 9 帧位置插入关键帧，编辑“左手部”图形，最终效果见图 14.109；在第 13 帧位置插入关键帧，编辑“左手部”图形，最终效果见图 14.110，在第 16 帧位置插入帧。

图 14.107

图14.108

图 14.109

图 14.110

⑦选中［图层 4］图层的第 1 空白关键帧，在编辑场景中绘制好人物的“头发和嘴巴”图形（见图 14.111），在第 16 帧位置插入帧。

⑧此时的图层和时间线设置（见图 14.112）。

图 14.111

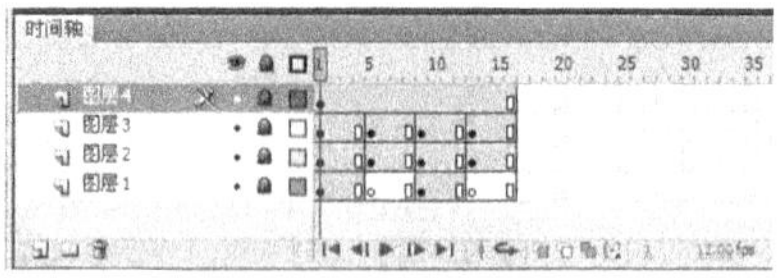

图 14.112

（22）图形元件“男侧面 2”的设计和制作。

①创建新元件，命名为“男侧面 2”，类型为图形。

②用鼠标单击“创建新元件”窗口中的“确定”按钮，进入图形元件“男侧面 2”的编辑场景。

③新建两个图层，这样就有 3 个图层了，从下到上分别是［图层 1］至［图层 3］。

④选中［图层 1］图层的第 1 空白关键帧，在编辑场景中绘制图形（见图

14. 113)；在第 5 帧位置插入关键帧，编辑图形，最终效果见图 14. 114；在第 9 帧位置插入空白关键帧，把第 1 关键帧上的图形复制到第 9 空白关键帧的相同位置，最终效果见图 14. 115；在第 13 帧位置插入空白关键帧，把第 5 关键帧上的图形复制到第 13 空白关键帧的相同位置，最终效果见图 14. 116，在第 16 帧位置插入帧。

注意：也可选中第 1 关键帧至第 5 关键帧，进行“复制帧”操作，选中第 9 帧，进行“粘贴帧”操作，最后在第 16 帧位置插入帧。

图 14. 113

图 14. 114

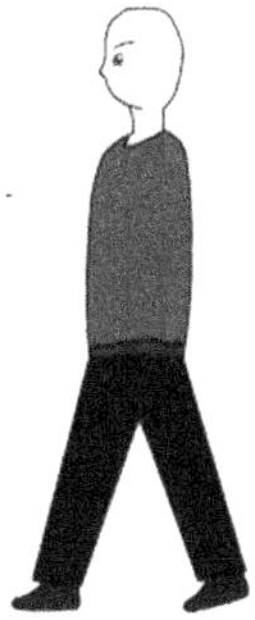
图 14. 115

图 14. 116

⑤选中［图层 2］图层的第 1 空白关键帧，在编辑场景中绘制好“左手提包”的图形（见图 14. 117），在第 16 帧位置插入帧。

⑥选中［图层 3］图层的第 1 空白关键帧，在编辑场景中绘制好“头发和嘴巴”图形（见图 14. 118），在第 16 帧位置插入帧。

图 14. 117

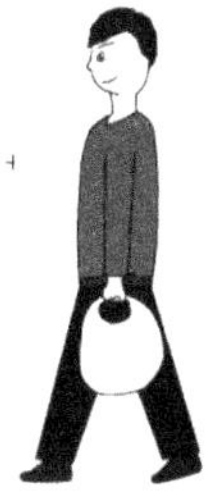
图 14. 118

⑦此时的图层和时间线设置（见图 14. 119）。

（23）图形元件“女侧面 1”的设计和制作。

①创建新元件，命名为“女侧面 1”，类型为图形（见图 14. 120）。

②用鼠标单击图 14. 120 中的“确定”按钮，进入图形元件“女侧面 1”的编辑场景。

③新建两个图层，这样就有 3 个图层了，从下到上分别是［图层 1］至［图层 3］。

④选中［图层 1］图层的第 1 空白关键帧，在编辑场景中绘制人物的“右手部”图形（见图 14. 121）；在第 5 帧位置插入空白关键帧；在第 9 帧位置插入空白关键帧，把第 1 关键帧上的图形复制到第 9 空白关键帧的相同位置，以“右手部”图形的上端为中心点，调整图形的角度，最终效果见图 14. 122；在第 13 帧位置插入空白关键帧，在第 16 帧位置插入帧。

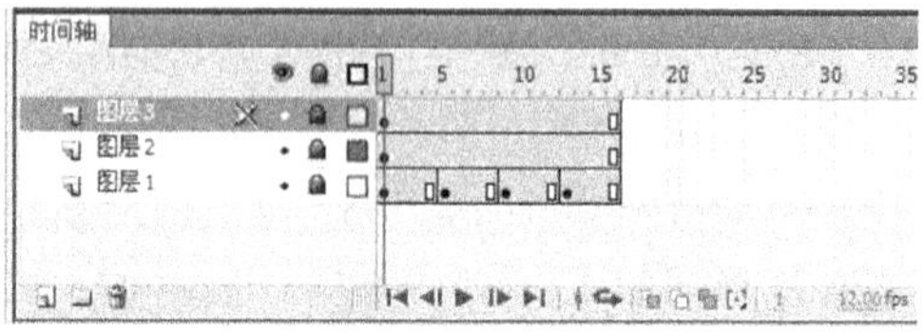

图 14. 119

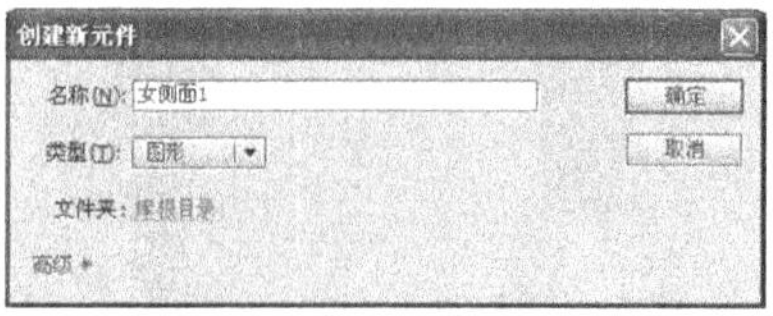

图 14. 120

图 14. 121

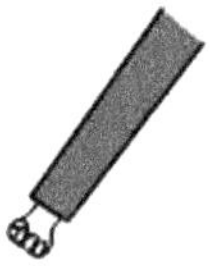

图 14. 122

⑤选中［图层 2］图层的第 1 空白关键帧，在编辑场景中绘制好人物的“躯干部”图形（见图 14. 123），在第 5 帧位置插入关键帧，编辑图形，最终效果见图 14. 124；在第 9 帧位置插入空白关键帧，把第 1 关键帧上的图形复制到第 9 空白关键帧的相同位置，最终效果见图 14. 125；在第 13 帧位置插入空白关键帧，把第 5 关键帧上的图形复制到第 13 空白关键帧的相同位置，最终效果见图 14. 126，在第 16 帧位置插入帧。

注意：也可选中第 1 关键帧至第 5 关键帧，进行“复制帧”操作，选中第 9 帧，进行“粘贴帧”操作，最后在第 16 帧位置插入帧。

图 14. 123

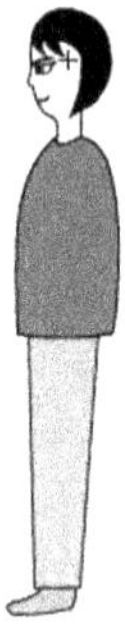

图 14. 124

图 14. 125

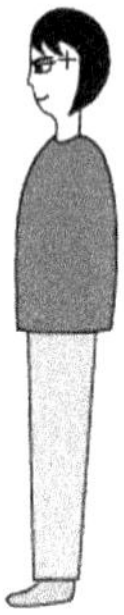

图 14. 126

⑥选中［图层 3］图层的第 1 空白关键帧，在编辑场景中绘制好人物的“左手部”图形（见图 14. 127），在第 5 帧位置插入关键帧，编辑“左手部”图形，最终效果见图 14. 128；在第 9 帧位置插入关键帧，编辑“左手部”图形，最终效果见图 14. 129；在第 13 帧位置插入关键帧，编辑“左手部”图形，最终效果见图 14. 130，在第 16 帧位置插入帧。

图 14. 127

图 14. 128

图 14. 129

图 14. 130

⑦此时的图层和时间线设置（见图 14. 131）。

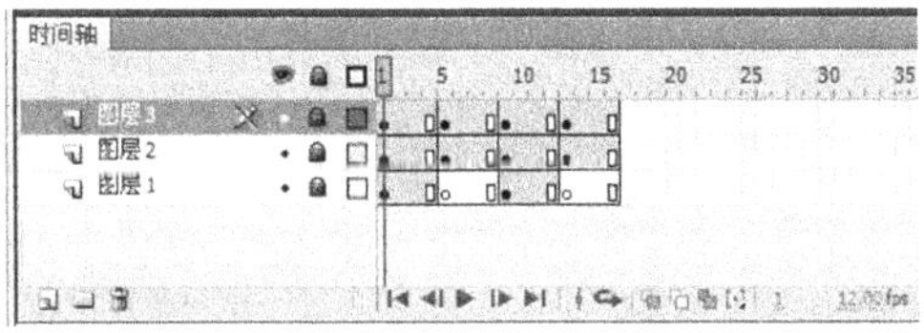

图 14. 131

（24）图形元件“女侧面 2”的设计和制作。

①创建新元件，命名为“女侧面 2”，类型为图形（见图 14. 132）。

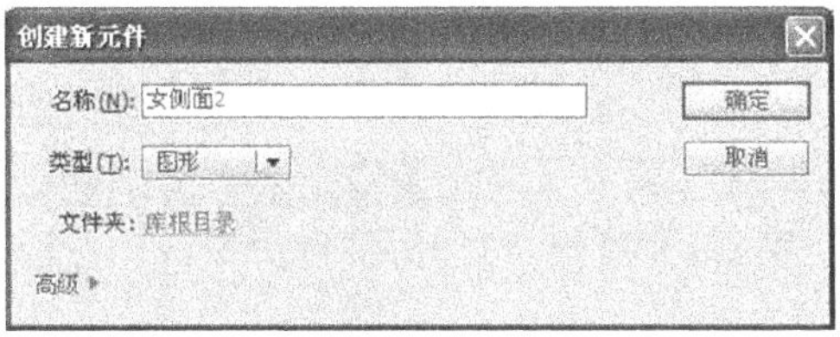

图 14. 132

②用鼠标单击图 14. 132 中的“确定”按钮，进入图形元件“女侧面 2”的编辑场景。

③新建1个图层，这样就有两个图层了，从下到上分别是［图层1］和［图层2］。

④选中［图层1］图层的第1空白关键帧，在编辑场景中绘制图形（见图14.133），在第5帧位置插入关键帧，编辑图形，最终效果见图14.134；在第9帧位置插入空白关键帧，把第1关键帧上的图形复制到第9空白关键帧的相同位置，最终效果见图14.135；在第13帧位置插入空白关键帧，把第5关键帧上的图形复制到第13空白关键帧的相同位置，最终效果见图14.136，在第16帧位置插入帧。

⑤选中［图层2］图层的第1空白关键帧，在编辑场景中绘制好“左手提包”的图形（见图14.137），在第16帧位置插入帧。

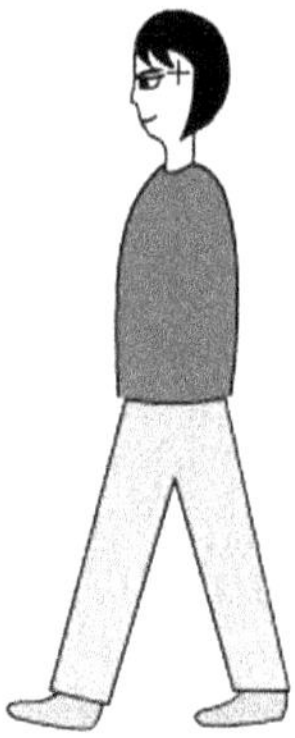

图 14.133

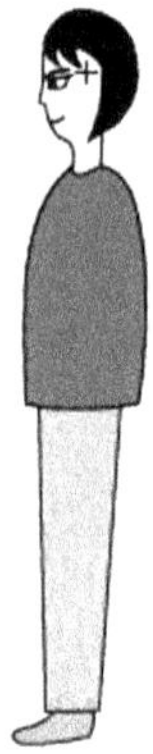

图14.134

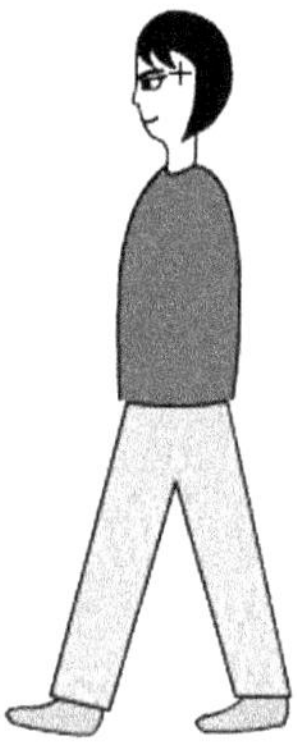

图 14.135

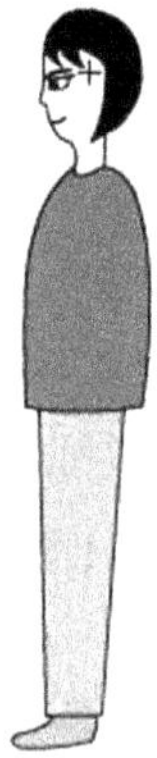

图14.136

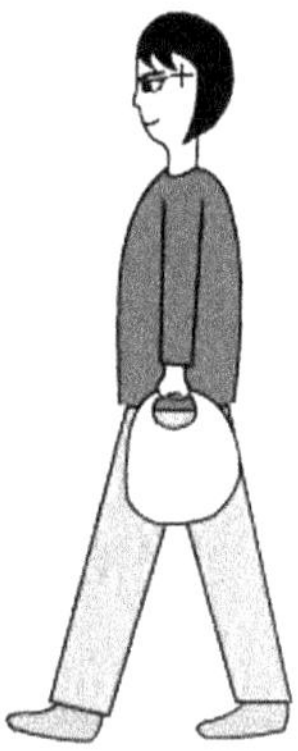

图 14.137

⑥此时的图层和时间线设置（见图14.138）。

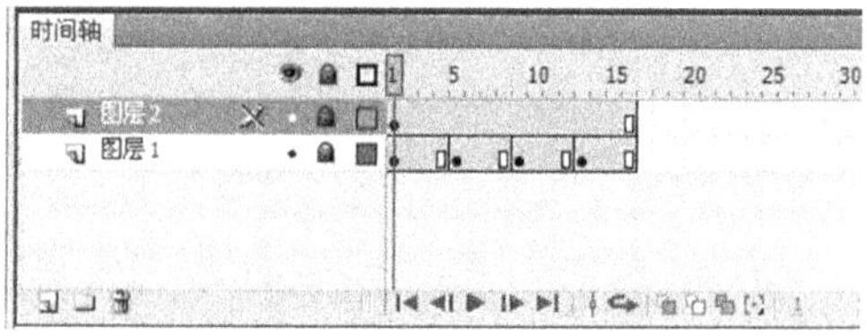

图 14.138

（25）图形元件“女侧面3”的设计和制作。

①创建新元件，命名为“女侧面3”，类型为图形（见图14.139）。

②用鼠标单击图14.139中的“确定”按钮，进入图形元件“女侧面3”的编辑场景。

③新建两个图层，这样就有3个图层了，从下到上分别是［图层1］至［图层3］。

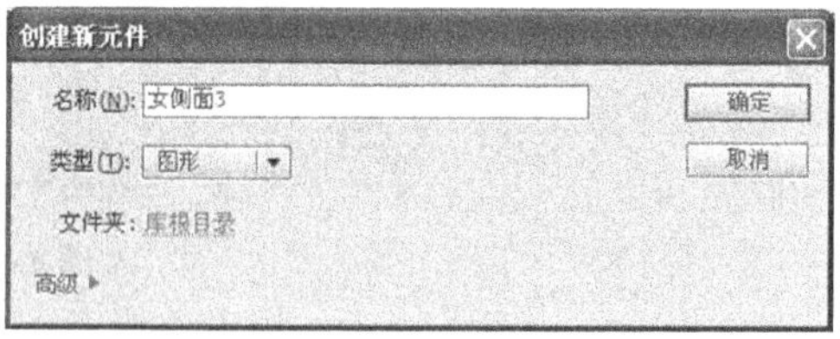

图 14.139

④选中［图层1］图层的第1空白关键帧，在编辑场景中绘制图形（见图14.140），在第5帧位置插入关

键帧，编辑图形，最终效果见图 14. 141；在第 9 帧位置插入关键帧，编辑图形，最终效果见图 14. 142；在第 13 帧位置插入关键帧，编辑图形，最终效果见图 14. 143。选中第 1 关键帧至第 13 关键帧，进行“复制帧”操作；选中第 17 帧，进行“粘贴帧”操作；选中第 33 帧，进行“粘贴帧”操作；选中第 49 帧，进行“粘贴帧”操作，在第 91 帧位置插入帧。

⑤选中［图层 2］图层的第 1 空白关键帧，在编辑场景中绘制好“左手提包”的图形（见图 14. 144），在第 91 帧位置插入帧。

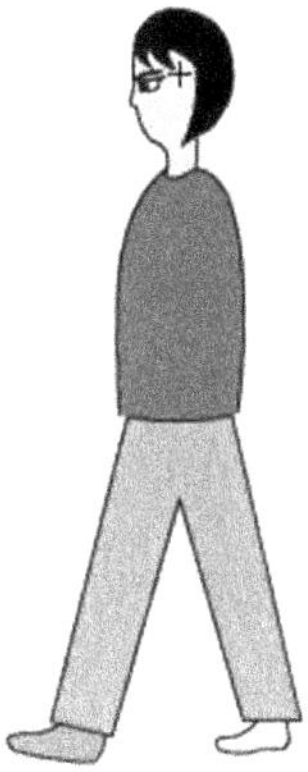

图 14. 140

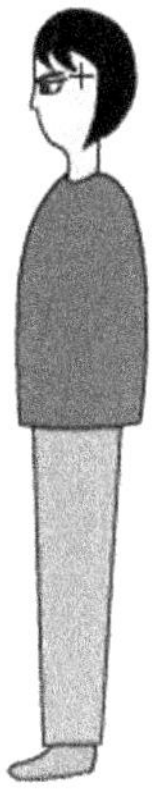

图 14. 141

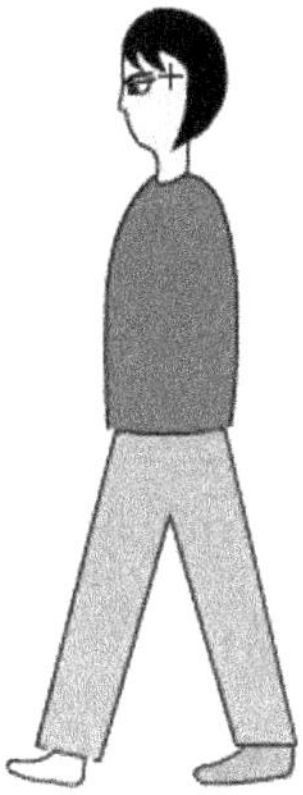

图 14. 142

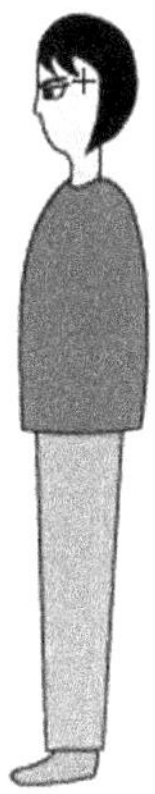

图 14. 143

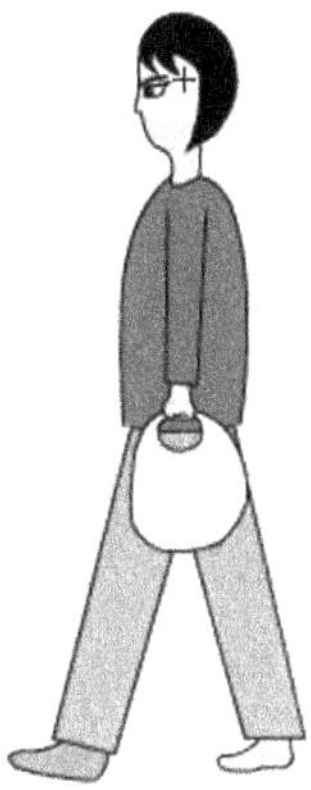

图 14. 144

⑥选中［图层 3］图层的第 1 空白关键帧，在编辑场景中绘制好人物头部“嘴巴 1”的图形（见图 14. 145）；在第 2 帧位置插入空白关键帧，在编辑场景中绘制好人物头部“嘴巴 2”的图形（见图 14. 146）。注意：在此要调整好图形“嘴巴 1”和图形“嘴巴 2”的相对位置和大小。选中第 1 关键帧至第 2 关键帧，进行“复制帧”操作；选中第 3 帧，进行“粘贴帧”操作；选中第 5 帧，进行“粘贴帧”操作；选中第 7 帧，进行“粘贴帧”操作；选中第 9 帧，进行“粘贴帧”操作；选中第 11 帧，进行“粘贴帧”操作；选中第 13 帧，进行“粘贴帧”操作。复制第 1 关键帧，选中第 15 帧，进行“粘贴帧”操作。在第 91 帧位置插入帧。

⑦此时的部分图层和时间线设置（见图 14. 147）。

图 14. 145

图 14. 146

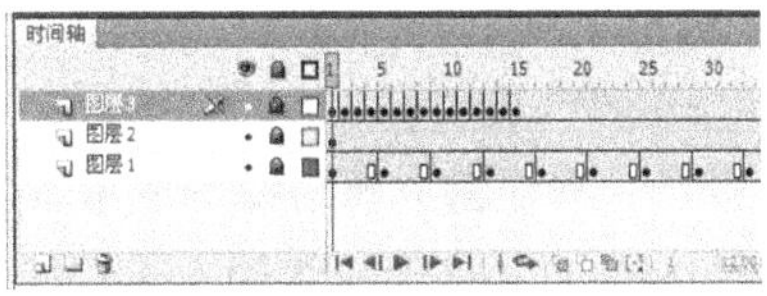

图 14. 147

（26）图形元件“上楼 1”的设计和制作。

①创建新元件，命名为“上楼 1”，类型为图形（见图 14.148）。

②用鼠标单击图 14.148 中的“确定”按钮，进入图形元件“上楼 1”的编辑场景。

③新建两个图层，这样就有 3 个图层了，从下到上分别是［图层 1］至［图层 3］。

④选中［图层 1］图层的第 1 空白关键帧，在编辑场景中绘制图形（见图 14.149），在第 4 帧位置插入帧。

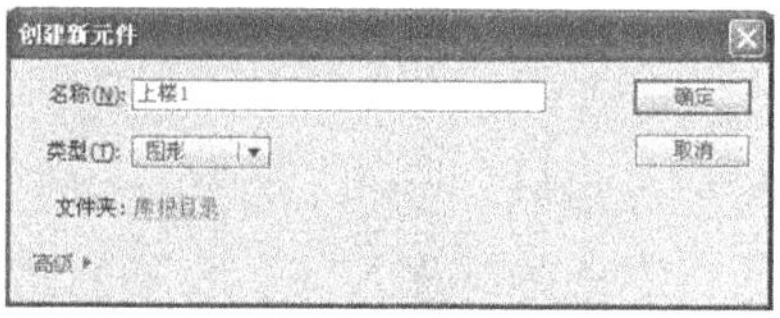

图 14.148

⑤选中［图层 2］图层的第 1 空白关键帧，在编辑场景中绘制好人物“双手提着东西”的图形（见图 14.150），在第 4 帧位置插入帧。

⑥选中［图层 3］图层的第 1 空白关键帧，在编辑场景中绘制好人物“下肢走路动作 1”的图形（见图 14.151）；在第 3 帧位置插入关键帧，编辑图形，得到人物“下肢走路动作 2”的图形（见图 14.152），在第 4 帧位置插入帧。

图 14.149

图 14.150

图 14.151

图 14.152

⑦此时的图层和时间线设置（见图 14.153）。

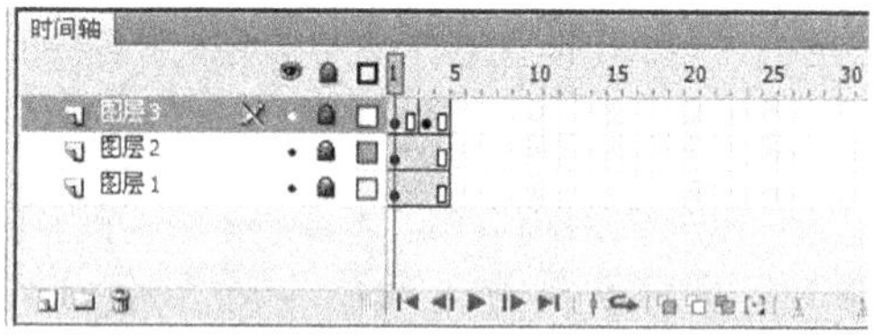

图 14.153

（27）图形元件“上楼 2”的设计和制作。

①创建新元件，命名为“上楼 2”，类型为图形（见图 14.154）。

②用鼠标单击图 14.154 中的“确定”按钮，进入图形元件“上楼 2”的编辑场景。

③选中［图层 1］图层的第 1 空白关键帧，在编辑场景中绘制图形（见图 14.155）；在第 3 帧位置插入关键帧，编辑人物下肢部分的图形，最终效果见图 14.156，在第 4 帧位置插入帧。

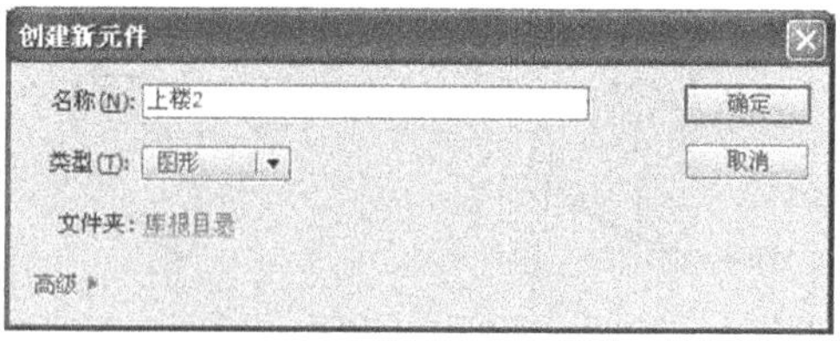

图 14.154

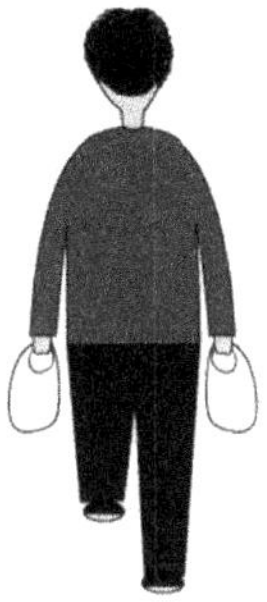

图 14. 155

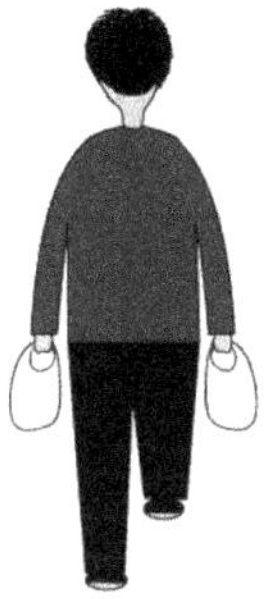

图 14. 156

④此时的图层和时间线设置（见图 14. 157）。

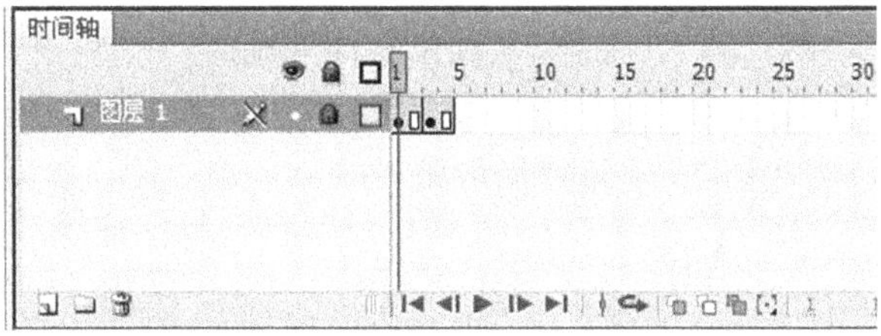

图 14. 157

（28）图形元件“城市小区”的设计和制作。

①创建新元件，命名为“城市小区”，类型为图形（见图 14. 158）。

②用鼠标单击图 14. 158 中的“确定”按钮，进入图形元件“城市小区”的编辑场景。

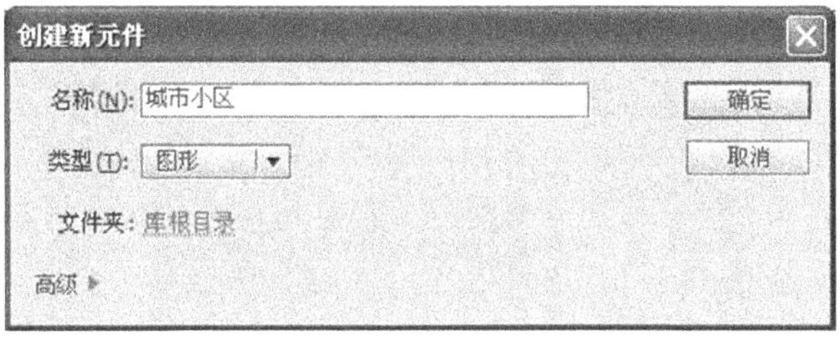

图 14. 158

③新建 4 个图层，这样就有 5 个图层了，从下到上分别是［图层 1］至［图层 5］。

④选中［图层 1］图层的第 1 空白关键帧，在编辑场景中绘制图形（见图 14. 159），在第 25 帧位置插入帧。

⑤选中［图层2］图层的第1空白关键帧，在编辑场景中绘制“椅子”图形（见图14.160），在第25帧位置插入帧。

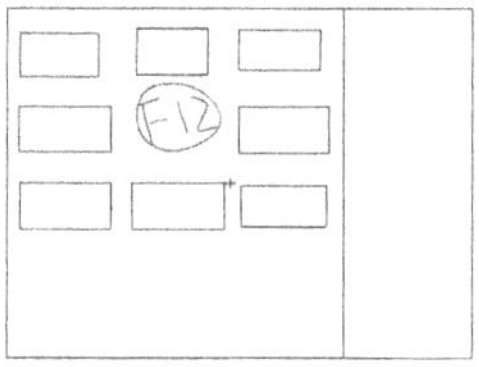

图 14.159

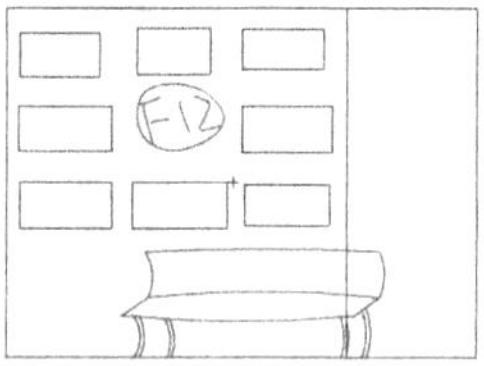

图 14.160

⑥选中［图层3］图层的第1空白关键帧，在编辑场景中绘制“男主角”图形（见图14.161），在第25帧位置插入帧。

⑦选中［图层4］图层的第1空白关键帧，在编辑场景中绘制“男主角头部五官”图形（见图14.162），在第25帧位置插入帧。

⑧选中［图层5］图层的第1空白关键帧，在编辑场景中绘制“女主角”图形（见图14.163），在第25帧位置插入帧。

图 14.161

图 14.162

图 14.163

⑨此时的图层和时间线设置（见图14.164）。

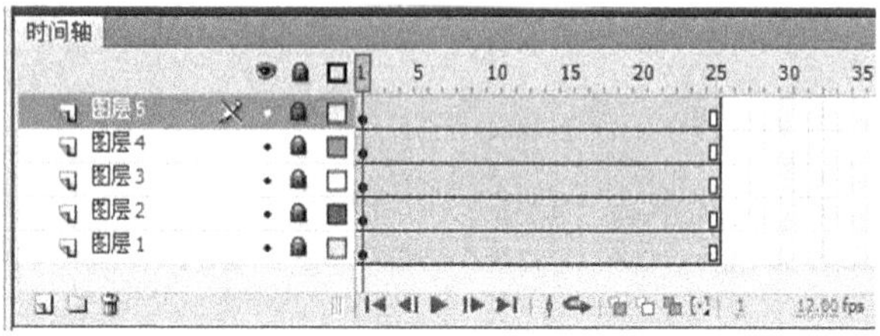

图 14.164

（29）图形元件“小区对话”的设计和制作。

①创建新元件，命名为“小区对话”，类型为图形（见图14.165）。

②用鼠标单击图14.165中的“确定”按钮，进入图形元件“城市小区”的

编辑场景。

③新建 11 个图层，这样就有 12 个图层了，从下到上分别是［图层 1］至［图层 12］。

④选中［图层 1］图层的第 1 空白关键帧，在编辑场景中绘制图形（见图 14.166），在第 450 帧位置插入帧。

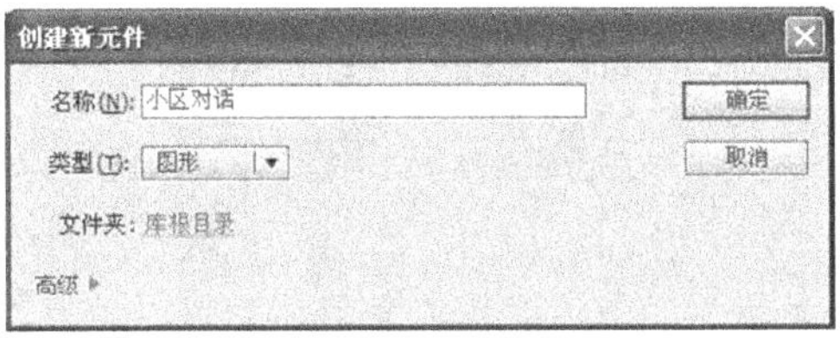

图 14.165

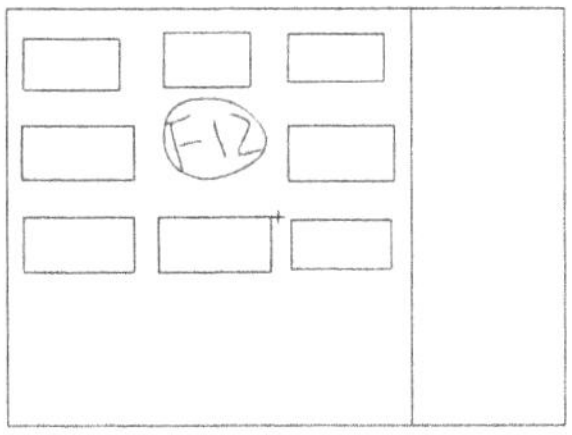

图 14.166

⑤选中［图层 2］图层的第 1 空白关键帧，在编辑场景中绘制“椅子”图形（见图 14.167），在第 450 帧位置插入帧。

图 14.167

⑥选中［图层 3］图层的第 1 空白关键帧，在编辑场景中绘制“男主角”图形（见图 14.168）。在第 226 帧插入关键帧，编辑图形，效果见图 14.169。在第 227 帧位置插入关键帧。在第 228 帧位置插入关键帧。在第 229 帧位置插入关键帧。在第 230 帧位置插入关键帧，编辑图形，效果见图 14.170。在第 250 帧位置插入关键帧，编辑图形，效果见图 14.171。在第 252 帧位置插入关键帧，编辑图形，效果见图 14.172。在第 254 帧位置插入关键帧，编辑图形，效果见图 14.173。在第 284 帧位置插入关键帧，编辑图形，效果见图 14.174。在第 286 帧位置插入关键帧。在第 295 帧位置插入关键帧，把库中的图形元件“男侧面 1”拖放到场景中的合适位置（见图 14.175）。在第 320 帧位置插入关键帧，把图形元件“男侧面 1”水平向左移动一段距离（见图 14.176），创建第 295 关键帧至第 320 关键帧之间的补间动画。在第 321 帧位置插入空白关键帧。

图 14. 168

图 14. 169

图 14. 170

图 14. 171

图 14. 172

图 14. 173

图 14. 174

图 14. 175

图 14. 176

⑦选中［图层 4］图层的第 1 空白关键帧，在编辑场景中绘制“男主角头部之眉毛眼睛鼻子”图形，效果见图 14. 177。在第 38 帧位置插入关键帧，编辑“男主角头部之眉毛眼睛鼻子”图形，效果见图 14. 178。在第 44 帧位置插入关键帧，编辑“男主角头部之眉毛眼睛鼻子”图形，效果见图 14. 179。在第 143 帧位置插入关键帧，编辑“男主角头部之眉毛眼睛鼻子”图形，效果见图 14. 180。在第 223 帧位置插入关键帧，编辑“男主角头部之眉毛眼睛鼻子”图形，效果见图 14. 181。在第 226 帧位置插入关键帧，编辑“男主角头部之眉毛眼睛鼻子”图形，效果见图 14. 182。在第 230 帧位置插入关键帧，编辑“男主角头部之眉毛眼睛鼻子”图形，效果见图 14. 183。在第 284 帧位置插入关键帧，编辑“男主角头部之眉毛眼睛鼻子”图形，效果见图 14. 184。在第 295 帧位置插入空白关键帧。

图 14. 177

图 14. 178

图 14. 179

图 14. 180

图 14. 181

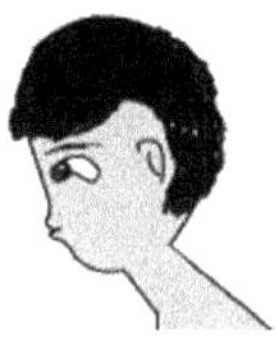
图 14. 182

图 14. 183

图 14. 184

⑧选中［图层 5］图层的第 1 空白关键帧，在编辑场景中绘制“男主角头部之嘴巴”图形，效果见图 14. 185。在第 38 帧位置插入关键帧，编辑“男主角头部之嘴巴”图形，效果见图 14. 186。在第 39 帧位置插入关键帧，编辑“男主角头部之嘴巴”图形，效果见图 14. 187。在第 40 帧位置插入关键帧，编辑“男主角头部之嘴巴”图形，效果见图 14. 188。在第 41 帧位置插入关键帧，编辑“男主角头部之嘴巴”图形，效果见图 14. 189。在第 42 帧位置插入关键帧，编辑“男主角头部之嘴巴”图形。在第 44 帧位置插入关键帧，编辑“男主角头部之嘴巴”图形，效果见图 14. 190。在第 48 帧位置插入关键帧，编辑“男主角头部之嘴巴”图形，效果见图 14. 191。在第 49 帧位置插入关键帧，编辑“男主角头部之嘴巴”图形，效果见图 14. 192。选中第 48 关键帧和第 49 关键帧，进行“复制帧”操作；选中第 50 帧，进行“粘贴帧”操作；选中第 52 帧，进行“粘贴帧”操作；选中第 54 帧，进行“粘贴帧”操作；选中第 56 帧，进行“粘贴帧”操作；选中第 58 帧，进行“粘贴帧”操作。在第 143 帧至第 159 帧位置继续设计好男主角嘴巴的张开和闭合效果；同样，在第 166 帧至第 177 帧位置、第 187 帧至第 194 帧位置继续设计好男主角嘴巴的张开和闭合效果。在第 223 帧位置插入关键帧，编辑“嘴巴”成闭合状。在第 226 帧位置插入空白关键帧。在第 230 帧位置插入关键帧，编辑“嘴巴”成闭合状。在第 259 帧至第 263 帧位置继续设计好男主角嘴巴的闭合和张开效果；在第 268 帧至第 275 帧位置继续设计好男主角嘴巴的张开和闭合效果。在第 284 帧、第 286 帧、第 288 帧、第 290 帧位置继续设计好嘴巴的闭合和张开效果。在第 295 帧位置插入空白关键帧。（注意：更加详细具体的操作步骤可见随书附赠光盘）

图 14. 185

图 14. 186

图 14. 187

图 14. 188

图 14. 189

图 14. 190

图 14. 191

图 14. 192

⑨选中［图层 6］图层的第 1 空白关键帧，在编辑场景中绘制“女主角”图

形，效果见图 14.193。在第 226 帧位置插入关键帧，在第 230 帧位置插入关键帧，在第 238 帧位置插入关键帧。在第 284 帧位置插入关键帧，编辑图形，效果见图 14.194。在第 286 帧位置插入关键帧，在第 288 帧位置插入关键帧，在第 290 帧位置插入关键帧。在第 295 帧位置插入空白关键帧，用鼠标把库中的图形元件“女侧面 1”拖放到场景中，效果见图 14.195。在第 320 帧位置插入关键帧，把图形元件“女侧面 1”水平向左移动一小段距离，效果见图 14.196，创建第 295 关键帧至第 320 关键帧之间的补间动画。在第 321 帧位置插入空白关键帧。

图 14.193

图 14.194

图 14.195

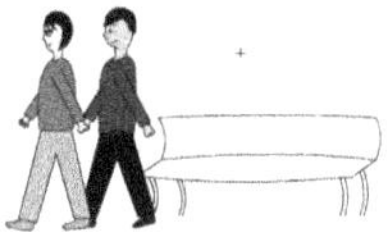

图 14.196

⑩选中［图层 7］图层的第 1 空白关键帧，在编辑场景中绘制“女主角的眼睛”图形，效果见图 14.197。在第 64 帧位置插入关键帧，在第 199 帧位置插入关键帧，在第 238 帧位置插入关键帧。在第 284 帧位置插入关键帧，编辑“女主角的眼睛”图形，效果见图 14.198。在第 295 帧位置插入空白关键帧。

图 14.197

图 14.198

⑪选中［图层 8］图层的第 1 空白关键帧，在编辑场景中绘制“女主角嘴巴闭合”图形，效果见图 14.199。在第 2 帧位置插入空白关键帧，在编辑场景中绘制“女主角嘴巴张开”图形，效果见图 14.200。复制第 1 和第 2 关键帧，选中第 3 帧位置，进行“粘贴帧”操作；选中第 5 帧位置，进行“粘贴帧”操作；选中第 7 帧位置，进行“粘贴帧”操作；选中第 9 帧位置，进行“粘贴帧”操作；选中第 11 帧位置，进行“粘贴帧”操作；选中第 13 帧位置，进行“粘贴帧”操作；选中第 15 帧位置，进行“粘贴帧”操作。复制第 1 关键帧，选中第 17 帧位置，进行“粘贴帧”操作。在第 19 帧位置插入空白关键帧，编辑“女主角嘴巴闭合”图形，效果见图 14.201。在第 21 帧位置插入空白关键帧，编辑

“女主角嘴巴闭合”图形，效果见图 14.202。复制第 1 关键帧，选中第 35 帧位置，进行“粘贴帧”操作。进行类似操作，在第 64 帧至第 74 帧位置制作好“女主角嘴巴闭合和张开”的效果，在第 78 帧至第 98 帧位置制作好“女主角嘴巴闭合和张开”的效果，在第 103 帧至第 110 帧位置制作好“女主角嘴巴张开和闭合”的效果，在第 116 帧位置制作好“女主角嘴巴张开”的效果（见图 14.203），在第 118 帧位置制作好“女主角嘴巴闭合”的效果，在第 124 帧至第 135 帧位置制作好“女主角嘴巴张开和闭合”的效果，在第 199 帧位置制作好“女主角嘴巴闭合”的效果，在第 204 帧至第 216 帧位置制作好“女主角嘴巴张开和闭合”的效果，在第 238 帧位置制作好“女主角嘴巴闭合”的效果，在第 241 帧至第 244 帧位置制作好“女主角嘴巴张开和闭合”的效果。在第 284 帧位置插入空白关键帧，绘制图形，效果见图 14.204。在第 295 帧位置插入空白关键帧。

图 14.199

图 14.200

图 14.201

图 14.202

图 14.203

图 14.204

⑫选中［图层 9］图层的第 21 帧位置插入空白关键帧，用鼠标把库中的图形元件“泡泡糖”拖放到场景中女主角的嘴巴上（见图 14.205），在第 31 帧位置插入关键帧，把图形元件“泡泡糖”放大（见图 14.206），创建第 21 关键帧至第 31 关键帧之间的补间动画。在第 33 帧位置插入空白关键帧，绘制图形（见图 14.207）。在第 35 帧位置插入空白关键帧。

图 14.205

图 14.206

图 14.207

⑬选中［图层 10］图层的第 254 帧位置插入空白关键帧，绘制好“男主角戴手表的左手掌”图形（见图 14.208）。在第 284 帧位置插入空白关键帧，编辑图形，效果见图 14.209。在第 295 帧位置插入空白关键帧。

图 14.208

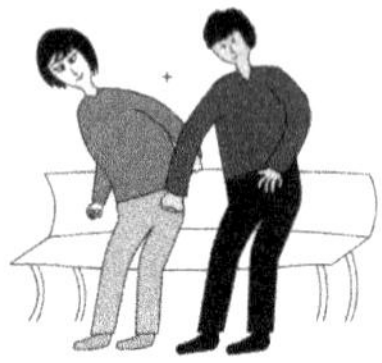

图 14.209

⑭在［图层 11］图层的第 288 帧位置插入空白关键帧，用鼠标把库中的图形元件“口香糖 2”拖放到场景中女主角的嘴巴上，在第 293 帧位置插入关键帧，把图形元件“口香糖 2”往下移动到地面上，创建第 288 关键帧至 293 关键帧之间的补间动画。在第 295 帧位置插入关键帧。在第 450 帧位置插入帧。

图 14.210

⑮选中［图层 12］图层的第 1 空白关键帧，在场景中绘制好口香糖吐在地面上被踩踏之后的图形，效果见图 14.210。

⑯此时的部分图层和时间线设置（见图 14.211）。

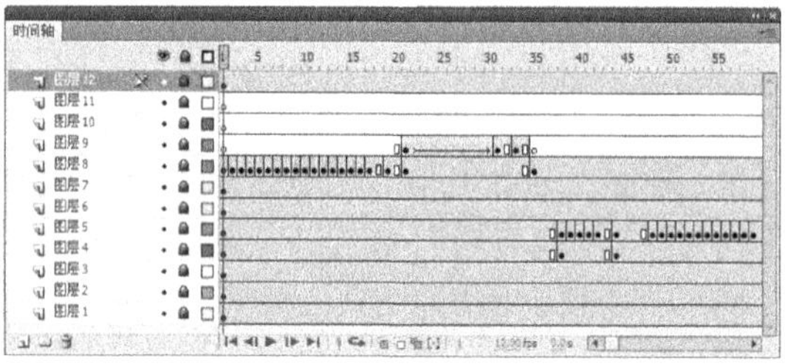

图 14.211

（30）图形元件“发现牙掉了”的设计和制作。

①创建新元件，命名为“发现牙掉了”，类型为图形（见图 14.212）。

②用鼠标单击图 14.212 中的“确定”按钮，进入图形元件“发现牙掉了”的编辑场景。

③新建 6 个图层，这样就有 7 个图层了，从下到上分别是［图层 1］至［图层 7］。

④选中［图层 1］图层的第 1 空白关键帧，在编辑场景中绘制图形（见图 14.213），在第 213 帧位置插入帧。

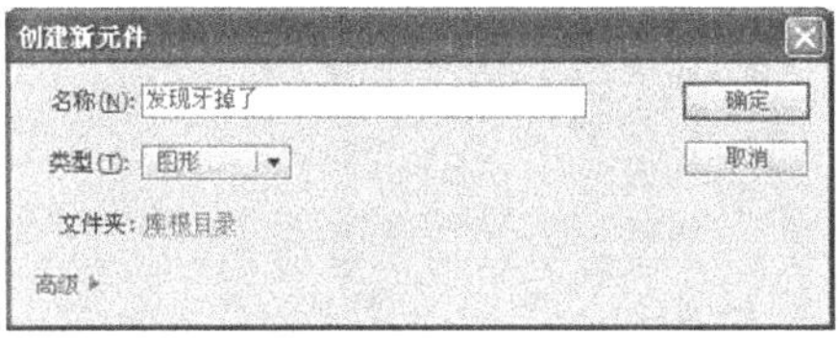

图 14.212

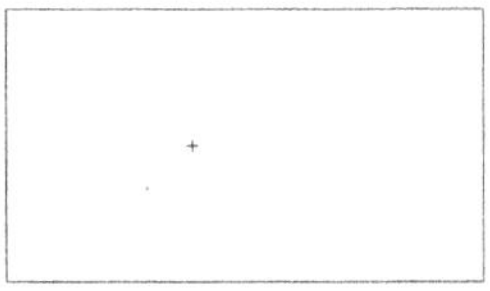

图 14.213

图 14.214

⑤选中［图层 2］图层的第 1 空白关键帧，用鼠标把库中的图形元件“女侧面 1”拖放到场景中（见图 14.214），在第 30 帧位置插入关键帧，把图形元件“女侧面 1”向左水平移动一小段距离（见图 14.215），创建第 1 关键帧至第 30 关键帧之间的补间动画。在第 39 帧位置插入关键帧，继续把图形元件“女侧面 1”向左水平移动一小段距离（见图 14.216），创建第 30 关键帧至第 39 关键帧之间的补间动画。在第 40 帧位置插入空白关键帧，绘制女主角掉头往回走的图形（见图 14.217）。在第 58 帧位置插入空白关键帧，绘制女主角走动的图形（见图 14.218）。在第 60 帧位置插入关键帧，绘制女主角站立的图形（见图 14.219）。在第 71 帧位置插入关键帧，在第 151 帧位置插入关键帧。在第 153 帧位置插入空白关键帧，绘制女主角走动的图形（见图 14.220）。在第 155 帧位置插入空白关键帧，绘制女主角走动的图形（见图 14.221）。在第 158 帧位置插入空白关键帧，编辑女主角站立的图形（见图 14.222）。在第 162 帧位置插入空白关键帧，绘制女主角走动的图形（见图 14.223）。在第 166 帧位置插入空白关键帧，编辑女主角站立的图形（见图 14.224）。在第 170 帧位置插入空白关键帧，绘制女主角走动的图形（见图 14.225）。在第 174 帧位置插入空白关键帧，编辑女主角站立的图形（见图 14.226）。在第 213 帧位置插入帧。

图 14.215

图 14.216

图 14.217

图 14.218

图 14.219

图 14.220

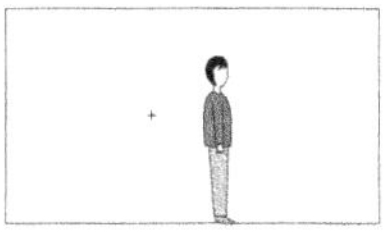

图 14.221

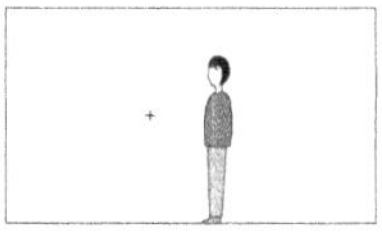

图 14.222

图 14.223

图 14.224

图 14.225

图 14.226

⑥选中［图层3］图层的第 40 帧位置插入空白关键帧，绘制女主角的眼睛（见图 14.227）。在第 58 帧位置插入空白关键帧。在第 60 帧位置插入关键帧，把眼睛移动到女主角头部的合适位置。在第 85 帧位置插入关键帧，编辑眼睛（见图 14.228）。在第 113 帧位置插入关键帧，继续编辑眼睛（见图 14.229）。在第 151 帧位置插入关键帧。在第 153 帧位置插入空白关键帧。在第 155、158 帧位置插入关键帧，在第 162 帧位置插入关键帧，翻转眼睛（见图 14.230）。在第 166、170、174 帧位置插入关键帧，随之调整眼睛的位置，确保其在女主角头部的合适位置。在第 213 帧位置插入帧。

图 14.227

图 14.228

图 14.229

图 14.230

⑦选中［图层4］图层，在此图层中制作好女主角的嘴巴开闭效果（可以参考男主角嘴巴开闭效果的制作方法，也可以仔细参考光盘中提供的实例），在此就不再赘述了。

⑧选中［图层 5］图层的第 158 帧，绘制图形（见图 14.231），在第 162、166、170、174 帧位置插入关键帧，分别调整图形到合适位置。在第 213 帧位置插入帧。

图 14.231

⑨选中［图层6］图层的第 1 空白关键帧，用鼠标把库中的图形元件“男侧面 1”拖放到场景中（见图 14.232），在第 27 帧位置插入关键帧，把图形元件“男侧面 1”向左水平移动一段距离（见图 14.233），创建第 1 关键帧至第 27 关键帧之间的补间动画。在第 30 帧位置插入关键帧，创建第 27 关键帧至第 30 关键帧之间的补间动画。在第 31 帧位置插入关键帧，把图形元件“男侧面 1”进行分离，在第 35、60、71 帧位置插入关键帧。在第 84 帧位置插入关键帧，翻转图形（见图 14.234）。在第 87 帧位置插入关键帧，编辑图形，效果见图 14.235。在第 90 帧位置插入关键帧，编辑图形，效果见图 14.236。继续制作人物向前走动的效果，第 93 关键帧见图 14.237，第 97 关键帧见图 14.238，第 101 关键帧见图 14.239，第 105 关键帧见图 14.240，第 109 关键帧见图 14.241，第 113 关键帧见图 14.242。在第 115

帧位置插入关键帧，翻转图形（见图 14. 243）。在第 162 帧位置插入关键帧，编辑图形，效果见图 14. 244。继续制作人物向前走动的效果，第 166 关键帧见图 14. 245，第 170 关键帧见图 14. 246，第 174 关键帧见图 14. 247。在第 213 帧位置插入帧。

图 14. 232

图 14. 233

图 14. 234

图 14. 235

图 14. 236

图 14. 237

图 14. 238

图 14. 239

图 14. 240

图 14. 241

图 14. 242

图 14. 243

图 14. 244

图 14. 245

图 14. 246

图 14. 247

⑩选中［图层 7］图层的第 31 帧位置插入空白关键帧，绘制男主角的“左手部”图形（见图 14. 248），在第 33 帧位置插入关键帧，编辑“左手部”图形（见图 14. 249）；在第 35 帧位置插入关键帧，编辑“左手部”图形（见图 14. 250）。在第 41 帧至第 56 帧位置连续插入关键帧，微调“左手部”图形，使得“左手部”图形小幅度地上下运动。在第 60 帧位置插入空白关键帧，把第 33 关键帧上的图形复制到相同的位置。在第 71 帧位置插入空白关键帧，把第 35 关键帧上的图形复制到相同的位置。继续制作人物的手部动作效果，第 84 关键帧见图 14. 251，第 87 关键帧见图 14. 252，复制第 84、87 关键帧，分别选择第 90、97、105 帧位置，进行“粘贴帧”操作，同时调整每个关键帧上的图形位置，形成人物向前走动的效果。在第 113 帧位置插入空白关键帧，把第 84 帧上的图形粘贴过来，调整好其位置，在第 115 帧位置插入空白关键帧，把第 71 帧上的图

形粘贴过来，调整好其位置。在第 122 帧至第 132 帧位置连续插入关键帧，微调“左手部”图形，使得“左手部”图形小幅度地上下运动。在第 156、157 帧位置插入关键帧。在第 158 帧位置插入关键帧，编辑“左手部”图形（见图 14. 253）。在第 162、166、170、174 帧位置插入关键帧，调整好“左手部”图形的位置。在第 213 帧位置插入帧。

图 14. 248

图 14. 249

图14. 250

图 14. 251

图 14. 252

图 14. 253

⑪此时的部分图层和时间线设置（见图 14. 254）

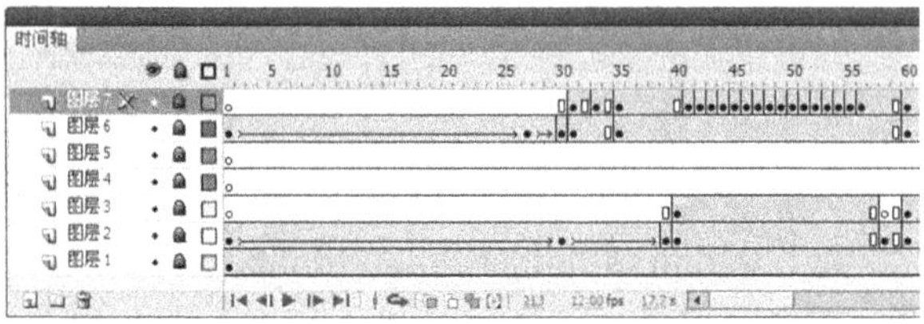

图 14. 254

（31）图形元件“夫妻回家 2”的设计和制作。

①创建新元件，命名为“夫妻回家 2”，类型为图形（见图 14. 255）。

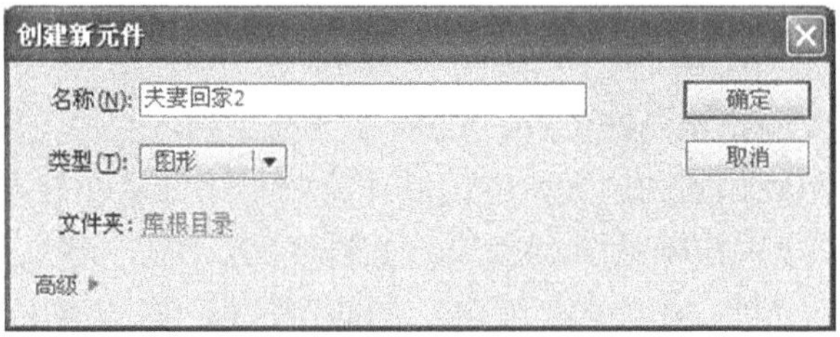

图 14. 255

②用鼠标单击图 14. 255 中的“确定”按钮，进入图形元件“夫妻回家 2”的编辑场景。

③新建 10 个图层，这样就有 11 个图层了，从下到上分别是［图层 1］至［图层 11］。

④选中［图层 1］图层的第 1 空白关键帧，在编辑场景中绘制图形（见图 14. 256）。在第 360 帧位置插入帧。

⑤选中［图层 2］图层的第 165 帧位置插入空白关键帧，用鼠标把库中的图形元件“上楼 2”拖放到场景中（见图 14. 257），在第 202 帧位置插入关键帧，把图形元件“上楼 2”向右上方移动一小段距离（见图 14. 258），创建第 165 关键帧至第 202 关键帧之间的补间动画。在第 360 帧位置插入帧。

⑥选中［图层 3］图层的第 165 帧位置插入空白关键帧，用鼠标把库中的图形元件“上楼 1”拖放到场景中（见图 14. 259），在第 202 帧位置插入关键帧，把图形元件“上楼 1”向右上方移动一小段距离（见图 14. 260），创建第 165 关键帧至第 202 关键帧之间的补间动画。在第 360 帧位置插入帧。

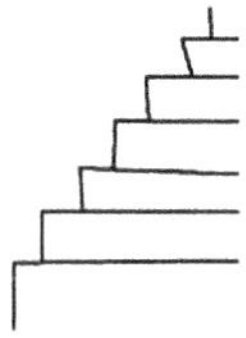
图 14. 256

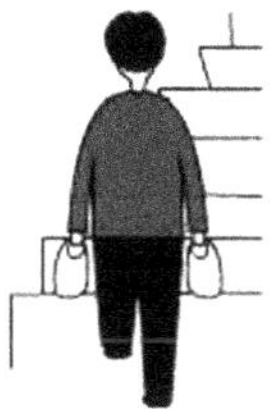
图 14. 257

图 14. 258

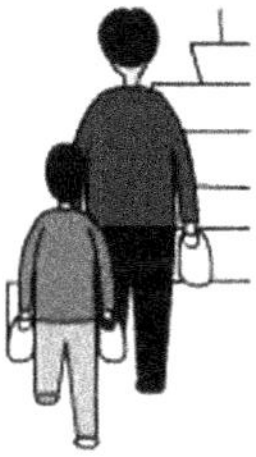
图 14. 259

图 14. 260

⑦选中［图层 4］图层的第 11 帧位置插入空白关键帧，用鼠标把库中的图形元件“夫妻回家 1”拖放到场景中（见图 14. 261），在第 43 帧位置插入关键帧，把图形元件“夫妻回家 1”向下移动一小段距离，同时放大元件（见图 14. 262），创建第 11 关键帧至第 43 关键帧之间的补间动画。在第 44 帧位置插入空白关键帧。

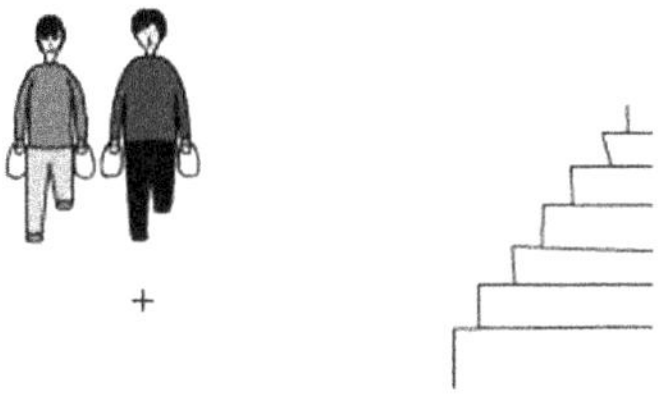
图 14. 261

图 14. 262

⑧选中［图层 5］图层的第 1 空白关键帧，在场景中绘制图形（见图 14.263）。在第 360 帧位置插入帧。

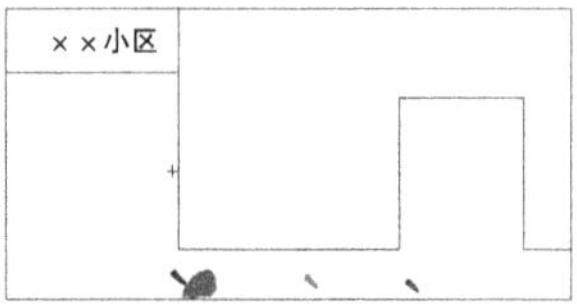

图 14.263

⑨选中［图层 6］图层的第 44 帧位置插入空白关键帧，用鼠标把库中的图形元件“女侧面 2”拖放到场景中（见图 14.264），在第 63 帧位置插入关键帧，把图形元件“女侧面 2”向右平移一小段距离（见图 14.265），创建第 44 关键帧至第 63 关键帧之间的补间动画。在第 64 帧位置插入空白关键帧，绘制“女主角双腿站立”的图形（见图 14.266），在第 66 帧位置插入关键帧，把图形拉高些许，在第 68 帧位置插入关键帧，把图形压低些许，在第 70 帧位置插入关键帧，把图形拉高些许，在第 72 帧位置插入关键帧，把图形压低些许。在第 121 帧位置插入关键帧，编辑图形（见图 14.267）。在第 125 帧位置插入空白关键帧，用鼠标把库中的图形元件“女侧面 3”拖放到场景中（见图 14.268），在第 164 帧位置插入关键帧，把图形元件“女侧面 3”向右平移一小段距离（见图 14.269），创建第 125 关键帧至第 164 关键帧之间的补间动画。在第 164 帧位置插入空白关键帧。

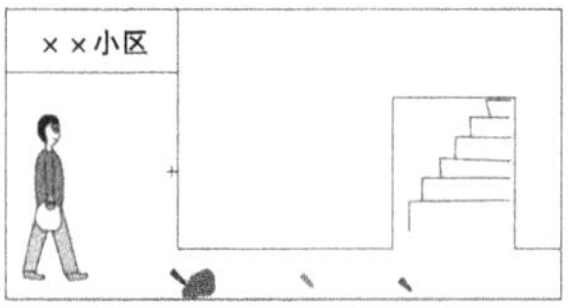

图 14.264

图 14.265

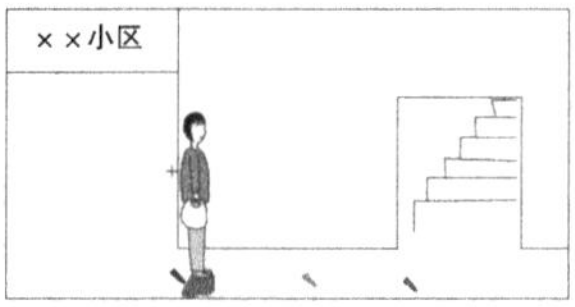

图 14.266

图 14.267

图 14.268

图 14.269

⑩选中［图层 7］图层的第 72 帧位置插入空白关键帧，绘制女主角的嘴巴闭合图形（见图 14.270）。在第 81 帧位置插入空白关键帧，绘制女主角的嘴巴张开图形（见图 14.271）。在第 82 帧位置插入空白关键帧，把第 72 关键帧上的图形复制到相同的位置。选中第 81、82 关键帧上的图形进行“复制帧”操作，选中第 83、85、87、89、91、93、95、97、99 帧，分别进行“粘贴帧”操作。在第 125 帧位置插入空白关键帧。

图 14.270

图 14.271

⑪选中［图层 8］图层的第 64 帧位置插入空白关键帧，绘制女主角的眼睛图形（见图 14.272）。在第 66 帧位置插入空白关键帧，绘制女主角的眼睛图形（见图 14.273）。把第 64 关键帧上的眼睛图形复制到第 68、72 帧上的相同位置，把第 66 关键帧上的眼睛图形复制到第 70 帧上的相同位置。在第 125 帧位置插入空白关键帧。

图 14.272

图 14.273

⑫选中［图层 9］图层的第 44 帧位置插入空白关键帧，用鼠标把库中的图形元件“男侧面 2”拖放到场景中（见图 14.274），在第 70 帧位置插入关键帧，把图形元件“男侧面 2”向右平移一小段距离（见图 14.275），创建第 44 关键帧至第 70 关键帧之间的补间动画。在第 72 帧位置插入关键帧，把图形元件“男侧面 2”继续向右平移一小段距离（见图 14.276），创建第 70 关键帧至第 72 关键帧之间的补间动画。在第 73 帧位置插入关键帧，翻转图形元件“男侧面 2”，进行“分离”（见图 14.277）。在第 101 帧位置插入关键帧，编辑图形（见图 14.278）；在第 104 帧位置插入关键帧，编辑图形（见图 14.279）；在第 106 帧位置插入关键帧，编辑图形（见图 14.280）；在第 110 帧位置插入关键帧，编辑图形（见图 14.281）；在第 113、116、119 帧位置插入关键帧；在第 110 帧位置插入关键帧，编辑图形（见图 14.282）。在第 125 帧位置插入空白关键帧，用鼠标把库中的图形元件“男侧面 2”拖放到场景中（见图 14.283），在第 164 帧位置插入关键帧，把图形元件“男侧面 2”向右平移一小段距离（见图 14.284），创建第 125 关键帧至第 164 关键帧之间的补间动画。在第 165 帧位置插入空白关键帧。

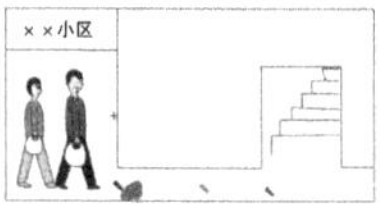

图 14. 274

图 14. 275

图 14. 276

图 14. 277

图 14. 278

图 14. 279

图 14. 280

图 14. 281

图 14. 282

图 14. 283

图 14. 284

⑬在［图层 10］图层的第 73 帧至第 79 帧位置制作男主角的嘴巴闭合和张开效果（因比较简单，且前面已经多次阐述过此类问题，在此不再赘述）。在第 101 帧位置插入空白关键帧。在第 110 帧位置插入空白关键帧，绘制好男主角的“左手部”图形（见图 14. 285），在第 113、116、119 帧位置插入关键帧，在第 121 帧位置插入空白关键帧，绘制好掉落到地面上的“手提包”图形（见图 14. 286）。在第 125 帧位置插入空白关键帧。

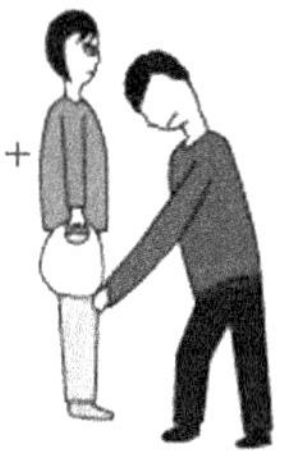

图 14. 285

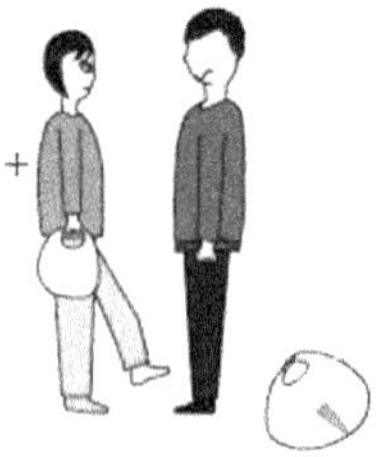

图 14. 286

⑭在［图层 10］图层的第 73 帧位置插入空白关键帧，绘制男主角的“眼睛”图形（见图 14. 287）。在第 101 帧位置插入空白关键帧。在第 104 帧位置插入空白关键帧，绘制男主角的“眼睛”图形（见图 14. 288）；在第 106 帧位置插入空白关键帧，绘制男主角的“眼睛”图形（见图 14. 289）；在第 110 帧位置插入空白关键帧，绘制男主角的“眼睛”图形（见图 14. 290）；在第 113、116、119 帧位置插入关键帧，调整“眼睛”图形的位置；在第 121 帧位置插入空白关键帧，绘制男主角的“眼睛”图形（见图 14. 291）。在第 125 帧位置插入空白关键帧。

图 14. 287

图 14. 288

图 14. 289

图 14. 290

图 14. 291

⑮此时的部分图层和时间线设置（见图 14. 292）。

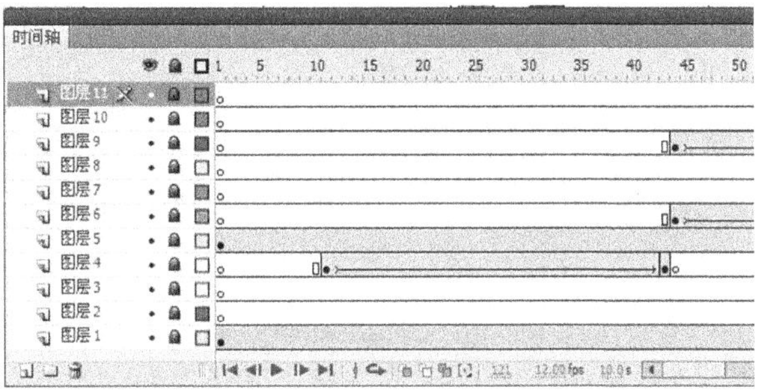

图 14. 292

3. 相关元件设计和制作完毕，回到主场景进行合成。

（1）新建两个图层，这样就有 3 个图层了，从下到上分别是［图层 1］至［图层 3］。

（2）选中［图层 1］图层的第 1 空白关键帧，用鼠标把库中的图形元件“城市小区 1”拖放到场景中，与场景进行重合，此时图形元件“城市小区 1”的 Alpha 值设置为 0%，在第 10 帧位置插入空白关键帧，用鼠标把库中的图形元件“城市小区 2”拖放到场景中，与场景进行重合，创建第 1 关键帧至第 10 关键帧之间的补间动画。在第 11 帧位置插入空白关键帧，用鼠标把库中的图形元件“小区对话”拖放到场景中，放大图形元件“小区对话”；在第 45 帧位置插入关键帧，缩小图形元件“小区对话”；在第 285 帧位置插入关键帧；在第 293 帧位置插入关键帧，进一步缩小图形元件“小区对话”，大小正好跟场景一样，并进行重合；在第 331 帧位置插入关键帧，在第 343 帧位置插入关键帧，放大图形元件“小区对话”，创建第 331 关键帧至第 343 关键帧之间的补间动画；在第 354 帧位置插入关键帧，在第 365 帧位置插入关键帧，进一步放大图形元件“小区对话”，创建第 354 关键帧至第 365 关键帧之间的补间动画；在第 382 帧位置插入关键帧，在第 394 帧位置插入关键帧，又进一步放大图形元件“小区对话”，创建第 382 关键帧至第 394 关键帧之间的补间动画。在第 395 帧位置插入空白关键帧，用鼠标把库中的图形元件“发现牙掉了”拖放到场景中，在第 454 帧位置插入关键帧，放大图形元件“发现牙掉了”；在第 477 帧位置插入关键帧，在第 480 帧位置插入关键帧，缩小图形元件“发现牙掉了”，创建第 477 关键帧至第 480 关键帧之间的补间动画。在第 556 帧位置插入关键帧，在第 556 帧位置插入关键帧，此时图形元件“城市小区 1”的 Alpha 值设置为 0%。在第 567 帧位置插入空白关键帧，用鼠标把库中的图形元件“超市里面”（制作过程略）拖放到场景中，与场景进行重合，在第 626 帧位置插入关键帧，在第 635 帧位置插入关键帧，此时图形元件“超市里面”的 Alpha 值设置为 0%，创建第 626 关键帧至第 635 关键帧之间的补间动画。在第 636 帧位置插入空白关键帧，用鼠标把库中的图形元件“年轻人下楼”（制作过程略）拖放到场景中，此时图形元件“年轻人下楼”的 Alpha 值设置为 0%，在第 646 帧位置插入关键帧，此时图形元件“年轻人下楼”的 Alpha 值设置为 100%，创建第 636 关键帧至第 646 关键帧之间的补间动画；在第 678 帧位置插入关键帧，使得图形元件“年轻人下楼”的左边界与场景的左边界对齐，在第 727 帧位置插入关键帧，使得图形元件“年轻人下楼”的右边界与场景的右边界对齐，创建第 678 关键帧至第 727 关键帧之间的补间动画；在第 730 帧位置插入关键帧，放大图形元件“年轻人下楼”，创建第 727 关键帧至第 730 关键帧之间的补间动画；在第 754 帧位置插入关键帧，在第 760 帧位置插入关键帧，缩小图形元件“年轻人下楼”，创建第 754 关键帧至第 760 关键帧之间的补间动画；在第 765 帧位置插入关键帧，此时图形元件“年轻人下楼”的 Alpha 值设置为 0%，创建第 760 关键帧至第 765 关键帧之间的补间动画；在第 766 帧位置插入空白关键帧，用鼠标把库中的图形元件“夫妻回家 2”拖放到场景中，使得图形元件“夫妻回家 2”的左边界与场景的左边界重合，此时图形元件“夫妻回家 2”的 Alpha 值设置为 0%，在第 775 帧位置插入关键帧，创建第 766 关键帧至第 775 关键帧之间的补间动画；在第 820 帧位置插入空白关键帧，在第 835 帧位置插入关键帧，把图形元件“夫妻回家 2”水平往左边移动一小段距离，创建第 820 关键帧至第 835 关键帧之间的补间动画；在第 895 帧位置插入关键帧，在第 931 帧位置插入关键帧，使得图形元件“夫妻回家 2”的右边界与场景的右边界重合，创建第 895 关键帧至第 931 关键帧之间的补间动画；在第 936 帧位置插入关键帧，放大图形元件“夫妻回家 2”，创建第 931 关键帧至第 936 关键帧之间的补间动画；在第 959 帧位置插入关键帧，使得图形元件“夫妻回家 2”的右边界与场景的右边界重合，创建第 936 关键帧至第 959 关键帧之间的补间动画；在第 959 帧位置插入关键帧，进一步放大图形元件“夫妻回家 2”，创建第 959 关键帧至第 966 关键帧之间的补间动画；在第 967 帧位置插入空白关键帧，用鼠标把库中的图形元件“倒霉的老者”拖放到场景中，使得图形元件“倒霉的老者”的左边界与场景的左边界重合，此时图形元件“倒霉的老者”的 Alpha 值设置为 0%，在第 971 帧位置插入关键帧，此时图形元件“倒霉的老者”的 Alpha 值设置为 100%，创建第 967 关键帧至第 971 关键帧之间的补间动画；在第 1 675 帧位置插入帧。

（3）选中［图层 2］图层的第 1 空白关键帧，在靠近场景下部的位置绘制好一个无边框的黑色矩形，矩形的宽度与场景的宽度相同，其下边框与场景的下边框对齐。在第 1 675 帧位置插入帧。

（4）选中［图层 3］图层的第 10 帧位置插入空白关键帧，用鼠标把库中的图形元件“我爸爸今天要来我们家，你打算怎么招待?”拖放到场景的中间位置，把其亮度设置为 100%，在第 21 帧位置插入关键帧；在第 30 帧位置插入空白关键帧；在第 58 帧位置插入空白关键帧，用鼠标把库中的图形元件“国家一级接待”拖放到靠近场景下边框的位置，把其亮度设置为 100%，在第 70 帧位置插入空白关键帧；在第 75 帧位置插入空白关键帧，用鼠标把库中的图形元件“那可就看你的了”拖放到靠近场景下边框的位置，把其亮度设置为 100%，在第 85 帧位置插入空白关键帧，在第 89 帧位置插入空白关键帧，用鼠标把库中的图形元件“这可是我爸爸第一次来咱家”拖放到靠近场景下边框的位置，把其亮度设置为 100%，在第 108 帧位置插入空白关键帧；在第 113 帧位置插入空白关键帧，用鼠标把库中的图形元件“招待不周，哼!”拖放到靠近场景下边框的位置，把其亮度设置为 100%，在第 128 帧位置插入空白关键帧；在第 108 帧位置插入空白关键帧；在第 134 帧位置插入空白关键帧，用鼠标把库中的图形元件“你知道我的招数”拖放到靠近场景下边框的位置，把其亮度设置为 100%，在第 145 帧位置插入空白关键帧；在第 153 帧位置插入空白关键帧，用鼠标把库中的图形元件“一掐二拧三跪遥控器”拖放到靠近场景下边框的位置，把其亮度设置为 100%，在第 169 帧位置插入空白关键帧；在第 176 帧位置插入空白关键帧，用鼠标把库中的图形元件“还不带换台的，记忆犹新”拖放到靠近场景下边框的位置，把其亮度设置为 100%，在第 204 帧位置插入空白关键帧；在第 214 帧位置插入空白关键帧，用鼠标把库中的图形元件“知道就好”拖放到靠近场景下边框的位置，把其亮度设置为 100%，在第 229 帧位置插入空白关键帧；在第 251 帧位置插入空白关键帧，用鼠标把库中的图形元件“烦人”拖放到靠近场景下边框的位置，把其亮度设置为 100%，在第 256 帧位置插入空白关键帧；在第 270 帧位置插入空白关键帧，用鼠标把库中的图形元件“哎哟，得准备了”拖放到靠近场景下边框的位置，把其亮度设置为 100%，在第 285 帧位置插入空白关键帧；在第 293 帧位置插入空白关键帧；在第 435 帧位置插入空白关键帧，用鼠标把库中的图形元件“我的假门牙好像随着口香糖去了”拖放到靠近场景下边框的位置，把其亮度设置为 100%；在第 445 帧位置插入空白关键帧，用鼠标把库中的旁白图形元件“这糖的黏力有些反常。”拖放到靠近场景下边框的位置，在第 451 帧位置插入空白关键帧；在第 466 帧位置插入空白关键帧，用鼠标把库中的旁白图形元件“还真没了”拖放到靠近场景下边框的位置，把其亮度设置为 100%，在第 473 帧位置插入空白关键帧；在第 480 帧位置插入空白关键帧，用鼠标把库中的图形元件“算了，算了，时间来不及了，明天再镶一个吧”拖放到靠近场景下边框的位置，把其亮度设置为 100%；在第 491 帧位置插入空白关键帧，用鼠标把库中的图形元件“那可是烤瓷的啊，钱啊”拖放到靠近场景下边框的位置，把其亮度设置为 100%；在第 505 帧位置插入空白关键帧；在第 507 帧位置插入空白关键帧，用鼠标把库中的图形元件“不听话是不?”拖放到靠近场景下边框的位置，把其亮度设置为 100%；在第 514 帧位置插入空白关键帧；在第 516 帧位置插入空白关键帧，用鼠标把库中的图形元件“那我的门牙?”拖放到靠近场景下边框的位置，把其亮度设置为 100%；在第 528 帧位置插入空白关键帧，用鼠标把库中的图形元件“哎呀，我喜欢我爸爸就喜欢，没事的，走吧”拖放到靠近场景下边框的位置，把其亮度设置为 100%；在第 544 帧位置插入空白关键帧；在第 839 帧位置插入空白关键帧，用鼠标把库中的图形元件“怎么了?”拖放到靠近场景下边框的位置，把其亮度设置为 100%；在第 845 帧位置插入空白关键帧；在第 846 帧位置插入空白关键帧，用鼠标把库中的图形元件“我的鞋好像被啥粘住了”拖放到靠近场景下边框的位置，把其亮度设置为 100%；在第 845 帧位置插入空白关键帧，在第 866 帧位置插入空白关键帧；在第 891 帧位置插入空白关键帧，用鼠标把库中的图形元件“真缺德，随地扔垃圾”拖放到靠近场景下边框的位置，把其亮度设置为 100%；在第 845 帧位置插入空白关键帧；在第 904 帧位置插入空白关键帧；在第 930 帧位置插入空白关键帧，用鼠标把库中的图形元件“是缺德”拖放到靠近场景下边框的位置，把其亮度设置为 100%；在第 845 帧位置插入空白关键帧；在第 959 帧位置插入空白关键帧。

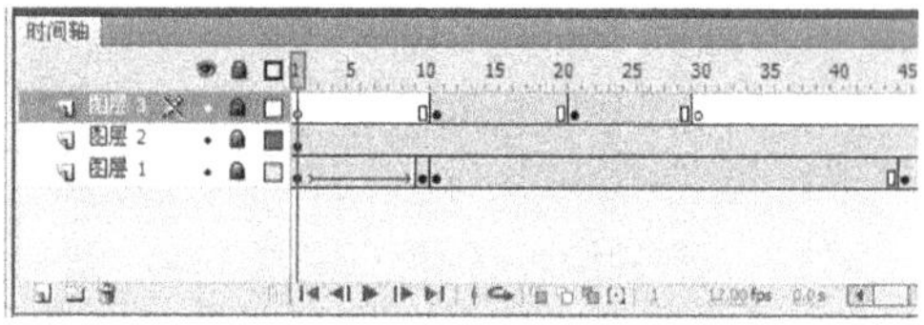

图 14.293

图 14.294

4. 保存文件，进行整体测试，导出影片。

5. 导出影片的启动画面（见图 14.294）。

14.3.4 任务评价

本任务使用 Flash 设计和制作动画短片《客人》（环保篇），动画播放时长较长，涉及大量图形元件的设计和制作，具有较大的制作难度，对矢量图形特别是人物和场景的绘制提出了较高的要求，尤其是人物的动作和表情的设计与制作更是动画短片制作的重点和难点所在。一般来说，在 Flash 中设计与制作人物的动作和表情是采用逐渐帧动画和补间动画来完成的。

14.3.5　任务拓展

本任务中人物造型的设计与制作、人物动作和表情的设计与制作以及场景的绘制等还存在着诸多不足之处。如何更进一步地完善和丰富人物的动作和表情，使人物的动作和表情刻画得更加逼真和形象，人物和场景与动作脚本达到最大程度的融合等等，是动画短片设计和制作的重要课题。

参考文献

［1］黄春光．Flash 动画设计与制作项目教程．北京：机械工业出版社，2013.

［2］刘欢．Flash ActionScript 3.0 全站互动设计．北京：人民邮电出版社，2012.

［3］孙颖．Flash ActionScript 3 殿堂之路．北京：电子工业出版社，2007.

［4］孙聪．动画运动规律．北京：清华大学出版社，2005.

［5］张晓景．中文版 Flash CS6 完全自学一本通．北京：电子工业出版社，2013.

［6］贾勇，孟权国．完全掌握 Flash CS6 白金手册．北京：清华大学出版社，2013.

图书在版编目（CIP）数据

Flash 动画设计与制作项目实战/唐小健主编；黄春艳副主编．—广州：暨南大学出版社，2015.4（2019.8 重印）
ISBN 978－7－5668－1477－7

Ⅰ.①Flash…　Ⅱ.①唐…②黄…　Ⅲ.①动画制作软件　Ⅳ.①TP391.41

中国版本图书馆 CIP 数据核字（2015）第 126215 号

Flash 动画设计与制作项目实战
Flash DONGHUA SHEJI YU ZHIZUO XIANGMU SHIZHAN
主　编：唐小健　副主编：黄春艳

出 版 人：徐义雄
责任编辑：刘碧坚　郭海珊　颜　彦
责任校对：周海燕
责任印制：汤慧君　周一丹

出版发行：暨南大学出版社（510630）
电　　话：总编室（8620）85221601
　　　　　营销部（8620）85225284　85228291　85228292（邮购）
传　　真：（8620）85221583（办公室）　85223774（营销部）
网　　址：http：//www.jnupress.com
排　　版：广州市天河星辰文化发展部照排中心
印　　刷：虎彩印艺股份有限公司
开　　本：787mm×1092mm　1/16
印　　张：20
字　　数：410 千
版　　次：2015 年 4 月第 1 版
印　　次：2019 年 8 月第 2 次
定　　价：49.80 元